大 学 物 理

主　编　胡新华　陈　骏
副主编　李　策　杨　林　连乐乐　王科荣
参　编　张绍政　陈　艳　孟庆哲　吉洪星

科学出版社
北　京

内 容 简 介

本书按照教育部高等学校大学物理课程教学指导委员会编制的《理工科类大学物理课程教学基本要求 理工科类大学物理实验课程教学基本要求》(2023 年版)的规定,基于问题提出、问题探究、逻辑推理或实验验证、技术应用和评价反思的"五段式"教学模式,组织编写内容。

本书共 15 个单元,主要内容包括质点运动学、质点动力学、刚体的转动、机械振动、机械波、真空中的静电场、静电场中的导体与电介质、稳恒磁场、变化的电磁场 电磁波、气体动理论、热力学基础、几何光学、波动光学、狭义相对论和广义相对论、量子力学基础。各单元后设计有思考与探究,方便学生自主巩固练习。

本书由校企"双元"联合开发,体现以生为本,强调工学结合,注重落实课程思政和信息化资源配套,可作为本科层次职业院校和应用型本科院校"大学物理"课程的教学用书。

图书在版编目(CIP)数据

大学物理/胡新华,陈骏主编. —北京:科学出版社,2024.2
ISBN 978-7-03-077343-2

Ⅰ. ①大… Ⅱ. ①胡… ②陈… Ⅲ. ①物理学-高等学校-教材
Ⅳ. ①O4

中国国家版本馆 CIP 数据核字(2023)第 246175 号

责任编辑:张振华 刘建山 / 责任校对:王万红
责任印制:吕春珉 / 封面设计:东方人华平面设计部

科学出版社 出版
北京东黄城根北街 16 号
邮政编码:100717
http://www.sciencep.com

三河市骏杰印刷有限公司印刷
科学出版社发行 各地新华书店经销

*

2024 年 2 月第 一 版 开本:787×1092 1/16
2024 年 2 月第一次印刷 印张:22 3/4
字数:536 000

定价:69.00 元
(如有印装质量问题,我社负责调换)
销售部电话 010-62136230 编辑部电话 010-62135120-2005

版权所有,侵权必究

前　言

党的二十大报告中深刻指出："加快建设国家战略人才力量，努力培养造就更多大师、战略科学家、一流科技领军人才和创新团队、青年科技人才、卓越工程师、大国工匠、高技能人才。"为了更好地适应国家职业本科教育发展的需要，编者根据二十大报告和《职业院校教材管理办法》《高等学校课程思政建设指导纲要》《"十四五"职业教育规划教材建设实施方案》等相关文件精神，按照《理工科类大学物理课程教学基本要求 理工科类大学物理实验课程教学基本要求》（2023 年版）的规定，在行业、企业专家和课程开发专家的指导下，编写了本书。在编写过程中，编者紧紧围绕"培养什么人、怎样培养人、为谁培养人"这一教育的根本问题，以落实立德树人为根本任务，以培养学生综合职业能力为中心，以培养卓越工程师、大国工匠、高技能人才为目标，强调工学结合，注重落实课程思政，强调思政元素融入，充分发挥教材承载的思政育人功能。

相比市面上的同类图书，本书的体例更加合理和统一，概念阐述更加严谨和科学，内容重点更加突出，文字表达更加简明易懂，工程案例和思政元素更加丰富，配套资源更加完善。具体而言，主要有以下几个方面的突出特点。

1. 以生为本，中本职业教育有效衔接

本书编写综合考虑了职业本科教育的生源特点，在体现职业教育特殊性的同时，兼顾了物理学的学科性。因此，本书在教学内容的选择上力求全面覆盖，同时适当降低难度；注重与中学知识的衔接，减少烦琐复杂的数学推导；注重工程案例的引入，强化物理知识在新时代各领域的应用；注重对学生科学思维方法的训练和科学伦理的教育。

2. 立德树人，思政资源素材融入丰富

本书坚持培根铸魂、立德树人，引入大量科学家的故事，从物理学史的角度，培养与熏陶学生的科学精神、科学态度、科学审美及科学情操；穿插我国先进科技成果，如"嫦娥号"系列探月飞船、"祝融号"火星车、"蛟龙号"载人潜水器、国产大飞机等，在提升学生学习兴趣的同时，培养家国情怀、社会主义核心价值观，提升创新意识、社会责任等思政素养。

3. 问题导向，基于"五段式"教学模式

本书按照问题提出、问题探究、逻辑推理或实验验证、技术应用和评价反思的"五段式"教学模式组织编写内容，通过教学情境创设、物理学原理模型建立、著名实验展示和工程技术应用案例介绍等方式，激发学生对物理学的浓厚兴趣，发展学生的物理思想和科学态度，培养思辨能力，并在每单元后面设置思考与探究题，加深学生对物理学知识的理

解和运用。

本书由编者结合多年在本科职业教育试点专业物理课程中的教学经验编写而成，全书共 15 个单元，主要内容包括质点运动学、质点动力学、刚体的转动、机械振动、机械波、真空中的静电场、静电场中的导体与电介质、稳恒磁场、变化的电磁场 电磁波、气体动理论、热力学基础、几何光学、波动光学、狭义相对论和广义相对论、量子力学基础。本书内容逻辑清晰、层次分明，物理学理论与科学技术融合紧密，科普性与趣味性并存，同时紧贴新时代的发展。每单元后附有思考与探究题，方便学习者自主练习。

本书由胡新华（金华职业技术大学）、陈骏（浙江广厦建设职业技术大学）担任主编，李策（河北工业职业技术大学）、杨林（金华职业技术大学）、连乐乐（金华职业技术大学）、王科荣（金华职业技术大学）担任副主编，张绍政（衢州学院）、陈艳（东阳市技术学校）、孟庆哲（金华市宾虹高级中学）、吉洪星（浙江省东阳市外国语学校）参与编写。全书由胡新华统稿和定稿。

在编写本书过程中，得到了中国地质大学、浙江工业大学、浙江金华第一中学等院校同人的大力帮助，在此一并表示衷心的感谢。

由于编者水平有限，书中难免存在一些不足之处，敬请广大读者批评、指正。

目 录

单元 1 质点运动学 ··· 1

  1.1 运动概述 ··· 2
    1.1.1 参照系、运动的相对性、质点 ·· 2
    1.1.2 时间、空间 ··· 3
    1.1.3 位置矢量、位移、路程 ·· 4
    1.1.4 速度、速率、加速度 ··· 5
  1.2 自由落体运动 ··· 8
    1.2.1 伽利略对自由落体运动的研究 ·· 8
    1.2.2 匀加速直线运动方程 ··· 9
    1.2.3 自由落体运动方程 ··· 10
  1.3 抛物运动 ·· 13
    1.3.1 平抛运动 ·· 13
    1.3.2 斜抛运动 ·· 14
  1.4 圆周运动 ·· 17
  1.5 相对运动 ·· 21
  思考与探究 ·· 25

单元 2 质点动力学 ·· 27

  2.1 牛顿运动定律 ··· 28
    2.1.1 运动状态发生变化的原因 ··· 28
    2.1.2 牛顿第一定律 ··· 28
    2.1.3 牛顿第二定律 ··· 30
    2.1.4 牛顿第三定律 ··· 30
  2.2 开普勒定律 ··· 35
  2.3 万有引力定律 ··· 36
    2.3.1 万有引力定律的推导 ··· 36
    2.3.2 引力常量的测量 ·· 37
  2.4 动量定理 动量守恒定律 ·· 45
    2.4.1 人类对动量的研究 ·· 45
    2.4.2 动量定理 ·· 46
    2.4.3 动量守恒定律 ··· 48
    2.4.4 密歇尔斯基公式与齐奥尔科夫斯基公式 ·························· 51

2.5	功 动能定理	54
	2.5.1 功	54
	2.5.2 动能定理	57
2.6	势能 能量守恒	59
	2.6.1 势能	59
	2.6.2 能量守恒	61
2.7	碰撞	65
	2.7.1 碰撞的过程和分类	65
	2.7.2 碰撞定律	66
	思考与探究	69

单元 3 刚体的转动 ... 72

3.1	刚体运动	73
	3.1.1 刚体运动的两种形式	73
	3.1.2 刚体的定轴转动	73
3.2	转动定律	75
	3.2.1 力对转轴的力矩	76
	3.2.2 转动定律的推导	76
	3.2.3 平行轴定理和正交轴定理	79
3.3	刚体转动的功和能	81
	3.3.1 刚体转动的功、功率	82
	3.3.2 刚体转动的动能	82
	3.3.3 刚体定轴转动的动能定理	83
3.4	角动量 角动量守恒定律	85
	3.4.1 角动量	85
	3.4.2 角动量定理	86
	3.4.3 角动量守恒定律	87
3.5	刚体的平面运动	91
	3.5.1 刚体平面运动的分解	92
	3.5.2 刚体纯滚动运动	92
3.6	陀螺仪	95
	3.6.1 陀螺仪的起源	95
	3.6.2 陀螺仪的定向性	96
	3.6.3 陀螺的回转效应	97
	思考与探究	98

单元 4 机械振动 ... 100

4.1	简谐振动	101
	4.1.1 简谐振动的定义	101

    4.1.2 单摆的运动 ··· 101

    4.1.3 弹簧振子的运动 ··· 104

  4.2 阻尼振动 受迫振动 共振 ··· 106

    4.2.1 阻尼振动 ·· 107

    4.2.2 受迫振动和共振 ··· 108

  4.3 振动的合成与频谱分析 ··· 110

    4.3.1 同方向、同频率简谐振动的合成 ··· 110

    4.3.2 同方向、不同频率简谐振动的合成 ··· 112

    4.3.3 相互垂直简谐振动的合成 ··· 113

    4.3.4 振动的频谱分析 ··· 115

  思考与探究 ··· 116

单元 5 机械波 ··· 118

  5.1 机械波的产生、分类与物理量 ··· 119

    5.1.1 机械波的产生 ·· 119

    5.1.2 机械波的分类 ·· 120

    5.1.3 描述波动的物理量 ·· 121

    5.1.4 波线 波面 波前 ·· 122

  5.2 平面简谐波 ··· 123

    5.2.1 平面简谐波的波函数 ·· 123

    5.2.2 波的能量 ·· 127

    5.2.3 能流和能流密度 ··· 129

  5.3 惠更斯原理和波的衍射 ··· 130

    5.3.1 惠更斯原理 ·· 130

    5.3.2 波的衍射 ·· 131

  5.4 波的叠加原理 波的干涉 ··· 131

    5.4.1 波的叠加原理 ·· 132

    5.4.2 波的干涉 ·· 132

    5.4.3 驻波 ·· 133

  5.5 多普勒效应 ··· 136

    5.5.1 波源静止，观测者运动 ·· 136

    5.5.2 观测者静止，波源运动 ·· 137

    5.5.3 波源和观测者同时相对于介质运动 ··· 138

    5.5.4 冲击波 ·· 139

  思考与探究 ··· 139

单元 6 真空中的静电场 ··· 141

  6.1 静电力 ··· 142

    6.1.1 摩擦起电 ·· 142

  6.1.2 电荷 ··· 143
  6.1.3 库仑定律 ·· 145
 6.2 静电场 电场强度 ·· 146
  6.2.1 静电场 ··· 147
  6.2.2 电场强度 ·· 147
 6.3 电场线 电通量 高斯定理 ··· 150
  6.3.1 电场线 ··· 150
  6.3.2 电通量 ··· 151
  6.3.3 高斯定理 ·· 152
 6.4 静电场的环路定理 电势 ··· 155
  6.4.1 静电场的环路定理 ·· 155
  6.4.2 电势 ·· 156
  6.4.3 等势面 ··· 158
  6.4.4 场强与电势的关系 ·· 159
 思考与探究 ··· 160

单元 7 静电场中的导体与电介质 ·· 162

 7.1 静电场中的导体 ·· 163
  7.1.1 静电感应与静电平衡 ··· 163
  7.1.2 静电平衡状态时导体上电荷的分布 ·· 164
  7.1.3 静电屏蔽 ·· 167
 7.2 电容和电容器 ··· 168
  7.2.1 孤立导体的电容 ··· 169
  7.2.2 电容器 ··· 169
 7.3 静电场中的电介质 ··· 171
  7.3.1 电介质对静电场的影响 ·· 172
  7.3.2 电介质的极化 ·· 172
  7.3.3 电介质中的安培环路定理和高斯定理 ··· 174
 7.4 静电场的能量 ··· 176
  7.4.1 电容器的电能 ·· 176
  7.4.2 电能密度 ·· 176
 思考与探究 ··· 178

单元 8 稳恒磁场 ·· 180

 8.1 磁场 磁感应线 磁感应强度 ··· 181
  8.1.1 磁场 ·· 181
  8.1.2 磁感应线 ·· 182
  8.1.3 磁感应强度 ··· 184

目 录

- 8.2 毕奥-萨伐尔定律 ··· 185
- 8.3 磁场的高斯定理 安培环路定理 ································· 189
  - 8.3.1 磁通量 ··· 189
  - 8.3.2 磁场的高斯定理 ·· 189
  - 8.3.3 磁场的安培环路定理 ···································· 190
- 8.4 磁场对载流导体的作用 ·· 193
  - 8.4.1 安培定律 ··· 193
  - 8.4.2 载流导体在磁场中的安培力 ······························ 194
- 8.5 磁场对运动带电粒子的作用 ··· 198
  - 8.5.1 带电粒子在横向磁场中的圆周运动 ························ 198
  - 8.5.2 带电粒子在磁场中的螺旋线运动 ··························· 201
  - 8.5.3 霍尔效应 ··· 203
- 8.6 磁场中的磁介质 ··· 205
  - 8.6.1 磁介质及其分类 ··· 205
  - 8.6.2 磁介质中的高斯定理和安培环路定理 ······················· 206
- 思考与探究 ··· 207

单元 9 变化的电磁场 电磁波 ·· 210

- 9.1 电磁感应 ··· 211
  - 9.1.1 电磁感应现象 ·· 211
  - 9.1.2 法拉第电磁感应定律 ······································ 211
  - 9.1.3 楞次定律 ··· 212
- 9.2 动生电动势 感生电动势 ·· 213
  - 9.2.1 动生电动势 ··· 213
  - 9.2.2 感生电动势 ··· 215
- 9.3 自感 互感 磁场的能量 ·· 217
  - 9.3.1 自感 ··· 217
  - 9.3.2 互感 ··· 218
  - 9.3.3 磁场的能量 ··· 219
- 9.4 位移电流 麦克斯韦方程 电磁波 ···································· 220
  - 9.4.1 位移电流 ··· 220
  - 9.4.2 麦克斯韦方程 ·· 221
  - 9.4.3 电磁波 ··· 222
  - 9.4.4 电磁波谱 ··· 224
- 思考与探究 ··· 225

单元 10 气体动理论 ··· 227

- 10.1 气体分子热运动 ·· 228
  - 10.1.1 分子热运动的概念 ······································ 228

10.1.2	布朗运动	228
10.1.3	气体分子热运动的统计规律	228

10.2 理想气体压强 229
    10.2.1 气体分子动理论的基本假设 229
    10.2.2 理想气体压强公式 230

10.3 麦克斯韦速率分布律 232
    10.3.1 速率分布函数 232
    10.3.2 麦克斯韦速率分布函数 233
    10.3.3 麦克斯韦速率分布律的试验验证 234

10.4 理想气体的平均动能 235
    10.4.1 自由度 235
    10.4.2 能量均分原理 236
    10.4.3 理想气体的内能 237
    10.4.4 温度的微观解释 237
    10.4.5 理想气体状态方程 238
    10.4.6 范德瓦耳斯方程 240

10.5 气体分子的平均自由程 242
    10.5.1 平均碰撞频率 242
    10.5.2 气体平均自由程的计算 242

思考与探究 243

单元 11 热力学基础 244

11.1 热力学系统及其状态的改变 245
    11.1.1 热力学系统 245
    11.1.2 热力学系统状态的改变 245

11.2 热力学第一定律 247
    11.2.1 能量传递的研究历程 248
    11.2.2 热力学第一定律的定义 249
    11.2.3 热力学第一定律的应用 249

11.3 循环过程 卡诺循环 254
    11.3.1 循环过程 254
    11.3.2 卡诺循环 256

11.4 热力学第二定律 卡诺定理 258
    11.4.1 热力学第二定律的两种表述 258
    11.4.2 可逆过程与不可逆过程 259
    11.4.3 卡诺定理 260

11.5 熵 熵增原理 261
    11.5.1 熵 261
    11.5.2 熵变的计算 262

| | 11.5.3 熵增原理 | 264 |

思考与探究 · 264

单元 12　几何光学 — 265

12.1　光的反射和折射 — 266
- 12.1.1　反射定律和折射定律 — 266
- 12.1.2　折射率 — 267
- 12.1.3　全反射 — 267

12.2　透镜 — 269
- 12.2.1　透镜的种类和结构 — 270
- 12.2.2　实像与虚像　实物与虚物 — 270
- 12.2.3　光在球面上的折射成像 — 271
- 12.2.4　近轴光线条件下的薄透镜成像 — 273
- 12.2.5　薄透镜成像的作图法 — 275

思考与探究 — 277

单元 13　波动光学 — 278

13.1　光的干涉 — 279
- 13.1.1　光波　光的相干性 — 279
- 13.1.2　光程　光程差 — 280
- 13.1.3　杨氏双缝干涉实验 — 281
- 13.1.4　劳埃德镜干涉 — 284
- 13.1.5　薄膜干涉 — 285
- 13.1.6　劈尖干涉 — 287
- 13.1.7　牛顿环 — 288

13.2　光的衍射 — 290
- 13.2.1　光的衍射现象 — 290
- 13.2.2　惠更斯-菲涅耳原理 — 291
- 13.2.3　夫琅禾费单缝衍射 — 291
- 13.2.4　夫琅禾费圆孔衍射 — 293
- 13.2.5　衍射光栅 — 295
- 13.2.6　X 射线衍射 — 299

13.3　光的偏振 — 300
- 13.3.1　自然光　偏振光 — 300
- 13.3.2　起偏与检偏　马吕斯定律 — 301
- 13.3.3　布儒斯特定律 — 302

思考与探究 — 304

单元 14　狭义相对论和广义相对论 ········· 307

14.1　经典力学相对性原理　经典力学定律的不变性 ········· 308
- 14.1.1　经典力学相对性原理 ········· 308
- 14.1.2　经典力学定律的不变性 ········· 308

14.2　伽利略变换式　经典力学的绝对时空观 ········· 309
- 14.2.1　伽利略变换式 ········· 309
- 14.2.2　经典力学的绝对时空观 ········· 311

14.3　以太参考系　迈克尔孙-莫雷实验 ········· 311
- 14.3.1　以太参考系 ········· 311
- 14.3.2　迈克尔孙-莫雷实验 ········· 312

14.4　狭义相对论的基本假设　洛伦兹变换 ········· 314
- 14.4.1　狭义相对论的基本假设 ········· 314
- 14.4.2　洛伦兹变换 ········· 314

14.5　狭义相对论的时空观 ········· 316
- 14.5.1　同时的相对性 ········· 317
- 14.5.2　长度收缩 ········· 318
- 14.5.3　时间延缓效应 ········· 319

14.6　相对论动量与能量 ········· 320
- 14.6.1　动量与速度的关系 ········· 321
- 14.6.2　狭义相对论力学的基本方程 ········· 321
- 14.6.3　质量与能量的关系 ········· 322
- 14.6.4　动量与能量的关系 ········· 324

14.7　广义相对论简介 ········· 325
- 14.7.1　广义相对论的等效原理 ········· 325
- 14.7.2　引力场中光线的弯曲 ········· 325
- 14.7.3　引力红移 ········· 326
- 14.7.4　黑洞 ········· 327

思考与探究 ········· 328

单元 15　量子力学基础 ········· 329

15.1　热辐射　黑体和黑体辐射 ········· 330
- 15.1.1　温度与颜色关系的早期应用 ········· 330
- 15.1.2　热辐射 ········· 330
- 15.1.3　黑体和黑体辐射 ········· 330

15.2　光的波粒二象性 ········· 333
- 15.2.1　光电效应实验 ········· 333
- 15.2.2　爱因斯坦光子理论 ········· 334
- 15.2.3　康普顿散射 ········· 335

  15.2.4 光的波粒二象性试验 ·· 336
15.3 氢原子模型 ·· 337
  15.3.1 氢原子光谱 ·· 337
  15.3.2 卢瑟福的原子有核模型 ·· 338
  15.3.3 玻尔原子模型 ··· 339
  15.3.4 弗兰克-赫兹实验 ··· 341
15.4 微观粒子的波粒二象性 ·· 342
  15.4.1 德布罗意波 ·· 342
  15.4.2 不确定性关系 ··· 344
  15.4.3 薛定谔方程与玻恩的统计诠释 ··· 345
思考与探究 ·· 346

参考文献 ·· 348

1 单元

质点运动学

▍单元导读

运动是物体的固有属性和存在方式。没有不运动的物体，也没有脱离物体的运动。运动是永恒的。那么物体的运动应该如何描述？

▍能力目标

1. 理解位矢、位移、速度、加速度的概念。能熟练计算质点做一维、二维运动时的位移、速度与加速度。
2. 能借助直角坐标系和自然坐标系熟练计算质点做自由落体运动、抛物运动和圆周运动时的速度和加速度。
3. 能区分相对运动与绝对运动，并会求解相对运动的相关问题。

▍思政目标

1. 树立正确的人生观、价值观、学习观，立志科技报国。
2. 培养爱国精神，坚定道路自信、理论自信、制度自信、文化自信。

1.1 运动概述

讨论： 在一个晴朗的夜晚，你在马路上散步，在路灯照射下，地面上会出现你的影子。如果注意观察，你会发现，当你远离路灯时，你的影子"走"得更快，你会感觉永远追不上它的步伐。你想过这是为什么吗？当你坐在高铁上，看着铁路两旁的风景，有时会感觉两边的山或者树好像都在往后"跑"，明明是高铁在向前高速行驶，怎么会有这样的感觉呢？要回答这些问题，就要了解物体运动的相对性，那究竟该如何描述运动呢？

1.1.1 参照系、运动的相对性、质点

1. 参照系

自然界的一切物体都在做不停的运动，绝对静止的物体是不存在的。地面上静止的物体虽然看起来不动，但实际上是跟随地球一起在运动。因此，一切物体的运动都是相对的。一个物体的运动状态总是相对于另一个物体而言的。要描述一个物体的运动，必须选择另一个物体作为参考。这个被选作参考的物体称为**参照系**。

2. 运动的相对性

若相对于某一参照系，物体的位置恒定不变，则说物体在该参照系中是静止的。例如，"神舟十一号"载人飞船与"天宫二号"空间站对接时，"神舟十一号"载人飞船相对于"天宫二号"空间站是静止的。若相对于某一参照系，物体的位置在不断变化，则说该物体在该参照系中是运动的。例如，相对于地球而言，"天宫二号"空间站是在环绕地球的椭圆轨道上运动的。在不同的参照系中，同一物体的运动具有不同的描述，这称为**运动的相对性**。

3. 质点

研究物理现象时，常常需要抓住主要因素，忽略次要因素，把复杂的研究对象简化成理想化模型，这是物理学中一种重要的研究方法。我们知道，实际物体都有形状、大小，但是，若在研究的问题中，物体的形状、大小不起作用，或者所起作用甚小，则可将物体视为一个只有质量而没有形状、大小的点，这个点称为**质点**。例如，我们研究地球绕太阳公转时，由于地球直径（约为 $1.27×10^4$ km）远远小于地球与太阳之间的平均距离（约为 $1.49×10^8$ km），相对于太阳，地球上各点的运动状态差别很小，因此这时我们可将地球视为质点。又如，我国于 2020 年 7 月成功发射的"天问一号"火星探测器，其质量约为 5t，是迄今为止全球所有国家行星探测器中质量最大的一个，尽管如此，它的尺寸也远小于地球到火星的距离，如果要描述该探测器飞向火星的运动状态，我们可将其看成一个质点。

但是，如果研究地球自转，由于地球上各点的运动状态相对于地轴而言，有很大的差别，因此这时就不能将地球视为质点。

1.1.2 时间、空间

1. 时间

物体的运动离不开时间和空间。要在参照系中定量地描述运动，就需要测量空间的距离和时间的间隔。时间是物体运动持续性的反映。最初，人们用地球的自转周期作为计量时间间隔的标准，定义 1s 为平均太阳日的 1/86400。然而，秒的这种定义存在一些问题。随着人们测量这一时间单位的能力提高，越来越清楚的事实是，地球的自转周期并非恒定。这个周期不仅由于潮汐摩擦作用逐渐变慢，而且随着季节的变化而变化，更糟的是，它还以不可预测的方式波动。

1955 年，英国的路易斯·埃森和杰克·帕里研制出第一个实用的铯原子钟，其精度可达 10^{-12}s。1967 年，第 13 届国际计量大会决定用铯原子钟作为新的时间计量基准，1s 定义为"铯-133 原子基态的两个超精细能级之间跃迁所对应辐射的 9192631770 个周期的持续时间"。

原子钟诞生以后，人类计时的精度几乎每 10 年提升一个数量级，但是在 20 世纪末的时候却遇见了瓶颈。造成该瓶颈最根本的原因是：原子本身的热运动没有办法消除，所以相对的误差还是会出现。可以想象的是，如果要去太空某一个星球，按照地球上的导航精度去导航，随着距离的增加会出现严重的误差，最终的结果就是永远到不了目的地。而要想在太空精确导航，那么时间误差必须控制在 3000 万年 1s 级别。后来，科学家们发现了用激光冷却原子的方法，以此来消除原子本身的热运动。

我国于 2005 年启动了空间冷原子钟研发计划，于 2016 年成功研发出了第一台空间冷原子钟，如图 1.1.1 所示，该原子钟是世界上首台冷原子钟，设计误差为 3000 万年误差 1s，最终目标误差为 4200 万年误差 1s。美国《科学》杂志对于中国冷原子钟专门做了一期专题，在该杂志封面位置写道：中国的空间冷原子钟开始嘀嗒作响，人类地球的计时精度将会变得更加精确。

图 1.1.1 空间冷原子钟（中国科学院上海光学精密机械研究所研制）

2. 空间

空间是物质运动广延性的体现。空间两点间的距离称为长度。米（m）的最初定义是由 1791 年法国国民议会确定的，即 1m 等于通过巴黎的地球子午线长度的四千万分之一。1799 年，根据度量子午线弧长的结果，用烧结铂制成了体现端度基准的米原器（后来证明它的实际值比定义值短约 0.2mm）。后来，国际计量局（International Bureau of Metrology, BIPM）据此复制了 31 个铂（占比 90%）铱（占比 10%）合金制的 X 形线纹基准米原器，即第 6 号米原器，并保存在国民议会档案馆（现为法国国家档案馆）。1889 年，经第一届国际计量大会批准，从中选出了一个作为国际米原器，留出数个作为工作原器，而把其余的分发给米制公约成员国作为国家基准。这时的米被定义为在国际计量局保存的国际米原器上，0℃时两条刻线间的距离。此定义在 1927 年第 7 届国际计量大会上得到认定。但是这种实物基准很难保证精度,而且容易发生意外(如地震、火灾破坏等)。同时,国际米原器的准确度为 0.1μm,即千万分之一。

到 20 世纪中叶,国际米原器的准确度已无法满足精密机械制造业和计量学发展的需要。于是有人提出用原子辐射波长值取而代之,因为它是一种固定不变的自然基准。1960 年第十一届国际计量大会决定废除国际米原器,将米定义为氪-86 原子的 $2p_{10}$ 和 $5d_5$ 能级之间跃迁所对应辐射在真空中波长的 1650763.73 倍。这样米的准确度达到十亿分之四,它意味着在 1000km 的长度上误差仅为 4mm。这种方法显然比以人造物为基准更加可靠和稳定,只是受限于当时的技术,只能作为米原器的旁证。

几乎与此同时,真空中光速已经能测得非常精确,其值为 299792458m/s,其准确度也比过去提高了 100 倍。在这种背景下,1975 年第十五届国际计量大会提出,米可以通过光速表示,并认为光速值保持不变对天文学和大地测量具有重要意义。1983 年第十七届国际计量大会对米进行了重新定义:1m 是光在真空中于 1/299792458s 时间间隔内所行进路径的长度。自此,时间和空间才有了可定义的精确尺度。

1.1.3 位置矢量、位移、路程

1. 位置矢量

运动物体描述具有相对性,即运动物体都要相对于其他物体才能进行描述。这里的其他物体就是参照物,参照物不同,运动的描述也不同。当选定了参照物后,为了从数量上确定物体相对于参照物的位置,需要在参照物上建立坐标物。建立坐标系是指在参照物上选定一点作为原点,取通过原点并附有标度的线作为坐标轴。

坐标系是数学化、定量化的参照物。常用的坐标系有笛卡儿直角坐标系、极坐标系、自然坐标系、柱面坐标系和球面坐标系等。直角坐标系和自然坐标系如图 1.1.2 所示。

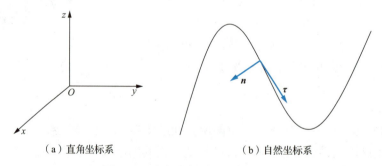

(a)直角坐标系　　　　(b)自然坐标系

图 1.1.2　直角坐标系和自然坐标系

为了确定质点 p 的位置,在参照系上取一固定点作为原点,原点指向质点的位置,称为质点的**位置矢量**,简称位矢,用符号 r 表示,如图 1.1.3 所示。长度表示质点与原点的距离,方向表示质点相对原点的方位。

在平面直角坐标系中,质点的位矢可表示为

$$r = xi + yj$$

式中,x 和 y 为质点的坐标,i 和 j 为 Ox 轴和 Oy 轴正方向的单位矢量。

r 的大小和方向与 x、y 之间的关系为

$$\begin{cases} r = \sqrt{x^2 + y^2} \\ \tan\theta = \dfrac{y}{x} \end{cases}$$

质点运动时，其位矢随时间不断变化，也就是说，位矢是时间的函数，即

$$\boldsymbol{r} = \boldsymbol{r}(t) = x(t)\boldsymbol{i} + y(t)\boldsymbol{j} \quad (1.1.1)$$

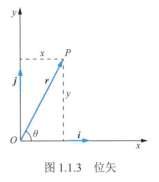

图 1.1.3　位矢

式（1.1.1）给出了任一时刻质点的位置，反映了质点的运动规律，称为质点的**运动方程**，该方程也可表示为分量式，即

$$\begin{cases} x = x(t) \\ y = y(t) \end{cases}$$

质点运动时，经过空间各点所连成的曲线（或直线），也就是位矢末端所描出的曲线（或直线），称为**质点运动的轨道**。将式（1.1.1）中的时间 t 消去，即可得到质点运动的**轨道方程**。

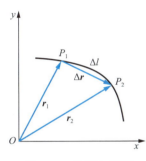

图 1.1.4　位移与路程

2. 位移

设某时刻质点在 P_1 点，经过 Δt 时间后，运动到 P_2 点，如图 1.1.4 所示，则 P_1 指向 P_2 的矢量 $\Delta\boldsymbol{r}$ 称为这段 Δt 时间内质点的**位移**。

$$\Delta \boldsymbol{r} = \boldsymbol{r}_2 - \boldsymbol{r}_1 = (x_2 - x_1)\boldsymbol{i} + (y_2 - y_1)\boldsymbol{j} \quad (1.1.2)$$

位移是矢量，它反映了某段时间内质点位置的变化。位移只表示质点位置变化的实际效果，而不反映质点所经历的轨道如何。

3. 路程

路程是与位移不同概念的另一个物理量。路程是质点运动所经历的轨道长度。路程是标量。一般情况下，路程和位移大小并不相等。例如，截止到 2021 年 2 月 10 日 19 时 52 分，"天问一号"火星探测器已累计飞行 202 天，完成 1 次深空机动和 4 次中途修正，抵达火星时飞行里程约 4.75 亿 km，距离地球约 1.92 亿 km，这里的 4.75 亿 km 指的是路程，而 1.92 亿 km 指的是以地球为原点的位移的大小。又如，在第 32 届大连国际马拉松赛中，运动员从大连国际会议中心起跑点起跑，跑了一圈（10km）之后又跑回大连国际会议中心的起跑点，此时位移为 0，但路程是 10km。只有质点做单向直线运动时，位移大小才等于路程。在国际单位制中，位移和路程的单位都是 m。

1.1.4　速度、速率、加速度

1. 速度

描述质点运动快慢和运动方向的物理量称为**速度**。

若在时间 Δt 内，质点的位移为 $\Delta \boldsymbol{r}$，如图 1.1.5 所示，则 $\Delta \boldsymbol{r}$ 与 Δt 之比称为 Δt 时间内质点的平均速度，即

$$\overline{\boldsymbol{v}} = \dfrac{\Delta \boldsymbol{r}}{\Delta t}$$

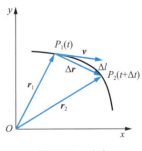

图 1.1.5　速度

因 $\Delta \boldsymbol{r}$ 是矢量，Δt 是标量，故平均速度 $\bar{\boldsymbol{v}}$ 是矢量，其方向与 $\Delta \boldsymbol{r}$ 的方向相同。平均速度只能粗略反映某一段时间内质点位置变化的快慢。为了精确描述某一时刻质点的运动状态，应尽量使时间间隔 Δt 缩短。当 $\Delta t \to 0$ 时，平均速度的极限称为该时刻质点的**瞬时速度**，简称**速度**，用 $\boldsymbol{v}$ 表示。故质点某时刻的瞬时速度是位矢 $\boldsymbol{r}$ 对时间 t 的一阶导数，即

$$\boldsymbol{v} = \lim_{\Delta t \to 0} \frac{\Delta \boldsymbol{r}}{\Delta t} = \frac{\mathrm{d}\boldsymbol{r}}{\mathrm{d}t}$$

在直角坐标系中，速度可表示为

$$\boldsymbol{v} = \frac{\mathrm{d}\boldsymbol{r}}{\mathrm{d}t} = \frac{\mathrm{d}x}{\mathrm{d}t}\boldsymbol{i} + \frac{\mathrm{d}y}{\mathrm{d}t}\boldsymbol{j} \tag{1.1.3}$$

直角坐标分量式可表示为

$$\begin{cases} v_x = \dfrac{\mathrm{d}x}{\mathrm{d}t} \\ v_y = \dfrac{\mathrm{d}y}{\mathrm{d}t} \end{cases}$$

由于 $\Delta t \to 0$ 时，$\Delta \boldsymbol{r}$ 趋向于轨道的切向，因此，质点瞬时速度的方向沿该点轨道的切线并指向质点前进的方向。许多日常现象都证明了这一点。例如，下雨天把雨伞旋转，水滴会沿雨伞边缘切线方向飞出；在砂轮上磨刀时，火星会沿砂轮切向方向飞出。

2. 速率

速率是一个与速度相对应的物理量。路程 Δl 与 Δt 时间之比，称为 Δt 时间内的平均速率。平均速率的极限称为瞬时速率。因 $\Delta t \to 0$ 时，位移的大小与路程相等，故瞬时速度的大小等于瞬时速率。在国际单位制中，速度和速率的单位均为米/秒（m/s）。

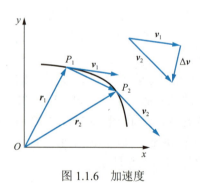

图 1.1.6 加速度

3. 加速度

质点运动时，其速度的大小和方向都可能随时间发生变化。若 t 时刻，质点位于 P_1 点、速度为 $\boldsymbol{v}_1$，在 $t + \Delta t$ 时刻，质点运动到 P_2 点、速度为 $\boldsymbol{v}_2$，如图 1.1.6 所示，则在该 Δt 时间内，质点速度的增量为

$$\Delta \boldsymbol{v} = \boldsymbol{v}_2 - \boldsymbol{v}_1$$

$\Delta \boldsymbol{v}$ 与 Δt 之比称为 Δt 时间内质点的**平均加速度** $\bar{\boldsymbol{a}}$，即

$$\bar{\boldsymbol{a}} = \frac{\Delta \boldsymbol{v}}{\Delta t}$$

$\Delta t \to 0$ 时，平均加速度的极限，称为 t 时刻质点的**瞬时加速度**，简称**加速度**。因此，瞬时加速度等于瞬时速度对时间的一阶导数，或位移对时间的二阶导数，即

$$\boldsymbol{a} = \lim_{\Delta t \to 0} \frac{\Delta \boldsymbol{v}}{\Delta t} = \frac{\mathrm{d}\boldsymbol{v}}{\mathrm{d}t} = \frac{\mathrm{d}^2 \boldsymbol{r}}{\mathrm{d}t^2}$$

加速度的方向是 $\Delta t \to 0$ 时，速度增量 $\Delta \boldsymbol{v}$ 的极限方向。在曲线运动中，由于质点的速度方向不断变化，因此加速度的方向与该时刻的速度方向不同，即加速度方向不沿轨道切线

方向，而是指向轨道曲线的凹侧。

选用直角坐标系时，加速度可表示为

$$\boldsymbol{a} = \frac{\mathrm{d}v_x}{\mathrm{d}t}\boldsymbol{i} + \frac{\mathrm{d}v_y}{\mathrm{d}t}\boldsymbol{j} = \frac{\mathrm{d}^2x}{\mathrm{d}t^2}\boldsymbol{i} + \frac{\mathrm{d}^2y}{\mathrm{d}t^2}\boldsymbol{j} \qquad (1.1.4)$$

或写成分量形式

$$\begin{cases} a_x = \dfrac{\mathrm{d}v_x}{\mathrm{d}t} = \dfrac{\mathrm{d}^2x}{\mathrm{d}t^2} \\ a_y = \dfrac{\mathrm{d}v_y}{\mathrm{d}t} = \dfrac{\mathrm{d}^2y}{\mathrm{d}t^2} \end{cases}$$

在国际单位制中，加速度的单位为米/秒^2（m/s^2）。

例 1.1.1 路灯距地面的高度为 h，身高为 l 的人以速率 v 在路上沿通过路灯杆与地面交点的直线行走，如图 1.1.7 所示。求：

（1）头顶在地面上的影子的移动速度的大小和加速度的大小；

（2）人在地面上的影子增长速度的大小。

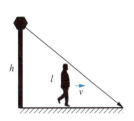

图 1.1.7　例 1.1.1 图 1

解：（1）设 x 为人离开灯柱的距离，x' 为人头顶的影子离开灯柱的距离，如图 1.1.8 所示。由几何关系可得

$$\frac{x'}{h} = \frac{x'-x}{l}$$

$$x' = \frac{h}{h-l}x$$

$$v' = \frac{\mathrm{d}x'}{\mathrm{d}t} = \frac{h}{h-l}\frac{\mathrm{d}x}{\mathrm{d}t} = \frac{h}{h-l}v$$

$$a' = \frac{h}{h-l}\frac{\mathrm{d}v}{\mathrm{d}t}$$

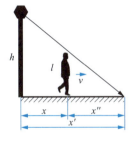

图 1.1.8　例 1.1.1 图 2

即头顶在地面上的影子的移动速度的大小为 $v' = \dfrac{h}{h-l}v$，加速度大小为 $a' = \dfrac{h}{h-l}\dfrac{\mathrm{d}v}{\mathrm{d}t}$。由此可以看出，人头顶影子移动的速度和加速度大小比人行走的速度和加速度都要大。

（2）设 x'' 为影子的长度。同样由几何关系可得

$$\frac{x''}{l} = \frac{x''+x}{h}$$

$$x'' = \frac{l}{h-l}x$$

$$v'' = \frac{\mathrm{d}x''}{\mathrm{d}t} = \frac{l}{h-l}\frac{\mathrm{d}x}{\mathrm{d}t} = \frac{l}{h-l}v$$

即人在地面上的影子增长速度的大小为 $v'' = \dfrac{l}{h-l}v$。

例 1.1.2 如图 1.1.9 所示，在距水面高度为 h 的岸边，有人用绳子拉船靠岸，船在距岸边 x 处，当人以速率 v_0 匀速收绳时，试求船的速率和加速度大小。

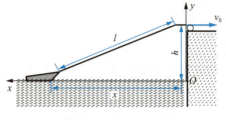

图 1.1.9 例 1.1.2 图

解：由几何关系得 $h^2+x^2=l^2$，其中 l 和 x 是随时间变化的量，因此两者均为时间 t 的函数，将该关系式两边对时间 t 求导得

$$2x\frac{dx}{dt}=2l\frac{dl}{dt}$$

显然有

$$\frac{dl}{dt}=-v_0$$

$$\frac{dx}{dt}=v$$

$$v=-\frac{l}{x}v_0=-\frac{\sqrt{h^2+x^2}}{x}v_0$$

$$a=\frac{dv}{dt}=-\frac{h^2}{x^3}v_0^2$$

即船的速度为 $v=-\dfrac{\sqrt{h^2+x^2}}{x}v_0$，加速度大小为 $a=-\dfrac{h^2}{x^3}v_0^2$。

1.2 自由落体运动

讨论：在不考虑阻力影响的条件下，跳水运动员从高台跳入下方的水中，跳伞运动员从高空中的航空器上跳下，等等，都属于自由落体运动，那么应该如何描述这种运动呢？

1.2.1 伽利略对自由落体运动的研究

古希腊科学家亚里士多德提出：物体下落的快慢是由物体本身的质量决定的，物体质量越大，下落得越快；反之，则下落得越慢。亚里士多德的理论影响了其后两千多年，直到物理学家伽利略提出了不同意见。伽利略在 1638 年出版的《关于两门新科学的对话》中写道：如果依照亚里士多德的理论，假设有两块石头，大块石头的质量为 8，小块石头的质量为 4，则大块石头的下落速度为 8，小块石头的下落速度为 4，当两块石头被绑在一起时，下落快的会因为慢的而被拖慢，所以整个体系的下落速度在 4~8 之间。但是，两块绑在一起的石头的整体质量为 12，下落速度应该大于 8，这就陷入了自相矛盾的情形。伽利略由此推断物体下落的速度不是由其质量决定的。

伽利略分析后认为，自由落体应该是一种最简单的变速运动。他设想，做最简单变速运动的物体的速度应该是均匀变化的。但是，速度的变化怎样才算均匀呢？他考虑了两种可能：一种是速度的变化对时间来说是均匀的，即经过相等的时间，速度的变化相等；另一种是速度的变化对位移来说是均匀的，即经过相等的位移，速度的变化相等。伽利略假设第一种方式最简单，并把这种运动叫作匀变速运动。那么如何进行实验验证呢？

在伽利略所处的时代，科技不够发达，通过直接测定瞬时速度来验证一个物体是否做匀变速运动几乎是不可能的。但是，伽利略应用数学推理得出了结论：做初速度为 0 的匀变速运动的物体通过的位移与所用时间的二次方成正比，即 $s=kt^2$。这样，只要测出做变速运动的物体通过不同位移所用的时间，就可以验证这个物体是否在做匀变速运动。

然而，自由落体下落的时间太短，当时用实验直接验证自由落体是匀加速运动仍有困难，伽利略采用了间接验证的方法，他将一个铜球从阻力很小的斜面上滚下，做了上百次的实验，小球在斜面上运动的加速度要比它竖直下落时的加速度小得多，所以时间容易测量。实验结果表明，光滑斜面的倾角保持不变，从不同位置让小球滚下，小球通过的位移与所用时间的二次方之比是不变的，即位移与时间的二次方成正比。由此证明了小球沿光滑斜面向下的运动是匀变速直线运动，换用不同质量的小球重复上述实验，位移与所用时间的二次方的比值仍不变，这说明不同质量的小球沿同一倾角的斜面所做的匀变速直线运动的情况是相同的。不断增大斜面的倾角，重复上述实验，得出的物体通过位移与所用时间的二次方的比值随斜面倾角的增加而增大，这说明小球做匀变速运动的加速度随斜面倾角的增大而变大。伽利略将上述实验结果进行合理的外推后认为，当斜面倾角增大到 90° 时，小球将自由下落，成为自由落体，这时小球仍然会保持匀变速运动的性质。

伽利略对自由落体的研究开创了研究自然规律的科学方法，这就是抽象思维、数学推导和科学实验相结合的方法，这种方法对于后来的科学研究具有重大的启蒙作用，至今仍不失为一种重要的科学方法。

1.2.2 匀加速直线运动方程

下面对质点做匀变速直线运动时的速度公式和运动方程进行推导。如果质点相对于参考系作直线运动，则质点的位移、速度和加速度等各矢量全都在同一直线上，因此，这时只须取一条与直线轨迹相重合的坐标轴，并选一适当的原点和规定一个坐标轴的正方向，建立平面直角坐标系。在这样的坐标系中，由于描述运动各矢量的方向仅有两种可能性——与轴的正方向相同或与轴的正方向相反，这时可以用各矢量的正负来反映其方向（量值为正时说明矢量的方向与坐标轴正向相同，量值为负时说明矢量的方向与坐标轴正向相反），因而，在直线运动中可以把各矢量当作标量来处理。

已知加速度 a 为常量，$t=0$ 时，质点的初速度大小为 v_0，位矢大小为 x_0。根据加速度定义式 $a=\dfrac{\mathrm{d}v}{\mathrm{d}t}$，当 $t=0$ 时，$v=v_0$，此时对等号两边积分，有

$$\int_{v_0}^{v}\mathrm{d}v=\int_{0}^{t}a\,\mathrm{d}t$$

解得

$$v=v_0+at \qquad (1.2.1)$$

式（1.2.1）就是匀加速直线运动的速度公式。

然后，将式（1.2.1）代入速度定义式 $v = \dfrac{\mathrm{d}x}{\mathrm{d}t}$，当 $t = 0$ 时，$x = x_0$，此时对等号两边积分，有

$$\int_{x_0}^{x} \mathrm{d}x = \int_{0}^{t} (v_0 + at)\mathrm{d}t$$

解得

$$x = x_0 + v_0 t + \dfrac{1}{2} at^2 \tag{1.2.2}$$

式（1.2.2）就是匀加速直线运动的运动方程。

联立匀加速直线运动的速度公式和运动方程，消去时间 t，可得

$$v^2 - v_0^2 = 2a(x - x_0) \tag{1.2.3}$$

式（1.2.3）也可通过积分方式得到。

由于

$$a = \dfrac{\mathrm{d}v}{\mathrm{d}t} = \dfrac{\mathrm{d}v}{\mathrm{d}x} \cdot \dfrac{\mathrm{d}x}{\mathrm{d}t} = v \dfrac{\mathrm{d}v}{\mathrm{d}x}$$

因此根据 $x = x_0$ 时，$v = v_0$ 的初始条件，有

$$\int_{v_0}^{v} v\,\mathrm{d}v = \int_{x_0}^{x} a\,\mathrm{d}x$$

同样可以得到

$$v^2 - v_0^2 = 2a(x - x_0)$$

如果等时划分，时间间隔为 T，初速度为 0，则可以得到以下推论：

$1T$ 末、$2T$ 末、$3T$ 末、……、nT 末的速度之比为

$$v_1 : v_2 : v_3 : \cdots : v_n = 1 : 2 : 3 : \cdots : n$$

$1T$ 内、$2T$ 末内、$3T$ 内、……、nT 末内的位移之比为

$$S_1 : S_2 : S_3 : \cdots : S_n = 1^2 : 2^2 : 3^2 : \cdots : n^2$$

第 $1T$ 内、第 $2T$ 内、第 $3T$ 内、……、第 nT 内的位移之比为

$$S_\mathrm{I} : S_\mathrm{II} : S_\mathrm{III} : \cdots : S_N = 1 : 3 : 5 : \cdots : (2N-1)$$

1.2.3 自由落体运动方程

对于自由落体运动，在距离地面不太高的空间内，重力加速度 g 可视为恒量，因此，若忽略空气阻力，则这种情形下的自由落体是匀加速直线运动的一种特殊形式，这里也将各矢量当作标量来处理。将初始条件 $t = 0$ 时，初始速度大小 $v_0 = 0$，初始位置 $x_0 = 0$，代入匀加速直线运动的三个基本公式，可以得到描述自由落体运动的三个公式：

$$v = gt \tag{1.2.4}$$

$$h = \dfrac{1}{2} gt^2 \tag{1.2.5}$$

$$v^2 = 2gh \tag{1.2.6}$$

式中，h 为自由落体的下落高度。

物体以某一竖直向上的初速度并只在重力作用下的运动称为竖直上抛运动。竖直上抛运动的上升阶段是加速度大小为 $-g$ 的匀减速直线运动，下降阶段是自由落体运动。仿照匀

加速直线运动的三个基本公式，上升阶段的运动可用以下三个式子进行描述：

$$v = v_0 - gt$$
$$h = v_0 t - \frac{1}{2}gt^2$$
$$v^2 - v_0^2 = -2gh$$

例 1.2.1 摄制电影时，为了拍摄下落物体的特写镜头，工作人员制作了一个尺寸为实物 1/49 的模型，放电影时，走片速度为每秒 24 张，为了使画面逼真，拍摄时走片速度应为多少？模型的运动速度应为实物运动速度的多少倍？

解： 设实物在时间 t 内下落的高度为 h，而模型用 t' 时间下落了对应高度 h'，则根据描述自由落体运动的公式可得

$$h = \frac{1}{2}gt^2$$
$$h' = \frac{1}{2}gt'^2$$

由于

$$\frac{h'}{h} = \frac{1}{49}$$

因此有

$$t' = \frac{1}{7}t$$

由此可见，放电影时应将模型运动时间"放大"7 倍才能使人们看电影时看到逼真的画面，为此，在拍摄电影时，走片速度应为放映时走片速度的 7 倍。故得拍摄时走片速度为

$$24 \text{ 张/s} \times 7 = 168 \text{ 张/s}$$

这样才能使对应于模型运动时间 t' 而放映时间却为 $7t'$。

又设实物下落 h 时的速率为 v，而模型与之对应的量分别是下落高度 h'、速率 v'，根据

$$v^2 = 2gh$$
$$v'^2 = 2gh'$$

可得模型运动速率 v' 与实物运动速率 v 之比为

$$\frac{v'}{v} = \sqrt{\frac{h'}{h}} = \sqrt{\frac{1}{49}} = \frac{1}{7}$$

例 1.2.2 如图 1.2.1 所示，屋檐上每隔相同的时间滴下一滴水，当第 5 滴水正欲滴下时，第 1 滴已刚好到达地面，而第 3 滴与第 2 滴分别位于高为 1m 的窗户的上、下沿，问：

（1）此屋檐距地面多高？

（2）滴水的时间间隔是多少？（这里取重力加速度大小 $g=10\text{m/s}^2$。）

解： 可以将这 5 滴水下落等效地视为一滴水下落，并对这一滴水的运动全过程分成 4 个相等的时间间隔，相邻的两滴水间的距离分别对应各个相等时间间隔内的位移，它们满足比例关系 1∶3∶5∶7。设相邻水滴之间的距离自上而下依次为 x、$3x$、$5x$、$7x$，则窗户高为 $5x$，依题意有

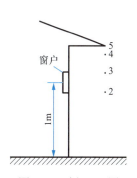

图 1.2.1　例 1.2.2 图

则
$$5x = 1\text{m}$$
$$x = 0.2\text{m}$$

屋檐高度为
$$h = x + 3x + 5x + 7x = 16x = 3.2(\text{m})$$

根据
$$h = \frac{1}{2}gt^2$$

可得
$$t = \sqrt{\frac{2h}{g}} = \sqrt{\frac{2 \times 3.2}{10}} = 0.8(\text{s})$$

所以滴水的时间间隔为
$$\Delta t = \frac{t}{4} = 0.2(\text{s})$$

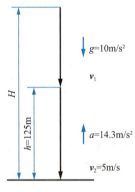

图 1.2.2　例 1.2.3 图

例 1.2.3　如图 1.2.2 所示，跳伞运动员进行低空跳伞表演，他离开飞机后先做自由落体运动，当距离地面 125m 时打开降落伞，伞张开后运动员就以 14.3m/s² 的加速度做匀减速运动，到达地面时的速度为 5m/s，问：

（1）运动员离开飞机时距地面的高度为多少？

（2）离开飞机后，经过多长时间才能到达地面？（这里取重力加速度大小 g=10m/s²。）

解：将跳伞运动员整个下降过程分解成自由落体和匀减速两个阶段，并设坐标系向下为正，自由落体结束时的速度为 v_1。

（1）在匀减速阶段，有
$$2ah = v_2^2 - v_1^2$$

在自由落体阶段，有
$$2g(H - h) = v_1^2$$

由此可得
$$v_1 = \sqrt{v_2^2 - 2ah} = \sqrt{5^2 + 2 \times 14.3 \times 125} = 60(\text{m/s})$$
$$H = \frac{v_2^2 - 2(a-g)h}{2g} = 305(\text{m})$$

即运动员离开飞机时距地面高度为 305m。

（2）在自由落体阶段，有
$$v_1 = gt_1$$

在匀减速阶段，有
$$v_2 = v_1 + at_2$$

由此可得
$$t = t_1 + t_2 \approx 6 + 3.85 = 9.85(\text{s})$$

即离开飞机后，经过 9.85s 才能到达地面。

1.3 抛物运动

讨论：火炮发明之前，我国古代战争使用的重型武器之一就是抛掷石弹的石炮——抛石机，又称飞石车、投石车。相传抛石机发明于周代。据《范蠡兵法》记载，"飞石重十二斤，为机发，行三百步"。抛石车是一种远距离攻城利器，其下装有车轮，可以自由移动，射程达百步。它是利用跷跷板（杠杆）原理，借用配重物的重力发射石弹的。抛石车的机架两支柱间有固定横轴，上有与轴垂直的杠杆，可绕轴自由转动。杠杆短臂上固定一个配重物，长臂末端有弹袋（类似投石袋的套子）用于装弹。发射时，用绞车把长臂向后拉至几乎水平，突然放开，弹袋即迅速升起。当短臂配重物完全落下时，投射物从弹袋中沿约45°角飞出，并呈弧线被抛向远处。30kg 的石弹射程为 140～210m，100kg 的石弹射程为 40～70m。应该如何描述石弹的运动轨迹呢？

1.3.1 平抛运动

先介绍一种比较简单的抛物运动——平抛运动。物体以一定的初速度沿水平方向抛出，如果物体仅受重力作用，则这样的运动称为**平抛运动**。平抛运动可看作水平方向的匀速直线运动与竖直方向的自由落体运动的合运动。

一个物体水平抛出，设其初速度为 v_0，采用水平和竖直方向的直角坐标系，如图 1.3.1 所示，此时有

$$x = v_0 t$$
$$y = \frac{1}{2} g t^2$$

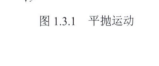

图 1.3.1 平抛运动

在时刻 t 时，位移 r 大小为

$$r = \sqrt{(v_0 t)^2 + \left(\frac{1}{2} g t^2\right)^2} \qquad (1.3.1)$$

设位移 r 与 x 轴的夹角为 α，则有

$$\tan \alpha = \frac{gt}{2v_0} \qquad (1.3.2)$$

水平方向的速度为

$$v_x = v_0$$

竖直方向自由落体运动的速度为

$$v_y = gt$$

其速度合成大小为

$$v = \sqrt{v_0^2 + (gt)^2} \qquad (1.3.3)$$

设速度方向与水平方向夹角为 θ，则有

$$\tan\theta = \frac{gt}{v_0} \tag{1.3.4}$$

当 $t \to \infty$ 时，$v \to gt$，$\theta \to \pi/2$，即表示速度趋近于自由落体的速度。

将直角坐标系中的位移公式消去时间参数 t，便可得到直角坐标系中的平抛运动的轨迹运动方程，即

$$y = \frac{g}{2v_0^2}x^2 \tag{1.3.5}$$

由式（1.3.5）可知，此图形是抛物线，过原点，且 v_0 越大，图形张开程度越大，即射程越大。

1.3.2 斜抛运动

除了平抛运动，还有另外一种抛物运动：如果一个物体向斜上方抛出，在空气阻力可以忽略的情况下，物体所做的这类运动称为**斜抛运动**。

将斜抛运动分解为水平方向的匀速直线运动和竖直方向的匀变速直线运动，如图 1.3.2 所示。

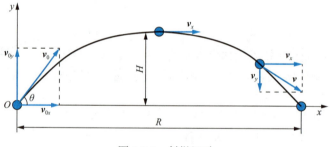

图 1.3.2　斜抛运动

取抛物轨迹所在平面为坐标平面，抛出点为坐标原点，水平方向为 x 轴，竖直方向为 y 轴，则抛物运动的规律为

$$\begin{cases} a_x = 0 \\ a_y = -g \end{cases} \tag{1.3.6}$$

$$\begin{cases} v_x = v_0\cos\theta \\ v_y = v_0\sin\theta - gt \end{cases} \tag{1.3.7}$$

$$\begin{cases} x = v_0 t\cos\theta \\ y = v_0 t\sin\theta - \frac{1}{2}gt^2 \end{cases} \tag{1.3.8}$$

其轨迹方程为

$$y = x\tan\theta - \frac{g}{2v_0^2\cos^2\theta}x^2 \tag{1.3.9}$$

式（1.3.9）是一个开口向下的抛物线方程。因此，当抛出点和落地点在同一平面上时，运动具有对称性，上升时间和下降时间相等，上升和下降时经过同一高度时的速度大小相

等，速度方向与水平方向的夹角大小相等。做斜抛运动物体的飞行时间 T 为

$$T = \frac{2v_0\sin\theta}{g} \tag{1.3.10}$$

将式（1.3.10）代入水平方向的运动方程，则可得射程 R 为

$$R = v_0\cos\theta \frac{2v_0\sin\theta}{g} = \frac{v_0^2\sin 2\theta}{g} \tag{1.3.11}$$

将飞行时间的一半 $T/2$ 代入高度方向的运动方程，可得射高 H 为

$$H = v_0 \cdot \frac{v_0\sin\theta}{g} \cdot \sin\theta - \frac{1}{2}g\left(\frac{v_0\sin\theta}{g}\right)^2 = \frac{v_0^2\sin^2\theta}{2g} \tag{1.3.12}$$

从式（1.3.11）中可以看出，在相同的初速度下，要想抛得最远，抛出时的速度方向应与水平方向成 45°角，前提是忽略空气的阻力。如果考虑了空气阻力，那么其射程就会大打折扣，同时也不一定是 45°角。例如，在第一次世界大战时期，德国使用了一种超远程大炮对法国巴黎进行了远程打击，其射高约 40km、射程约 115km、发射角度为 52°。鉴于此种大炮的超远射程与威慑力，德国人后来将之称为巴黎大炮，如图 1.3.3 所示。巴黎大炮的长炮管是将直径为 210mm 的炮管插进直径为 380mm 的炮管内拼接而成的，长度达到了 36m，其长径比（炮管长与口径的比值）达到了人类有史以来最大的 172 倍。为了使细长的炮管不至于因为自身重量而弯曲，在整段炮身都加装了辅助支架。炮弹飞行高度第一次到达了同温层，由于高空稀薄的空气使阻力减小，从而提高了射程。当然，如此远的射程也就没有什么精度可言了。

图 1.3.3　巴黎大炮

例 1.3.1　如图 1.3.4 所示，射击运动员举枪瞄准挂在树上的靶子，若在枪射击时靶子自由落下，则无论是水平、斜向上还是斜向下瞄准靶子，子弹总可以击中，为什么？

解： 设枪口瞄准靶子的仰角为 θ，靶的悬挂位置为 $P(x_1, y_1)$。子弹沿抛物轨道到达靶子的正下方点 (x_1, y) 所需时间为 t，根据抛体运动的规律，有

$$x_1 = v_0\cos\theta \cdot t$$

$$y = v_0\sin\theta \cdot t - \frac{1}{2}gt^2$$

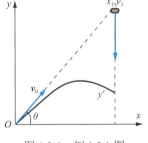

图 1.3.4　例 1.3.1 图

当子弹射离枪口时，靶子同时开始自由下落，设靶子在 t 时刻的纵坐标为 y'，则

$$y' = y_1 - \frac{1}{2}gt^2 = x_1 \tan\theta - \frac{1}{2}gt^2$$
$$= v_0 \cos\theta \cdot t \cdot \tan\theta - \frac{1}{2}gt^2$$
$$= v_0 \sin\theta \cdot t - \frac{1}{2}gt^2$$

比较子弹下落的距离与自由落体的距离，有

$$y' = y$$

从上式可以看出，靶子自由下落到达的位置正好是子弹所到达的位置，所以正好能打中靶子。

例 1.3.2 如图 1.3.5 所示，山上和山下两炮各瞄准对方，同时以相同初速度各发射一枚炮弹，这两枚炮弹会不会在空中相撞？为什么？（忽略空气阻力。）

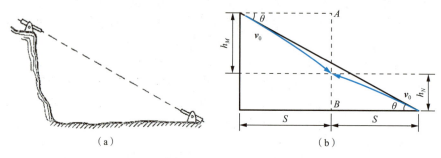

图 1.3.5　例 1.3.2 图

解：设两枚炮弹的发射方向均与水平方向成 θ 角，且初速度均为 v_0。它们发射出去后均做斜抛运动，由于不计空气阻力，水平合外力均为 0，二者在水平方向均做匀速直线运动，所以两炮弹到达直线 AB 的时间相等且只可能在线段 AB 上相遇。

炮弹到达 AB 的时间为

$$t_M = \frac{S}{v_0 \cos\theta}$$

$$h_M = v_0 \sin\theta \cdot t_M + \frac{1}{2}gt_M^2$$

同理可得

$$t_N = t_M = \frac{S}{v_0 \cos\theta}$$

$$h_N = v_0 \sin\theta \cdot t_N + \frac{1}{2}gt_N^2$$

故

$$h_M + h_N = 2v_0 \sin\theta \cdot \frac{S}{v_0 \cos\theta} = 2S\tan\theta$$

又根据几何关系 $\frac{AB}{2S} = \tan\theta$，$AB = 2S\tan\theta$ 可得 $AB = h_M + h_N$，由此可以判断两炮弹会相遇。

1.4 圆周运动

讨论：在日常生活中，电风扇扇叶上某点的运动，田径场弯道上赛跑的运动员所做的运动，等等，都属于圆周运动，那么应该如何描述圆周运动呢？

1970年4月24日，我国第一颗人造卫星——东方红一号（图1.4.1）由"长征一号"运载火箭成功送入预定轨道，并进行了轨道测控和《东方红》乐曲的播送。"东方红一号"卫星的成功发射，开创了我国航天史的新纪元，使我国成为继苏、美、法、日之后世界上第五个独立研制并发射人造地球卫星的国家。

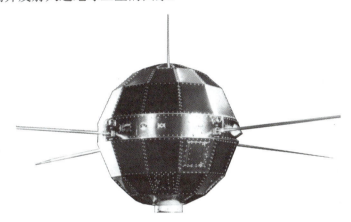

图1.4.1 "东方红一号"卫星

"东方红一号"卫星运行的轨道是近地点441km、远地点2368km、倾角68.44°的椭圆轨道，地球位于该椭圆轨道的一个焦点上。通常将这种运动称为椭圆运动。生活中常见的汽车车轮、皮带轮、电风扇叶片、摩天轮等的转动都属于一种特殊的椭圆运动，称为圆周运动。本节主要介绍圆周运动。

圆周运动分为匀速圆周运动和变速圆周运动，最常见和最简单的是匀速圆周运动。

如图1.4.2所示，由于质点做圆周运动时，与圆心的距离始终保持恒定不变，等于半径R，因此质点的位置可以用位矢与x轴之间的夹角θ来描述，并称θ为质点的**角坐标**，其运动方程为

$$\theta = \theta(t)$$

如果设质点在t_1时刻的角坐标为θ_1，在t_2时刻的角坐标为θ_2，则该时间间隔内的**角位移**为

$$\Delta\theta = \theta_2 - \theta_1$$

角坐标和角位移的单位相同，均为弧度（rad）。

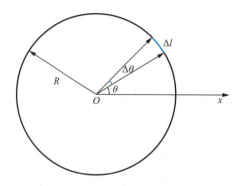

图 1.4.2 圆周运动的角量描述

习惯上以逆时针转角为正,顺时针转角为负,转角的快慢用**角速度**表示,即

$$\omega = \lim_{\Delta t \to 0} \frac{\Delta \theta}{\Delta t}$$

角速度的单位为弧度/秒(rad/s)。

与角速度相对应的一个物理量是线速度,其表达的是质点做圆周运动的速度,方向为圆的切线方向,大小为

$$v = \lim_{\Delta t \to 0} \frac{\Delta l}{\Delta t} = \lim_{\Delta t \to 0} \frac{R \Delta \theta}{\Delta t} = R\omega \qquad (1.4.1)$$

若 v 或 ω 为常量,则这类圆周运动称为匀速圆周运动,这里的"匀速"是指匀角速度或匀速率,速度的方向时刻在变。若 v 或 ω 随时间变化而变化,则称这类圆周运动为变速圆周运动。

描述角速度变化快慢的物理量为**角加速度**,即

$$\beta = \lim_{\Delta t \to 0} \frac{\Delta \omega}{\Delta t}$$

质点做变速圆周运动时,可将速度变化看成由两部分叠加而成:一部分反映速度大小的变化,另一部分反映速度方向的变化。设某质点 P 在角位置 θ 时的速度为 v,转过 $\Delta \theta$ 以后,其速度变为 v'。下面根据图 1.4.3 推导其加速度的计算方法。

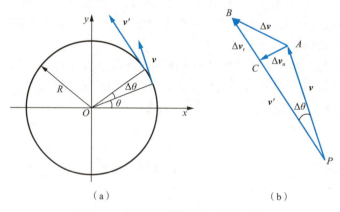

(a) (b)

图 1.4.3 圆周运动加速度表达式推导

令 $|\overline{PA}| = |\overline{PC}|$,则 $|\overline{BC}|$ 反映了速度大小的变化,令其为 Δv_τ,$|\overline{AC}|$ 反映了速度方向的变

化，令其为 $\Delta \boldsymbol{v}_n$，则变速圆周运动时的速度总变化量为

$$\Delta \boldsymbol{v} = \Delta \boldsymbol{v}_\tau + \Delta \boldsymbol{v}_n$$

由于上式是矢量计算，因此 P 点的加速度为

$$\boldsymbol{a} = \lim_{\Delta t \to 0} \frac{\Delta \boldsymbol{v}}{\Delta t} = \lim_{\Delta t \to 0} \frac{\Delta \boldsymbol{v}_\tau}{\Delta t} + \lim_{\Delta t \to 0} \frac{\Delta \boldsymbol{v}_n}{\Delta t}$$

上式中的第一项为**切向加速度**，记为 $\boldsymbol{a}_\tau$，其中

$$|\Delta \boldsymbol{v}_\tau| = |\boldsymbol{v}' - \boldsymbol{v}| = \omega' R - \omega R = \Delta \omega R$$

故有

$$|\boldsymbol{a}_\tau| = \left|\lim_{\Delta t \to 0} \frac{\Delta \boldsymbol{v}_\tau}{\Delta t}\right| = \lim_{\Delta t \to 0} \frac{\Delta \omega R}{\Delta t} = \beta R \tag{1.4.2}$$

第二项为**法向加速度**，记为 $\boldsymbol{a}_n$。

其中

$$\Delta \boldsymbol{v}_n = v \Delta \theta$$

故有

$$|\boldsymbol{a}_n| = \left|\lim_{\Delta t \to 0} \frac{\Delta \boldsymbol{v}_n}{\Delta t}\right| = \left|\lim_{\Delta t \to 0} \frac{v \Delta \theta}{\Delta t}\right| = \frac{v^2}{R} = \omega^2 R \tag{1.4.3}$$

综上可得

$$\boldsymbol{a} = \boldsymbol{a}_\tau + \boldsymbol{a}_n \tag{1.4.4}$$

如果质点做匀速圆周运动，则角加速度 β 大小为 0，法向加速度大小为

$$a_n = \frac{v^2}{R} = \omega^2 R$$

方向沿半径指向圆心，又称向心加速度。

β 为常量的圆周运动称为匀变速圆周运动，与匀变速直线运动的规律类似，因此有

$$\omega = \omega_0 + \beta t$$

$$\theta = \theta_0 + \omega_0 t + \frac{1}{2} \beta t^2$$

$$\omega^2 - \omega_0^2 = 2\beta(\theta - \theta_0)$$

例 1.4.1 一架超声速歼击机在高空 A 处时的水平速率为 1940km/h，沿近似于圆弧的曲线俯冲到 B 处时，其速率为 2192km/h，所经历的时间为 3s，设圆弧 AB 的半径 r 为 3.5km，且飞机从 A 到 B 的俯冲过程可视为匀变速圆周运动，如图 1.4.4 所示，若不计重力加速度的影响，求：

（1）歼击机在 B 处的加速度；

（2）歼击机由 A 处到 B 处所经历的路程。

解： 因飞机做匀变速圆周运动，故 a_τ 为常量，即

$$a_\tau = \frac{\mathrm{d}v}{\mathrm{d}t}$$

分离变量再积分，得

$$\int_{v_A}^{v_B} \mathrm{d}v = \int_0^t a_\tau \mathrm{d}t$$

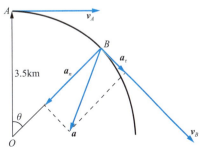

图 1.4.4 例 1.4.1 图

由此可得 B 处的切向加速度大小为

$$a_\tau = \frac{v_B - v_A}{t} \approx 23.3(\text{m/s}^2)$$

B 处的法向加速度大小为

$$a_n = \frac{v_B^2}{r} \approx 106(\text{m/s}^2)$$

B 处的总加速度（即角加速度 β）大小为

$$a = \sqrt{a_\tau^2 + a_n^2} \approx 109(\text{m/s}^2)$$

总加速度与法向之间的夹角为

$$\arctan\frac{a_\tau}{a_n} \approx 12.4(°)$$

在 t 时间内转过的角度为

$$\theta = \omega_A t + \frac{1}{2}\beta t^2$$

歼击机经过的路程为

$$s = r\theta = v_A t + \frac{1}{2}a_\tau t^2 \approx 1722(\text{m})$$

例 1.4.2 一半径为 0.5m 的飞轮在启动时的短时间内，其角速度与时间的二次方成正比。在 $t=2$s 时测得轮缘一点的速度大小为 4m/s。求：

（1）该飞轮在 $t=0.5$s 时的角速度、轮缘一点的切向加速度和总加速度；

（2）该飞轮在 2s 内所转过的角度。

解：（1）由题意可知，$\omega = kt^2$，又因 $\omega R = v$，故有

$$k = \frac{\omega}{t^2} = \frac{v}{Rt^2} = 2(\text{rad/s}^3)$$

即有

$$\omega = 2t^2$$

在 $t=0.5$s 时的角速度、角加速度、切向加速度和法向加速度分别为

$$\omega = 2t^2 = 0.5(\text{rad/s})$$

$$\beta = \frac{\mathrm{d}\omega}{\mathrm{d}t} = 4t = 2(\text{rad/s}^2)$$

$$a_\tau = \beta R = 1(\text{m/s}^2)$$

$$a_n = R\omega^2 = 0.125(\text{m/s}^2)$$

总加速度为

$$a = \sqrt{a_\tau^2 + a_n^2} \approx 1.01(\text{m/s}^2)$$

总加速度与法向之间的夹角为

$$\arctan\frac{a_\tau}{a_n} \approx 82.87(°)$$

（2）该飞轮在 2s 内所转过的角度为

$$\theta = \int_0^2 \omega \mathrm{d}t = \int_0^2 2t^2 \mathrm{d}t \approx 5.33(\text{rad})$$

1.5 相对运动

讨论：在有风的天气跑步时，如果风是从南向北吹的，那么在从南向北跑的过程中似乎感觉不到风，在从北向南跑的过程中似乎感觉起风了，这是为什么呢？

如果在一辆匀速直线行驶的车上竖直上抛一个小球，在车上的人看来，小球做竖直上抛运动，但在地面上的人看来，小球做斜上抛运动，如图 1.5.1 所示。可见，选取的参照系不同，运动的描述也是不同的。下面研究在两个相对运动的参照系中，同一质点的位矢之间、速度之间和加速度之间的关系。

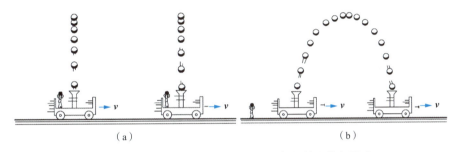

图 1.5.1　物体运动的轨迹依赖于观察者所处的参照系

如图 1.5.2 所示，设参照系 K（坐标系 xOy）和参照系 K'（坐标系 $x'O'y'$）之间有相对运动，并且坐标轴的方向都保持不变。若质点在 K 系和 K' 系中的位矢、速度、加速度分别为 r、v、a 和 r'、v'、a'。K' 系原点在 K 系中的位矢、速度、加速度分别为 R、u、a_1。

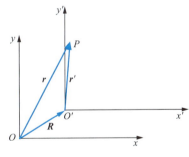

图 1.5.2　相对运动

由图 1.5.2 可知

$$r = r' + R$$

对上式中的时间 t 求导，得

$$\frac{dr}{dt} = \frac{dr'}{dt} + \frac{dR}{dt}$$

在经典力学中，时间与参照系无关，$t = t'$，故有

$$\frac{dr}{dt} = \frac{dr'}{dt'} = v'$$

$$v = v' + u$$

上式表明，质点在 K 系中的速度等于它在 K' 系中的速度加上 K' 系在 K 系中的速度。

习惯上，常把静止的参照系 K 称为基本参照系，把相对 K 系运动的参照系 K' 称为运动参照系。质点相对于基本参照系 K 的速度 v 称为**绝对速度**，相对运动参照系的速度 u 称为**相对速度**,而运动参照系相对于基本参照系的速度 v' 称为**牵连速度**。显然在匀速直线行驶的小车上竖直上抛小球相对于小车而言,其速度为相对速度;小车相对于地面做匀速直线运动的速度为牵连速度;对于地面上的人来说,小球的运动是小球竖直上抛运动和小车匀速直线运动的合成,其合成速度为绝对速度。

对式 $v = v' + u$ 中的时间 t 进行求导,得

$$\frac{dv}{dt} = \frac{dv'}{dt} + \frac{du}{dt}$$

即

$$a = a' + a_1$$

式中,a 为绝对加速度,a' 为牵连加速度,a_1 为相对加速度。

上式表明,绝对加速度等于牵连加速度和相对加速度的矢量和。

综合上面的三个式子可得

$$\begin{cases} r = r' + R \\ v = v' + u \\ a = a' + a_1 \end{cases} \tag{1.5.1}$$

式(1.5.1)称为伽利略变换。需要指出的是,当质点的速度接近光速时,伽利略变换不再适用,此时应遵循洛伦兹变换。

例 1.5.1 如图 1.5.3 所示,河宽为 L,河水以恒定速度 u 流动,岸边有 A、B 两点,其连线与岸边垂直,A 点处有船相对于河水以恒定速度 v_0 开动。证明:船在 A、B 两点间往返一次所需时间为

$$t = \frac{\dfrac{2L}{v_0}}{\sqrt{1-\left(\dfrac{u}{v_0}\right)^2}} = \frac{2L}{\sqrt{v_0^2 - u^2}}$$

图 1.5.3 例 1.5.1 图

解: 设船相对于岸边的速度(绝对速度)为 v,方向由 A 到 B,此时河水流速为牵连速度 u,船对河水的速度为相对速度 v_0,于是有

$$v = v_0 + u$$

$$v = \sqrt{v_0^2 - u^2}$$

船从 A 到 B 的时间为

$$t = \frac{L}{\sqrt{v_0^2 - u^2}}$$

船的往返时间为

$$t = \frac{2L}{\sqrt{v_0^2 - u^2}}$$

若 $u=0$,即河水静止,则 $t = \frac{2L}{v_0}$。

若 $u=v_0$,即河水的流速大小 u 等于船对河水的速度大小 v_0,则 $t \to \infty$,即船由 A 点出发永远不能达到对岸的 B 点。

例 1.5.2 火车静止时,侧窗上雨滴轨迹向前(以火车头为参照物)倾斜 θ_0 角。火车以某一速度匀速前进时,侧窗上雨滴轨迹向后倾斜 θ_1 角,火车加速以另一速度前进时,侧窗上雨滴轨迹向后倾斜 θ_2 角。求:

火车加速前后的速度大小之比。

解:如图 1.5.4 所示,设火车静止时雨滴的速度为 $\boldsymbol{v}_0$,已知其倾角为 θ_0(这也是雨滴相对地面的速度和倾角)。设火车以 $\boldsymbol{v}_1$ 速度行驶时,雨滴相对火车的速度为 $\boldsymbol{v}_1'$,已知其倾角为 θ_1,此时有

$$\boldsymbol{v}_0 = \boldsymbol{v}_1' + \boldsymbol{v}_1$$

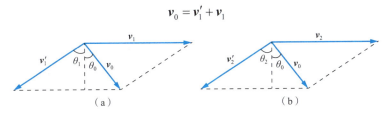

图 1.5.4 例 1.5.2 图

同理,火车以 $\boldsymbol{v}_2$ 速度行驶时,雨滴相对火车的速度为 $\boldsymbol{v}_2'$,已知其倾角为 θ_2,此时有

$$\boldsymbol{v}_0 = \boldsymbol{v}_2' + \boldsymbol{v}_2$$

显然可得各速度大小之间的关系为

$$v_1' \sin\theta_1 = v_1 - v_0 \sin\theta_0 \quad v_1' \cos\theta_1 = v_0 \cos\theta_0$$
$$v_2' \sin\theta_2 = v_2 - v_0 \sin\theta_0 \quad v_2' \cos\theta_2 = v_0 \cos\theta_0$$

进而可得

$$\tan\theta_1 = \frac{v_1 - v_0 \sin\theta_0}{v_0 \cos\theta_0}$$

$$\tan\theta_2 = \frac{v_2 - v_0 \sin\theta_0}{v_0 \cos\theta_0}$$

$\boldsymbol{v}_1$ 和 $\boldsymbol{v}_2$ 的大小分别为

$$v_1 = v_0(\cos\theta_0 \tan\theta_1 + \sin\theta_0)$$
$$v_2 = v_0(\cos\theta_0 \tan\theta_2 + \sin\theta_0)$$

综上可知，火车加速前后的速度大小之比为
$$\frac{v_1}{v_2} = \frac{\cos\theta_0 \tan\theta_1 + \sin\theta_0}{\cos\theta_0 \tan\theta_2 + \sin\theta_0}$$

例 1.5.3 某人以 4km/h 的速率向东跑步前进时，感觉风从正北吹来，若将速率增加一倍，则感觉风从东北方向吹来。求：实际风速与风向。

解： 如图 1.5.5 所示，设人相对于地面的速度为 $\boldsymbol{v}_0$，风相对人的速度为 $\boldsymbol{v}'$，风相对于地面的速度为 $\boldsymbol{v}$，则有
$$\boldsymbol{v} = \boldsymbol{v}_0 + \boldsymbol{v}'$$
若人跑步速度增加一倍，变为 $2\boldsymbol{v}_0$，风相对人的速度为 $\boldsymbol{v}''$，则根据图 1.5.5，各速度大小之间有如下关系
$$\boldsymbol{v} = 2\boldsymbol{v}_0 + \boldsymbol{v}''$$
$$v = \frac{v_0}{\cos\theta}$$
$$v' = v_0 \tan\theta$$
$$v''^2 = v^2 + (2v_0)^2 - 4vv_0\cos\theta = \left(\frac{v_0}{\cos\theta}\right)^2 + 4v_0^2 - 4\frac{v_0}{\cos\theta} \cdot v_0\cos\theta = \left(\frac{v_0}{\cos\theta}\right)^2$$
$$v'' \sin 45° = v'$$
$$v'' = \sqrt{2}v' = \sqrt{2}v_0 \tan\theta$$
则有
$$\left(\frac{v_0}{\cos\theta}\right)^2 = \left(\sqrt{2}v_0\tan\theta\right)^2$$
$$2\sin^2\theta = 1$$
$$\sin\theta = \frac{1}{\sqrt{2}}$$
$$\theta = 45°$$
$$v = \frac{v_0}{\cos\theta} = \sqrt{2}v_0 = 4\sqrt{2}\,(\text{km/h})$$

综上可得，风从西北方吹来，实际风速为 $4\sqrt{2}$ km/h。

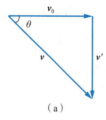
（a）

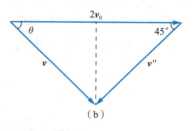
（b）

图 1.5.5 例 1.5.3 图

思考与探究

1.1 回答下列问题：
(1) 位移和路程有何区别？
(2) 速度和速率有何区别？
(3) 瞬时速度和平均速度的区别和联系是什么？
(4) 物体能否有一恒定的速率但仍有一变化的速度？
(5) 物体能否同时具有沿 x 轴正向的加速度和沿 x 轴负向的速度？
(6) 物体的加速度不断减小，但同时速度不断增大，是否可能？
(7) 当物体具有大小、方向不变的加速度时，物体的速度方向能否改变？
(8) 速度为 0 的时刻，加速度是否一定为 0？加速度为 0 的时刻，速度是否一定为 0？

1.2 物体的曲线运动，有下面两种说法：
(1) 物体做曲线运动时，必有加速度，且加速度的法向分量一定不等于 0。
(2) 物体做曲线运动时，速度方向一定在运动轨道的切向方向，法向分速度恒等于 0，并且其法向加速度也恒等于 0。

试判断上述两种说法是否正确，并讨论物体做曲线运动时，速度和加速度的大小、方向及两者的关系。

1.3 如下图所示，某电影制作团队需要拍摄一个驾车横跨河流的镜头，东岸跑道长 265m，驾驶员驾车从跑道东端启动，到达跑道终端时速度为 150km/h，他随即以仰角 5°冲出，飞越跨度为 57m，安全落到西岸的木桥上。据此回答以下问题：
(1) 按匀加速运动计算，驾驶员在东岸驱车的加速度和时间各是多少？
(2) 驾驶员跨越黄河用了多长时间？
(3) 若起飞点高出河面 10.0m，则驾驶员驾车飞行的最高点距河面多少米？
(4) 西岸木桥桥面和起飞点的高度差是多少？

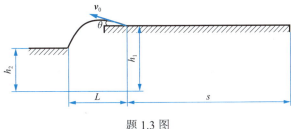

题 1.3 图

1.4 由消防水龙带的喷嘴喷出的水流量是 $q = 280$L/min，水的流速大小 $v = 26$m/s。据此回答以下问题：
(1) 若这喷嘴竖直向上喷射，水流上升的高度是多少？
(2) 在任一瞬间空中有多少升水？

1.5 一种喷气推进的试验车，从静止开始可在 1.8s 内加速到 1600km/h 的速率。据此回答以下问题：

（1）按匀加速运动计算，它的加速度是否超过了人可以忍受的加速度 $25g$（g 为重力加速度值）？

（2）在 1.8s 内该车跑了多长距离？

1.6 如下图所示，滑雪运动员离开水平滑雪道飞入空中时的速率 $v = 110$km/h，着陆的斜坡与水平面的夹角 $\theta = 45°$。据此回答以下问题：

（1）滑雪运动员着陆时沿斜坡的位移是多少？（忽略起飞点到斜面的距离。）

（2）在实际的跳跃中，滑雪运动员所达到的距离为什么与计算结果不符？

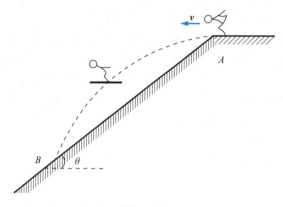

题 1.6 图

1.7 在核物理实验中用来分离不同种类分子的超级离心机的转速是 6×10^4 r/min。在这种离心机的转子内，距轴 10cm 远的一个大分子的向心加速度是重力加速度的几倍？

1.8 一张致密光盘音轨区域内半径 $R_1 = 2.2$cm，外半径 $R_2 = 5.6$cm，径向音轨密度 $N = 650$ 条/mm。在光盘唱机内，光盘每转一圈，激光沿径向向外移动一条音轨。激光束相对光盘是以 $v = 1.3$m/s 的恒定线速度运动的。据此回答以下问题：

（1）这张光盘的总播放时间是多少？

（2）激光束到达距盘心 $r = 5$cm 处时，光盘转动的角速度和角加速度各是多少？

1.9 如下图所示，一汽车在雨中沿直线行驶，其速度为 v_1，下落雨滴的速度方向相对竖直方向向前偏离角 θ（以汽车行驶方向为前方），速度为 v_2，若车后有一长方形物体，则车速 v_1 为多大时，此物体正好不会被雨水淋湿？

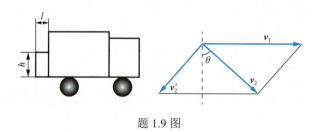

题 1.9 图

质点动力学

▍单元导读

在日常生活中，经常可以看到物体由静止状态变为运动状态，或由运动状态变为静止状态。物体运动状态发生变化的原因是什么？物体的运动规律应如何进行描述？

▍能力目标

1．理解牛顿运动定律的基本内容，掌握运用牛顿运动定律分析问题的思路和方法。
2．掌握动量定理、动量守恒定律的应用方法。
3．会计算变力做的功，掌握质点的动能定理。
4．理解势能、保守力的概念，能用功能原理和机械能守恒定律分析、计算简单的动力学问题。

▍思政目标

1．培养求真、求实的科学探索精神，勇攀科学高峰。
2．培养举一反三的逻辑推理能力，善于发现事物发展的规律。

2.1 牛顿运动定律

讨论：在骑自行车时，用力踩踏脚踏自行车会加速向前行驶，一旦停止踩踏，自行车速度就会慢慢减小，直至无法向前行驶。这是为什么呢？

2.1.1 运动状态发生变化的原因

伊壁鸠鲁认为：当原子在虚空里被带向前进而没有东西与它们碰撞时，它们一定以相等的速度运动。德谟克利特认为：原子在本质上都是相同的，它们之间的作用是通过碰撞、挤压而传递的。然而，古希腊的这些哲学家及其信徒都没有证实他们的这些猜想。

亚里士多德在对周围事物的运动进行细致观察后指出：力是维持物体运动的原因，有力就有运动，没有力就没有运动。我国春秋战国时期的《考工记》记载：马力既竭，辀犹能一取焉。这句话的意思是，马已停止用力，车还能向前走一段距离。在我国战国后期成书的《墨经》中，力被明确定义为：力，刑之所以奋也。这句话的意思是，力是使物体由静而动，动而愈速的原因。

公元 6 世纪的希腊学者菲洛彭诺斯对亚里士多德的运动学说持批判态度，他认为，抛体本身具有某种动力，推动物体前进，直到动力耗尽才趋于停止，这种看法后来发展为"冲力理论"。公元 14 世纪，布里丹、阿尔伯特、奥里斯姆等正式提出"冲力理论"，他们认为：推动者在推动一物体运动时，便对它施加某种冲力或某种动力，速度越大，冲力或动力越大，冲力或动力耗尽时，物体停下来。

1638 年，意大利科学家伽利略发表了《关于两门新科学的谈话》，其中介绍了他做的**理想斜面实验（伽利略斜面实验）**。在这个实验中，伽利略令小球沿一个光滑斜面从静止状态开始下滚，小球将滚上另一个斜面，达到与原来差不多的高度。伽利略推论，只是因为摩擦力，小球才没能达到原来的高度。当减小第二个斜面的倾角后，小球在这个斜面上仍达到与静止时差不多的高度，但这时它在水平方向上滚得远些。继续减小第二个斜面的倾角，小球达到与静止时差不多的高度时会在水平方向上滚得更远。伽利略指出，在实验中，小球沿水平面滚动时，越滚越慢，最后停下来，其原因是存在摩擦，如果没有摩擦，小球将永远滚下去。伽利略斜面实验表明，力不是维持物体的运动（即维持物体速度）的原因。

法国物理学家笛卡儿在伽利略的研究基础上，进行了更深入的研究。笛卡儿认为，如果运动物体不受任何力的作用，不仅速度大小不变，而且运动方向也不会变，将沿原来的方向匀速运动下去。他同时指出，除非物体受到外力的作用，否则物体将永远保持其原来静止状态或运动状态，并且永远不会使自己做曲线运动，而只保持在直线上运动。

英国物理学家牛顿继承并发展了伽利略和笛卡儿等的研究成果，1687 年，他在自己的《自然哲学的数学原理》一书中提出了三大运动定律。

2.1.2 牛顿第一定律

牛顿第一定律：任何物体都将保持静止或匀速直线运动的状态，直到其他物体所施加的力迫使它改变这种状态为止。物体保持静止状态或匀速直线运动状态的性质称为惯性。因此，牛顿第一定律也称为**惯性定律**。

严格来讲，不受其他物体作用的物体是不存在的，因为任何物体总会受到周围其他物体的作用。牛顿第一定律描述的是物体在理想情况下的运动规律，即物体不受作用时的运动规律，它无法用实验来直接验证。但是，如果其他物体距所要描述的物体都非常远，对它的作用非常小，那么可以近似认为它是不受其他物体作用的，或者可以认为其他物体对它的作用恰好彼此抵消，这与不受其他物体作用是等效的。

由于一切物体的运动都是相对的，因此在描述物体的运动时必须说明此物体是相对于哪一个参照系的。在运动的描述中，参照系可以任意选取，以研究方便为原则。那么，在牛顿第一定律中，参照系的选择是否也可以任意选取呢？

如图 2.1.1 所示，设一个物体静止于水平地面上，地面参照系中的观察者看到，该物体保持静止状态，这符合牛顿第一定律。若一车相对于地面做匀速直线运动，则车上的观察者看到，该物体保持匀速直线运动状态，也符合牛顿第一定律。但是，如果车沿地面向前加速运动，那么在车上的观察者看来，该物体既不保持静止状态，也不保持匀速直线运动状态，而是向后做加速运动。换句话说，在相对地面做加速运动的车参照系中，该物体所受其他物体的作用虽然彼此抵消，但速度发生了变化，这显然违反了牛顿第一定律。

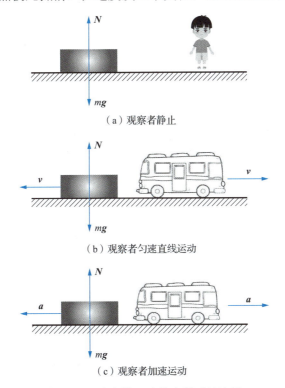

图 2.1.1 牛顿第一定律参照系的选择

可见，在一些参照系中，牛顿第一定律成立，而在另一些参照系中，牛顿第一定律是不成立的。因此，牛顿第一定律定义了一种特殊的参照系。通常把牛顿第一定律成立的参照系称为**惯性参照系**，简称**惯性系**；而把牛顿第一定律不适用的参照系称为**非惯性参照系**，简称**非惯性系**。

一个参照系是否为惯性系,应由观察和实验来确定。实验表明,以太阳为原点,坐标轴指向恒星的恒星参照系是一种典型的惯性系。相对于惯性系做匀速直线运动的参照系也是惯性系。在自转和公转的作用下,地球相对于恒星参照系有加速度,因此,地面参照系不是一个精确的惯性系。在地面参照系中,牛顿第一定律存在微小的偏差。但是,对于一般力学问题,地面参照系的偏差几乎可以忽略不计。

2.1.3 牛顿第二定律

牛顿第一定律指出,物体之间的相互作用是改变运动状态的原因。通常把物体之间的相互作用称为力。周围若干物体共同对某一质点作用时,质点同时受到若干个力的合作用,称为该质点所受的合力。那么力与物体运动状态变化的定量关系如何呢?**牛顿第二定律**指出,物体受到作用力时,它产生的加速度的大小与合外力的大小成正比,与其本身的质量成反比,加速度的方向与合外力的方向相同,其数学表达式为

$$\boldsymbol{F} = m\boldsymbol{a} \tag{2.1.1}$$

从式(2.1.1)可以看出,力不是维持物体运动状态的原因,而是使物体产生加速度的原因,这表明力与加速度之间是瞬时关系。质量是惯性大小的量度。运动中的物体不受外力作用时,将保持运动状态不变;受一定外力作用时,质量越大,加速度越小,运动状态越难改变;反之,质量越小,加速度越大,运动状态越容易改变。因此,牛顿第二定律中的质量也常称为**惯性质量**。需要指出的是,牛顿第二定律也只适用于惯性系。

2.1.4 牛顿第三定律

当一个物体给另一个物体施加作用力时,前者同时也会受到后者施加给它的作用力。我国先秦时期的墨子学派就曾指出:船夫用竹篙钩岸上的木桩,木桩能反过来拽着船靠岸。这大概是作用力与反作用力现象的最早记载了。牛顿将这一规律总结为**牛顿第三定律**,即两个物体相互作用时,它们施加给对方的作用力总是大小相等,并沿着同一直线的相反方向。这两个力分别称为作用力 $\boldsymbol{F}$ 和反作用力 $\boldsymbol{F}'$,即

$$\boldsymbol{F} = -\boldsymbol{F}' \tag{2.1.2}$$

虽然作用力和反作用力大小相等、方向相反,但是它们不能相互抵消,因为这两个力分别作用在两个不同的物体上,而且它们是性质相同的力。

例 2.1.1 如图 2.1.2 所示,质量为 60kg(这里取重力加速度 g=9.8m/s^2)的人站在电梯中的台秤上,求:

(1)匀速上升时,台秤的读数是多少?

(2)以 0.5m/s^2 的加速度匀加速上升时,台秤的读数是多少?

(3)以 0.5m/s^2 的加速度匀加速下降时,台秤的读数是多少?

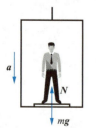

图 2.1.2 人站在电梯中的台秤上

解:以人为研究对象,进行受力分析,人受到两个力作用,分别是重力 mg 和台秤对人的支持力 N,建立一维直角坐标系,并规定向下为正。

根据牛顿第二定律,有

$$mg - N = ma$$

(1)电梯匀速上升时,$a = 0$,有 $N = mg = 60 \times 9.8 = 588(\text{N})$。

人对台秤的压力 N' 显示为台秤的读数，根据牛顿第三定律，人对台秤的压力和台秤对人的支持力是一对作用力与反作用力，即
$$N' = -N$$
故 $N' = -588\text{N}$，此时台秤的读数应为 588N。

（2）电梯以 0.5m/s^2 的加速度匀加速上升时，由于加速度方向与规定的坐标系方向相反，故 $a = -0.5\text{m/s}^2$，代入 $mg - N = ma$，有
$$N = mg - ma = 618\text{N} > mg$$
故 $N' = -618\text{N}$，此时台秤的读数应为 618N，人处于超重状态。

（3）电梯以 0.5m/s^2 的加速度匀加速下降时，由于加速度方向与规定的坐标系方向相同，故 $a = 0.5\text{m/s}^2$，代入 $mg - N = ma$，有
$$N = mg - ma = 558\text{N} < mg$$
故 $N' = -558\text{N}$，此时台秤的读数应为 558N，人处于失重状态。

例 2.1.2 如图 2.1.3 所示，细绳长 R，一端固定于 O 点，质量为 m 的小球系在绳的另一端，在竖直平面内绕 O 点做半径为 R 的圆周运动。已知小球在最低点时的速度为 v_0。求：在任意位置时，小球的速率 v 和绳的张力 T。

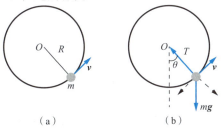

图 2.1.3　例 2.1.2 图

解：以小球为研究对象，地面为参考系，小球受重力 $m\boldsymbol{g}$ 和绳子张力 $\boldsymbol{T}$ 的作用，做圆周运动，根据牛顿第二定律，其运动方程为
$$m\boldsymbol{g} + \boldsymbol{T} = m\boldsymbol{a}$$

以绳与铅垂线的夹角 θ 表示小球的角位置，并规定小球绕逆时针方向运动时 $\theta > 0$，则运动方程的切向分量和法向分量大小分别为
$$-mg\sin\theta = ma_t = m\frac{dv}{dt}$$
$$T - mg\cos\theta = ma_n = m\frac{v^2}{R}$$

因为需要求 v 和 θ 的函数关系式，所以应进行微分变换，即
$$\frac{dv}{dt} = \frac{dv}{d\theta}\frac{d\theta}{dt} = \frac{dv}{d\theta}\omega = \frac{dv}{d\theta}\frac{v}{R}$$

上式中的 ω 为角速度，根据上式有
$$-g\sin\theta = \frac{dv}{d\theta}\frac{v}{R}$$

分离变量，并代入 $\theta = 0$，$v = v_0$ 的初始条件后积分，得

$$\int_{v_0}^{v} v \mathrm{d}v = \int_{0}^{\theta} -Rg\sin\theta \mathrm{d}\theta$$

继而得小球在任意位置时的速率为

$$v = \sqrt{v_0^2 + 2Rg(\cos\theta - 1)}$$

可得绳的张力大小为

$$T = m\frac{v_0^2}{R} + (3\cos\theta - 2)mg$$

知识窗　雨为什么砸不死人？

下雨是一种常见的天气现象，雨滴从天而降，质量有大有小。在冬天大部分时间里，雨大都从距地面2000m的高空往下落，夏天大都从5000m的高空往下落。雨滴也是高空落物，为何砸不死人呢？

前面已经介绍过，如果空气阻力忽略不计，物体由静止自由下落的运动也可以看作自由落体运动，假设雨滴从5000m高空落下，则有

$$v = \sqrt{2gh} = \sqrt{2 \times 9.8 \times 5000} \approx 313.05 (\mathrm{m/s})$$

这个速度大小已经接近声速340m/s，也相当于59式9mm手枪子弹出枪口时的速度。也就是说，如果人站在雨中，此时将受到一场"雨弹"的打击，很难幸免于难，但实际情况是，雨中的人不会受到什么伤害。这是因为在计算过程中，忽略了空气阻力的影响。

那在什么情况下可以将空气阻力的影响忽略呢？首先，物体下落的高度不能太高。这是因为物体在下落过程中，速度越快，受到的阻力越大，空气阻力对物体速度的影响越明显。再则，物体的质量要大。这是因为质量越小，物体受到的重力与空气阻力之间的差异越小，加速度也越小。

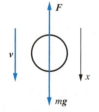

图2.1.4　雨滴受力分析图

由此可知，雨滴从云层往下落，高度较大，且雨滴的质量也较小，因此不能将其看作自由落体运动，空气阻力的影响必须考虑在内。雨滴在下落的过程中受到两个相反方向的作用力，一个是方向向下的重力 mg，另一个是方向向上的空气阻力 F。假设雨滴受到的空气阻力与速度成正比，即有 $F = kv$，以地面为参照系，选竖直向下为 x 正方向，如图2.1.4所示。

根据牛顿第二定律，雨滴的运动方程为

$$mg - F = m\frac{\mathrm{d}v}{\mathrm{d}t}$$

$$mg - kv = m\frac{\mathrm{d}v}{\mathrm{d}t}$$

上式中的 k 为比例系数。由上式可知，在雨滴下落初期，重力大于阻力，雨滴处于加速状态。随着雨滴速度不断增大，阻力也不断增大。在下落过程中达到一定速度后，重力和阻力相当，雨滴受到的力达到了平衡状态，处于匀速运动状态，此时的速度为终极速度，即

$$v = \frac{mg}{k}$$

不管是大雨滴还是小雨滴，在从云层坠落过程中的某个时刻一定会达到匀速运动状态，以终极速度落地。雨滴的终极速度只与其自身质量相关，雨滴的质量越大，其到达地面时的终极速度就越大。因此，同一高度落下的雨滴，质量较大的会先一步落地。

对式 $mg - kv = m\dfrac{dv}{dt}$ 分离变量，并代入初始条件 $t = 0$，$v = 0$，积分得

$$\int_0^v \frac{m dv}{mg - kv} = \int_0^t dt$$

$$-\frac{m}{k} \int_0^v \frac{d(mg - kv)}{mg - kv} = t$$

$$-\frac{m}{k} \ln \frac{mg}{mg - kv} = t$$

$$v(t) = \frac{mg}{k}\left(1 - e^{-\frac{k}{m}t}\right)$$

当 $t \gg \dfrac{m}{k}$ 时，雨滴达到最大速度 $v = \dfrac{mg}{k}$。实际上 $t \geqslant 5\dfrac{m}{k}$ 时，就可以认为雨滴已经完全达到终极速度了。因此，雨滴的下落运动并不能看作简单的自由落体运动，在整个过程中，其自身重力和空气阻力都是关键影响因素。试想一下，倘若没有了空气阻力的影响，下雨天人们感受到雨滴的冲击力还会这么轻微吗？

雨滴在下降过程中任意时刻的速度公式为

$$v = \frac{dx}{dt} = \frac{mg}{k}\left(1 - e^{-\frac{k}{m}t}\right)$$

将上式分离变量，并代入初始条件 $t = 0$，$x = 0$，积分后可得雨滴的运动方程，即

$$\int_0^x dx = \int_0^t \left[\frac{mg}{k}\left(1 - e^{-\frac{k}{m}t}\right)\right] dt$$

$$x = \frac{m}{k}\left(gt + e^{-\frac{k}{m}t} - 1\right)$$

例 2.1.3 如图 2.1.5 所示，船舶靠岸后，常用缆绳绕在码头的系缆桩上，为什么缆绳要多绕几圈呢？

图 2.1.5 用缆绳固定船舶

如图 2.1.6 所示，现假设一根绳子绕在固定于地面的圆柱上，绳与圆柱接触部分 ab 对圆心的张角为 θ，已知绳与圆柱间的静摩擦系数为 μ，绳子质量可以忽略不计，绳子正处于逆时针相对滑动的临界状态，求绳子两端张力 $\boldsymbol{T}_a$ 和 $\boldsymbol{T}_b$ 间的关系。

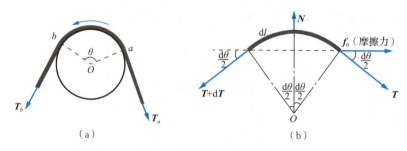

图 2.1.6　例 2.1.3 分析用图

在 ab 中取一微元 dl，对圆心的张角为 dθ，微元受 4 个力的作用且处于平衡状态。采用自然坐标系，运动方程在切向为

$$(T + dT)\cos\frac{d\theta}{2} - T\cos\frac{d\theta}{2} - \mu N = 0$$

在法向为

$$(T + dT)\sin\frac{d\theta}{2} + T\sin\frac{d\theta}{2} - N = 0$$

由于微元 dl 很小，相应 dθ 也很小，故有

$$\cos\frac{d\theta}{2} \approx 1$$

$$\sin\frac{d\theta}{2} \approx \frac{d\theta}{2}$$

在切向有

$$dT - \mu N = 0$$

在法向有

$$T\frac{d\theta}{2} + dT\frac{d\theta}{2} + T\frac{d\theta}{2} - N = 0$$

忽略二阶小量 dTdθ，有

$$Td\theta - N = 0$$

联立以上各式可得

$$dT = \mu T d\theta$$

分离变量，积分可得

$$\int_{T_a}^{T_b} \frac{dT}{T} = \int_0^\theta \mu d\theta$$

继而可得绳子两端张力 $\boldsymbol{T}_a$ 和 $\boldsymbol{T}_b$ 间的大小关系为

$$\frac{T_b}{T_a} = e^{\mu\theta}$$

绳子两端张力之比随张角 θ 呈指数规律增大，若绳子在圆柱上绕 5 圈，绳与柱之间的静摩擦系数 $\mu = 0.25$，则

$$\frac{T_b}{T_a} = e^{0.25 \times 5 \times 2\pi} \approx 2.6 \times 10^3$$

此时用 1N 的力就能拉住 2.6×10^3 N 的负载。船靠岸时，人们轻松地把缆绳在系缆桩上绕几圈就能将船固定在码头上，就是利用的这种原理。

2.2 开普勒定律

讨论：人类对天空的向往古已有之，起初人们觉得天空是神秘的、不可亵渎的，但随着人类文明的不断发展，人类对天空的认识也越来越全面，那么在研究天体运动时如何判断它们的运动轨迹和运动周期呢？

我国是世界上最早进行天文观测的国家之一。《易经》中记载：天垂象，圣人则之。其大意为，上天显示出各种天象，圣人就要效法它们。可见，古人认为天象与人类发展和人世间的万物都有着必然的联系。古人通过观察天象，逐渐形成了古代天文学，为制定历法、指导农业生产提供了依据。但由于时代的限制，天文学与占星术曾长期交织在一起，常常无法对一些天象，特别是一些罕见的天象（如日食、月食、流星雨等）做出科学的解释，而认为各种天象是上天意志的表现。

16 世纪，丹麦出现了一个著名的占星学家——第谷·布拉赫。1560 年 8 月，他根据预报观察到一次日食，这使他对天文学产生了极大的兴趣。1563 年，第谷·布拉赫观察了木星和土星，并写出了他的第一份天文观测资料。他在还没有望远镜的时代所测量的 777 颗恒星位置，其误差不超过 4 弧分，创造了前所未有的奇迹。第谷·布拉赫被公认为是近代实测天文学的创立者。

1600 年 2 月，开普勒加入第谷·布拉赫的团队，成为第谷·布拉赫的一名学生。开普勒虽然眼睛高度近视，身体虚弱，但待人和蔼，意志坚强，富有想象力，特别是在数学领域极有天赋。开普勒根据第谷·布拉赫多年来所观察与收集的天文资料，通过多年的计算分析，于 1605 年得出了第一定律和第二定律，又于 1618 年得出了第三定律。开普勒也因此被誉为"天空立法者"。

开普勒第一定律：所有行星绕太阳的轨道都是椭圆，太阳在椭圆的一个焦点上。

开普勒第二定律：行星和太阳的连线在相等的时间间隔内扫过的面积相等，如图 2.2.1 所示。

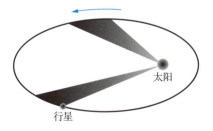

图 2.2.1　开普勒第二定律

开普勒第三定律: 所有行星轨道半长轴长度 a 的三次方与公转周期 T 的二次方的比值都相等,即

$$k = \frac{a^3}{T^2}$$

2.3 万有引力定律

讨论: 人类跳高的极限是由古巴传奇人物哈维尔·索托马约尔在1993年创造并保持至今的,他在意大利的圣西罗创造了2.45m的跳高成绩。而宇航员在月球上向远离月心的方向跳跃时,很轻松地就能远离月球表面3m以上。这是为什么呢?

2.3.1 万有引力定律的推导

开普勒定律不仅适用于行星绕太阳的运动,也适用于卫星绕行星的运动。开普勒定律揭示了太阳与行星之间存在着随距离增大而减小的力。另外,伽利略认为,地面上的物体加速下落是由于地球引力所致的。牛顿认识到,宇宙中所有物体间都存在一种力,使得物体间能够相互吸引,他把这种力称为引力。牛顿利用他所发现的牛顿第二定律和牛顿第三定律并结合开普勒第三定律,推导出了这种引力的计算公式。

现假定行星做圆周运动,其运动半径为 r,圆周运动速度大小为 v,则行星运动的周期可表示为

$$T = \frac{2\pi r}{v}$$

行星的法向加速度大小为

$$a_n = \frac{v^2}{r} = \frac{4\pi^2 r}{T^2}$$

那么对于两颗行星则有

$$\frac{a_{n1}}{a_{n2}} = \frac{r_1 T_2^2}{r_2 T_1^2}$$

由开普勒第三定律可知

$$\frac{r_1^3}{T_1^2} = \frac{r_2^3}{T_2^2}$$

于是有

$$\frac{a_{n1}}{a_{n2}} = \frac{r_2^2}{r_1^2}$$

即做圆周运动的行星的加速度与半径的二次方成反比。再由牛顿第二定律可知,力与加速度成正比,故可断定,行星所受到的力必与其运行的半径成反比,即

$$F \propto \frac{1}{r^2}$$

即使行星运行的轨道为椭圆也成立。

另外,牛顿根据牛顿第二定律想象到引力与物体质量成正比,又由第三定律推断,该力是相互的,自然应与地球质量成正比。牛顿认为,不仅天体之间存在引力,任何物体之间都存在引力,这种引力称为万有引力,可表示为

$$F = G\frac{m_1 m_2}{r^2} \tag{2.3.1}$$

式中,G 为引力常量,$G = 6.67408 \times 10^{-11} \mathrm{N \cdot m^2 \cdot kg^{-2}}$。

万有引力定律于 1687 年被发表在《自然哲学的数学原理》上,定律表示为:任何两个质点之间都存在引力,引力的方向沿着两个质点的连线方向,该引力大小与两个质点质量的乘积成正比,与两个质点距离的二次方成反比。

英国天文学家埃德蒙·哈雷在整理彗星观测记录的过程中发现,1682 年出现的彗星轨道与 1607 年和 1531 年出现的彗星轨道非常相似,他推测这三颗彗星实际上是同一颗彗星在进行周期性的回归。埃德蒙·哈雷以万有引力定律为基础推算出这颗彗星的轨道是椭圆,后来这颗彗星就以"哈雷"命名。此后,哈雷彗星在 1834 年、1910 年和 1986 年被观测到过三次,这有力地验证了万有引力定律的正确性。

1821 年,法国天文学家布瓦尔计算并发表了当时已知的三颗最大和最远行星(木星、土星和天王星)的星历表。他发现,计算得出的木、土两星的位置与实际位置符合得很好,但计算得出的天王星的位置与实际位置并不相符。此后,许多天文学家依据天文观测资料寻求使天王星在运动上产生"偏差"的未知行星。1845 年,在英国剑桥大学任教的亚当斯推算出该未知行星的运行轨道和当时位置。1845 年 10 月到 1846 年 9 月,他分别向剑桥大学天文台、格林尼治天文台多次报告了他的计算结果,但均未引起重视。1846 年,法国天文学家勒维耶也计算出了该未知行星的运行轨道和当时位置,并将计算结果交给了德国柏林天文台的天文学家伽勒,伽勒于 1846 年 9 月 23 日正式宣布在勒维耶预言的位置看到了这颗新的行星,此行星后为被命名为海王星。由于海王星最初不是通过观测被发现的,而是人们推算出来的,因此历史上称海王星是"笔头上发现的行星"。

2.3.2 引力常量的测量

虽然万有引力定律成功解释了彗星的运动轨道,并引导人们发现了海王星,但直到 18 世纪 80 年代,引力常量 G 的数值仍旧是个谜,这个问题一直困扰着人们。与此同时,人们还一直试图找到"称重地球"的方法。发现万有引力定律后,牛顿精心设计了几个实验,试图在地面测量两个物体之间的引力,可惜都失败了。经过粗略推算,牛顿发现一般物体之间的引力极其微小,以至于在当时的条件下根本无法测出。失望之余,牛顿便向人们宣布:利用万有引力定律来计算地球质量的努力将是徒劳的!

1750 年,法国科学家布格尔来到南美洲的厄瓜多尔,登上一座陡峭山脉的山顶,沿着悬崖垂下一根铅垂线。根据布格尔的猜想,铅球的质量已知,山体的质量可以计算出来,只要测量出铅球因为受到山体的吸引偏离的角度,就可以得知山体和铅球之间的引力大小,进而推算出地球的质量。虽然"铅垂线法"的实验原理是对的,但是受到风和各种振动的影响,山体和铅球之间的微小引力难以测得,因此实验都失败了。1761 年,英国天文学家马斯基林选中了位于苏格兰高地中部的斯希哈林山,他带着测绘员现场作业,根据测量数

据进行计算，得出地球的质量约为 5×10¹⁵t 的结论。马斯基林团队还有一个额外的收获：在测绘团队绕着斯希哈林山四处测量时，一个叫查尔斯•赫顿的测量员被写满海拔数字的地图烦得要死，干脆顺手把同一高度的点连成了线，这就是如今测绘领域常用的等高线的由来。

虽然地球的大致质量测出来了，但当时英国剑桥大学的地质学家和天文学家米歇尔觉得，在计算时把山的密度看成跟普通石头差不多，再用体积来估算山的质量，这样误差很大，再用得到的结果来计算地球质量，最终的误差就更大了。于是，他设计了一台仪器，用它来测量小型物体之间的引力，并在这个过程中称重地球。

米歇尔设计的仪器并不复杂，它只有 4 个铅球、一些支架和一些丝线。物理学家把这种仪器称为扭秤，因为其中关键的结构是一个可旋转的支架。在最终的设计方案中，可旋转的支架是一个挂在一根丝线上长 1.8m 的木棍，这根木棍两端各有一个直径为 51mm 的小铅球。两个直径为 300mm 的大铅球分别放在小铅球附近大约 230mm 远的位置，并用悬挂装置挂起。大铅球和小铅球之间的万有引力会使得木棍发生转动。通过测量木棍转过的角度，就可以求出大小铅球之间的万有引力，地球和铅球之间的引力就是铅球所受的重力，它们之间的距离就是地球的半径。米歇尔的想法是，比较这两套引力数据，利用万有引力定律公式进行推算，就可以得到公式中一个未知的量——地球的质量。然而，这种仪器很难建造和操作。

1784 年，米歇尔给他的英国皇家学会的同事卡文迪许写了封信，他希望能在当年夏天称重地球。但是由于各种原因，这个实验项目没有进行。1793 年，米歇尔去世，他的装置遗留给了英国化学家沃拉斯顿，后被转送给卡文迪许。1797 年，卡文迪许重新制作了绝大部分部件，并对原装置进行了一些改动。他认为大铅球对小铅球的引力极其微小，任何一个极小的干扰力就会使实验失败。为了排除误差来源，卡文迪许把整个仪器安置在一个密闭房间里，通过望远镜从室外观察扭秤臂杆的转动。

卡文迪许解决问题的思路是，将不易观察的微小变化量转化为容易观察的显著变化量，再根据显著变化量与微小变化量的关系计算出微小变化量。卡文迪许扭秤工作原理示意图如图 2.3.1 所示。扭秤的主要部分是一个轻而坚固的 T 形架，倒挂在一根金属丝的下端。T 形架水平部分的两端各安装一个质量为 m 的小铅球，T 形架的竖直部分装一面小平面镜 M，它能把射来的光线反射到刻度尺上，这样就能比较精确地测量金属丝的扭转。实验时，把两个质量都是 m' 的大铅球放在如图 2.3.1 所示的位置。小铅球在大铅球的吸引作用下，迫使 T 形架受到力矩作用而转动，使金属丝发生扭转，但金属丝会产生相反的扭转力矩，阻碍 T 形架转动。

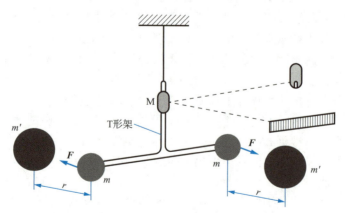

图 2.3.1 卡文迪许扭秤工作原理示意图

当 T 形架左右两侧的两个力矩平衡时，T 形架也处于平衡状态。这时金属丝扭转的角度可以根据从小平面镜 M 反射的光点在刻度尺上移动的距离求出，再根据金属丝的扭转力矩与扭转角度的关系，就可以算出这时的扭转力矩，进而求得 m 与 m' 的引力 F。

1798 年，卡文迪许最终测得引力常量 $G=6.74\times10^{-11}\text{N}\cdot\text{m}^2\cdot\text{kg}^{-2}$，同时公布了地球的质量为 $5.977\times10^{24}\text{kg}$，约 $6\times10^{21}\text{t}$。卡文迪许所测得的引力常量值与公认值只相差百分之一，在此后的数十年间都无人超过他的测量精度。目前普遍接受的 G 值为 $6.67408\times10^{-11}\text{N}\cdot\text{m}^2\cdot\text{kg}^{-2}$，这个数值存在 0.0047% 的不确定度，这样的误差是其他基本常数的数千倍，如光速。虽然 0.0047% 看似很小了，但却限制了研究人员确定天体的质量及计算其他基于 G 的参数的值。

2018 年，我国华中科技大学和中山大学的研究团队所测得的万有引力常数的精确度达到了 0.00116%，刷新了实验测量引力常量的精确度纪录。

例 2.3.1 经过长期观测，人们在宇宙中已经发现了许多双星系统，通过对它们的深入研究，人们对宇宙中物质的存在形式和分布情况有了较深刻的认识。双星系统由两个星体组成，其中每个星体的线度都远小于两星体之间的距离，一般双星系统距离其他星体很远，可以当作孤立系统来进行处理。现根据对某一双星系统的光度学测量确定：该双星系统中每个星体的质量都是 M，两者相距 L，它们正围绕两者连线的中点做圆周运动。

（1）试计算该双星系统的运动周期 $T_{计算}$。

（2）假设实验中观测到的运动周期为 $T_{观测}$，且 $T_{观测}:T_{计算}=1:\sqrt{N}$（$N>1$）。目前有一种流行的理论认为：在宇宙中可能存在一种望远镜观测不到的暗物质。这种暗物质有助于人们更好地理解 $T_{观测}$ 与 $T_{计算}$ 的不同。双星系统是一种简化模型，假定在以这两个星体连线为直径的球体内均匀分布这种暗物质。若不考虑其他暗物质的影响，请根据这一模型和上述观测结果确定该星系间这种暗物质的密度。

解：（1）双星均绕它们连线的中点做圆周运动，设运动的速率为 v，那么有

$$M\frac{v^2}{\frac{L}{2}}=G\frac{M^2}{L^2}$$

化简可得

$$v=\sqrt{\frac{GM}{2L}}$$

则该双星系统的运动周期为

$$T_{计算}=\frac{2\pi\frac{L}{2}}{v}=\pi L\sqrt{\frac{2L}{GM}}$$

（2）根据观测结果，星体的运动周期为

$$T_{观测}=\frac{1}{\sqrt{N}}T_{计算}<T_{计算}$$

这种差异是由双星系统（类似一个球）内均匀分布的暗物质引起的，这种暗物质对双星系统的作用与一个质点（质点的质量等于球内暗物质的总质量 M' 且位于中点 O 处）对双星系统的作用相同。考虑暗物质的作用后，双星的速度大小即为观察到的速度大小 v_1，那么有

$$M\frac{v_1^2}{\frac{L}{2}} = G\frac{M^2}{L^2} + G\frac{MM'}{\left(\frac{L}{2}\right)^2}$$

化简可得

$$v_1 = \sqrt{\frac{G(M+4M')}{2L}}$$

因为周长一定时，周期和速度成反比，所以有

$$\frac{1}{v_1} = \frac{1}{\sqrt{N}} \cdot \frac{1}{v}$$

联立以上各式可得

$$M' = \frac{N-1}{4}M$$

设所求暗物质的密度为 ρ，则有

$$\frac{4}{3}\pi\left(\frac{L}{2}\right)^3 \rho = \frac{N-1}{4}M$$

故这种暗物质的密度为

$$\rho = \frac{3(N-1)M}{2\pi L^3}$$

知识窗 地球上的潮汐现象为什么取决于月球而非太阳？

我国浙江省有一条钱塘江，它最终注入东海，其入海口的海潮即为广为人知的钱塘潮。钱塘潮到来前，远处先呈现出一个细小的白点，转眼间变成了一缕银线，并伴随着一阵阵闷雷般的潮声，白线翻滚而至，潮峰高 3～5m，后浪赶前浪，一层叠一层，宛如一条长长的白色带子，大有排山倒海之势。诗云："钱塘一望浪波连，顷刻狂澜横眼前；看似平常江水里，蕴藏能量可惊天。"观潮始于汉魏，盛于唐宋，历经 2000 余年。不同的地段，可看到不同的潮景：塔旁观"一线潮"，八堡看"汇合潮"，老盐仓赏"回头潮"。钱塘江观潮如图 2.3.2 所示。钱塘潮是一种潮汐现象，而地球上潮汐现象的成因主要取决于月球而不是太阳，这是为什么呢？下面通过计算对此进行说明。

图 2.3.2 钱塘江观潮

已知月球绕地球转动的轨道半径为地球半径的 60 倍,地球绕太阳转动的轨道半径为地球半径的 2.4×10^4 倍,地球质量为月球质量的 80 倍,太阳质量为地球质量的 3.5×10^5 倍。

设质量为 M 的天体（太阳或月球）对相距 r 质量为 m 的物体的引力大小为 F,所产生的加速度大小为 a,则

$$a = G\frac{M}{r^2}$$

天体对与其相距最近的水产生的加速度和对地球所产生的加速度之差为（设地球半径为 R,天体球心与地球球心之间的距离为 r）

$$\Delta a = a_{水} - a_{地球} = G\frac{M}{(r-R)^2} - G\frac{M}{r^2} = \frac{GM(2r-R)R}{r^2(r-R)^2}$$

考虑到 $r \gg R$,上式可简化为

$$\Delta a = G\frac{2MR}{r^3}$$

天体对地球和地球上的水所产生的加速度有一个差值,这个差值将导致水在地球表面上产生相对运动,形成潮汐现象。

太阳对地球上物体的引力与月球对地球上物体的引力之比为

$$\frac{F_s}{F_m} = \frac{M_s}{M_m}\left(\frac{r_m}{r_s}\right)^3 = \frac{3.5\times10^5}{\frac{1}{80}}\times\left(\frac{60}{2.4\times10^4}\right)^3 = 0.4375$$

可见,虽然太阳对地球上物体的引力远大于月球对地球上物体的引力,但它们对水和地球所产生的加速度之差却是月球的大,因此,地球上潮汐现象的产生主要取决于月球而不是太阳。

例 2.3.2 某行星半径为 6400km,且由水形成的海洋覆盖着它的所有表面,海洋的深度为 10km。学者们对该行星进行探查发现,当把实验用的样品浸入行星海洋的不同深度时,各处的重力加速度以相当高的精确度保持不变。试求这个行星表面处的重力加速度。

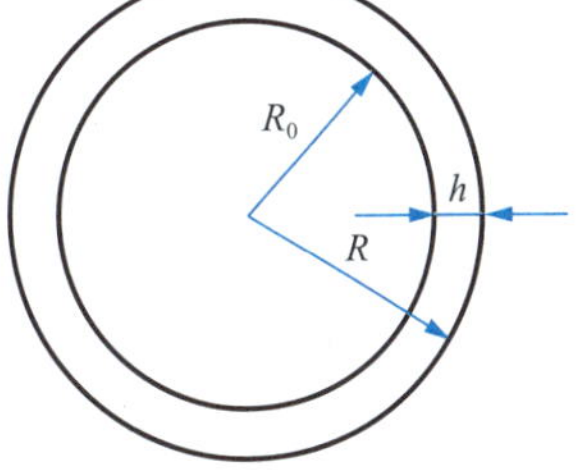

解： 如图 2.3.3 所示,以 R 表示此行星（包括水层）的半径,M 表示其质量,h 表示其表层海洋的深度,r 表示海洋内任一点到行星中心的距离,R_0 表示除表层海洋外行星内层的半径,那么有 $R \geq r \geq R_0$,且 $R_0 + h = R$,以 ρ_1 表示水的密度,则此行星表层海洋中总质量为

$$m = \rho_1\left(\frac{4}{3}\pi R^3 - \frac{4}{3}\pi R_0^3\right) = \frac{4}{3}\pi\rho_1(3R^2h - 3Rh^2 + h^3)$$

图 2.3.3 例 2.3.2 图

由于 $R \gg h$,故可以忽略上式中的高次项,此时上式近似为

$$m = 4\pi\rho_1 R^2 h$$

根据均匀球体表面处重力加速度的公式,此行星表层海洋的底面和表面处的重力加速度大小分别为

$$g_1 = \frac{GM}{R^2}$$

$$g_2 = \frac{G(M-m)}{R_0^2}$$

显然有 $g_1 = g_2$，即

$$\frac{M}{R^2} = \frac{M-m}{R_0^2} = \frac{M-m}{(R-h)^2}$$

整理上式，得

$$M = \frac{R^2 m}{2Rh - h^2}$$

上式可近似为

$$M = \frac{Rm}{2h}$$

则可得此行星表面的重力加速度为

$$g_1 = \frac{GM}{R^2} = \frac{Gm}{2Rh} = 2\pi G \rho_1 R$$

将 $G = 6.67 \times 10^{-11} \mathrm{N \cdot m^2 \cdot kg^{-2}}$、$\rho_1 = 1.0 \times 10^3 \mathrm{kg/m^3}$、$R = 6.4 \times 10^6 \mathrm{m}$ 代入上式，得

$$g_1 \approx 2.7 \mathrm{m/s^2}$$

小故事 冯继升与陶成道

说起火箭，就不能不提火箭的发明者——冯继升。公元 970 年，冯继升向朝廷敬献了自己发明的火箭，并当场做了表演。宋太祖赵匡胤很高兴，赏赐了他很多衣物与布匹等。据《宋史·兵志》记载：时兵部令史冯继升等进火箭法，命试验，且赐衣物、束帛。冯继升没想到的是，自己敬献用于沙场争战的火箭技术竟然成了此后人们飞天梦想的最重要技术。

在明朝，有一个喜欢炼丹的人叫陶成道，在一次炼丹中发生了意外爆炸事故，这件事情激起了他研究火器的兴趣，经过不懈努力，他终于试制出了火器。后来，他敬献的火神技艺在多次战事中立下奇功，朱元璋封他"万户"。晚年，陶成道想利用火神器技艺制造出具有巨大推力的装置，并利用这种装置将自己送上蓝天，去亲眼观察高空的景象。为此，他做了充分的准备。他手持两个大风筝，坐在一辆捆绑着47支火箭的飞车上。然后，他命令仆人点燃第一排火箭。

只见一位仆人手举火把，来到陶成道面前，心情非常沉痛地说道："主人，我心里好怕。"陶成道问道："怕什么？"仆人说："倘若飞天不成，主人的性命怕是难保。"陶成道仰天大笑，说道："飞天，乃是我中华千年之夙愿。今天，我纵然粉身碎骨，血溅天疆，也要为后世闯出一条探天的道路来。你等不必害怕，快来点火！"

仆人只好服从陶成道的命令，举起了熊熊燃烧的火把。只听"轰！"的一声巨响，飞车周围浓烟滚滚，烈焰翻腾。顷刻间，飞车已经离开地面，徐徐升向半空。

正当地面的人群发出欢呼的时候，第二排火箭自行点燃了。突然，横空一声爆响，悲剧发生了：只见蓝天上陶成道乘坐的飞车变成了一团火球，陶成道从燃烧着的飞车上跌落下来，手中还紧紧握着两支着火的大风筝，摔在地上。

陶成道是世界上第一个利用火箭向太空搏击的英雄。他的努力虽然失败了，但他借助火箭推力升空是人类历史上里程碑式的创举，因此他被世界公认为"真正的航天始祖"。

牛顿曾设想，在一个山顶上借助火药力来发射铅弹，发射的速度方向与地平线平行，即铅弹做平抛运动，如果忽略空气阻力，抛射速度增加 1 倍或 10 倍，铅弹的飞行距离也将增加 1 倍或 10 倍。通过提高发射速度，可以任意增大抛射距离，从而减小铅弹飞行轨迹的弯曲程度，甚至使其在落地之前绕地球一圈，更或使它最后不再返回地球，而是进入外太空。如果让这个铅弹成为绕地球的卫星，那么抛射速度应达到多少呢？

假设地球是一个绝对的球体（没有山脉等），同时也忽略地球表面大气层。物体绕地球做圆周运动，也必然满足圆周运动的前提条件，必须有外力提供向心力。而唯一存在的指向圆心的外力，就是地球对该物体的万有引力。

设地球表面的重力加速度大小为 g，地球质量为 M 且均匀分布，半径为 R，物体质量为 m，那么有

$$mg = G\frac{mM}{R^2}$$

即

$$GM = gR^2$$

上式称为黄金代换式。

对于相对地球做半径为 r 的匀速圆周运动的物体，由牛顿第二定律和万有引力定律可得

$$G\frac{mM}{r^2} = m\frac{v^2}{r}$$

将黄金代换式代入上式，得

$$v = \sqrt{\frac{gR^2}{r}}$$

对于贴着地球表面飞行的物体，$r = R = 6400\text{km}$，$g = 9.8\text{m/s}^2$，代入上式，有

$$v = \sqrt{gR} = \sqrt{9.8 \times 6.4 \times 10^6} \approx 7.9(\text{km/s})$$

这个速度称为**第一宇宙速度**，也是发射卫星必须具有的最小速度。

当抛射物体超过第一宇宙速度达到一定值时，它就会脱离地球的引力而成为围绕太阳运行的人造行星，这个速度称为**第二宇宙速度**，又称**脱离速度**。下面计算第二宇宙速度的大小。

以上抛的物体为研究对象，地球为参照系，物体受地球的万有引力作用。因物体高度的变化很大，故地球对它的引力不能视为常量。选地心为坐标原点，发射方向为 x 轴正方向，如图 2.3.4 所示，物体的运动方程为

$$-G\frac{mM}{x^2} = ma = m\frac{\mathrm{d}v}{\mathrm{d}t}$$

对上式部分变量做适当变换，得

$$G\frac{M}{x^2} = G\frac{M}{R^2}\frac{R^2}{x^2} = g\frac{R^2}{x^2}$$

$$\frac{\mathrm{d}v}{\mathrm{d}t} = \frac{\mathrm{d}v}{\mathrm{d}x}\frac{\mathrm{d}x}{\mathrm{d}t} = v\frac{\mathrm{d}v}{\mathrm{d}x}$$

联立以上各式可得

$$-g\frac{R^2}{x^2} = v\frac{\mathrm{d}v}{\mathrm{d}x}$$

图 2.3.4　第二宇宙速度计算

分离变量，并代入初始条件 $x=R$ 时，$v=v_0$，然后积分，得

$$\int_{v_0}^{v} v \mathrm{d}v = \int_{R}^{x} -g\frac{R^2}{x^2}\mathrm{d}x$$

$$v = \sqrt{v_0^2 - 2gR + \frac{2gR^2}{x}}$$

若要实现火箭不返回地球，则要求 $x \to \infty$ 时，$v \geqslant 0$，故竖直发射火箭脱离地球的初速度应满足

$$v_0^2 - 2gR \geqslant 0$$

即有 $v_0 \geqslant \sqrt{2gR} = \sqrt{2 \times 9.8 \times 6.4 \times 10^6} \approx 11.2 \,(\mathrm{km/s})$，此即第二宇宙速度的大小。

但如果真的在地面上以第二宇宙速度发射火箭，不但技术上非常困难，而且航天器还会与大气剧烈摩擦发热而被烧毁。实际发射多采用多级火箭，即先以较低速度在大气中上升，并不断加速，进入外层空间后，再提高到第二宇宙速度。计算中，只是假设物体只受地球的引力作用，实际上物体还受到太阳和其他星体的引力作用。理论上，物体距地球无限远才完全不受地球引力作用，实际上，只要距地球 $9.3 \times 10^5 \mathrm{km}$ 以上，太阳引力已起主要作用，物体就不会返回地球了。

火星是人类在太阳系中最近的邻居之一，自古就是人类观察天象时的观测对象。1960 年，苏联发射了人类第一个火星探测器——火星 1A 号。1965 年，美国"水手 4 号"火星探测器第一次传回火星图像。1975 年，美国"海盗 1 号"火星探测器首次成功着陆并展开工作。1997 年，美国"旅居者号"火星车成为首个展开工作的火星车。2004 年，美国"机遇号"火星车登陆火星，此后工作 15 年，是目前为止执行任务时间最久的火星探测器。

2020 年 7 月 23 日，我国的"天问一号"火星探测器在文昌航天发射场由长征五号遥四运载火箭发射升空，成功送入预定的地火转移轨道（霍曼转移轨道）。"天问一号"火星探测器在地火转移轨道上经历了约 7 个月的飞行，在地面测控系统的支持下，经过 4 次中途修正和 1 次深空机动修正飞行路径，逐渐飞近火星，在近火点实施制动，实施火星捕获，成为火星的人造卫星。2021 年 5 月择机实施降轨，着陆巡视器与环绕器分离，软着陆火星表面，随后"祝融号"火星车驶离着陆平台，开展巡视探测等工作，对火星的表面形貌、土壤特性、物质成分、水冰、大气、电离层、磁场等进行科学探测，实现了我国在深空探测领域的技术跨越。"祝融号"火星车与"天问一号"着陆平台解锁分离模拟图如图 2.3.5 所示。

图 2.3.5 "祝融号"火星车与"天问一号"着陆平台解锁分离模拟图

2.4 动量定理 动量守恒定律

讨论：装满水的水杯放在铺有桌布的平整桌面上，要想把桌布从水杯下抽出，同时保证水不从水杯中洒出，应该缓慢、小心将桌布抽出，还是快速将桌布抽出？为什么呢？

2.4.1 人类对动量的研究

运动着的物体大多数会停下来，如跳动的皮球、飞行的子弹、走动的时钟、运转的机器，好像宇宙间运动的总量似乎在减少，那么整个宇宙是不是也像一架机器那样，总有一天会停下来呢？但是通过千百年来对天体运动的观测，人们并没有发现宇宙运动有减少的迹象。16、17 世纪的许多哲学家认为，宇宙间运动的总量是不会减少的，只要能找到一个合适的物理量来量度运动，就会看到运动的总量是守恒的。这个合适的物理量到底是什么呢？

17 世纪初，伽利略首先引入了"动量"这个名词，其定义是物体的重量与速度的乘积，用来描述物体遇到阻碍时所产生的效果。

法国的笛卡儿继承与发展了伽利略提出的动量概念。1644 年，他在自己的《哲学原理》一书中指出：如果物体 A 的运动比物体 B 快一倍，而物体 B 与物体 A 大一倍，则物体 B 和物体 A 具有同样多的运动，故两者的力量相同。但由于那时"质量"的概念尚未建立，而且笛卡儿还未考虑到速度的方向性，因此"动量"的意义还未十分明确。

1652 年，荷兰的惠更斯研究物体碰撞问题时，发现动量是矢量，但没有明确"质量"的概念，并常常把"重量"概念与"质量"概念混用。1687 年，牛顿在其《自然哲学的数学原理》一书中，首次十分明确地定义了"质量"的概念，并在该书中定义了"动量"，即"运动的量是用它的速度和质量一起来量度的。"从此，物理学上才真正建立起了"动量"的概念。牛顿还利用"动量"概念总结出牛顿第二定律，揭示了在物体的相互作用中，正是"动量"这个物理量反映了物体运动变化的客观效果。

然而，笛卡儿、惠更斯、牛顿等关于"动量"概念给出的观点，并没有得到其他科学家的赞同。1686 年，德国的莱布尼茨发表了《关于笛卡儿和其他人在确定物体的运动量中的错误的简要论证》一文，对笛卡儿学派及其他人的关于动量量度的观点提出了批判。他认为，不能用物体（质量）与速度的乘积来衡量运动的量，而应该用质量与速度的二次方的乘积来衡量运动的量。由此引发了一场长达半个多世纪的关于物质运动量度的争论。不过，莱布尼茨发现笛卡儿提出的关于运动的量度在某些情况下是适用的，因而他又于 1696 年指出运动的量度可以分为"死力"（mv）和"活力"（mv^2），"死力"可用物体的质量和该物体由静止状态转入运动状态时获得的速度的乘积来度量，即用动量的变化来量度"死力"的大小，而宇宙中运动的真正量度是"活力"。

1743 年，法国的达朗贝尔在其所著的《动力学论》一书的序言中对长达半个多世纪的关于物质运动量度的争论做了"最后的判决"，指出两种量度同样有效，认为"力"的量度可以分为两种情况：当物体处于平衡状态时，力用质量与物体的速度的乘积即动量来量度；当物体受阻碍而停止运动时，力可以用质量乘以速度的二次方（动能）来量度。达朗贝尔认为这场争论只是一场"咬文嚼字"式的无意义的争论,两种量度同样有效,它们是从不同的侧面来反映物质运动的。

2.4.2 动量定理

质点的**动量**定义为质点的质量 m 与速度 v 的乘积,即

$$p = mv \tag{2.4.1}$$

动量是矢量,方向与质点速度的方向一致。动量同时也是相对量,与参考点的选择有关。在国际单位制中,动量的单位为 kg·m/s。

牛顿第二定律原始表述形式为

$$F = \frac{\mathrm{d}(mv)}{\mathrm{d}t}$$

如果要进一步深入考察力对时间的积累,只需将上式两端同时乘以 $\mathrm{d}t$,并假定物体质量不变,那么有

$$F \cdot \mathrm{d}t = m\mathrm{d}v$$

上式可改写为

$$F \cdot \Delta t = mv_2 - mv_1 = \Delta p$$

上式左侧表示外力 F 在时间 Δt 内的累积效应,称为力的冲量,记作

$$I = F \cdot \Delta t \tag{2.4.2}$$

如果外力是变力,则该力在时间 $t - t_0$ 内的冲量为

$$I = \int_{t_0}^{t} F \mathrm{d}t \tag{2.4.3}$$

注意:冲量是**矢量**,同时也是**过程量**,其方向与力的方向相同,单位是 N·s。

由于力是随时间变化的,有时力的瞬时值很难确定,因此常用某一平均的力代替该过程的变力,称为平均冲力,有

$$I = \int_{t_0}^{t} F \mathrm{d}t = \overline{F} \Delta t$$

即有

$$\overline{F} = \frac{\int_{t_0}^{t} F \mathrm{d}t}{t - t_0} = \frac{I}{\Delta t}$$

上式右侧表示动量的增量 $p - p_0$,因此有

$$I = p - p_0 = \Delta p \tag{2.4.4}$$

式(2.4.4)表明,在一段时间内,质点所受合力的冲量等于这段时间内质点动量的增量,这就是**质点动量定理**。该定理表明,在动量改变相同的情况下,作用时间越短,作用力越大;反之,作用时间越长,作用力就越小。例如,跳高运动中的海绵垫就是利用了质点动量原理。

在直角坐标系下,动量定理的分量式为

$$\begin{cases} I_x = p_x - p_{x0} \\ I_y = p_y - p_{y0} \\ I_z = p_z - p_{z0} \end{cases}$$

可见,某一方向上的冲量只改变该方向的动量,而不影响其他方向的运动状态。

由若干个质点组成的系统，称为**质点系**，简称**系统**。当研究对象为质点系时，其受力可分为内力和外力。凡质点系内各质点间的相互作用力统称为内力，质点系以外物体对质点系内各质点的作用力称为外力。根据牛顿第三定律，质点系内的各个内力总是以作用力与反作用力的形式成对出现，且每对作用内力都必沿两质点连线的方向。

如图 2.4.1 所示，以两个质点组成的系统为例，F_1、F_2 分别是质点受到的系统外力，而 f_{21}、f_{12} 是它们之间的相互作用的内力，根据质点动量定理，有

$$\int_{t_0}^{t}(F_1 + f_{21})dt = m_1 v_1 - m_1 v_{10}$$

$$\int_{t_0}^{t}(F_2 + f_{12})dt = m_2 v_2 - m_2 v_{20}$$

将上面两式左右两端分别相加，并考虑 $f_{21} = -f_{12}$，那么有

$$\int_{t_0}^{t}(F_1 + F_2)dt = (m_1 v_1 + m_2 v_2) - (m_1 v_{10} + m_2 v_{20})$$

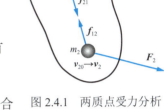

图 2.4.1　两质点受力分析

上式表明，在两个质点组成的质点系中，质点系所受到的合外力冲量等于质点系动量的增量，而质点系所有内力冲量的矢量和为 0。将这一结论推广到由 n 个质点组成的质点系，并将其写成一般式，有

$$\int_{t_0}^{t}\sum_{i=1}^{n}F_i dt = \sum_{i=1}^{n}m_i v_i - \sum_{i=1}^{n}m_i v_{i0} = P - P_0 = \Delta P \quad (2.4.5)$$

式（2.4.5）表明，质点系受到的合外力冲量等于该质点系总动量的增量，这就是**质点系的动量定理**。

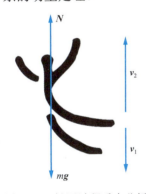

图 2.4.2　触网过程受力分析

例 2.4.1　蹦床运动是运动员在一张绷紧的弹性网上蹦跳、翻滚并做出各种空中动作的运动项目。如图 2.4.2 所示，一个质量为 60kg 的运动员，从距水平网面 3.2m 高处自由下落，着网后沿竖直方向蹦回距水平网面 5m 高处。已知运动员与网接触的时间为 1.2s，若把这段时间内网对运动员的作用力当作恒力处理，求此力的大小（g 取 10m/s^2）。

解：运动员下落时可看作自由落体运动，那么刚接触网时的速度大小为

$$v_1 = \sqrt{2gh_1} = \sqrt{2 \times 10 \times 3.2} = 8(\text{m/s})$$

其方向为竖直向下。

运动员触网后，又竖直上抛，刚离开网时的速度大小为

$$v_2 = \sqrt{2gh_2} = \sqrt{2 \times 10 \times 5} = 10(\text{m/s})$$

其方向为竖直向上。

假设在运动员与网接触的过程中，网对运动员的作用力大小为 N，以运动员为研究对象，运动员受到两个力的作用，一个是网对运动员的作用力，另一个是运动员自身的重力，根据质点动量定理，并取向上为正方向，那么有

$$(N - mg)\Delta t = mv_2 - mv_1$$

$$N = mg + \frac{mv_2 - mv_1}{\Delta t} = \frac{60 \times 10 - 60 \times (-8)}{1.2} + 60 \times 10 = 1500(\text{N})$$

综上可得，此力大小为 1500N，方向向上。

例 2.4.2 高空作业安全带又称全身式安全带或五点式安全带,《坠落防护 安全带》(GB 6095—2021)中规定,用于生产系带的纤维单丝断裂强度应大于等于 0.6N/tex。全身式安全带是高处作业人员预防坠落伤亡的防护用品,是由带体、安全配绳、缓冲包和金属配件组成的,又称坠落悬挂用安全带。假如质量为 60kg 的建筑工人,不慎从高空跌下,由于弹性安全带的保护,他被悬挂起来。已知安全带的缓冲时间是 1.2s,带长 5m,取 $g=10\text{m/s}^2$,则安全带所受的平均冲力为多少?

解: 以人为研究对象,在整个过程中人受到两个力的作用,一个是重力,另一个是安全带对人的拉力,对人从开始坠落到安全停止的整个过程应用动量定理,有

$$mg(t_1+t_2)-Ft_2=0$$

式中,t_1 为安全带未作用时人坠落的时间;t_2 为安全带从开始作用于人到人安全停止所用的时间。

由题意可得

$$t_1=\sqrt{\frac{2L}{g}}=\sqrt{\frac{2\times 5}{10}}=1(\text{s})$$

故有

$$F=\frac{mg(t_1+t_2)}{t_2}=\frac{60\times 10\times(1+1.2)}{1.2}=1100(\text{N})$$

由牛顿第三定律可知,安全带所受的平均冲力为 1100N。

2.4.3 动量守恒定律

许多影视剧的枪战场景中,在进行连续枪击的情况下,看起来好像人很轻松。但在现实中,利用枪械射击子弹时都是有后坐力的,不同的枪,其后坐力大小也是不同的:威力越大的枪,后坐力越大;相反,威力越小的枪,后坐力就越小。这是为什么呢?

根据前面介绍的质点系动量定理,即质点系动量的增量等于合外力的冲量,其数学表达式为

$$\int_{t_0}^{t}\sum \boldsymbol{F}_i \mathrm{d}t = \boldsymbol{P}-\boldsymbol{P}_0=\Delta \boldsymbol{P}$$

若质点系合外力为 0,即 $\sum \boldsymbol{F}_i=0$,则有

$$\boldsymbol{P}=\sum m_i \boldsymbol{v}_i = \text{常矢量} \qquad (2.4.6)$$

式(2.4.6)表明,若质点系所受的合外力为 0,则质点系的总动量保持不变,这称为**动量守恒定律**。

质点系动量守恒的条件是合外力为 0。质点系总动量守恒并不表示质点系内部各质点的动量都恒定。在内力的作用下,系统内的动量可相互转移,因而质点系内部各质点动量的配比可能变化,但质点系内部各质点动量的矢量和保持不变。动量守恒定律应用比较方便,因无须考虑质点系内力作用下的复杂过程就可确定过程前后质点系的总动量。

如果合外力在某个方向上的分量为 0,那么总动量在该方向上的分量守恒。自然界中没有不受力的物体,但如果系统内力≫外力,那么可近似认为该系统的总动量守恒,如炸弹爆炸等。动量守恒定律是自然界最普遍、最基本的定律之一。实验和理论都证明,无论对宏观物体还是微观粒子,无论对低速物体还是高速物体,动量守恒定律都是普遍适用的。

例 2.4.3 如图 2.4.3 所示,连同炮弹在内的炮车停放在水平地面上,炮车的质量为 M,

炮膛中炮弹质量为 m。相对于炮车，炮弹出膛速度为 v'，发射仰角为 θ，发射经历时间 Δt。地面摩擦力可以忽略。求炮车的反冲速度大小 V 和地面所受的平均冲力大小 N。

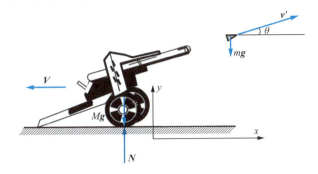

图 2.4.3　炮车炮弹受力分析

解：将炮车和炮弹一起作为研究的质点系。以地面为参照系，坐标轴方向如图 2.4.3 所示。炮弹发射过程中，质点系所受的外力有两个重力，其大小分别为 Mg 和 mg，方向为竖直向下；炮车所受地面的平均冲力大小为 N，方向竖直向上（因地面摩擦力忽略不计）。

在地面参照系中，炮弹的出膛速度为
$$\boldsymbol{v} = (v'\cos\theta - V)\boldsymbol{i} + v'\sin\theta\,\boldsymbol{j}$$

在 x 方向上，质点系不受外力，总动量的 x 方向分量守恒，即
$$m(v'\cos\theta - V) - MV = 0$$

则炮车的速度大小为
$$V = \frac{mv'\cos\theta}{M + m}$$

速度方向为水平向左。

在 y 方向上，应用质点系动量定理，有
$$(N - Mg - mg)\Delta t = mv'\sin\theta$$

解得地面冲力大小为
$$N = (M + m)g + \frac{mv'\sin\theta}{\Delta t}$$

方向为竖直向上。地面所受的平均冲力与炮车所受的平均冲力等值反向。

例 2.4.4　如图 2.4.4 所示，甲乙两人各乘坐一辆冰橇，在水平冰面上游戏，甲和他乘坐的冰橇的质量共为 $M=30\text{kg}$，乙和他乘坐的冰橇的质量也是 30kg。游戏时，甲推着一个质量 $m=15\text{kg}$ 的箱子，共同以速率 $v_0 = 2\text{m/s}$ 滑行，乙以同样大小的速度迎面而来，为了避免相撞，甲突然将箱子沿冰面推给乙，箱子滑到乙处时乙迅速把它抓住。若不计冰面的摩擦，求甲至少以多大的速度（相对地面）将箱子推出才能避免相撞。

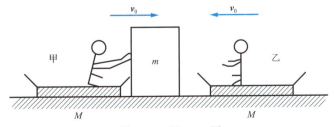

图 2.4.4　例 2.4.4 图

解：由于不计冰面摩擦，因此甲乙两人及冰橇和箱子构成的系统在水平方向动量守恒。甲乙两人不相撞的临界条件是，甲推出箱子后具有的速度与乙接到箱子后的速度相同。设甲推出箱子后，乙抓住箱子后速度大小为 v，取甲初速度方向为正方向。那么有

$$(M+m)v_0 - Mv_0 = (2M+m)v$$

根据上式及题意可得

$$v = \frac{mv_0}{2M+m} = \frac{15 \times 2}{30 \times 2 + 15} = 0.4 \text{(m/s)}$$

设甲推出箱子的速度大小为 v'。以甲和木箱构成的系统为研究对象，显然在水平方向上动量守恒，那么有

$$(M+m)v_0 = Mv + mv'$$

$$v' = \frac{(M+m)v_0 - Mv}{m} = \frac{45 \times 2 - 30 \times 0.4}{15} = 5.2 \text{(m/s)}$$

也可以乙和木箱构成的系统为研究对象，此时在水平方向上依然动量守恒，有

$$mv' - Mv_0 = (M+m)v$$

故有

$$v' = \frac{(M+m)v + Mv_0}{m} = \frac{45 \times 0.4 + 30 \times 2}{15} = 5.2 \text{(m/s)}$$

显然，两种方法计算出来的结果是一样的。

例 2.4.5 如图 2.4.5 所示，质量为 M、半径为 R 的四分之一圆弧滑槽静止于光滑水平地面上，质量为 m 的物体由静止开始沿滑槽从槽顶滑到槽底。求这段时间内滑槽移动的距离。

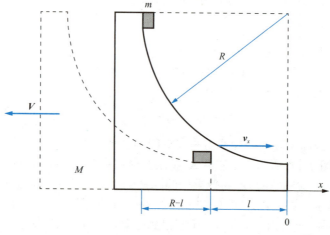

图 2.4.5　例 2.4.5 图

解：以滑槽和物体组成的质点系为研究对象，选取的地面坐标轴方向如图 2.4.5 所示。物体滑下这段时间 t 内，在水平方向上质点系不受外力，总动量的水平分量守恒。若以 v_x 和 V 分别表示滑下过程中任意时刻物体相对滑槽的水平速度和滑槽相对地面的速度大小，则

$$m(v_x - V) - MV = 0$$

在物体从槽顶滑到槽底这段时间内，物体相对滑槽，水平方向移动的距离即为滑槽的半径 R，即

$$\int_0^t v_x \mathrm{d}t = R$$

这段时间内滑槽移动的距离为

$$\int_0^t V \mathrm{d}t = l$$

$$mv_x = (M+m)V$$

对上式两边积分，有

$$l = \frac{mR}{M+m}$$

2.4.4 密歇尔斯基公式与齐奥尔科夫斯基公式

上天自古以来就是人类心中的梦想。如今，太空旅行不再只限于从事特殊研究工作的专业太空人士，普通人自费前往太空旅行将随着其逐渐商业化而越来越普及。那么，去一趟太空旅行要花费多少钱呢？俄罗斯是最早开创不以执行任务或实验为目的即可前往太空旅行项目的国家。该项目为了筹集巨大的航空航天成本，开放了民间赞助，对赞助者的回报就是让他们搭乘航天器前往国际空间站，整个旅程大约持续 10 天。2001—2009 年共有 7 位自费太空游客，每人花费 2000 万～3000 万美元不等。那么太空旅行为什么需要这么高的费用呢？

火箭是依靠燃料燃烧后喷出气体来获得推力的。设火箭发射时的质量为 M_0，燃料烧尽后火箭的质量为 M，燃料燃烧所产生的气体相对于火箭喷出的速度为 u。不计空气阻力，那么火箭所能达到的最大速度 v 是多少呢？

以火箭和燃料组成的质点系作为研究对象，在惯性系中对此质点系应用质点系动量定理。

设 t 时刻火箭和燃料总质量为 m，速度为 v。经过 $\mathrm{d}t$ 时间后，喷射物相对于火箭喷射速度为 u、质量为 $\mathrm{d}m$，火箭速度变为 $v+\mathrm{d}v$，火箭质量变为 $m-\mathrm{d}m$，如图 2.4.6 所示。

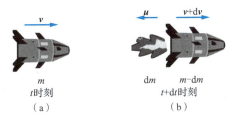

图 2.4.6 火箭飞行

在 $t+\mathrm{d}t$ 时刻，火箭动量的改变量大小为

$$\mathrm{d}p = \mathrm{d}m(v+\mathrm{d}v-u) + (m-\mathrm{d}m)(v+\mathrm{d}v) - mv$$

对上式进行整理，得

$$\mathrm{d}p = -u\mathrm{d}m + m\mathrm{d}v$$

若火箭受外力大小为 F，应用质点系动量方程，有

$$F\mathrm{d}t = \mathrm{d}p = -u\mathrm{d}m + m\mathrm{d}v$$

故有

$$F = \frac{m\mathrm{d}v}{\mathrm{d}t} - \frac{u\mathrm{d}m}{\mathrm{d}t} \qquad (2.4.7)$$

式（2.4.7）称为**密歇尔斯基公式**。

若火箭垂直发射，火箭只受重力作用，以竖直向上为正方向，即有 $F = Mg$，此时有

$$\frac{-u\mathrm{d}m}{\mathrm{d}t} - mg = \frac{m\mathrm{d}v}{\mathrm{d}t}$$

对上式分离变量，然后积分，并代入初始条件，初始时刻火箭质量为 M_0、速度大小为 v_0，经过一段时间后，火箭质量为 M、速度大小为 v，那么有

$$\frac{-u\mathrm{d}m}{m} - gt = \mathrm{d}v$$

$$\int_{M_0}^{M} -u\frac{\mathrm{d}m}{m} - gt = \int_{v_0}^{v} \mathrm{d}v$$

$$v = v_0 + u\ln\frac{M_0}{M} - gt$$

若反冲力远大于重力，则重力可忽略不计，可得

$$-u\mathrm{d}m = m\mathrm{d}v$$

$$-u\frac{\mathrm{d}m}{m} = \mathrm{d}v$$

对上式积分，同样代入初始条件，可得

$$\int_{M_0}^{M} -u\frac{\mathrm{d}m}{m} = \int_{v_0}^{v} \mathrm{d}v$$

$$v = v_0 + u\ln\frac{M_0}{M}$$

令火箭质量比 $\frac{M_0}{M} = N$。如果火箭开始发射时速度为 0，燃料用尽时质量为 M，那么火箭能达到的最大速度为

$$v = u\ln\frac{M_0}{M} = u\ln N \tag{2.4.8}$$

式（2.4.8）称为**齐奥尔科夫斯基公式**。该公式最早于 1903 年发表在世界上第一部喷气运动理论著作《利用喷气工具研究宇宙空间》上。用这个公式可以近似地估计火箭需要携带的推进剂的数量及发动机参数对理想速度的影响。齐奥尔科夫斯基是现代宇宙航行学的奠基人，被称为航天之父，他最先论证了利用火箭进行星际交通、制造人造地球卫星和近地轨道站的可能性，指出发展宇航和制造火箭的合理途径，找到了火箭和液体发动机结构的一系列重要工程技术解决方案。

从齐奥尔科夫斯基公式可以看出，可以采用较低的喷射速度来达到火箭所需要的高速度，这在技术上要远比直接将火箭加速到高速度来得容易。虽然火箭能够达到比喷射物喷射速度更高的速度，但为此付出的代价也不小。因为火箭所要达到的速度越高，其初始质量与推进过程完成后的质量之比就必须越大，也就是说，携带的燃料也要越多，从而火箭的有效载荷就必须越小。更为糟糕的是，火箭最终达到的速度与火箭质量比是一种对数关系，这表示燃料数量的增加对速度增加所起的作用非常有限，这会极大地限制火箭的运载效率。同时火箭运载还受到现有推进技术的限制。例如，当火箭采用液氧、煤油等推进剂时，喷气速度一般只能达到 4.2km/s，假如质量比提高到 10，火箭的最大速度也只能达到

9.67km/s，如果再加上地球引力、空气阻力等的影响，就达不到第一宇宙速度 7.9km/s，更何况此时的运载效率只有 10%。

那么，有没有什么办法可以改善火箭的运载效率呢？齐奥尔科夫斯基提出了多级火箭的设想。多级火箭就是把几个单级火箭连接在一起，其中的一个火箭先工作，工作完毕后与其他的火箭分离，然后第二个火箭接着工作，依此类推。由几个火箭组成的就称为几级火箭，如二级火箭、三级火箭等。多级火箭的优点是在每一级火箭的燃料用尽后可以把该级的外壳抛弃，而减轻下一级所负载的质量。设第一级火箭质量比为 N_1，火箭达到的速度大小为 v_1，第二级火箭质量比为 N_2，火箭达到的速度大小为 v_2，依此类推，则有

$$v_1 = u \ln N_1$$
$$v_2 = v_1 + u \ln N_2$$
$$v_n = v_{n-1} + u \ln N_n$$
$$v_n = u \ln N_1 N_2 \cdots N_n$$

虽然多级火箭有较高的运载效率，但它在技术上的复杂度也较高。因此，在实际应用时，往往在运载效率与技术复杂度之间折中。即便使用多级火箭，为了将几吨的有效载荷送入近地轨道，通常也需要发射质量为几百吨的火箭。例如，发射"神舟号"飞船的长征二号火箭的发射质量约为 480t，近地轨道的有效载荷则为 8t 左右。这种巨大的资源消耗，使得航天发射的费用极其高昂。

例 2.4.6 如图 2.4.7 所示，轻绳通过轻滑轮，一端挂一质量为 m_1 的物体，另一端挂一桶水，当 $t=0$ 时，水桶及其中的水整体质量为 m_0，因桶底有一小孔，单位时间内有质量 μ 的水相对水桶以速率 v' 从小孔中竖直向下喷出。设 $m_1 > m_0$，求任意时刻 t 时物体的加速度大小 a 和绳的张力大小 T。

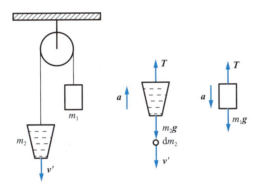

图 2.4.7　例 2.4.6 图

解：以地面为参照系，取物体和 t 时刻的水桶为研究对象，其受力如图 2.4.7 所示。根据牛顿定律，列出物体的运动方程，即

$$m_1 g - T = m_1 a$$

因水桶向下不断喷水，质量在逐渐减小，可对它应用密歇尔斯基公式，即

$$T - m_2 g = \frac{m_2 \mathrm{d} v_2}{\mathrm{d} t} - \frac{v' \mathrm{d} m_2}{\mathrm{d} t}$$
$$m_2 = m_0 - \mu t$$

$$\frac{dv_2}{dt} = a$$

$$\frac{dm_2}{dt} = \mu$$

联立以上式子，可得加速度大小为

$$a = \frac{(m_1 - m_0 + \mu)g + \mu v'}{m_1 + m_0 - \mu t}$$

绳的张力大小为

$$T = \frac{2m_1 m_0 g - 2m_1 \mu t g + m_1 \mu v'}{m_1 + m_0 - \mu t}$$

2.5 功 动能定理

讨论：汽车是人们日常生活中非常重要的交通工具，如果驾驶一辆手动挡的汽车，在上坡时要踩离合器，并将手动操控变速器挡位换到低挡位，使汽车速度减下来，这是为什么呢？

2.5.1 功

力持续作用时，若知道力与时间的函数关系，就可以通过求力的时间积累——冲量来研究质点运动状态的变化。但是当力持续作用时，已知的仅有力与空间位置的函数关系，此时就需要求力的空间积累。

这里引入一个物理量——功，来表示**力的空间积累效应**。功定义为：力在质点位移方向的分量与位移大小的乘积。显然，功是一个**过程量**。

设恒力 $\boldsymbol{F}$ 作用于某质点，恒力与位移之间的夹角为 θ，设质点沿直线位移 $\Delta \boldsymbol{r}$，如图 2.5.1 所示，则恒力对质点所做的功 W 可写为

$$W = F|\Delta \boldsymbol{r}|\cos\theta = F_\tau |\Delta \boldsymbol{r}|$$

式中，F_τ 是力 $\boldsymbol{F}$ 在位移方向上的分量。

按矢量标识的定义，上式可写为

$$W = \boldsymbol{F} \cdot \Delta \boldsymbol{r} \tag{2.5.1}$$

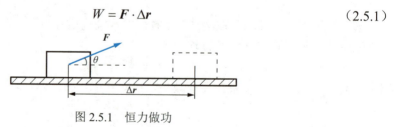

图 2.5.1 恒力做功

功是**标量**，但有正负之分。当 $0 \leqslant \theta < 90°$ 时，$W > 0$，力 $\boldsymbol{F}$ 对质点做正功；当

$90°<\theta\leqslant180°$ 时，$W<0$，力对质点做负功，表示质点反抗力 $\boldsymbol{F}$ 而做功；当 $\theta=90°$ 时，$W=0$，力 $\boldsymbol{F}$ 对质点不做功。只有切向力做功，法向力不做功。在国际单位制中，功的单位是焦，符号为 J，$1\text{J}=1\text{N}\cdot\text{m}$。

如果物体受到变力作用或做曲线运动，那么上面功的计算公式就不能直接套用。此时需要引入元功进行计算。将运动的轨迹曲线分割成许多足够小的元位移，使得每段元位移中作用在质点上的力都能看作恒力，如图 2.5.2 所示，则力在这段元位移上所做的元功为

$$\text{d}W = \boldsymbol{F}\cdot\text{d}\boldsymbol{r}$$

质点从 A 点运动到 B 点时，力所做的总功为

$$W=\int\text{d}W=\int_A^B\boldsymbol{F}\cdot\text{d}\boldsymbol{r}=\int_A^B F\cos\theta|\text{d}\boldsymbol{r}|=\int_A^B F_\tau\text{d}s$$

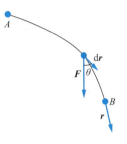

图 2.5.2　变力做功

式中，$\text{d}s=|\text{d}\boldsymbol{r}|$，$F_\tau$ 是力 $\boldsymbol{F}$ 在位移方向上的分量。

在实际问题中，除了要知道一个力做功的大小，还要知道力做功的快慢。通常定义单位时间内所做的功叫作**功率**，用 P 表示。

设 Δt 时间内做功 ΔW，则这段时间的平均功率 $\overline{P}$ 为

$$\overline{P}=\frac{\Delta W}{\Delta t}$$

当 $\Delta t\to 0$ 时，某一时刻的瞬时功率为

$$P=\lim_{\Delta t\to 0}\frac{\Delta W}{\Delta t}=\frac{\text{d}W}{\text{d}t}=\frac{\boldsymbol{F}\cdot\text{d}\boldsymbol{r}}{\text{d}t}=\boldsymbol{F}\cdot\boldsymbol{v} \quad (2.5.2)$$

由式（2.5.2）可以看出，汽车发动机功率一定时，如要增大牵引力，就要降低速度。在国际单位制中，功率的单位是瓦，符号为 W，$1\text{W}=1\text{J/s}$。

例 2.5.1　如图 2.5.3 所示，一质量为 m 的小球，用长为 l 的轻绳悬挂于 O 点，小球在水平力 $\boldsymbol{F}$ 作用下，从平衡位置 P 点缓慢地移到 Q 点，求力 $\boldsymbol{F}$ 在此过程中所做的功。

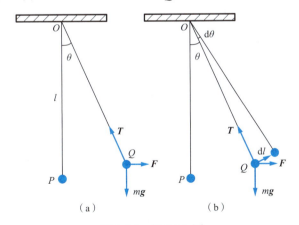

图 2.5.3　例 2.5.1 图

解：球从 P 点缓慢地移动到 Q 点，说明在任意时刻小球在重力、绳子拉力和水平作用力下是平衡的。设绳子与竖直方向的角为 θ，则有

$$\tan\theta=\frac{F}{mg}$$

可见，水平拉力 F 的大小随偏角 θ 的增大而增大，不是恒定的。设小球在偏离竖直方向 θ 角的位置上进行微小位移 $\mathrm{d}l$，则水平拉力 F 做的元功为

$$\mathrm{d}W = F \cdot \mathrm{d}l = F\cos\theta \mathrm{d}l = F\cos\theta l \mathrm{d}\theta$$

由竖直位置到偏角为 θ 的过程中，水平拉力 F 做的功为

$$W = \int \mathrm{d}W = \int_0^\theta F\cos\theta l\mathrm{d}\theta = \int_0^\theta mg\tan\theta\cos\theta l\mathrm{d}\theta = \int_0^\theta mg\sin\theta l\mathrm{d}\theta = mgl(1-\cos\theta)$$

例 2.5.2 如图 2.5.4 所示，水平桌面上有质量为 m 的质点，质点与桌面的摩擦系数为 μ，求以下两种情况下摩擦力 f 做的功。

（1）沿圆弧（$a \to b$）。
（2）沿直径（$a \to b$）。

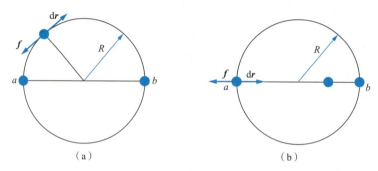

图 2.5.4 摩擦力做功

解：质点在桌面上运动，受到的摩擦力始终与位移方向相反，摩擦力大小为 $f = mg\mu$，摩擦力做的元功为

$$\mathrm{d}W_f = -f \cdot \mathrm{d}r$$

（1）沿圆弧运动时，摩擦力做的总功为

$$W_f = \int_a^b \mathrm{d}W_f = -\int_a^b f \cdot \mathrm{d}r = -\int_a^b mg\mu \mathrm{d}s = -\pi mg\mu R$$

（2）沿直径运动时，摩擦力做的总功为

$$W_f = \int_a^b \mathrm{d}W_f = -\int_a^b f \cdot \mathrm{d}r = -\int_a^b mg\mu \mathrm{d}r = -2mg\mu R$$

综上可知，摩擦力做功与质点运动的路径有关。

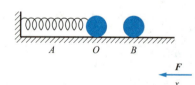

图 2.5.5 弹性力做功

例 2.5.3 1660 年，英国科学家胡克在实验中发现螺旋弹簧伸长量和所受拉伸力成正比。1676 年，胡克在其《关于太阳仪和其他仪器的描述》一文中用字谜形式发表这一结果，并于两年后公布了谜底，即应力与伸长量成正比。如图 2.5.5 所示，设有轻弹簧的弹性系数为 k，其一端固定，另一端系一小球，置于光滑水平面上。弹簧为原长时小球的位置称为平衡位置。若以小球的平衡位置为原点，水平向右为 x 轴正向。求小球从 x_A 移动到 x_B 的过程中弹性力 F 所做的功。

解：根据胡克定律［固体材料受力之后，材料中的应力与应变（单位变形量）之间成线性关系］，在弹性限度内，弹性力大小为

$$F = -kx$$

式中，负号表示弹性力方向始终指向平衡位置。

小球从 x_a 运动到 x_b 的过程中，弹性力所做的功为

$$W = \int \boldsymbol{F} \cdot \mathrm{d}\boldsymbol{r} = \int_{x_A}^{x_B} -kx\mathrm{d}x = -\left(\frac{1}{2}kx_B^2 - \frac{1}{2}kx_A^2\right)$$

结果表明，弹性力做功只与始末位置有关，而与路径无关。

由上面的两个问题分析，根据力做功是否与路径有关，可将力分成以下两类：

一类力对物体做的功与具体路径无关，只由物体始末位置决定，称为**保守力**。如果物体运动的路径是一闭合曲线，那么始末位置相同，保守力做的功为 0，即

$$\oint \boldsymbol{F} \cdot \mathrm{d}\boldsymbol{r} = 0$$

所以保守力也可以等价地定义为沿任意闭合曲线做功为 0 的力。

另一类力对物体做的功与具体路径有关，称为**非保守力**，如摩擦力。

2.5.2 动能定理

在 2.4.1 节中提到过 $m\boldsymbol{v}$ 和 $m\boldsymbol{v}^2$ 这两个量，那么究竟哪个量才是运动的真正度量呢？笛卡儿与莱布尼茨为此争论了近半个世纪，直到 1743 年，达朗贝尔出版的《动力学论》一书中给出最终结果，争论才宣告结束。达朗贝尔指出，合力的空间积累改变质点的 $\frac{1}{2}m\boldsymbol{v}^2$。后来英国物理学家托马斯·杨首次把 $\frac{1}{2}m\boldsymbol{v}^2$ 称为质点的动能，用符号 E_k 表示，即

$$E_k = \frac{1}{2}mv^2 \tag{2.5.3}$$

2.5.1 节已经用力的空间积累定义了功，而达朗贝尔指出合力的空间积累改变质点的 $\frac{1}{2}m\boldsymbol{v}^2$，那么功与质点的动能之间有何关系呢？

设质量为 m 的质点受合力 $\boldsymbol{F}$ 的作用，质点沿曲线由点 A 移动到点 B，质点移动元位移 $\mathrm{d}\boldsymbol{r}$ 时，如图 2.5.6 所示，合力对质点所做的元功为

$$\mathrm{d}W = \boldsymbol{F} \cdot \mathrm{d}\boldsymbol{r} = F_\tau |\mathrm{d}\boldsymbol{r}| = F_\tau \mathrm{d}s$$

上式中 $\mathrm{d}s = |\mathrm{d}\boldsymbol{r}|$，$F_\tau$ 是力 $\boldsymbol{F}$ 在位移方向上的分量。

根据牛顿第二定律，有

$$F_\tau = ma_\tau = m\frac{\mathrm{d}v}{\mathrm{d}t}$$

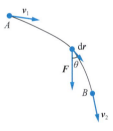

图 2.5.6 功与动能的关系

故有

$$\mathrm{d}W = m\frac{\mathrm{d}v}{\mathrm{d}t}\mathrm{d}s = mv\mathrm{d}v$$

以 v_1 和 v_2 分别表示质点在 A 点和 B 点时的速度，对上式进行积分，得

$$W = \int_A^B m\frac{\mathrm{d}v}{\mathrm{d}t}\mathrm{d}s = \int_{v_1}^{v_2} mv\mathrm{d}v = \frac{1}{2}mv_2^2 - \frac{1}{2}mv_1^2$$

进而得

$$W = \frac{1}{2}mv_2^2 - \frac{1}{2}mv_1^2 \tag{2.5.4}$$

或

$$W = E_{k2} - E_{k1} = \Delta E_k \tag{2.5.5}$$

式（2.5.5）称为**质点动能定理**，由该定理可知，合力质点所做的功等于质点动能的增量。

例 2.5.4 如图 2.5.7 所示，用拉力 F 使一个质量为 m 的木箱由静止开始在水平冰道上移动了距离 s，拉力与木箱前进的方向的夹角为 α，木箱与冰道的动摩擦系数为 μ，求木箱获得的速度大小。

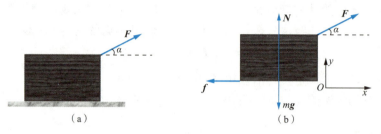

图 2.5.7 例 2.5.4 图

解：建立如图 2.5.7 所示坐标系。以木箱为研究对象，木箱受到重力 mg、拉力 F、地面对木箱的支持力 N 和摩擦力 f 四个力的共同作用。在 y 轴方向上，根据牛顿第二定律列出方程

$$F\sin\alpha + N - mg = 0$$

在 x 轴方向上，根据动能定理列出方程

$$(F\cos\alpha - f)s = \frac{1}{2}mv_2^2 - \frac{1}{2}mv_1^2$$

式中，$f = N\mu$，故有

$$v_2 = \sqrt{\frac{2(F\cos\alpha + F\mu\sin\alpha - mg\mu)s}{m}}$$

v_2 即木箱获得的速度。

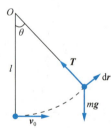

图 2.5.8 例 2.5.5 图

例 2.5.5 如图 2.5.8 所示，质量为 m 的小球被系在长为 l 的细绳的一端，细绳另一端被固定在 O 点。起初绳子呈铅垂状态，给小球大小为 v_0 的水平初速度，求绳子与铅垂线成 θ 角时的速率 v。

解：对小球的上摆过程应用质点动能定理可得

$$W = \frac{1}{2}mv^2 - \frac{1}{2}mv_0^2$$

小球受到重力 mg 和张力 T 的共同作用，但张力方向始终与位移方向垂直，不做功，故合力做的功为

$$W = \int m\boldsymbol{g} \cdot \mathrm{d}\boldsymbol{r} = \int mg\mathrm{d}r\cos\left(\frac{\pi}{2}+\theta\right) = \int_0^\theta -mgl\sin\theta\,\mathrm{d}\theta = mgl(\cos\theta - 1)$$

故绳子与铅垂线成 θ 角时的速率为

$$v = \sqrt{v_0^2 - 2gl(1-\cos\theta)}$$

2.6 势能 能量守恒

讨论：小球竖直上抛时，随着小球上升，小球的动能不断减少，上升到最高点时，动能变为 0，小球自由落下时，动能又越来越大，回到抛出点时，又恢复到抛出时的动能。小球上升过程中的动能到哪里去了呢？莱布尼茨认为，做竖直上抛运动的小球在上升过程中的动能是以另一种形式的能量储藏起来了。1847 年，赫尔曼·冯·亥姆霍兹在德国物理学会发表了关于力的守恒讲演，他指出，小球在上升过程中，与运动有关的能量——动能变成了一种与相对位置有关的能量——势能。

2.6.1 势能

下面先来分析万有引力所做的功。如图 2.6.1 所示，设质量为 m 的质点，在另一质量为 M 的质点的引力场中，沿任意路径从 a 点运动到 b 点。如取 M 的位置为坐标原点，a、b 两点距 M 的距离分别为 r_a、r_b，在某时刻的位矢为 r，则质量为 m 的质点受 M 的万有引力为

$$F = -G\frac{Mm}{r^2}e_r$$

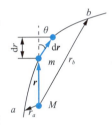

图 2.6.1 引力做功

式中，e_r 为位矢方向的单位矢量，故从 a 点沿任意路径移动到 b 点的过程中，万有引力所做的功为

$$W = \int_a^b \boldsymbol{F} \cdot \mathrm{d}\boldsymbol{r} = \int_a^b -G\frac{Mm}{r^2}\boldsymbol{e}_r \cdot \mathrm{d}\boldsymbol{r}$$

由于 $\boldsymbol{e}_r \cdot \mathrm{d}\boldsymbol{r} = |\mathrm{d}\boldsymbol{r}|\cos\theta = \mathrm{d}r$（注意，这里 $\mathrm{d}r$ 为质量为 m 的质点的位矢大小 $|\boldsymbol{r}| = r$ 的增量，而不是 $|\mathrm{d}\boldsymbol{r}|$），故有

$$W = \int_a^b \boldsymbol{F} \cdot \mathrm{d}\boldsymbol{r} = \int_a^b -G\frac{Mm}{r^2}\mathrm{d}r = -\left[\left(-G\frac{Mm}{r_b}\right) - \left(-G\frac{Mm}{r_a}\right)\right] \quad (2.6.1)$$

式（2.6.1）表明，万有引力做功只取决于物体运动路径的始末位置，而与其经过的路径无关。可见，**万有引力同弹性力一样，也是保守力**。

更普遍地，若将保守力做功的结果统一用始末位置状态的单值函数的差值来表示，这一关于位置状态的单值函数称为**势能**，用 E_p 表示，并定义为：在系统相对位置变化的过程中，保守内力做功等于系统势能增量的负值。若以 E_{pa} 和 E_{pb} 分别表示系统在 a 点和 b 点时的势能，用 W 表示由 a 点到 b 点变化过程中保守内力所做的功，则势能定义式可表示为

$$W = \int_a^b \boldsymbol{F} \cdot \mathrm{d}\boldsymbol{r} = -(E_{pb} - E_{pa}) = -\Delta E_p$$

上式只定义了势能差，要确定任意位置时系统的势能值，必须选定一个位置 b 作为势能零点。若把位置点 b 选为势能零点，则任意位置 a 的势能为

$$E_{pa} = \int_a^b \boldsymbol{F} \cdot \mathrm{d}\boldsymbol{r}$$

上式说明，系统在任意位置时的势能等于从该位置沿任意路径到达势能零点的过程中，保守力所做的功。

注意： 势能零点位置可以任选，以计算方便为原则。系统的位置一定时，势能零点位置选择不同，系统的势能值也不同，但是两个位置间的势能差与势能零点无关。

由于万有引力属于保守力，因此可以引入引力势能。取 $r \to \infty$ 处为引力势能零点，则当质量分别为 M、m 的两质点相距 r 时，引力势能为

$$E_p = -G\frac{Mm}{r}$$

重力势能是引力势能的特例。对于质量分别为 m 和 M 的小球和地球组成的系统，选小球在地面时为引力势能零点，即当 $r = R$（地球半径）时，重力势能为 0。根据势能定义式，有

$$W = \int_R^{R+h} \boldsymbol{F} \cdot \mathrm{d}\boldsymbol{r} = \int_R^{R+h} -G\frac{Mm}{r^2} \mathrm{d}r = -\left[\left(-G\frac{Mm}{R+h}\right) - \left(-G\frac{Mm}{R}\right)\right] = -E_p$$

故有

$$E_p = -G\frac{Mm}{R+h} + G\frac{Mm}{R}$$

当小球在地面附近且距地面较近时，$h \ll R$，故

$$E_p = m\frac{GM}{R(R+h)}h \approx m\frac{GM}{R^2}h$$

又因为

$$\frac{GM}{R^2} = g$$

所以得到小球离地面高 h 时的重力势能为

$$E_p = mgh$$

根据 2.5.1 节的介绍，弹性力也是保守力，弹性力做功计算公式为

$$W = \int \boldsymbol{F} \cdot \mathrm{d}\boldsymbol{r} = \int_{x_a}^{x_b} -kx\mathrm{d}x = -\left(\frac{1}{2}kx_b^2 - \frac{1}{2}kx_a^2\right)$$

同引力势能，也可引入弹性势能。若选弹簧在平衡位置时为势能零点，则弹簧势能为

$$E_p = \frac{1}{2}kx^2$$

例 2.6.1 如图 2.6.2 所示，一个物体从斜面上距地面高 h 处由静止滑下，接着在水平面上滑行一段距离后停止，量得停止处与开始运动处的水平距离为 S。若不考虑物体滑至斜面底端的碰撞作用，并设斜面和水平面与物体间的动摩擦系数相同，求动摩擦系数 μ。

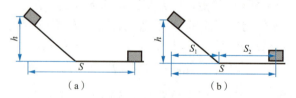

图 2.6.2 例 2.6.1 图

解： 设该斜面倾角为 α，斜坡长为 l，根据题意可分为两个过程进行计算。

在过程一中，物体沿斜面下滑时，重力和摩擦力在斜面上做的功分别为
$$W_G = mgl \cdot \sin\alpha = mgh$$
$$W_{f1} = -\mu mg\cos\alpha \cdot l = -\mu mg S_1$$
在过程二中，物体在平面上滑行时仅有摩擦力做功，设平面上滑行距离为 S_2，则
$$W_{f2} = -\mu mg S_2$$
在全过程中，对物体应用动能定理，有
$$W_G + W_{f1} + W_{f2} = 0$$
$$mgh - \mu mg S_1 - \mu mg S_2 = 0$$
故动摩擦系数为
$$\mu = \frac{h}{S_1 + S_2} = \frac{h}{S}$$

2.6.2 能量守恒

永动机是一种不需要外界输入能量或者只需要一个初始能量就可以永远做功的机器。历史上，曾经无数人痴迷于永动机的设计和制造。

18 世纪早期，德国的奥尔菲留斯宣布自己制造出了一个"永动机"——自动轮。这部机器每分钟旋转 60 转，并能够将 16kg 的物体提到一定高度，当他宣布了这一消息并进行了公开实验后，很快便名噪整个德国。1717 年，波兰国王把这位发明家请到了波兰，并派了一位名叫格森·卡赛尔斯基的州长鉴定自动轮的真伪。这位州长为奥尔菲留斯制造自动轮提供了各种条件，并把安装机器的房子与四周隔离。自动轮安装完毕后开始转动，州长亲自锁上了房门，贴上了封条，并派了两名卫兵昼夜看守这座房子。两周以后，州长亲自启封开锁，看到自动轮还在转动，于是再次上锁加封。又过了约 40 天，再次启封开锁，自动轮还在转动。这位认真的州长还不放心，又观察了两个月，最后相信自动轮确实"永动"。于是，州长就给奥尔菲留斯颁发了鉴定证书。从此以后，奥尔菲留斯靠展出自动轮获取了大量金钱，俄国沙皇彼得一世甚至与他达成价值 10 万卢布的购买协议。后来，由于奥尔菲留斯的太太与女仆发生争执，女仆愤而曝光，原来自动轮是依靠隐藏在房间夹壁墙中的女仆牵动缆绳运转的，整个事件就是一场骗局。那么永动机真的可以实现吗？

通常而言，要使一个物体的动能发生变化，有两种方法：一种是对它施加外力；另一种是物体的内力作用，如爆炸。如果是一个质点系，则可将质点系内各个质点所受的力分为内力和外力，在质点系从始态到终态的过程中，对质点系内的每一个质点应用质点动能定理，有
$$W_{1外} + W_{1内} = E_{k1} - E_{k10}$$
$$W_{2外} + W_{2内} = E_{k2} - E_{k20}$$
$$\vdots$$
$$W_{n外} + W_{n内} = E_{kn} - E_{kn0}$$
将上述各式相加，得
$$\sum W_{i外} + \sum W_{i内} = \sum E_{ki} - \sum E_{ki0}$$
将上式简写为
$$W_{外} + W_{内} = E_k - E_{k0} \tag{2.6.2}$$

式（2.6.2）表明，外力做功和内力做功之和等于质点系动能的增量，这称为**质点系动能定理**。

质点系内力做的功又可分为保守内力做的功和非保守内力做的功，即有

$$W_{内} = W_{内保} + W_{内非}$$

而保守内力做的功等于势能增量的负值，有

$$W_{内保} = -(E_p - E_{p0})$$

将前述两个式子代入质点系动能定理公式，则有

$$W_{外} + W_{内非} = (E_k + E_p) - (E_{k0} + E_{p0}) \qquad (2.6.3)$$

通常把质点系的动能与势能之和称为系统的机械能。式（2.6.3）表明，外力做功和非保守内力做功之和等于系统机械能的增量，这称为**功能原理**。

由功能原理可知，当只有保守内力做功，而外力和非保守内力不做功时，系统的机械能保持不变，即

$$E_k + E_p = 常量 \qquad (2.6.4)$$

或

$$E_k - E_{k0} = -(E_p - E_{p0})$$

也就是说，如果只有保守内力做功，而外力和非保守内力不做功，那么系统的动能和势能可以相互转换，但机械能保持不变，这称为**机械能守恒定律**。

注意：机械能守恒的条件不是外力的合力为零和非保守力内力的合力为零，而是外力和非保守内力不做功。

进一步研究发现，系统与外界之间交换能量的形式有做功和传热两种。这里所说的做功包括机械力做功、电磁力做功、化学反应做功、原子或原子核运动做功等各种形式。同样，这里所说的传热包括传导、辐射等各种形式的热传递。能量的形式除了机械能，还有热能、电磁能、化学能、原子能、生物能等各种形式。大量实践表明，当外界不对系统做功，也不向系统传递能量时，系统内部各种形式的能量可以相互转换，但各种形式能量的总和保持不变，这就是普遍的**能量守恒定律**。

例如，在蹦极运动（图2.6.3）中，如果考虑空气的阻力和绳子的摩擦力做功，那么机械能不守恒。但也正是由于这些力做功，人初始所具有的势能才可以被逐渐释放，经过几次的弹起落下之后，便会停止，否则人所具有的机械能会不停地由重力势能转化为动能，再由动能转化为重力势能，人便会不停地弹起落下，不能停下来。因此，在蹦极运动过程中，人的机械能不守恒。但是，如果将绳子、空气等均考虑在内，人所减少的机械能通过摩擦生热转变为绳子和空气的内能，那么总的能量仍然是守恒的。

图 2.6.3　蹦极运动

能量守恒定律是自然界最基本、最普遍的规律之一，适用于自然界中任何变化过程，无论是物理变化过程，还是化学、生物等变化过程，无一例外。

永动机是一种幻想，永远不可能成功，因为它违反了自然界最普遍的能量守恒定律。著名科学家达·芬奇早在 15 世纪就提出过永动机不可能的观点，并奉劝那些制造永动机的幻想家们："你们的探索何等徒劳无功！还是去做淘金者吧！"

例 2.6.2　如图 2.6.4 所示，一对杂技演员（都可视为质点）乘秋千（秋千绳处于水平位置）从 A 点由静止出发绕 O 点下摆，当摆到最低点 B 点时，女演员在极短时间内将男演员沿水平方向推出，然后自己刚好能回到高处 A 点。求男演员落地点 C 点与 O 点的水平距离 S。已知男演员质量 m_1 和女演员质量 m_2 之比 $m_1:m_2=2$，秋千的质量不计，秋千的摆长为 R，C 点比 O 点低 $5R$。

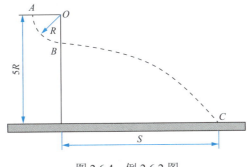

图 2.6.4　例 2.6.2 图

解： 设分离前男女演员在秋千最低点 B 点的速度大小为 v_0，根据机械能守恒定律，有

$$(m_1+m_2)gR = \frac{1}{2}(m_1+m_2)v_0^2$$

设刚分离时男演员的速度大小为 v_1，方向与 v_0 相同，女演员的速度大小为 v_2，方向与 v_0 相反，以两名演员为研究对象，可知在水平方向动量守恒，有

$$(m_1+m_2)v_0 = m_1v_1 - m_2v_2$$

分离后，男演员做平抛运动，设男演员从被推出到落在 C 点所需的时间为 t，则有

$$4R = \frac{1}{2}gt^2$$

$$S = v_1 t$$

同时，女演员刚好回到 A 点，根据机械能守恒定律，有

$$m_2 gR = \frac{1}{2}m_2 v_2^2$$

已知 $m_1:m_2=2$，联立上述式子，可得男演员落地点 C 点与 O 点的水平距离为

$$S = 8R$$

例 2.6.3　如图 2.6.5 所示，质量为 m 的小球被系在轻绳的一端，在竖直平面内做半径为 R 的圆周运动，运动过程中小球受到空气阻力的作用。设某一时刻小球通过轨道最低点，此时绳子的张力为 $7mg$，此后小球继续运动，经过半个圆周恰能通过最高点，则在此过程中小球克服空气阻力做的功为多少？

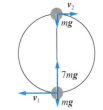

图 2.6.5　例 2.6.3 图

解： 恰能通过最高点，意味着此处轻绳的拉力为 0。根据牛顿第二

定律，在最低点有

$$T - mg = m\frac{v_1^2}{R}$$

在最高点有

$$mg = m\frac{v_2^2}{R}$$

以最低点为势能零位，则最低点的机械能为

$$E_{k1} = \frac{1}{2}mv_1^2$$

最高点的机械能为

$$E_{k2} + E_{p2} = \frac{1}{2}mv_2^2 + 2mgR$$

根据能量守恒定律，小球克服空气阻力做的功为

$$-W_f = (E_{k2} + E_{p2}) - E_{k1} = \frac{1}{2}mgR + 2mgR - 3mgR = -\frac{1}{2}mgR$$

故有

$$W_f = \frac{1}{2}mgR$$

例 2.6.4 脱离太阳系所需的最小发射速度为第三宇宙速度。试求第三宇宙速度。

解：设飞行器相对太阳的速度大小为 v，与脱离地球引力类似，应用牛顿第二定律和万有引力定律，有

$$v^2 = 2G\frac{M_0}{R_0}$$

式中，M_0 为太阳质量；R_0 为地球与太阳的平均距离；G 为万有引力常量，由前文内容并查阅相关资料可知

$$M_0 = 2.0 \times 10^{30} \text{kg}$$
$$R_0 = 1.5 \times 10^{11} \text{m}$$
$$G = 6.67408 \times 10^{-11} \text{N} \cdot \text{m}^2 \cdot \text{kg}^{-2}$$

据此可得

$$v \approx 42.2 \text{km/s}$$

由于飞行器发射时还随着地球在绕太阳做公转运动，因此其速度为

$$\frac{2\pi R_0}{T} = \frac{2\pi \times 1.5 \times 10^{11}}{365 \times 24 \times 3600} = 29.8 (\text{km/s})$$

如果飞行器和地球沿同一方向运动，那么飞行器相对于地球的运动速度至少为

$$v' = 42.2 - 29.8 = 12.4 (\text{km/s})$$

但考虑到地球引力的存在，飞行器必须克服引力做功，因此有

$$\frac{1}{2}mv_3^2 - G\frac{Mm}{R} = \frac{1}{2}mv'^2$$

式中，v_3 为第三宇宙速度大小，又因

$$G\frac{Mm}{R} = \frac{1}{2}mv_2^2$$

式中，v_2 为第二宇宙速度大小，其值为 11.2km/s，故可得第三宇宙速度大小为

$$v_3 \approx 16.7 \text{km/s}$$

2.7 碰　　撞

讨论：在人们日常生产和生活中，碰撞是经常发生的现象，如打桩、锻铁、击球和冰壶运动等。在微观世界中，粒子间的碰撞更多，如气体分子之间的碰撞。因此，可以通过碰撞试验来研究微观粒子的结构和性质。1909 年，英国物理学家卢瑟福就利用粒子碰撞完成了著名的 α 粒子散射实验，并提出了原子的核式结构模型。那么碰撞过程有何规律可循呢？

2.7.1 碰撞的过程和分类

1. 碰撞的过程

碰撞过程可分为压缩和恢复两个阶段。在压缩阶段，两物体相互靠近接触，压缩形变。在恢复阶段，形变恢复，两物体重新又分开。还有一些特殊碰撞，两物体相撞后成为永久形变，以同一速度运动。

为简单起见，这里主要讨论两个小球之间的正碰撞。正碰撞也称对心碰撞，碰撞前后，两个小球的速度方向均在连心线上。

通常，碰撞过程的时间很短，冲力很大，因此，如果把相互碰撞的两个小球一起作为研究的系统，那么，外力一般可忽略不计，系统的动量守恒。若以 m_1、v_{10}、v_1 和 m_2、v_{20}、v_2 分别表示两个小球的质量和正碰撞前后的速度，并假设方向都相同，如图 2.7.1 所示，则动量守恒定律沿该方向的分量式为

$$m_1 v_1 + m_2 v_2 = m_1 v_{10} + m_2 v_{20}$$

若上式计算结果中某速度分量为负值，则表示该速度的方向与所假设的方向相反。

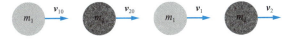

图 2.7.1　正碰撞

2. 碰撞的分类

一般在碰撞过程中，由于形变、发热等因素，系统的一部分动能会转化成其他形式的能量。如果两球的弹性都很好，碰撞时因变形而储存的势能在分离时能完全转化为动能，机械能没有损失，那么称为**完全弹性碰撞**，钢球的碰撞接近这种情况。如果是塑性球间的碰撞，其形变完全不能恢复，碰撞后两球同速运动，大部分的机械能通过内摩擦转化为内能，那么称为**完全非弹性碰撞**，如泥球或蜡球的碰撞。介于这两种碰撞之间的，即两球分离时只部分地恢复原状的碰撞称为**非完全弹性碰撞**，机械能的损失介于上述两种碰撞之间。

2.7.2 碰撞定律

牛顿从实验中发现，碰撞后两球相互离开的速度（$v_2 - v_1$）与碰撞前相互接近的速度（$v_{10} - v_{20}$）之比仅与两球的材料有关，而与两球的质量和速度无关。定义这个比值为恢复系数，用符号 e 表示，即

$$e = \frac{v_2 - v_1}{v_{10} - v_{20}} \tag{2.7.1}$$

再联立 $m_1 v_1 + m_2 v_2 = m_1 v_{10} + m_2 v_{20}$，得 $\boldsymbol{v}_1$ 和 $\boldsymbol{v}_2$ 的大小分别为

$$v_1 = \frac{m_1 v_{10} + m_2 v_{20}}{m_1 + m_2} - e \frac{m_2(v_{10} - v_{20})}{m_1 + m_2}$$

$$v_2 = \frac{m_1 v_{10} + m_2 v_{20}}{m_1 + m_2} - e \frac{m_1(v_{20} - v_{10})}{m_1 + m_2}$$

碰撞前后，系统损失的动能为

$$\Delta E_k = \left(\frac{1}{2} m_1 v_{10}^2 + \frac{1}{2} m_2 v_{20}^2\right) - \left(\frac{1}{2} m_1 v_1^2 + \frac{1}{2} m_2 v_2^2\right)$$

或

$$\Delta E_k = \frac{1}{2}(1 - e^2)\left(\frac{m_1 m_2}{m_1 + m_2}\right)(v_{10} - v_{20})^2$$

若是完全弹性碰撞，则 $e = 1$，将其代入上式，$\Delta E_k = 0$，表明此过程动能守恒。

若是完全非弹性碰撞，则 $e = 0$，此时有

$$v_1 = v_2 = \frac{m_1 v_{10} + m_2 v_{20}}{m_1 + m_2}$$

$$\Delta E_k = \frac{1}{2}\left(\frac{m_1 m_2}{m_1 + m_2}\right)(v_{10} - v_{20})^2$$

上面两式表明碰撞后两球以相同的速度运动，动能损失最大。

下面将碰撞情况再简化些。如果两个小球的质量都为 m，一个小球以速度 $\boldsymbol{v}_{10}$ 对心完全弹性碰撞另一个静止的小球，如图 2.7.2 所示，那么碰撞后各自的速度为多少？

前已说明，两个小球在完全弹性碰撞过程中，动量守恒、机械能守恒，因此有

$$m v_1 + m v_2 = m v_{10}$$

$$\frac{1}{2} m v_1^2 + \frac{1}{2} m v_2^2 = \frac{1}{2} m v_{10}^2$$

图 2.7.2 等质量小球速度交换

联立上面的两个式子可得

$$v_2 = v_{10}$$
$$v_1 = 0$$

这种结果说明，如果两球质量相等，一个球以一定速度碰撞另一个静止的球，会实现

速度交换，如牛顿摆球的运动。

如果两个不同质量的小球具有不同的初始速度且 $v_{10} > v_{20}$，进行完全弹性碰撞，如图 2.7.3 所示，则有

$$m_1 v_1 + m_2 v_2 = m_1 v_{10} + m_2 v_{20}$$

$$\frac{1}{2} m_1 v_1^2 + \frac{1}{2} m_2 v_2^2 = \frac{1}{2} m_1 v_{10}^2 + \frac{1}{2} m_2 v_{20}^2$$

联立上面两个式子，有

$$v_1 = \frac{m_1 - m_2}{m_1 + m_2} v_{10} + \frac{2 m_2}{m_1 + m_2} v_{20}$$

$$v_2 = \frac{2 m_1}{m_1 + m_2} v_{10} + \frac{m_2 - m_1}{m_1 + m_2} v_{20}$$

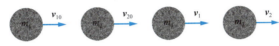

图 2.7.3 不同质量小球的完全弹性碰撞

若 $m_1 \gg m_2$ 且 $v_{20} = 0$，即质量大的运动物体碰撞质量小的静止物体，则有 $v_1 \approx v_{10} > 0$，$v_2 \approx 2 v_{10} > 0$。可见，这种情况下碰撞后大物体速度几乎保持不变，小物体则以两倍于大物体的速度运动。

若 $m_1 \ll m_2$ 且 $v_{20} = 0$，即质量小的运动物体碰撞质量大的静止物体，则有 $v_1 \approx -v_{10} < 0$，$v_2 \approx 0$。可见，这种情况下大物体的速度几乎不变，而小物体以原速度大小弹回。据此可得到一种测定恢复系数的简便方法。若小球从高度 H 处自由落下，与水平地面碰撞后反弹高度为 h，则该小球与地面之间碰撞的恢复系数为

$$e = \frac{v_2 - v_1}{v_{10} - v_{20}} = \frac{|v_1|}{|v_{10}|} = \frac{\sqrt{2gh}}{\sqrt{2gH}} = \sqrt{\frac{h}{H}}$$

例 2.7.1 在光滑的水平面上，质量为 m_1 的 A 球以速度 $\boldsymbol{v}_{10}$ 与质量为 m_2 的静止 B 球正碰撞，碰撞后 A 球静止。已知 $\dfrac{m_1}{m_2} = 0.8$。求：

（1）碰撞后 B 球的速度 $\boldsymbol{v}_2$。
（2）此碰撞的恢复系数 e。
（3）碰撞中损失的机械能 $-\Delta E_k$。

解：（1）由题意可知，碰撞过程中，A、B 两球组成的系统动量守恒，有

$$m_2 v_2 = m_1 v_{10}$$

$$v_2 = \frac{m_1}{m_2} v_{10} = 0.8 v_{10}$$

$\boldsymbol{v}_2$ 方向与 $\boldsymbol{v}_{10}$ 的方向相同。

（2）由于碰撞后相互离开的速度为 $\boldsymbol{v}_2$，碰撞前相接近的速度为 $\boldsymbol{v}_{10}$，故

$$e = \frac{v_2}{v_{10}} = 0.8$$

（3）碰撞中损失的机械能为

$$-\Delta E_k = \frac{1}{2} m_1 v_{10}^2 - \frac{1}{2} m_2 v_2^2 = 0.2 \left(\frac{1}{2} m_1 v_{10}^2 \right)$$

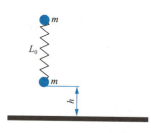

图 2.7.4　例 2.7.2 图

例 2.7.2　如图 2.7.4 所示，两个大小相同的铁球，质量均为 m，由原长为 L_0、劲度系数为 k 的弹簧连接，设法维持弹簧在原长位置由静止释放两球（两球连线竖直）。设开始时下面铁球距离桌面的高度为 h，而且下面铁球与桌面的碰撞为完全非弹性碰撞，求弹簧的最大压缩量 x。

解：两铁球开始一起做自由落体运动，着地时的速度大小为
$$v_0 = \sqrt{2gh}$$

下面铁球着地后的瞬时速度为 0，而上面铁球以速度 v_0 向下运动压缩弹簧，当上面铁球的速度减小至 0 时，弹簧有最大压缩量，根据机械能守恒定律得
$$\frac{1}{2}kx^2 = mgx + \frac{1}{2}mv_0^2$$

那么弹簧的最大压缩量为
$$x = \frac{mg + \sqrt{m^2g^2 + 2kmgh}}{k}$$

例 2.7.3　如图 2.7.5 所示，在一根很长的水平绳子上等距离地穿着许多相距为 d 的质量相同的珠子，珠子可以在绳子上无摩擦地移动，初始时珠子静止，如图 2.7.5 所示。最左侧的珠子在恒定外力 F 的作用下不断向右加速。请判断在以下两种情况下，经过很长时间后被加速珠子的速度和"激波"的速度。

（1）完全非弹性碰撞。

（2）完全弹性碰撞。

图 2.7.5　例 2.7.3 图

解：（1）在完全非弹性碰撞下，以 v_0 表示珠子渐进的共同速度大小，d 为珠子之间的距离，m 为珠子的质量，在给定时间间隔 Δt 内，最左侧的珠子将与 $\dfrac{v_0 \Delta t}{d}$ 个珠子碰撞，从而其质量增长为
$$\Delta m = \frac{mv_0 \Delta t}{d}$$

动量增长为
$$\Delta p = \Delta m v_0 = \frac{mv_0^2 \Delta t}{d}$$

根据冲量公式，有
$$F = \frac{\Delta p}{\Delta t} = \frac{mv_0^2}{d}$$

那么在完全非弹性碰撞的条件下，珠子的最终速度大小为
$$v_0 = \sqrt{\frac{Fd}{m}}$$

（2）在完全弹性碰撞的情况下，两个质量相同的物体，若初始时其中一个静止，碰撞后

它们会交换速度。初始时运动的物体静止，而初始时静止的物体将以同样的速度向前运动。

最左侧的珠子以恒定的加速度加速，第一次碰撞前获得的速度大小为

$$v_1 = \sqrt{\frac{2Fd}{m}}$$

最左侧的珠子把这个速度传递给第二个珠子并静止下来，然后在外力的作用下重新加速。开始运动的第二个珠子又怎样运动呢？它以恒定的速度 v_1 向右运动，与第三个珠子碰撞并停止下来。第三个珠子及其右侧的珠子进行着同样的过程，"激波"将以速度 v_1 向右传播。同时，最左侧的珠子重新被加速到速度 v_1，与第二个静止下来的珠子碰撞，这个过程反复地进行，从而产生一个新的"激波"，被加速珠子的速度总是从 0 变化到 v_1，其平均速度为 $\frac{v_1}{2}$。

思考与探究

2.1 回答以下问题：
（1）物体同时受到几个力的作用，是否一定产生加速度？
（2）物体的速度很大，是否意味着物体所受外力的合力也一定很大？
（3）物体运动的方向一定与合外力的方向相同吗？
（4）物体运动时，如果它的速率保持不变，它所受合外力是否一定为 0？

2.2 如下图所示，两个质量相等的小球，分别从两个高度相同、倾角不同的光滑斜面顶端由静止滑到底部，它们的动能和动量是否相同？

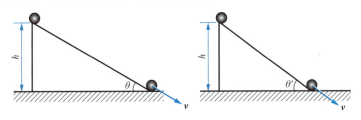

题 2.2 图

2.3 如下图所示，一球的上下两端系同样的两根线，现用其中一根线将球吊起，而用手向下拉另一根线。如果突然向下拉，则下面的线断而球未动。如果用力慢慢拉线，则上面的线断开。这是为什么呢？

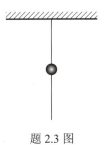

题 2.3 图

2.4 跳伞运动员张开降落伞后匀速下降，由于重力与空气阻力相等，合力做的功为0，因此机械能守恒。根据机械能守恒的条件分析这种论述对不对？

2.5 如下图所示，有两个大小、质量相同的小球，处于同一位置，其中一个水平抛出，另一个沿斜面无摩擦地自由滑下，哪一个小球先到达地面？到达地面时的速率是否相等？

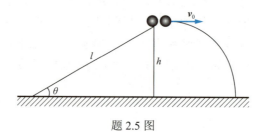

题 2.5 图

2.6 自动步枪连发时，每分钟可射出 120 发子弹，每发子弹的质量为 $m=7.9g$，射出枪口时的速率为 735m/s。求射击时枪托对射击人员肩部的平均压力。

2.7 如下图所示，当飞机由爬升状态转为俯冲状态时，飞行员会由于脑充血而出现"红视"状况（视场变红）；当飞行员由俯冲状态拉起时，飞行员由于脑失血而出现"黑晕"状况（眼睛失明），这是为什么呢？若飞行员穿上抗荷服（把身躯和四肢裹得很紧的一种衣服），当飞行员由俯冲状态拉起时，能经得住 $5g$（重力加速度）的力而避免出现"黑晕"状况。但飞行员开始俯冲时，最多经得住 $2g$ 的力而仍免不了出现"红视"状况，这又是为什么呢？

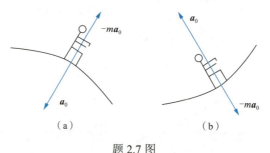

题 2.7 图

2.8 美丽的土星环在土星周围从距土星中心 73000km 延伸到距土星中心 136000km。它由直径从 10^{-6}m 到 10m 的粒子组成。若土星环的外缘粒子的运行周期是 14.2h，则土星的质量是多少？

2.9 直九型直升机的每片旋翼长 5.97m。若按宽度一定、厚度均匀的薄片计算，求旋翼以 400r/min 的转速旋转时，其根部受到的拉力为其重力的几倍？

2.10 有一种理论认为，地球上的一次灾难性物种（如恐龙）灭绝是由 6500 万年前的一颗大的小行星撞入地球引起的。设小行星的半径为 10km，密度为 6.0×10^3kg/m³（和地球的一样），它撞入地球将释放多少能量？这部分能量是唐山大地震估计释放能量的多少倍？（唐山大地震估计释放能量为 10^{18}J，地球半径为 6378km，地球质量为 5.98×10^{24}kg。）

2.11 如下图所示，矿砂由料槽均匀落在水平运动的传送带上，落砂流量 $q=50$kg/s。传送带均匀移动，速率 $v=1.5$m/s。求电动机拖动传送带的功率，这一功率是否等于单位时间内落砂获得的动能？为什么？

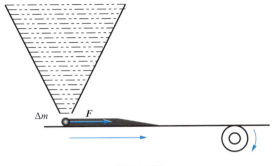

题 2.11 图

2.12 如下图所示，一轻质弹簧弹性系数为 k，两端各固定一质量为 M 的物块 A 和 B，静止放在水平光滑桌面上。现有一质量为 m 的子弹沿弹簧的轴线方向以速度 v_0 射入物块 A 而不复出，求此后弹簧的最大压缩长度。

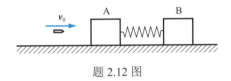

题 2.12 图

2.13 如下图所示，一弹性系数为 k 的轻弹簧，一端固定在墙上，另一端连在一个质量为 m 的物体上，物体与桌面间的摩擦系数为 μ，初始时刻弹簧处于原长状态，现用一恒定的力 F 向右拉动物体，使物体向右移动，求物体将停止在何处。

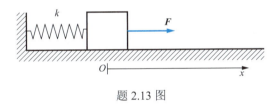

题 2.13 图

2.14 如下图所示，在平滑的路面上停有一质量为 m_0、长为 L 的平板车，一质量为 m 的小孩从车上的一端由静止开始走到车的另一端，求平板车在路面上移动的距离 Δx。

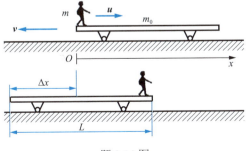

题 2.14 图

单元 3

刚体的转动

▍单元导读

地球在绕太阳公转的同时,还在绕地轴做自转运动,如果要分析地球的自转速度和加速度,那么应该如何来描述呢?

▍能力目标

1. 掌握描述刚体定轴转动的物理量。
2. 理解并掌握力矩、转动惯量和角动量的概念、计算方法。
3. 掌握刚体定轴转动定律和角动量守恒定律并能熟练应用。
4. 了解陀螺仪的工作原理。

▍思政目标

1. 培养严谨认真、实事求是和持之以恒的科学态度。
2. 保持良好的物理思维及求知欲,勇于探索,不迷信权威。

3.1 刚体运动

讨论：汽车沿直线行驶时车身的运动及滑动窗户的运动都属于刚体运动，那么还有其他形式的刚体运动吗？该怎么描述这种运动呢？

3.1.1 刚体运动的两种形式

刚体指在外力作用下形状和大小都保持不变的物体。在运动过程中，刚体内两点之间的距离始终不变。刚体是一种特殊的质点系，是力学中的一种理想模型。平动和转动是刚体运动的两种形式。

1. 刚体的平动

如果在运动过程中，刚体上任意两点的连线始终保持原来的方向，则称这种运动为**刚体的平动**，如电梯的升降、活塞的往返运动等。在平动过程中，各点在任意相同的时间内具有相同的位移和运动轨迹，也具有相同的速度和加速度，因此，刚体上任一点的运动都可以代表整个刚体的平动。通常，平动刚体可看作质点，可归结为对质点运动的描述。

2. 刚体的转动

若刚体中各点都绕同一直线（即转轴）做圆周运动，则称这种运动为**刚体的转动**。转轴固定称为**定轴转动**，如电风扇的运动就是定轴转动（图 3.1.1）。如果转轴上只有一个固定点不动，而转轴的方向在不断地变化，这种运动称为刚体的**定点转动**，如陀螺的运动（图 3.1.2）。

图 3.1.1 电风扇的定轴转动

图 3.1.2 陀螺的定点转动

刚体的一般运动都可被看作平动和转动的叠加。例如，拧螺钉时，可将螺钉的运动分解为沿轴线方向的平动和绕转轴的转动。

3.1.2 刚体的定轴转动

为了描述刚体的定轴转动，在刚体内任取一质点 P，P 质点对转轴的垂线为 OP，通过 OP 并与转轴垂直的平面称为**转动平面**，如图 3.1.3 所示。

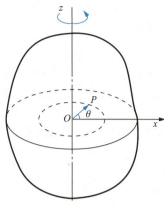

图 3.1.3　刚体定轴转动的描述

下面以质点 P 为研究对象加以分析。任意时刻，P 质点相对于参考方向（x 轴正方向）的角位置为 θ。显然，θ 是一个随时间变化的量，可以唯一地确定某时刻 P 质点的角位置，有

$$\theta = \theta(t) \tag{3.1.1}$$

刚体在一段时间内转过的角度称为**角位移**。角位置和角位移的单位是弧度，符号为 rad。在时刻 t 到 $t+\Delta t$ 时间内的角位移 $\Delta\theta$ 与 Δt 之比称为刚体的平均角速度 $\overline{\omega}$，即

$$\overline{\omega} = \frac{\Delta\theta}{\Delta t}$$

当 $\Delta t \to 0$ 时，平均角速度的极限称为**瞬时角速度**，简称**角速度**，用 ω 表示，即

$$\omega = \lim_{\Delta t \to 0} \frac{\Delta\theta}{\Delta t} = \frac{\mathrm{d}\theta}{\mathrm{d}t} \tag{3.1.2}$$

刚体的定轴转动有两种不同的转动方向，顺着转轴观察时，刚体可以按顺时针方向转动，也可按逆时针方向转动。如果把一种转向的角速度取为正方向，另一种转向的角速度则为负方向。角速度的大小反映了定轴转动的快慢，角速度的正负反映了定轴转动的方向。角速度的单位是弧度/秒，符号为 rad/s。

在时间 Δt 内，角速度的变化量 $\Delta\omega$ 与 Δt 之比称为该段时间内刚体的平均角加速度，用 $\overline{\beta}$ 表示，即

$$\overline{\beta} = \frac{\Delta\omega}{\Delta t}$$

当 $\Delta t \to 0$ 时，平均角加速度的极限称为**瞬时角加速度**，简称**角加速度**，用 β 表示，即

$$\beta = \lim_{\Delta t \to 0} \frac{\Delta\omega}{\Delta t} = \frac{\mathrm{d}\omega}{\mathrm{d}t} = \frac{\mathrm{d}^2\theta}{\mathrm{d}t^2} \tag{3.1.3}$$

角加速度的单位是弧度/秒^2，符号为 rad/s^2。

由于刚体的形状、大小保持不变，刚体定轴转动时，刚体上所有质点都在各自的转动平面内做圆周运动，并且与质点具有相同的角位移、角速度和角加速度。因此，刚体上任一质点的角位移、角速度和角加速度代表了整个刚体的角位移、角速度和角加速度。因此，质点匀加速圆周运动中的角位置、角速度和角加速度之间的关系，也适用于刚体的匀角加速度定轴转动，即有

$$\omega = \omega_0 + \beta t \tag{3.1.4}$$

$$\theta = \theta_0 + \omega_0 t + \frac{1}{2}\beta t^2 \tag{3.1.5}$$

$$\omega^2 - \omega_0^2 = 2\beta(\theta - \theta_0) \tag{3.1.6}$$

同时由于刚体上每个质点距转轴的距离不同，因此不同质点具有不同的速度和加速度。线量与角量的关系同样满足

$$v = \omega r \tag{3.1.7}$$

$$a_\tau = \beta r \tag{3.1.8}$$

$$a_n = \omega^2 r \tag{3.1.9}$$

> **知识窗** 地球日 1 世纪增长约 2ms
>
> 地球沿着自转轴自西向东转动,从地球的北极点鸟瞰,地球是逆时针自转的。地球的自转形成了地球的昼夜交替现象,使各地有了时间上的差别。众所周知,地球上的一天是 24h。自 20 世纪以来,随着人类天文观测技术的不断进步,天文科学家经过长时间的观察和计算,观察到地球自转速度存在长期减慢的趋势,地球日的长度在 1 世纪内增长约 2ms,近 2000 万年来已经累计增加 2 个多小时。经过推算,在 5.43 亿年前,地球每天的时间约为 0.37h。但致使地球自转越来越慢的原因尚待进一步研究。

例 3.1.1 据监测,在 1987 年完成 365 次自转比 1900 年多出 1.14s。求在 1900—1987 年这段时间内,地球自转的平均角加速度。

解:地球自转的平均角加速度为

$$\bar{\beta} = \frac{\Delta \omega}{\Delta t} = \frac{\omega - \omega_0}{t} = \frac{\frac{365 \times 2\pi}{T + \Delta T} - \frac{365 \times 2\pi}{T}}{87T}$$

式中,T 表示 1 年,$T = 24 \times 3600 \times 365 \approx 3.15 \times 10^7 \text{s}$,那么可得

$$\bar{\beta} = \frac{-365 \times 2\pi \times \Delta T}{(T + \Delta T) \times 87T^2} = -\frac{365 \times 2\pi \times \Delta T}{87T^2} \approx -9.6 \times 10^{-22} (\text{rad/s}^2)$$

例 3.1.2 掷铁饼运动员手持铁饼转动 1.25 圈后松手,此刻铁饼的速度值达到 25m/s。设转动时铁饼沿半径为 1.0m 的圆周做圆周运动且均匀加速,求:

(1) 铁饼离手时的角速度。
(2) 铁饼的角加速度。
(3) 铁饼在手中加速的时间(把铁饼视为质点)。

解:(1) 铁饼离开手时的角速度为

$$\omega = \frac{v}{r} = \frac{25}{1.0} = 25 (\text{rad/s})$$

(2) 铁饼的角加速度为

$$\beta = \frac{\omega^2}{2\theta} = \frac{25^2}{2 \times 2\pi \times 1.25} \approx 39.8 (\text{rad/s}^2)$$

(3) 铁饼在手中加速的时间为

$$t = \frac{\omega}{\beta} = \frac{25}{39.8} \approx 0.628 (\text{s})$$

3.2 转动定律

讨论:2019 年国内上映了一部片名为《流浪地球》的国产科幻电影,故事背景设定

在2075年,此时科学家发现太阳内部活动异常,将会产生一次名为氦闪的剧烈爆炸,并膨胀为巨大而黯淡的红巨星,吞没地球。人类唯一的生路就是进行星际移民,唯一可行的目标是4.3光年外的半人马座比邻星。于是人类集中一切力量建造了一万多座行星发动机,计划经过2500年、100代人的时间,让地球飞离太阳系,飞到比邻星附近。想让地球按人类希望的方向飞行,必须先用行星发动机让地球停止自转,这个过程需用时42年,被称为"刹车时代"。如果你是行星发动机的设计者,那么该行星发动机的设计推力应为多少吨?

3.2.1 力对转轴的力矩

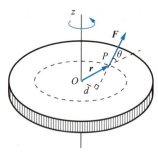

图 3.2.1 对轴的力矩

转动汽车转向盘时,必须对转向盘施加一个力矩,要想使转动的物体停止转动,必须施加一个与转动方向相反的力矩。下面介绍力矩的概念。设力 F 作用于刚体中的质点 P,而且在转动平面内,转动平面与转轴相交于 O 点,如图 3.2.1 所示。转轴与力作用线之间的垂直距离 d 称为力对转轴的力臂。力的大小与力臂的乘积称为力对转轴的力矩,用 M 表示,即

$$M = Fd \tag{3.2.1}$$

若以 r 表示 P 质点对 O 点的位矢,以 θ 表示 r 与 F 之间的夹角,则有

$$M = Fr\sin\theta = F_\tau r$$

式中,F_τ 为 F 的切向分量,因此对转轴的力矩也等于力的切向分量乘以力作用点到转轴的垂直距离。当 $\theta = 0$ 或 π 时,$M = 0$,即此时力的作用线通过转轴,对转轴不产生力矩。

如果力不在垂直于转轴的平面内,那么可将力分解为一个与转轴垂直的分力和一个与转轴平行的分力,与转轴平行的分力对转轴不产生力矩。如果几个力同时作用在有固定转轴的刚体上,那么刚体所受的合力矩等于各个力矩对转轴的代数和。

3.2.2 转动定律的推导

试验指出,一个绕定轴转动的刚体,当它受到对于转轴的合外力矩为 0 时,它将保持原有的角速度不变,或保持静止状态,或做匀角速度转动。这反映了任何物体都具有转动惯性,就像物体具有平动惯性一样。

试验还指出,一个绕定轴转动的刚体,当它受到对转轴的合外力矩不等于 0 时,它将获得角加速度。下面推导合外力矩和角加速度的关系。

刚体可以被看作由许多质点组成的。刚体做定轴转动时,刚体上各质点均绕转轴做圆周运动。在刚体上任取一个质点 i,其质量为 m_i,距转轴的垂直距离为 r_i,受到外力 F_i 和内力 f_i 的作用,并设 F_i 和 f_i 都在与转轴垂直的平面内,如图 3.2.2 所示。根据牛顿第二定律,质点的运动方程为

$$F_i + f_i = m_i a_i$$

若以 $F_{i\tau}$ 和 $f_{i\tau}$ 分别表示 F_i 和 f_i 的切向分量,则上式可写为

$$F_{i\tau} + f_{i\tau} = m_i a_{i\tau}$$

式中,$a_{i\tau}$ 为质点的切向加速度。根据线量和角量的关系,上

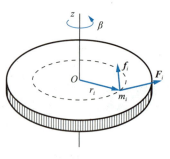

图 3.2.2 转动定律的推导

式可写为

$$F_{i\tau} + f_{i\tau} = m_i r_i \beta$$

等号两边同乘以 r_i，得到

$$F_{i\tau} r_i + f_{i\tau} r_i = m_i r_i^2 \beta$$

因法向分力 F_{in} 和 f_{in} 均通过转轴，不产生力矩，故上式等号左边的 $F_{i\tau} r_i$ 和 $f_{i\tau} r_i$ 分别为外力 $\boldsymbol{F}_i$ 和内力 $\boldsymbol{f}_i$ 对转轴的力矩。

若对刚体中所有的质点都应用牛顿第二定律，参考上式列出相类似的式子，把所有这些式子相加，则有

$$\sum F_{i\tau} r_i + \sum f_{i\tau} r_i = \left(\sum m_i r_i^2\right) \beta$$

因为内力总是成对出现，而成对作用力和反作用力大小相等、方向相反，在同一直线上，对转轴的力矩相互抵消，所以内力矩之和 $\sum f_{i\tau} r_i = 0$，故上式可简化为

$$\sum F_{i\tau} r_i = \left(\sum m_i r_i^2\right) \beta$$

令合外力矩 $\sum F_{i\tau} r_i = M$，上式等号右边的 $\sum m_i r_i^2$ 与刚体本身的性质和转轴的位置有关，一定的刚体对一定的转轴，$\sum m_i r_i^2$ 是一个常量，称为刚体对该转轴的**转动惯量**，用符号 J 表示。于是上式可表示为

$$M = J\beta \tag{3.2.2}$$

式（3.2.2）表明，刚体定轴转动时，角加速度与合外力矩成正比，与转动惯量成反比。这一关系称为**刚体定轴转动的转动定律**，简称**转动定律**。

将刚体定轴转动的转动定律 $M = J\beta$ 与质点的牛顿第二运动定律 $F = ma$ 进行比较，可以看出，两个式子非常相似，合外力矩 M 与合外力 F 对应，角加速度 β 与加速度 a 对应，转动惯量 J 与质量 m 对应。质量是质点惯性大小的量度，与此相当，转动惯量是刚体转动惯量大小的量度。根据转动定律，在相同的外力矩作用下，转动惯量较大的刚体，角加速度小；转动惯量较小的刚体，角加速度较大。也就是说，转动惯量较大的刚体，转动惯性较大；转动惯量较小的刚体，转动惯性较小。转动惯量的单位为千克·米²，符号为 $kg \cdot m^2$。

若刚体由离散分布的质点组成，则转动惯量可按定义式 $J = \sum m_i r_i^2$ 进行计算。若刚体的质量是连续分布的，则其转动惯量可用积分式 $J = \int r^2 dm$ 进行计算。

例 3.2.1 如图 3.2.3 所示，均质圆盘的质量为 m，半径为 R，转轴通过圆盘中心且与盘面垂直。求圆盘对转轴的转动惯量。

解： 圆盘的质量面密度为

$$\sigma = \frac{m}{\pi R^2}$$

在圆盘上距离转轴为 r 处，取宽为 dr 的细圆环，则细圆环的面积为

$$dS = 2\pi r dr$$

质量为

$$dm = \sigma dS = \frac{m}{\pi R^2} \times 2\pi r dr = \frac{2mr dr}{R^2}$$

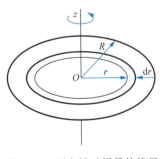

图 3.2.3 圆盘转动惯量的推导

细圆环的质量可认为都分布在半径为 r 的圆周上，到转轴的距离均为 r，故整个圆盘对

转轴的转动惯量为

$$J = \int r^2 dm = \int_0^R \frac{2mr^3 dr}{R^2} = \frac{2m}{R^2}\int_0^R r^3 dr = \frac{1}{2}mR^2$$

例 3.2.2 求质量为 m、半径为 R 的均质球体绕其轴线的转动惯量。

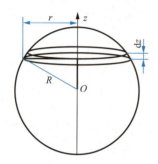

图 3.2.4 球体转动惯量的计算

解：可以将球体划分为许多等厚的薄圆盘，再求球体的转动惯量。如图 3.2.4 所示，设球体的密度为 ρ，则半径为 r、厚度为 dz 的薄圆盘的质量为

$$dm = \rho \pi r^2 dz$$

根据圆盘转动惯量的计算公式，可得上述薄圆盘绕 z 轴的转动惯量为

$$dJ = \frac{1}{2}r^2 dm$$

故整个球体绕 z 轴的转动惯量为

$$J = \int dJ = \int_{-R}^{R}\frac{1}{2}\rho\pi r^4 dz = \int_{-R}^{R}\frac{1}{2}\rho\pi(R^2-z^2)^2 dz$$

对上式求积分，然后将 $\rho = \dfrac{m}{\frac{4}{3}\pi R^3}$ 代入其中，可得球体的转动惯量为

$$J = \frac{2}{5}mR^2$$

例 3.2.3 计算电影《流浪地球》中地球"刹车"时行星发动机所需的推力。

解：假设地球为均质的实心球体，则地球的转动惯量为

$$J = \frac{2}{5}mR^2 = \frac{2}{5}\times 5.965\times 10^{24}\times(6.371\times 10^6)^2 \approx 9.685\times 10^{37}(\text{kg}\cdot\text{m}^2)$$

要使地球停止自转，必须施加一个与地球自转相反的转矩 M，根据刚体转动定律，有

$$-M = J\frac{d\omega}{dt}$$

将初始条件代入上式，积分，得

$$\frac{M}{J}\int_0^t dt = -\int_{\omega_0}^0 d\omega$$

上式中的 ω_0 为地球自转角速度，即 $\omega_0 = \dfrac{2\pi}{24\times 3600} = 7.272\times 10^{-5}$ (rad/s)，故有

$$M = \frac{J\omega_0}{t}$$

按照电影描述，地球"刹车时代"为 42 年，约为 $42\times 365\times 24\times 3600 = 1.325\times 10^9$ (s)，将此条件代入上式，则有

$$M = \frac{J\omega_0}{t} = \frac{9.685\times 10^{37}\times 7.272\times 10^{-5}}{1.325\times 10^9} \approx 5.315\times 10^{24}(\text{N}\cdot\text{m})$$

若在赤道安装两台行星发动机，赤道半径 R 为 6371km，则每台设备的推力为

$$F = \frac{M}{2R} = \frac{5.315 \times 10^{24}}{2 \times 6.371 \times 10^{6}} \approx 4.171 \times 10^{17}(\text{N}) = 4.171 \times 10^{13}(\text{t})$$

按目前火箭最大推力为 5000t 计算，地球"刹车"时行星发动机所需的动力相当于需要 8.342×10^{9}（$4.171 \times 10^{13}/5000$）个火箭同时发射所提供的推力。

例 3.2.4 如图 3.2.5 所示，一根质量为 m、长度为 l 的均质细直棒，水平放置在水平桌面上。若它与桌面间的滑动摩擦系数为 μ，在 $t=0$ 时，使该棒绕过其一端的竖直轴在水平桌面上旋转，其初始角速度大小为 ω_0，求该棒停止转动所需时间。

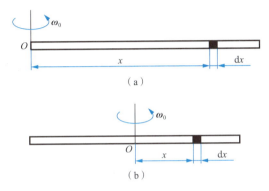

图 3.2.5 均质细直棒转动惯量的推导

解：先求匀质细直棒绕其一端的转动惯量。

在距 O 点 x 处取长度为 dx 的质量微元，其质量为

$$dm = \frac{m}{l}dx$$

根据转动惯量积分式，并取积分上下限，从 $x=0$ 到 $x=l$，转动惯量为

$$J = \int x^2 dm = \int_0^l x^2 \frac{m}{l}dx = \frac{1}{3}ml^2$$

如果均质细直棒绕其中心垂直轴呢？此时只要变换积分上下限即可，其转动惯量为

$$J = \int x^2 dm = \int_{-\frac{l}{2}}^{\frac{l}{2}} x^2 \frac{m}{l}dx = \frac{1}{12}ml^2$$

上面计算表明，同一刚体绕不同轴转动，其转动惯量是不同的。那么，同一刚体绕不同轴转动时的转动惯量之间是否有一定的关系呢？答案是肯定的，可以通过平行轴定理和正交轴定理这两个定理来进行简化计算。下面对这两个定理进行展开介绍。

3.2.3 平行轴定理和正交轴定理

平行轴定理（图 3.2.6）：若质量为 m 的刚体绕通过其质心的轴转动的转动惯量为 J_c，那么将轴沿任意方向平行移动距离 d，则绕该轴的转动惯量为 $J = J_c + md^2$。

均质细直棒绕端点的转动惯量若按平行轴定理计算，则有

$$J = \frac{1}{12}ml^2 + m\left(\frac{l}{2}\right)^2 = \frac{1}{3}ml^2$$

正交轴定理（图 3.2.7）：对于质量分布在平面上的薄板刚体，绕 z 轴的转动惯量 J_z 等

于绕 x 轴的转动惯量 J_x 与绕 y 轴的转动惯量 J_y 之和,即 $J_z = J_x + J_y$。

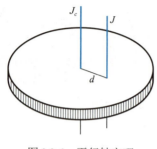
图 3.2.6 平行轴定理

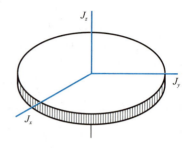
图 3.2.7 正交轴定理

下面求解细直棒绕端点转动时,受摩擦力作用,停止转动所需的时间。质量为 dm 的质元受到的摩擦力为

$$-df = \mu dmg = \mu \frac{m}{l} g dx$$

故质元受到的摩擦力矩为

$$dM = -xdf = -\frac{\mu mgx}{l} dx$$

对上式进行积分,可得细直棒受到的总摩擦力矩为

$$M = \int dM = -\int_0^l \frac{\mu mgx}{l} dx = -\frac{\mu mgl}{2}$$

由转动定律可得

$$M = J\beta = J\frac{d\omega}{dt}$$

将细直棒的转动惯量代入上式,有

$$-\frac{\mu mgl}{2} = \frac{1}{3} ml^2 \frac{d\omega}{dt}$$

对上式进行变量分离,再对等号两边进行积分,有

$$\int_{\omega_0}^0 d\omega = -\int_0^t \frac{3\mu g}{2l} dt$$

解得

$$\omega_0 = \frac{3\mu g}{2l} t$$

最后可得

$$t = \frac{2\omega_0 l}{3\mu g}$$

例 3.2.5 如图 3.2.8 所示,长为 l、质量为 m 的均质细棒竖直放置,其下端与一固定铰链相连并可绕固定铰链无摩擦地转动,求此细棒受到微小扰动在重力作用下由静止开始绕点转动到与竖直方向成 θ 角时的角加速度和角速度。

解: 当细棒与竖直方向成 θ 角时,重力对铰链的力矩大小为

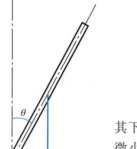
图 3.2.8 例 3.2.5 图

$$M = mg\frac{l}{2}\sin\theta$$

由刚体定轴转动定律得

$$M = mg\frac{l}{2}\sin\theta = J\beta$$

代入细棒定轴转动的转动惯量计算式 $J = \frac{1}{3}ml^2$，得

$$\beta = \frac{mg\frac{l}{2}\sin\theta}{\frac{1}{3}ml^2} = \frac{3g\sin\theta}{2l}$$

根据角加速度的定义，所求角加速度大小为

$$\beta = \frac{d\omega}{dt} = \frac{3g\sin\theta}{2l}$$

而

$$\frac{d\omega}{dt} = \frac{d\omega}{d\theta}\frac{d\theta}{dt} = \frac{d\omega}{d\theta}\omega$$

因此有

$$\omega d\omega = \frac{3g\sin\theta}{2l}d\theta$$

对上式进行积分，并利用初始条件 $t = 0$ 时，$\theta = 0$，$\omega = 0$，得

$$\int_0^\omega \omega d\omega = \frac{3g}{2l}\int_0^\theta \sin\theta d\theta$$

积分后化简，得所求角速度大小为

$$\omega = \sqrt{\frac{3g(1-\cos\theta)}{l}}$$

3.3 刚体转动的功和能

讨论：辘轳是一种流行于北方地区的民间提水设施，如图 3.3.1 所示。据《物原》记载：史佚始作辘轳。史佚是周代初期的史官。这说明早在 3000 年前我们的祖先就利用杠杆和轮轴原理设计了结构合理的取水工具，充分显示了我国古代劳动人民的智慧。在取水过程中，水桶加速下落，同时辘轳头在水桶作用下做定轴转动，那么水桶下落的高度与水桶下落的速度有何关系呢？

图 3.3.1 辘轳

3.3.1 刚体转动的功、功率

当刚体绕定轴转动时,如何计算力对刚体所做的功呢?如图 3.3.2 所示,设力 F 在与轴垂直的转动平面内,作用在刚体中的质点 P 上,转动平面与轴相交于 O 点,P 质点相对 O 点的位置矢量为 r。当刚体绕轴转过元角位移 $d\theta$ 时,P 质点的元位移大小为 $|dr| = rd\theta$,力 F 所做的元功为

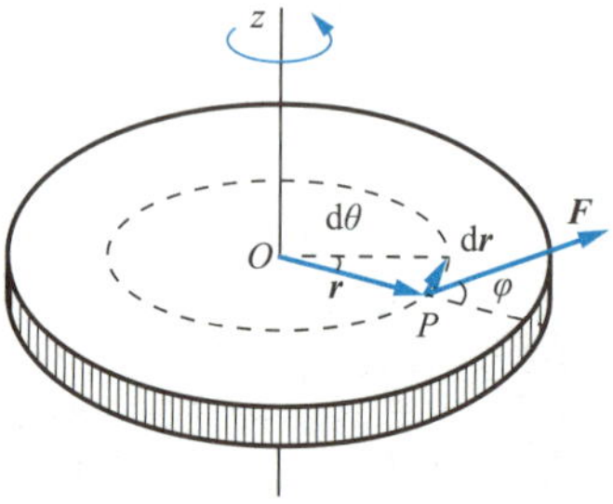

$$dW = F \cdot dr = Frd\theta\cos\alpha = Fr\sin\varphi d\theta$$

式中,φ 为 r 与 F 的夹角;$Fr\sin\varphi$ 为力 F 对转轴的力矩 M,故有

$$dW = Md\theta$$

图 3.3.2 力矩所做的功

在刚体从 θ_0 角位置转到 θ 的过程中,力 F 对刚体所做的功为

$$W = \int_{\theta_0}^{\theta} Md\theta \tag{3.3.1}$$

式(3.3.1)表明,在刚体定轴转动过程中,力对刚体所做的功等于力矩与元角位移乘积的积分,称为**力矩的功**。

力矩的功率为

$$P = \frac{dW}{dt} = M\frac{d\theta}{dt} = M\omega \tag{3.3.2}$$

即力矩的功率等于力矩与角速度的乘积。

3.3.2 刚体转动的动能

刚体绕定轴转动的动能称为**刚体转动的动能**。设刚体中第 i 个质点的质量为 m_i,做圆周运动的半径为 r_i,速率为 v_i,角速度大小为 ω,根据线量与角量关系,则该质点的动能可写为

$$\frac{1}{2}m_iv_i^2 = \frac{1}{2}m_ir_i^2\omega^2$$

由此可得整个刚体的动能为

$$E_k = \frac{1}{2}\left(\sum m_i r_i^2\right)\omega^2 = \frac{1}{2}J\omega^2 \tag{3.3.3}$$

式（3.3.3）表明，刚体定轴转动的转动动能等于刚体的转动惯量与角速度二次方的乘积的一半。

3.3.3 刚体定轴转动的动能定理

根据转动定律，刚体做定轴转动时，所受的合外力矩大小为

$$M = J\beta = J\frac{d\omega}{dt}$$

上式的等号两边同乘以 $d\theta = \omega dt$，有

$$Md\theta = J\omega d\omega$$

若从 θ_0 角位置转到 θ 时，角速度由 ω_0 变到 ω，则对上式进行积分得

$$\int_{\theta_0}^{\theta} Md\theta = \int_{\omega_0}^{\omega} J\omega d\omega$$

继而可得

$$W = \frac{1}{2}J\omega^2 - \frac{1}{2}J\omega_0^2 \tag{3.3.4}$$

式（3.3.4）表明，合外力矩对定轴转动刚体所做的功等于刚体转动动能的增量。这就是**刚体定轴转动的动能定理**。

例 3.3.1 如图 3.3.3 所示，均质杆的质量为 m，长为 l，一端为光滑的支点，最初处于水平位置，释放后向下摆动。求杆在图 3.3.3（b）所示竖直位置时，其下端点的线速度 v 及杆对支点的作用力。

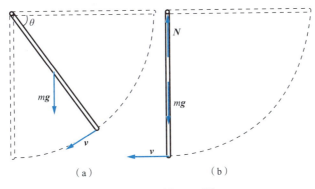

图 3.3.3　例 3.3.1 图

解：以杆为研究对象，其在下摆过程中，受到两个外力的作用：轴对杆的约束力 N，其大小、方向在不断变化，但始终通过转轴，力矩为 0，对转动的杆不做功；重力 mg，作用在质心上，方向向下，对转轴的力矩大小为

$$M = mg\frac{l}{2}\cos\theta$$

杆在摆下过程中，重力矩做功为

$$W = \int_0^\theta Md\theta = \int_0^\theta mg\frac{l}{2}\cos\theta d\theta = \frac{1}{2}mgl\sin\theta$$

根据转动动能定理，有

$$W = \int_0^\theta M d\theta = \frac{1}{2}J\omega^2 = \frac{1}{2}mgl\sin\theta$$

代入杆对转轴的转动惯量及均质杆竖直时的角度 $\theta = \frac{\pi}{2}$，有

$$\omega = \sqrt{\frac{mgl\sin\theta}{J}} = \sqrt{\frac{mgl\sin\theta}{\frac{ml^2}{3}}} = \sqrt{\frac{3g\sin\theta}{l}} = \sqrt{\frac{3g}{l}}$$

根据线量与角量关系，杆下端点的线速度大小为

$$v = l\omega = \sqrt{3gl}$$

根据牛顿第二定律，有

$$N - mg = m\frac{l}{2}\omega^2$$

即杆对支点的作用力大小为

$$N = mg + m\frac{l}{2}\omega^2 = mg + m\frac{l}{2}\frac{3g}{l} = \frac{5}{2}mg$$

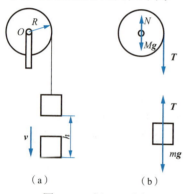

图 3.3.4 例 3.3.2 图

例 3.3.2 如图 3.3.4 所示，设辘轳头为均质圆柱体，质量为 M，半径为 R；水桶质量为 m，最初静止，不计绳的质量及伸长。求利用辘轳取水时，水桶下落 h 高度时的速率 v。

解法一：下落过程中，水桶所受外力为重力 mg 和绳子拉力 T。辘轳头所受外力为绳子拉力 T、重力 Mg 和轴的约束力 N。后两个力通过转轴，对定轴转动的辘轳头不做功。拉力的力矩对辘轳头所做的功为

$$W = \int_0^\theta TR d\theta = TR\theta$$

式中，θ 为水桶下落时辘轳头转过的角度。对辘轳头应用转动动能定理，有

$$TR\theta = \frac{1}{2}J\omega^2$$

式中，ω 为水桶下落时辘轳头的角速度；J 为辘轳头的转动惯量。由于辘轳头为均质圆柱体，故有

$$J = \frac{1}{2}MR^2$$

对水桶应用质点动能定理，有

$$mgh - Th = \frac{1}{2}mv^2$$

式中，v 为水桶下落时的速率。因绳子与辘轳头之间无相对滑动，故

$$v = \omega R$$
$$h = R\theta$$

解以上各式，可得水桶下落 h 高度时的速率为

$$v = \sqrt{2gh\left(\frac{m}{m+\frac{M}{2}}\right)}$$

解法二：若将辘轳头、绳子、水桶和地球一起作为系统，在水桶下落过程中，只有重力做功，系统机械能守恒。设水桶的初始位置为重力势能零点，下落 h 高度时水桶的速率为 v，滑轮的角速度大小为 ω，则

$$\frac{1}{2}mv^2 + \frac{1}{2}J\omega^2 - mgh = 0$$

式中，辘轳头转动惯量 J 为

$$J = \frac{1}{2}MR^2$$

由于绳与辘轳头之间不打滑，故有

$$v = \omega R$$

解以上各式，可得水桶下落 h 高度时的速率为

$$v = \sqrt{2gh\left(\frac{m}{m + \frac{M}{2}}\right)}$$

从上式可以看出，水桶下落，重力势能减小，其中一部分转化为水桶的平动动能，另一部分转化为辘轳头的转动动能。若辘轳头的质量可以忽略不计，则辘轳头的转动动能为 0，此时水桶自由落下，重力势能全部转化为水桶的动能。

3.4 角动量 角动量守恒定律

讨论：芭蕾舞演员和花样溜冰运动员在表演过程中，会通过手脚的伸展来控制身体的转速。如果芭蕾舞演员先将手脚伸展，以一定角速度绕自身直轴转动，然后收拢手脚，此时旋转速度就会加快。这该如何解释呢？

3.4.1 角动量

在自然界中，许多运动都可视为质点绕某一中心的运转。例如，行星绕太阳的运动，电子绕原子核的运动，等等。

如图 3.4.1 所示，设质点的质量为 m，速度为 v，它的方向在与轴 Oz 垂直的转动平面内，转动平面与轴相交于 O 点，质点相对于 O 点的位矢为 r，r 与 v 的夹角为 φ，则定义该质点对轴 Oz 的角动量 L 为

$$\boldsymbol{L} = \boldsymbol{r} \times \boldsymbol{p} = \boldsymbol{r} \times m\boldsymbol{v} \tag{3.4.1}$$

式中，$\boldsymbol{p} = m\boldsymbol{v}$ 为质点的动量。质点的角动量大小为

$$L = rmv\sin\varphi = mvd$$

式中，d 为 O 点与 v 延长线垂线的长度。L 的方向垂直于 r 和 p 所决定的平面，其指向由右手螺旋法则决定，即右手弯曲的四指方向从 r 经较小的角转动到 p，伸直的大拇指指向即为 L 的方向。

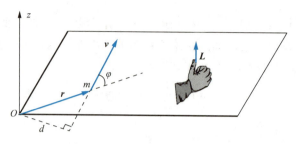

图 3.4.1　质点对轴的角动量

质点做圆周运动时，对圆心的位置矢量始终与动量垂直，因此，质点对圆心的角动量大小为

$$L = rp = rmv$$

在国际单位制中，角动量的单位为千克·米^2/秒，符号为 $kg \cdot m^2/s$。

刚体对轴的角动量是刚体中所有质点对轴的角动量之和。如图 3.4.2 所示，刚体绕定轴转动时，刚体中所有质点都以相同的角速度绕轴做圆周运动，任意质点 m_i 对转轴的角动量为 $m_i v_i r_i$，因此，刚体对转轴的角动量为

$$L = \sum m_i v_i r_i = \sum m_i r_i^2 \omega = J\omega \tag{3.4.2}$$

式（3.4.2）表明，**刚体对轴的角动量等于转动惯量与角速度的乘积。**

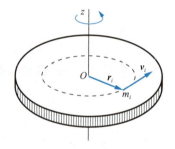

图 3.4.2　刚体对轴的角动量

3.4.2　角动量定理

比较角动量和刚体定轴转动的转动定律

$$L = J\omega \quad M = J\beta = J\frac{d\omega}{dt}$$

则有

$$M = \frac{dL}{dt} = \frac{d(J\omega)}{dt}$$

上式表明，刚体定轴转动时，对轴的合外力矩等于该轴的角动量随时间的变化率，这称为**定轴转动的角动量定理**（微分形式）。它的适用范围比转动定律更广。转动定律只适用于刚体定轴转动惯量恒定不变的场合。而一般质点绕定轴转动时，转动惯量可能会发生变化，此时，转动定律便不再适用，而角动量定理可用。

若定轴转动的质点系在合外力矩 M 的作用下，在 t_0 到 t 时间内，其转动惯量由 J_0 变为 J，角速度由 ω_0 变为 ω，则对上式进行变量分离并积分，可得

$$\int_{t_0}^{t} M \mathrm{d}t = J\omega - J_0\omega_0 \quad (3.4.3)$$

式中，$\int_{t_0}^{t} M \mathrm{d}t$ 为对转轴的合外力矩在 t_0 到 t 时间内的累积作用，称为对转轴的**冲量矩**。

式（3.4.3）称为**定轴转动的角动量定理**（积分形式）。它表明作用于定轴转动的质点系的冲量矩等于质点系在作用时间内对该转轴角动量的增量。

3.4.3 角动量守恒定律

若作用于定轴转动质点系的合外力矩为零，则质点系对该转轴的角动量守恒。这一规律称为定轴转动的**角动量守恒定律**。如果没有作用于质点系转轴的外力矩作用，那么质点系在做定轴转动时，不论转动惯量是否恒定，定轴转动的角动量守恒定律都是成立的。

例如，一个人双手各握一个哑铃，站在转台上，如图3.4.3所示，先使人和转台一起以一定角速度转动。转台与轴之间的摩擦力矩和空气阻力矩很小，可以忽略，因此系统角动量守恒。当人伸开双臂时，系统对转轴的转动惯量增大，角速度减小；当人收拢双臂时，系统对转轴的转动惯量减小，角速度增大。同理，花样溜冰运动员和芭蕾舞演员也可以通过手和脚的收拢和伸展来控制自身的转动角速度。图3.4.3所示的装置称为茹科夫斯基凳。

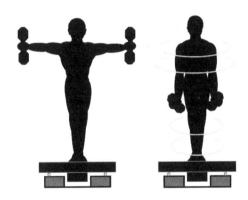

图 3.4.3 茹科夫斯基凳

如果质点在向心力作用下运动，由于力对力心的力矩为0，那么质点对该力心的角动量守恒，如太阳系绕银河系中心旋转、行星绕太阳运动、卫星绕地球运动、电子绕原子核运动等。

如果转动的物体由两部分组成，最初是静止的，总角动量为0，当内部的相互作用使一部分转动时，根据角动量守恒定律，另一部分必向反方向转动，两者的角动量大小相等，总和仍保持为0。以直升机为例，当直升机的水平旋翼转动时，机身就会向反方向转动，以维持角动量守恒。为了避免机身转动，一种方式是在直升机的尾部装一辅助用小型垂直旋翼，它提供一个附加水平力，其力矩可与水平旋翼给机身的反作用力矩相抵消，如图3.4.4所示。另一种方式是采用两个旋转方向相反的旋翼，也可起到同样的效果，如图3.4.5所示。

图 3.4.4 单旋翼式直升机

图 3.4.5 双旋翼式直升机

例 3.4.1 中子星是除黑洞外目前已知密度最大的星体,它是恒星演化到末期,经由重力崩溃发生超新星爆炸之后,质量没有达到可以形成黑洞的恒星在寿命终结时塌缩形成的一种介于白矮星和黑洞之间的星体,密度为 $10^{14} \sim 10^{15} \text{g/cm}^3$,相当于每立方厘米重 1 亿 t 以上。设一颗类似太阳的恒星在塌缩前半径为 $1 \times 10^7 \text{m}$,塌缩后生成的中子星的半径为 $1 \times 10^3 \text{m}$、角速度大小为 10^3rad/s,试估计塌缩前该星体的角速度大小。

解:恒星在塌缩成中子星的过程中,只受到向心引力作用,而未受到外力矩作用,因而此过程中角动量守恒,有

$$J_1 \omega_1 = J_2 \omega_2$$

式中

$$J_1 = \frac{2}{5} m R_1^2$$

$$J_2 = \frac{2}{5} m R_2^2$$

联立以上各式,则有

$$R_1^2 \omega_1 = R_2^2 \omega_2$$

即塌缩前该星体的角速度为

$$\omega_1 = \frac{R_2^2}{R_1^2} \omega_2 = \frac{10^6}{10^{14}} \times 10^3 = 10^{-5} (\text{rad/s})$$

例 3.4.2 如图 3.4.6 所示,对一绕固定水平轴匀速转动的转盘,沿图示的同一水平直线从相反方向射入两颗质量相同、速率相等的子弹,子弹最后都停留在盘中,试判断子弹射入前后转盘的角速度有何变化。

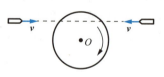

图 3.4.6 例 3.4.2 图

解:以两颗子弹和转盘为研究对象,设转盘初始角速度大小

为 ω_0,转动惯量为 J_0,子弹质量为 m,射入速度大小为 v,射入位置距离转轴为 r。子弹射入转盘后留在转盘上,设此时转盘的转动角速度大小为 ω。在不考虑转盘轴摩擦力矩的情况下,系统对转轴的角动量守恒,有

$$J_1\omega_1 + J_0\omega_0 - J_2\omega_2 = (J_1 + J_0 + J_2)\omega$$

式中

$$J_1 = mr^2 = J_2$$

$$\omega_1 = \frac{v}{r} = \omega_2$$

联立以下各式,则有

$$\omega = \frac{J_0}{2J_1 + J_0}\omega_0 < \omega_0$$

因此,两颗子弹射入转盘后,转盘的角速度会减小。

例 3.4.3 如图 3.4.7 所示,一杂技演员 M 由距水平跷板高为 h 处自由下落到跷板的一端 A,并把位于跷板另一端 B 处的演员 F 弹了起来。设跷板是均质的,长度为 l,质量为 m',跷板可绕中部支撑点 C 在竖直平面内转动,两演员的质量均为 m。假定演员 M 落在跷板上,与跷板的碰撞是完全非弹性碰撞。求演员 F 可弹起多高?

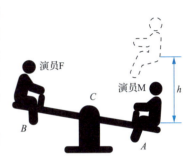

图 3.4.7 例 3.4.3 图

解:演员 M 由距水平跷板高为 h 处自由下落到跷板的一端 A,此时根据机械能守恒定律,有

$$\frac{1}{2}mv_A^2 = mgh$$

式中,v_A 为演员 M 到达 A 端时的速度大小。以演员 F、M 和跷板为研究对象,按定轴转动的角动量守恒定律,有

$$mv_A\frac{l}{2} = J\omega + 2mv\frac{l}{2}$$

式中

$$J = \frac{1}{12}m'l^2$$

由于演员 M 落在跷板上是完全非弹性碰撞,因此演员 F 的速率 v 为

$$v = \frac{l}{2}\omega$$

联立以上各式,解得

$$\omega = \frac{6m(2gh)^{\frac{1}{2}}}{(m' + 6m)l}$$

演员 F 以初速率 v 弹起,此时满足机械能守恒定律,有

$$\frac{1}{2}mv^2 = mgh'$$

解得演员 F 可弹起高度 h' 为

$$h' = \frac{v^2}{2g} = \frac{l^2\omega^2}{8g} = \left(\frac{3m}{m'+6m}\right)^2 h$$

例 3.4.4 如图 3.4.8 所示，一质量均匀分布的圆盘，质量为 M，半径为 R，放在一粗糙水平面上（圆盘与水平面之间的摩擦系数为 μ），圆盘可绕通过其中心的竖直固定光滑轴转动。开始时，圆盘静止，一质量为 m 的子弹以水平速度 v 垂直于圆盘半径打入圆盘边缘并嵌在盘边上。求：

（1）子弹击中圆盘后，圆盘获得的角速度。

（2）经过多长时间后，圆盘停止转动。（圆盘绕通过中心的竖直轴的转动惯量为 $\frac{1}{2}MR^2$，忽略子弹重力造成的摩擦阻力矩。）

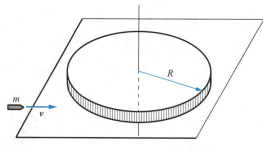

图 3.4.8 例 3.4.4 图

解：（1）以子弹和圆盘组成的系统为研究对象，由于子弹射入圆盘的时间很短，因此在这一过程中，系统对圆盘中心转轴的角动量守恒，有

$$mvR = \left(\frac{1}{2}MR^2 + mR^2\right)\omega$$

圆盘获得的角速度大小为

$$\omega = \frac{mv}{\left(\frac{1}{2}M + m\right)R}$$

（2）子弹射入圆盘后，圆盘在转动过程中受到摩擦力矩的作用。取距离圆盘中心为 r、宽度为 dr 的微圆环为研究对象，则该环的质量为

$$dm = \frac{M \cdot 2\pi r dr}{\pi R^2} = \frac{2Mr dr}{R^2}$$

圆盘所受的摩擦力矩为

$$M_f = -\int_0^R r dF_r = -\int_0^R rg\mu dm = -\int_0^R 2Mg\mu \frac{r^2 dr}{R^2} = -\frac{2Mg\mu R}{3}$$

圆盘从开始转动到停止转动所用时间为 t，由角动量定理可知

$$\int_0^t M_f dt = 0 - J\omega$$

联立以上各式，可得

$$-\frac{2Mg\mu R}{3}t = -\left(\frac{1}{2}MR^2 + mR^2\right)\omega = -mvR$$

即圆盘停止转动需经过的时间为
$$t = \frac{3mv}{2Mg\mu}$$

例 3.4.5 如图 3.4.9 所示，一半径为 R、质量为 M 的转台，可绕通过其中心的光滑竖直轴转动，转台上半径为 $\frac{R}{2}$ 处有一质量为 m 的人。最初人和转台都静止。如果人沿半径为 $\frac{R}{2}$ 的圆周相对转台行走一圈，那么转台相对地面转过的角度是多少？

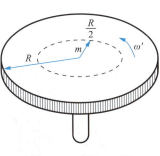

图 3.4.9 例 3.4.5 图

解：以转台和人组成的系统为研究对象。人在行走过程中，系统所受外力有重力和轴的约束力，但重力与转轴平行，轴的约束力通过转轴，它们对转轴都不产生力矩。故系统对转轴的角动量守恒。

以地面为参考系，人以角速度 ω' 相对转台逆时针运动，转台相对地面以角速度 Ω 顺时针转动，以逆时针为正方向，则人相对地面的角速度为 $\omega = \omega' - \Omega$，根据角动量守恒定律，有

$$m\left(\frac{R}{2}\right)^2 (\omega' - \Omega) - \frac{1}{2}MR^2\Omega = 0$$

解得

$$\Omega = \frac{m\omega'}{m + 2M}$$

设人相对转台行走一圈所用时间为 Δt，则有

$$\int_0^{\Delta t} \omega' dt = 2\pi$$

Δt 时间内人相对地面逆时针转过的角度为

$$\int_0^{\Delta t} \omega dt = \int_0^{\Delta t} (\omega' - \Omega) dt = 2\pi - \frac{2\pi m}{m + 2M} = \frac{4\pi M}{m + 2M}$$

Δt 时间内转台相对地面顺时针转过的角度为

$$\int_0^{\Delta t} \Omega dt = \int_0^{\Delta t} \frac{m\omega'}{m + 2M} dt = \frac{2\pi m}{m + 2M}$$

3.5 刚体的平面运动

讨论：自行车在行驶时，通常存在一种现象——距车轮与地面的接触处近的钢丝看得比较清楚，而距离较远的钢丝则模糊不清，甚至看不见。如何解释这种现象呢？

3.5.1 刚体平面运动的分解

若刚体内所有质点的运动都平行于某一平面，则称这种运动为**刚体的平面运动**，如行星轮机构（图 3.5.1）、活塞-连杆机构（图 3.5.2）等的运动。刚体的定轴转动属于刚体的平面运动，是刚体运动的一种特殊形式。通常用通过质点并平行于该平面的剖面来代表平面运动的刚体。刚体的平面运动可分解为**质心运动和绕质心轴的转动**。刚体平面运动的平动速度、加速度与基点的选择有关，而转动角速度、角加速度与基点的选择无关。

图 3.5.1 行星轮机构

图 3.5.2 活塞-连杆机构

刚体的平面运动可视为两种运动的叠加：一种是随质心 C 的平动，另一种是绕质心 C 并垂直于剖面的轴的转动。因此，刚体平面运动的动力学方程就是质心运动定律和对通过质心的轴的转动定律，即

$$F = ma_C \quad (3.5.1)$$
$$M_C = J_C \beta \quad (3.5.2)$$

式中，F 为作用在刚体上的合外力；m 为刚体的质量；a_C 为质心的加速度；M_C 为对质心并与剖面垂直的轴的合外力矩；J_C 为刚体对通过质心并与剖面垂直的轴的转动惯量。

3.5.2 刚体纯滚动运动

如图 3.5.3 所示，假定刚体在平面上做纯滚动，即在滚动中刚体上 P 点自地面接触至离开，相对地面没有滑动，此时地面与 P 点的摩擦力为静摩擦力（$0 \sim f_{\max}$），不做功，也即 P 点相对地面静止，其线速度始终为 0，即有

$$v_P = v_C + \omega R = 0$$

纯滚动中平动与转动的关系为

$$v_C = -\omega R, \quad a_C = -\beta R$$

因此，可将刚体做纯滚动时某一瞬间的运动看成刚体绕通过 P 点且垂直于盘面的轴做定轴转动，通过 P 点的轴称为**瞬时轴**。

注意：刚体绕质心轴和绕瞬时轴转动的角速度相同，即有刚体上任一点 A 相对瞬时轴的速度为

$$v_A = v_C + \omega \times r = \omega \times R + \omega \times r = \omega \times (R + r)$$

上式表明，A 点相对瞬时轴的速度等于刚体绕瞬时轴转动的角速度与 A 点相对瞬时轴的位矢的乘积。

以车轮纯滚动为例，车轮与地面接触点 A 为瞬时轴，则 $v_A = v_P = 0$，车轮角速度 $\omega = \dfrac{v_0}{R}$，$v_B = \sqrt{2}v_0$，$v_C = 2v_0$，$v_D = \sqrt{2}v_0$，车轮纯滚动的速度分布如图 3.5.3 所示。

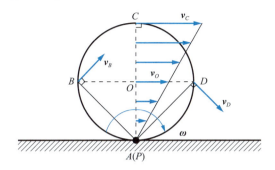

图 3.5.3　车轮纯滚动的速度分布

刚体做平面运动时，其动能等于随质心平动的动能与绕质心轴转动的动能之和，有

$$E_k = \frac{1}{2}mv_C^2 + \frac{1}{2}J_C\omega^2$$

$$= \frac{1}{2}m(\omega R)^2 + \frac{1}{2}J_C\omega^2$$

$$= \frac{1}{2}\omega^2(mR^2 + J_C) = \frac{1}{2}\omega^2 J_P$$

式中，J_P 为绕瞬时轴的转动惯量。

上式表明，刚体平面运动的总动能等于刚体平动动能与绕质心轴的转动动能之和，或者等于绕瞬时轴的转动动能。

例 3.5.1　一质量为 m、半径为 R 的圆木沿倾角为 α 的斜面无滑动滚下（称为纯滚动），求圆木质心的加速度及斜面作用于圆木的摩擦力。

解：圆木所受外力有 3 个，即重力 $m\boldsymbol{g}$，竖直向下，作用在质心上；斜面的支持力 $\boldsymbol{N}$，垂直于斜面向上；静摩擦力 $\boldsymbol{f}$，沿斜面向上。$\boldsymbol{N}$ 和 $\boldsymbol{f}$ 都作用在圆木与斜面的接触点 P 上。根据受力分析，做出圆木的受力图，如图 3.5.4 所示。

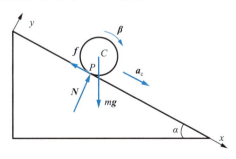

图 3.5.4　例 3.5.1 图

建立直角坐标系，设摩擦力方向沿斜面向上，根据质心运动定理，在 x 轴方向得

$$mg\sin\alpha - f = ma_C$$

根据转动定理，对质心轴有

$$fR = J_C\beta = \frac{1}{2}mR^2\beta$$

无滑动滚动时，圆木与斜面的接触点 P 处的速度为 $v_P = v_C + \omega R = 0$，故 v_C 的大小为

$$v_C = \omega R$$

则有

$$\frac{\mathrm{d}v_C}{\mathrm{d}t} = R\frac{\mathrm{d}\omega}{\mathrm{d}t}$$

即

$$a_C = \beta R$$

联立以上方程，解得质心加速度大小为

$$a_C = \frac{2}{3}g\sin\alpha$$

静摩擦力大小为

$$f = \frac{1}{3}mg\sin\alpha$$

若圆木沿斜面下滑，在忽略摩擦力的情况下，质心加速度为 $a_C = g\sin\alpha$。由此可知，摩擦力在阻碍圆木下滑的同时，也产生了对质心的力矩使圆木滚动。

例 3.5.2 如图 3.5.5 所示，在水平地面上沿圆木上边缘作用水平拉力 $\boldsymbol{F}$ 使圆木做加速滚动，求地面与圆木之间的静摩擦力。如果水平拉力 $\boldsymbol{F}$ 通过圆木的中心轴线，那么静摩擦力会发生改变吗？

解：（1）如图 3.5.5（a）所示，若水平拉力作用在圆木边缘，假设摩擦力方向向后，根据刚体定轴转动的转动定理，对质心 C 轴有

$$fR + FR = \frac{1}{2}mR^2\beta$$

根据质心运动定理，有

$$F - f = ma_C$$

由于圆木与地面无滑动滚动，因此可得

$$a_C - \beta R = 0$$

联立上述方程可得

$$a_C = \frac{4F}{3m}$$

$$f = -\frac{1}{3}F$$

上式中的负号表示摩擦力的方向与假设方向相反，即实际摩擦力沿圆木运动方向向前，其力矩阻碍圆木的滚动。

（2）如图 3.5.5（b）所示，若水平拉力作用在质点 C，同样设摩擦力方向向后，根据刚体定轴转动的转动定理，对 C 轴有

$$fR = \frac{1}{2}mR^2\beta$$

根据质心运动定理，有

$$F - f = ma_C$$

由于圆木与地面无滑动滚动，因此可得

$$a_C - \beta R = 0$$

联立上述方程可得

$$a_C = \frac{2F}{3m}$$

$$f = \frac{1}{3}F$$

上式中未出现负号，表示摩擦力的方向与假设方向相同，其力矩促使圆木的滚动。

对比两种拉圆木的方式，显然第一种方式更合理，沿原木边缘的拉力方式产生的质心加速度要大于水平作用于质心的拉力方式产生的质心加速度。

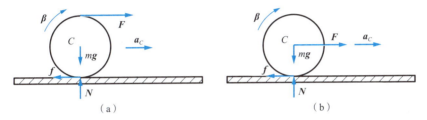

图 3.5.5　例 3.5.2 图

3.6　陀螺仪

讨论：陀螺仪是一种既古老又很有生命力的仪器，它具有极强的稳定性和进动性，因此在检测领域得到广泛应用。陀螺仪的稳定性是如何维持的呢？

3.6.1　陀螺仪的起源

陀螺是我国民间最早的娱乐工具之一，至今约有五千年的历史。但"陀螺"这个名词正式出现是在明朝时期，在刘侗、于奕正合撰的《帝京景物略》一书中，提到一首民谣"杨柳儿活，抽陀螺；杨柳儿青，放空钟；杨柳儿死，踢毽子……"由此可见，陀螺在当时是中国民间儿童大众化的玩具，打陀螺是春天的一项流行活动。陀螺形状上半部分为圆柱形，下方为尖角。在古代，陀螺多用木头制成，如今多采用塑料或铁制成。在玩陀螺时，可用绳子缠绕，用力抽绳，使其直立旋转，或利用发条的弹力使其旋转。

正式提出"陀螺"这个术语的是 19 世纪中叶的法国物理学家傅科。1850 年，傅科在研究地球自转的过程中首次在其所用仪器中发现高速转动中的转子，由于该转子具有惯性，因此它的旋转轴永远指向一固定方向。他用希腊字 gyro（旋转）和 skopein（看）两字合为 gyroscopei 一字来命名这种仪器，这种仪器就是陀螺。1852 年，傅科试制成功世界上第一台陀螺仪。

图 3.6.1　银薰球

实际上，我国古代很早就有陀螺仪的相关应用。据西汉的《西京杂记》记载：长安巧匠丁缓者，为常满灯，七龙五凤，杂以芙蓉莲藕之奇。又作卧褥香炉，一名被中香炉。本出房风，其法后绝，至缓始更为之。为机环，转运四周，而炉体常平，可置之被褥，故以为名。其中提到汉朝能工巧匠丁缓制作出了失传的"被中香炉"，即银薰球，如图 3.6.1 所示。无论银薰球怎样滚动，香盂都会保持水平状态，其原理与现代陀螺仪的基本原理完全相同。意大利物理学家卡尔达诺最早将这种机构命名为万向支架。1629 年，意大利工程师焦瓦尼在罗马出版的《机械》一书中提到利用万向支架的减震作用来运输病人。

目前，陀螺仪作为一种能够精确地确定运动物体方位的仪器，在现代航空、航海、航天和国防等领域得到了广泛使用，它的发展对一个国家的工业、国防和其他高科技领域的发展具有十分重要的战略意义。那么陀螺仪的工作原理是怎样的呢？

3.6.2　陀螺仪的定向性

陀螺仪是具有轴对称性且绕此对称轴的转动惯量很大的刚体。陀螺仪的运动是一种刚体的定点转动。根据角动量守恒定律，若刚体所受合外力矩为零，则刚体的角动量大小和方向都恒定不变。

陀螺仪结构如图 3.6.2 所示，飞轮可绕对称轴 AA' 转动，而且具有很大的转动惯量。AA' 轴装在内环上，内环可绕轴 BB' 转动。BB' 轴装在外环上，外环可绕轴 DD' 转动。三条轴线两两正交，三轴的交点与质心重合。可见，飞轮的对称轴可取空间任意方向，而质心静止不动，因而飞轮可以质心为定点做定点转动。因为重力对质心的力矩为 0，轴承的摩擦力矩很小可以忽略，飞轮所受的外力矩为 0，所以当飞轮绕自身对称轴 AA' 高速转动时，其角动量守恒，对称轴 AA' 的方向保持不变。不管怎样转动陀螺仪的框架，改变框架的位置，轴的空间取向始终恒定。这种现象称为**陀螺仪的定向性**。

1866 年，英国工程师罗伯特·怀特黑德研制成功第一枚鱼雷，称为"白头"鱼雷。但鱼雷在运动过程中易受到水流等因素的影响，很容易偏离航向，无法实现准确打击。1896 年，奥匈海军中尉留德维格·奥布里利用陀螺仪的定向性原理控制鱼雷的方向，提高了鱼雷的航向精度和命中率。这种鱼雷的工作原理是：在鱼雷前进过程中，陀螺仪的飞轮轴线方向保持不变；当鱼雷因风浪等影响，前进方向改变时，鱼雷的纵轴和飞轮轴线之间会发生偏差，这时可启动相关器械改变舵的角度，使鱼雷恢复到原来设定的方向，进而实现对鱼雷方向的准确控制，提高打击的精确度。

航向陀螺仪是一种利用陀螺特性测量飞机航向的飞行仪表，其结构如图 3.6.3 所示。陀

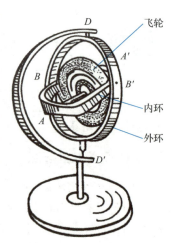

图 3.6.2　陀螺仪结构

螺转子高速旋转时，自转轴和装在外环上的航向刻度环靠陀螺稳定在一定方位上。飞机转弯时，仪表壳体与标线随同飞机相对航向刻度环转过的角度就是飞机航向的变化角。由于陀螺仪不能自寻地理方位，飞机所在地的地理北向随着地球自转和飞机的航行而不断相对惯性空间转动，因此需要随时修正陀螺仪自转轴的指向，才能正确地测量飞机航向角。航向陀螺仪在长时间内测量航向的精度较低，故常用来测量飞机转弯时航向角的变化。

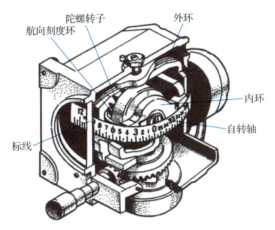

图 3.6.3　航向陀螺仪的结构

航向陀螺仪是一种机械式陀螺仪，结构复杂，它对工艺结构的要求很高，同时其精度受到了很多方面的制约。自 20 世纪 60 年代以来，陀螺仪的发展进入了一个全新的阶段。1963 年，美国首次设计出了激光陀螺仪的实验装置，70 年代，将其成功应用到战术飞机和导弹上。激光陀螺仪具有快速启动、全固态、抗冲击振动能力强、动态范围大、精度高、寿命长、可靠性好、动态误差小，并且能直接数字输出，非常方便与计算机相结合等优点。但是激光陀螺仪的研制难度非常大，其关键技术都是很多国家的最高机密。1978 年，高伯龙（图 3.6.4）率领课题组经过不懈努力，成功研制出我国第一代激光陀螺仪实验室原理样机。1994 年，我国第一台激光陀螺仪工程化样机诞生。这标志着我国成为继美、法、俄之后，世界上第四个能够独立研制激光陀螺仪的国家。

图 3.6.4　我国激光陀螺仪之父高伯龙

3.6.3　陀螺的回转效应

如果把不转的陀螺放在定点上，那么陀螺会因重力矩的作用而倾倒。如果把绕自身对称轴高速转动的陀螺竖直放到定点上，由于重力矩为零，那么陀螺的自转轴保持竖直方向不变。如果把高速自转的陀螺放在定点上，并使自转轴与铅垂线之间有一个倾角，这时，

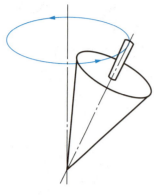

图 3.6.5　陀螺的回转效应

陀螺在绕自转轴高速转动的同时，自转轴还绕竖直方向沿圆锥面缓慢转动，如图 3.6.5 所示，这种现象称为**旋进（进动）**，也称**回转效应**。

回转效应具有许多实际应用。旧式火炮的炮筒内壁是光滑的，称为滑膛炮，炮弹射出后受到空气阻力的作用，很快就会偏离发射方向，使准确性与射程都受到影响。现代炮管内部制作有螺旋形的膛线（来复线），称为线膛炮。开炮时，弹头在发射药气体的作用下膨胀嵌入膛线，在发射药气体推动下沿着膛线向前运动同时开始旋转（离开炮筒时转速可达 3000r/s），使弹头具有沿轴向的角动量。由于炮弹射出时绕自身轴线高速旋转，空气阻力产生的对质心的力矩使炮弹绕前进方向产生回转效应，弹头的轴线始终绕着弹道切线向前且做锥形运动，从而克服空气阻力，保证弹头稳定地向前飞行，避免较大的偏离，提高射程与准确性。

思考与探究

3.1　走钢丝的杂技演员，表演时为什么要拿一根长直棍？

3.2　两个同样大小的轮子，质量也相同，一个轮子的质量均匀分布，另一个轮子的质量主要集中在轮缘，问：

（1）如果作用在它们上面的外力矩相同，那么哪个轮子转动的角速度较大？

（2）如果它们的角速度相等，那么作用在哪个轮子上的力矩较大？

（3）如果它们的角动量相等，那么哪个转子转得快？

3.3　将一个熟鸡蛋和一个生鸡蛋放在桌上使它们旋转，如何判断哪一个是熟的哪一个是生的？理由是什么？

3.4　坐在转椅上的人手握哑铃，两臂伸直时，人、哑铃和转椅构成的系统对竖直轴的转动惯量为 $J_1 = 2\text{kg} \cdot \text{m}^2$。在外人推动后，此系统开始以转速 $n_1 = 15\text{r/min}$ 转动，当人的两臂收回，使系统的转动惯量变为 $J_1 = 0.8\text{kg} \cdot \text{m}^2$ 时，该系统的转速是多少？两臂收回过程中，系统的机械能是否守恒？什么力做功了？设轴上摩擦忽略不计。

3.5　宇宙飞船中有三个宇航员绕着船舱环形内壁按同一方向跑动以产生人造重力。

（1）如果想使人造重力等于他们在地面上时的自然重力，那么他们跑动的速率应为多大？设他们质心运动的半径为 2.5m，人可视为质点。

（2）如果飞船静止，当宇航员按上面的速率跑动时，飞船将以多大的角速度旋转？设每个宇航员的质量为 70kg，飞船船体对于其纵向转轴的转动惯量为 $3 \times 10^5 \text{kg} \cdot \text{m}^2$。

（3）要使飞船转过 30°，宇航员需要跑几圈？

3.6　如下图所示，A 和 B 两飞轮的轴杆可由摩擦啮合器使之啮合，A 轮的转动惯量 $J_1 = 10\text{kg} \cdot \text{m}^2$，开始时 B 轮静止，A 轮以 $n_1 = 600\text{r/min}$ 的转速转动，然后使 A 与 B 啮合，B 轮得到加速而 A 轮减速，直到两轮的转速都等于 $n_2 = 200\text{r/min}$ 为止。求：

（1）B 轮的转动惯量。
（2）在啮合过程中损失的机械能。

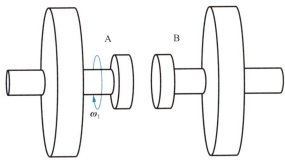

题 3.6 图

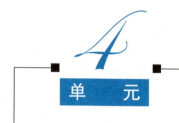

机械振动

▎单元导读

仔细观察就会发现，有许多做来回往复、周期性运动（或称为振动）的物体。例如，钟摆的摆动、水上浮标的浮动、担物行走时扁担的颤动、微风中树梢的摇摆等。这类振动的运动规律是什么呢？

▎能力目标

1. 掌握简谐振动的基本特征，能够依据牛顿定律建立简谐振动的动力学方程，并根据初始条件写出简谐振动的运动表达式。
2. 理解角频率、振幅、相位的物理意义。
3. 了解阻尼振动、受迫振动的概念，掌握共振发生的条件和规律。
4. 了解简谐振动合成的规律及振动频谱分析的原理。

▎思政目标

1. 激发爱国热情，增强民族自信、文化自信。
2. 培养求真务实、淡泊名利、无私奉献的科学家精神。

4.1 简谐振动

讨论：在原始社会，人们往往会利用一些可发声的物体进行敲击，以此来表达自己的情绪。后来，经过漫长的尝试和实践，人们利用兽骨、石头等原始的材料制成"音器"，使发出的声音更规律化，以满足人们的情感需要，这就是最初的"乐器"。随着社会的不断发展和进步，简单的以敲击为主的演奏方式已远远不能满足人类的情感需要，从而逐渐出现了工艺较为复杂的乐器，如钟和磬（图 4.1.1）。人们把物体规律的振动产生的好听悦耳的声音称为音乐。那么乐器是如何产生声音的呢？

（a）钟　　　　　　　　　　　（b）磬

图 4.1.1　钟和磬

4.1.1　简谐振动的定义

任何一个物理量随时间呈周期性变化都可以称为振动。振动是一种普遍的运动形式，如钟摆的摆动、交流电压的周期变化、电磁场的周期变化等。物体在某一位置附近做往复运动，称为机械振动。在所有振动中，最简单、最基本的振动是**简谐振动**，也称**谐振动**。简谐振动是随时间按正弦函数变化的运动，最常见的有单摆和弹簧振子的运动。

4.1.2　单摆的运动

一次，伽利略在教堂里看到一个大吊灯来回摆动，他聚精会神地观察，同时数着吊灯的摆动次数。起初，吊灯在一个大圆弧上摆动，摆动速度较大，伽利略测量来回摆动一次的时间。过了一段时间，吊灯摆动的幅度变小了，摆动速度也变慢了，此时，他又测量了来回摆动的时间。他惊奇地发现，两次测量出来的时间是相同的。为了进一步确定他的想法，伽利略继续测量来回摆动一次的时间，直到吊灯几乎停止摆动为止。他发现，每次测量的来回摆动一次的时间都是相同的。伽利略由此归纳出：吊灯来回摆动一次需要的时间与摆动幅度的大小无关，无论摆动幅度大小如何，来回摆动一次所需的时间都是相同的，即吊灯的摆动具有等时性。

伽利略回到家后，找来丝线、细绳及不同大小的木球、铁球、石块、铜块等试验用品。他用细绳的一端系上小球，将另一端系在天花板上。伽利略试验后发现，无论用铜球、铁球还是木球试验，只要摆长不变，来回摆动一次所需的时间就都是相同的。这说明，单摆的摆动周期与摆球的质量和材质无关。那么，摆动周期由什么决定呢？

1656 年，荷兰物理学家惠更斯首先利用单摆的等时性发明了带摆的计时器，并于 1657 年获得专利权。惠更斯还提出了著名的单摆周期公式，利用单摆对重力加速度进行了测定，并建议用秒摆的长度作为自然长度标准。

下面来推导单摆的周期计算公式。如图 4.1.2 所示，如果使单摆上的小球稍稍偏离平衡位置 P 释放，小球即在竖直线两侧来回摆动。设小球质量为 m，细绳长为 l。在某一时刻，细绳与竖直线成 θ 角，作用在小球上的力有重力 mg 和细绳的拉力 T，对过点 O 的水平轴的力矩大小为

$$M = -mgl\sin\theta$$

式中，负号表示力矩的方向总是与角位移的方向相反。

在角位移 θ 很小时（一般 $\theta < 0.1\text{rad}$），$\sin\theta \approx \theta$，故有

$$M = -mgl\theta$$

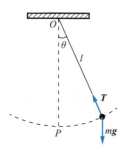

图 4.1.2　单摆

上式说明，回复力矩与角位移成正比且反向。

若不计阻力，根据转动定律，有

$$M = J\beta = ml^2\frac{d^2\theta}{dt^2}$$

故有

$$ml^2\frac{d^2\theta}{dt^2} = -mgl\theta$$

即

$$\frac{d^2\theta}{dt^2} + \frac{g}{l}\theta = 0$$

上式为二阶常系数齐次线性微分方程，对其求解，可得角位移 $\theta(t)$ 的关系式。这里不讨论微分方程的一般求解方法，只根据这一运动的特点来猜测这一方程的解。$\theta(t)$ 是周期函数，并且这一函数的时间二阶导数与它本身成正比，但两者符号相反。显然，正弦函数或余弦函数能满足这个要求。设角位移的关系式为

$$\theta(t) = A\cos(\omega t + \varphi)$$

对时间进行二次求导，可得

$$\frac{d^2\theta}{dt^2} = -A\omega^2\cos(\omega t + \varphi)$$

将角位移关系式代入二阶常系数齐次线性微分方程，有

$$\frac{d^2\theta}{dt^2} = -\frac{g}{l}A\cos(\omega t + \varphi)$$

联立上面两式，可得

$$\omega^2 = \frac{g}{l}$$

即

$$\omega = \sqrt{\frac{g}{l}} \tag{4.1.1}$$

因此，所设的角位移关系式是二阶常系数齐次线性微分方程的一个通解。可见，单摆的角位移随时间做简谐（正弦或余弦）变化，是一种简谐振动。

物体每秒所做完整振动的次数称为频率，用 f 表示，单位为赫兹（Hz）。物体完成一次振动所用的时间为一个周期，用 T 表示，单位为秒（s）。由于余弦函数周期为 2π，因此有

$$\theta(t) = A\cos(\omega t + \varphi) = A\cos[\omega(t+T) + \varphi] = A\cos[\omega t + \varphi + 2\pi]$$

继而可得

$$\omega T = 2\pi$$

或

$$\omega = \frac{2\pi}{T} = 2\pi f \tag{4.1.2}$$

很明显，ω 为 2π 秒内完成的振动次数，称为**角频率**，单位为弧度/秒（rad/s）。周期、频率和角频率都只与单摆的细绳长度 l 和当地的重力加速度 g 有关，即只由振动系统自身的性质决定，所以又称固有周期、固有频率和固有角频率。

因此，可以通过测量单摆的周期和细绳的长度得到当地的重力加速度的值。

上述关系式中的 A 称为**振幅**，表示物体的最大位移，φ 称为**初相**，$\omega t + \varphi$ 称为**相位**。振幅 A、初相 φ 都是由初始条件决定的。

若 $t = 0$ 时，角位移为 θ_0，角速度为 γ_0，则有

$$\theta_0 = A\cos\varphi$$

角位移的关系式对时间进行一次求导，有

$$\gamma(t) = -A\omega\sin(\omega t + \varphi)$$

代入初始条件 $t = 0$，角位移为 θ_0，角速度为 γ_0，即有

$$\gamma_0 = -A\omega\sin\varphi$$

故有

$$A = \sqrt{\theta_0^2 + \left(\frac{\gamma_0}{\omega}\right)^2} \tag{4.1.3}$$

$$\varphi = \arctan\frac{-\gamma_0}{\omega\theta_0} \tag{4.1.4}$$

例 4.1.1 细丝的上端固定，下端悬挂物体，便构成一个扭摆，如图 4.1.3 所示。机械钟表里的摆轮装置就是一种典型的扭摆，如图 4.1.4 所示。扭摆能进行来回摆动。求扭摆的振动频率。

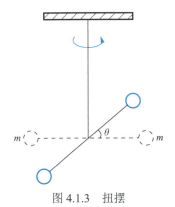

图 4.1.3　扭摆　　　　　　　　图 4.1.4　机械钟表里的摆轮装置

如果细丝遵守胡克定律，即当细丝被扭转时，细丝所产生的弹性恢复力矩 τ 与扭转角 θ 成正比，那么有

$$\tau = -k\theta$$

式中，负号表示力矩的方向与角位移的方向相反；k 称为扭转常量。设图 4.1.3 中质量为 m 的物体绕以细丝为轴的转动惯量为 J，则上式可写为

$$\tau = -k\theta = J\frac{\mathrm{d}^2\theta}{\mathrm{d}t^2}$$

即

$$\frac{\mathrm{d}^2\theta}{\mathrm{d}t^2} + \frac{k}{J}\theta = 0$$

可见，扭摆的振动也是简谐振动，其振动频率为

$$\omega = \sqrt{\frac{k}{J}}$$

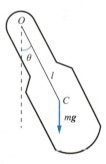

图 4.1.5 复摆

例 4.1.2 一个任意形状的物体固定在轴上，不计空气阻力和摩擦力，将物体拉开一个角度后释放，物体会绕着轴做往复摆动，这个系统称为复摆，又称物理摆，如图 4.1.5 所示。求此复摆的振动频率。

复摆的运动显然是受到重力矩的结果。找到物体的质心，转轴到质心的距离为 l。平衡时，质心一定在轴的正下方。当拉开一个角度 θ 时，物体受到的重力矩大小为

$$M = -mgl\sin\theta$$

根据刚体的定轴转动定律，有

$$J\frac{\mathrm{d}^2\theta}{\mathrm{d}t^2} = -mgl\sin\theta$$

当 θ 很小时，$\sin\theta \approx \theta$，此时有

$$\frac{\mathrm{d}^2\theta}{\mathrm{d}t^2} + \frac{mgl}{J}\theta = 0$$

可见，复摆的小角度转动近似为简谐振动，其振动频率为

$$\omega = \sqrt{\frac{mgl}{J}}$$

有时可以利用上式来测量形状不规则物体的转动惯量。

4.1.3 弹簧振子的运动

假如有一个振动系统，由轻质弹簧和在其一端系着的物体组成，弹簧的另一端固定，这个系统称为弹簧振子，如图 4.1.6 所示。下面来推导其振动规律。

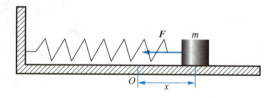

图 4.1.6 弹簧振子

当弹簧是原长时，物体不受弹性力，静止在平衡位置 O 点。设以 O 点为原点，通过 O 点的水平线为 x 轴，并设 x 轴向右为正向。当物体相对 O 点的位移为 x 时，若弹簧力服从胡克定律，则物体所受的弹性力为

$$F = -kx$$

式中，k 称为弹簧的弹性系数；负号表示力的方向与位移的方向相反。若物体所受摩擦阻力可以忽略不计，则有

$$F = -kx = ma = m\frac{d^2x}{dt^2}$$

即有

$$\frac{d^2x}{dt^2} + \left(\frac{k}{m}\right)x = 0$$

参考单摆的运动方程，显然弹簧振子的振动也是简谐振动，可得其振动频率为

$$\omega = \sqrt{\frac{k}{m}}$$

可见，弹簧振子的振动频率只取决于振动物体的质量与弹簧的弹性系数。可以利用这种原理来测量飞船内宇航员的质量。当宇航员坐在特制的振动装置中时，根据所测出的振动系统的周期及给定的该装置的弹簧弹性系数，便能求出宇航员的质量。显然，在宇航员失重的情况下，利用天平秤等常规称重方法是无能为力的。

下面从能量的观点来研究简谐振动。对于弹簧振子系统，设物体的位移为 x，速度为 v 时，系统的弹性势能与动能分别为

$$E_p = \frac{1}{2}kx^2 = \frac{1}{2}kA^2\cos^2(\omega t + \varphi)$$

$$E_k = \frac{1}{2}mv^2 = \frac{1}{2}m\omega^2 A^2 \sin^2(\omega t + \varphi) = \frac{1}{2}kA^2 \sin^2(\omega t + \varphi)$$

则系统的总机械能为

$$E = \frac{1}{2}kx^2 + \frac{1}{2}mv^2 = \frac{1}{2}kA^2 \tag{4.1.5}$$

式（4.1.5）指出了简谐振动的一个重要性质，即系统的势能和动能的总量守恒，而且总能量与振幅的二次方成正比。

例 4.1.3 如图 4.1.7 所示，一个质量为 m 的物体悬挂在铅垂轻质弹簧的下端，弹簧的上端固定。弹簧的弹性系数为 k。试证明该物体做简谐振动，并求振动的频率。

解：设弹簧的自然长度为 l。由于物体的重量为 mg，弹簧伸长 Δl 后达到平衡，因此有

$$k\Delta l = mg$$

取这时弹簧的下端为原点 O，向下为 x 轴正方向。若物体再向下移动 x，则作用其上的合力为

$$F = -k(\Delta l + x) + mg = -kx$$

可知，物体以点 O 为平衡位置做简谐振动，显然有

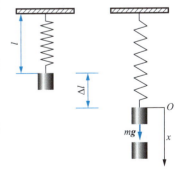

图 4.1.7　例 4.1.3 图

$$-kx = m\frac{d^2x}{dt^2}$$

其振动频率为

$$\omega = \sqrt{\frac{k}{m}}$$

例 4.1.4 设想穿过地球挖一条细窄隧道，隧道壁光滑，在隧道内放一质量为 m 的球，它与隧道中点的距离为 x，设地球为均匀球体，质量为 M_E，半径为 R_E，如图 4.1.8 所示。证明球在隧道内重力作用下的运动是简谐振动，并求其振动周期（提示：球在隧道内只受其所处的球面以内地球质量的引力作用）。

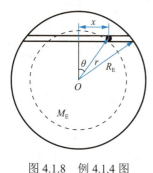

图 4.1.8 例 4.1.4 图

解： 根据万有引力公式，有

$$F = \frac{GmM}{r^2}$$

式中

$$M = M_E \frac{r^3}{R_E^3}$$

故有

$$F = \frac{rGmM_E}{R_E^3}$$

根据牛顿第二定律，有

$$F_x = ma_x = -F\sin\theta = -\frac{r\sin\theta GmM_E}{R_E^3} = -\frac{GmM_E}{R_E^3}x$$

则有

$$a_x + \frac{GM_E}{R_E^3}x = 0$$

即

$$\frac{d^2x}{dt^2} + \frac{GM_E}{R_E^3}x = 0$$

可知，该运动为简谐运动，其振动周期为

$$T = 2\pi\sqrt{\frac{R_E^3}{GM_E}} = 2\pi R_E\sqrt{\frac{R_E}{GM_E}}$$

4.2 阻尼振动 受迫振动 共振

讨论： 据晚唐时期的笔记小说《刘宾客嘉话录》记载，在唐朝时期，洛阳某寺内一僧人房中挂着一种乐器——磬，它经常自鸣作响。该僧人因此惊恐成疾，求医无治。他有一个朋友叫曹绍夔,是朝中管音乐的官员,闻得此事,特去看望僧人。这时正好听见寺内敲钟声,磬也作响。于是曹绍夔说:"你明天设盛宴招待,我将为你除去心疾。"第二天酒足饭饱之后,只见曹绍夔掏出怀中铁锉,在磬上锉磨数处,磬再也不作响了。僧人甚觉奇怪,问他所以然。曹绍夔说:"此磬与钟律合,故击彼应此。"僧人大喜,其病也随之痊愈。磬与钟为什么会产生律合呢?

4.2.1 阻尼振动

前文所讨论的各种简谐振动只是理想的模型。物体除受弹性力外,都不考虑其他的力,如阻力的作用。这样的振动又称**无阻尼自由振动**。实际上,阻力总是存在的。例如,单摆在摆动过程中,空气的阻力做负功而消耗振动的能量,因此摆动的幅度将逐渐减小,最后停止摆动。这种由于振动系统受到外界阻力的作用而能量逐渐减弱的振动,称为**阻尼振动**,如图 4.2.1 所示。

下面讨论物体在流体中受到摩擦阻力时的振动。如果物体运动速度不大,则这类阻力和运动的速度成正比,即有

$$f = -bv = -b\frac{dx}{dt}$$

式中,b 为比例系数,与流体的黏滞性有关;负号表示阻力的方向总是与速度反向,阻滞物体的运动。

以弹簧振子为例,此时物体受到弹性力和阻力两个力的作用,应用牛顿第二定律,有

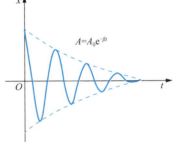

图 4.2.1 阻尼振动

$$m\frac{d^2 x}{dt^2} = -kx - b\frac{dx}{dt}$$

即

$$\frac{d^2 x}{dt^2} + \left(\frac{b}{m}\right)\frac{dx}{dt} + \left(\frac{k}{m}\right)x = 0$$

实际上,当阻力不大时,弹簧振子仍做振动,不过,振幅将逐渐减弱,直到最后停止振动。

令

$$\omega_0^2 = \frac{k}{m}$$

$$\beta = \frac{b}{2m}$$

则有

$$\frac{d^2 x}{dt^2} + 2\beta\frac{dx}{dt} + \omega_0^2 x = 0$$

式中,ω_0 为系统的固有角频率;β 为阻尼系数。根据阻尼系数的不同,对上式求解会得到不同的解。

当 $\beta < \omega_0$ 时,为弱阻尼(也称欠阻尼)状态,上式的解为

$$x = Ae^{-\beta t}\cos(\omega t + \varphi) \tag{4.2.1}$$

式中，$\omega = \sqrt{\omega_0^2 - \beta^2}$ 为阻尼振动的角频率。显然，阻尼振动的振幅是一个随时间呈指数衰减的量。可见，阻尼振动不是简谐振动，而是一个振幅随时间减小的周期性运动，其振动周期为

$$T = \frac{2\pi}{\omega} = \frac{2\pi}{\sqrt{\omega_0^2 - \beta^2}} \quad (4.2.2)$$

当 $\beta > \omega_0$ 时，为过阻尼状态，弹簧振子只能缓慢地回到平衡位置，不再能完成一次往复运动，也不再属于周期运动。

当 $\beta = \omega_0$ 时，为临界阻尼状态，此时弹簧振子恰好从周期运动向非周期运动转换。

不同阻尼下的非周期性如图 4.2.2 所示。

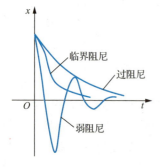

图 4.2.2　不同阻尼下的非周期性

4.2.2 受迫振动和共振

为了使振动能够持续进行，必须给物体施加一个周期性的驱动力，这样它才能维持等幅振动，这时物体的振动称为**受迫振动**，荡秋千就是典型的受迫振动。

这里仍以弹簧振子为例，设驱动力按余弦规律变化，即

$$\boldsymbol{F} = F_0 \cos \Omega t$$

式中，F_0 为驱动力的幅值；Ω 为驱动力的频率。此时物体受到三个力的作用，即弹性力、阻力和驱动力，根据牛顿第二定律，有

$$m \frac{d^2 x}{dt^2} = -kx - b \frac{dx}{dt} + F_0 \cos \Omega t$$

与阻尼振动一样，令

$$\omega_0^2 = \frac{k}{m}$$

$$\beta = \frac{b}{2m}$$

则有

$$\frac{d^2 x}{dt^2} + 2\beta \frac{dx}{dt} + \omega_0^2 x = F_0 \cos \Omega t$$

根据微分方程的求解方法，在弱阻尼状态下，上式的解为

$$x = A_0 e^{-\beta t} \cos(\omega t + \varphi') + A \cos(\Omega t + \varphi)$$

上式第一项是阻尼振动，第二项是驱动力作用下的等幅受迫振动。随着时间变化，阻尼振动将会衰减到零，此时剩下的只是驱动力作用下的等幅受迫振动。

受迫振动稳定之后的振幅为

$$A = \frac{F_0}{\sqrt{(\omega_0^2 - \Omega^2)^2 + 4\beta^2 \Omega^2}} \quad (4.2.3)$$

可见，在稳定状态下，受迫振动的振幅与驱动力的角频率有关。当驱动力的角频率达到某一值时，受迫振动振幅最大，这种现象称为**共振**。可以利用极值方法计算出共振的角频率，即当

$$\frac{\partial A}{\partial \Omega} = 0$$

时，解得

$$\Omega = \sqrt{\omega_0^2 - 2\beta^2} \tag{4.2.4}$$

由于在遇到的许多实际问题中，阻尼都很小，因此通常认为驱动力频率等于系统的固有频率时，便会发生共振。

共振是很普遍的现象。早在公元前4～前3世纪，《庄子·杂篇·徐无鬼》最早记下了瑟的各弦间发生的共振现象：为之调瑟，废（放置之意）一于堂，废一于室。鼓宫宫动，鼓角角动，音律同矣！夫或改调一弦，于五音无当也，鼓之，二十五弦皆动。

这里描述的瑟有25根弦。宫、商、角、徵、羽是古人使用的音阶阶名，相当于现在的 do、re、mi、sol、la。当在高堂明室中放上一瑟，进行调音时，人们发现，弹动某一弦的宫音时，其他宫音弦也会振动；弹动某一弦的角音时，其他角音弦也会振动。这是因为它们的音相同的缘故。如果改调瑟上二十五弦其中一弦，使它发出的音和五音中的任何一声都不相当，那么再弹这根弦时，瑟上二十五弦都会动。虽然这根弦弹不出一个准确的乐音，但它弹出的许多基音中总有几个音与瑟的二十五弦的音相当或成简单比例。这就是它会与瑟的二十五弦都共振的原因。这个发现是声学史上了不起的成就。

我国宋代科学家沈括曾演示共振实验：先将琴或瑟的各弦按演奏需要调好，然后剪一些小纸人夹在各弦上。当弹动不夹纸人的某一弦线时，凡是与它共振的弦线，其纸人就发生跳跃颤动。该实验记录在《梦溪笔谈·补笔谈·乐律》中。沈括的这个实验比西方同类实验要早几个世纪。

在许多实际应用中，共振起着重要的作用。许多乐器，如琴、二胡、琵琶等的共鸣箱，就是利用共振来提高音响的效果的。微波炉的工作频率就是设置在水分子的共振区，以最大限度地将电磁辐射能转变为水分子的振动能，然后由于阻尼损耗而产生热效应。

共振现象也存在有害的一面。例如，转动的机器设备，当轴的质量分布不对称时，在转动过程中，机器设备会受到一周期性外力而做受迫振动，若受迫振动的频率与该机器设备的固有频率接近，将发生强烈的共振，使噪声大大增加，甚至导致机器设备的损坏。1940年7月，美国华盛顿州就发生过大桥因共振而倒塌的事件，虽然当时的风力并不大，但其频率与桥的固有频率接近，经过数小时的剧烈振动后，全长860m的塔柯姆大桥在建成后的4个月就因风共振而倒塌。

那么该如何消除共振呢？据史籍记载，我国晋代文学家张华在对共振现象做出了正确解释的同时，还提出了消除共振的方法。在《异苑》卷二中有记载：晋中朝有人蓄铜澡盘，晨夕恒鸣如人叩。乃问张华，华曰："此盘与洛阳钟宫商相谐，宫中朝暮撞钟，故声相应。可锉令轻，则韵乖，鸣自止也。"如其言，后不复鸣。文中的铜澡盘，即铜盘，类似古代敲击乐器。原来，朝廷内的钟声与这个铜盘的音高一致。因此，每夕敲钟，铜盘即共振发响。张华提出，用锉刀在铜盘周围稍微锉一点，就不会发生共振了。铜盘的主人照此去做，果然铜盘不再鸣响。

如果说发现共振现象只是观察认真的证明，那么，发现消除共振的方法无疑是科学才智的伟大体现。我国2018年投入使用的港珠澳大桥是世界上最长的跨海大桥，也是世界上最长的钢铁大桥，设计使用寿命长达120年。而伶仃洋海域是台风活跃地，每年超过6级以上风速的时间接近200天。强风吹来时，在桥面附近形成旋涡，形成周期性向上向下的吸拉波动。当波动的频率和桥自身频率重合时，就会产生共振，桥便如同秋千般激荡起来。如果振动控制措施不当，桥梁安全和疲劳寿命都会受到影响。因此，我国的振动控制专家设计了悬挂式调谐质量减振器对其进行振动控制。该装置由弹簧、阻尼器、质量块组成，其频率与钢箱梁频率非常接近。当风吹来时，引发桥体振动，这时悬挂着的质量块会自动反相位振动，与弹簧并联的阻尼器是耗能器，在这个过程中消耗掉能量并转化成热量，实际上风能也随之转化成热量，从而可使得台风来临时桥体振动很小，桥的安全得到保障。

例 4.2.1 楼内空调用鼓风机如果安装在楼板上，它工作时就会使整个楼产生震动。为了减少这种震动，需要把鼓风机安装在有4个弹簧支撑的底座上。鼓风机和底座的总质量为576kg，鼓风机轴的转速为1800r/min。通常而言，驱动频率为振动系统固有频率5倍时，可减震90%以上。若按5倍计算，所用的每个弹簧的弹性系数为多大？

解： 4根弹簧并联后的系统整体弹性系数为 $k = 4k_0$，又因

$$\omega^2 = \frac{k}{m}$$

$$\omega = \frac{2\pi}{T} = 2\pi f$$

则有

$$k = 4\pi^2 f^2 m = 4k_0$$

$$f = \frac{1}{\pi}\sqrt{\frac{k_0}{m}}$$

根据题意，当驱动频率为固有频率的5倍时可以达到减震的要求，因此有

$$\frac{5}{\pi}\sqrt{\frac{k_0}{m}} \approx 1800\text{r/min}$$

继而可得

$$k_0 = \frac{30^2 \pi^2 m}{25} \approx 2.05 \times 10^5 (\text{N/m})$$

4.3 振动的合成与频谱分析

讨论： 如果一个物体同时受到两个或几个周期性驱动力的作用，那么在一般情况下其中一个力的存在不会对另外一个力产生影响，这时物体的振动就是它在各个驱动力单独作用下产生的振动相互叠加后的振动。根据各驱动力单独产生的振动来求它们叠加后的振动就称为振动的合成。日常生活中哪些场景中涉及振动的合成呢？

4.3.1 同方向、同频率简谐振动的合成

同方向指振动方向相同或有相同方向振动分量。设物体沿 x 轴同时参与两个独立振动，

分别以 x_1 和 x_2 表示其位移，有
$$x_1 = A_1\cos(\omega t + \varphi_1)$$
$$x_2 = A_2\cos(\omega t + \varphi_2)$$
则合振动为
$$x = x_1 + x_2 = A_1\cos(\omega t + \varphi_1) + A_2\cos(\omega t + \varphi_2)$$

其结果可用三角函数公式求得。但为了得到直观的物理图像，可以引入旋转矢量法进行分析。下面先介绍旋转矢量法。

在平面内作 Ox 轴，以 O 为起点作矢量，令其大小等于简谐振动的振幅 A，如图 4.3.1 所示。约定矢量绕 O 点逆时针做匀角速度旋转，旋转角速度大小等于简谐运动的角频率 ω，这个矢量称为旋转矢量。可以看到，旋转矢量的矢端在平面上的运动轨迹将会是一个以 O 为圆心的圆，所以旋转矢量法又称参考圆法。

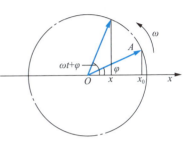

图 4.3.1　旋转矢量图

假设初始时刻矢量与 Ox 轴正向的夹角为 φ，那么在任意时刻夹角为 $\omega t + \varphi$。在任意时刻，将矢量矢端在 Ox 轴上投影，投影点的位移为
$$x = A\cos(\omega t + \varphi)$$

可见，矢量完成一次圆周运动，相对于其矢端的投影点在轴上做一次完整的简谐运动。矢量的大小对应简谐运动的振幅，矢量做圆周运动的角速度对应简谐运动的角频率，矢量在初始时刻与轴正向的夹角对应简谐运动的初相位，矢量在任意时刻与轴正向的夹角对应简谐运动的相位。需要指出的是，旋转矢量本身的旋转并不是简谐运动。

下面来分析两个相同方向简谐振动的合成。如图 4.3.2 所示，在 $t = 0$ 时刻，简谐振动 x_1 与 x_2 的振幅矢量分别为 A_1 和 A_2，A 是 A_1 与 A_2 的合矢量。由图可知，合矢量 A 的长度保持不变，并以同一角速度 ω 匀速旋转。按平行四边形法则可得，A 在 x 轴上的分量等于 A_1 与 A_2 在 x 轴上的分量之和，所以其合振动仍然是简谐振动，即有
$$x = A\cos(\omega t + \varphi)$$

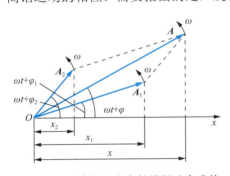

图 4.3.2　两个相同方向简谐振动合成的矢量图

合振幅与初相可利用图中的几何关系求得，为
$$A = \sqrt{A_1^2 + A_2^2 + 2A_1A_2\cos(\varphi_2 - \varphi_1)}$$
$$\varphi = \arctan\frac{A_1\sin\varphi_1 + A_2\sin\varphi_2}{A_1\cos\varphi_1 + A_2\cos\varphi_2}$$

下面重点考虑合振幅的大小。由合振动的振幅表达式可以看出，合振动的振幅不仅与分振动的振幅有关，还与两个分振动的初相差有关。

（1）当 x_1 与 x_2 同向，即 $\varphi_2 - \varphi_1 = 2k\pi$（$k = 0, \pm 1, \pm 2, \cdots$）时，$\cos(\varphi_2 - \varphi_1) = 1$，得
$$A = A_1 + A_2$$
即两分振动相位相同时，合振幅是分振动振幅之和。此时，合振幅最大，两个振动相互加强。

(2) 当 x_1 与 x_2 反向，即 $\varphi_2 - \varphi_1 = (2k+1)\pi$（$k = 0, \pm 1, \pm 2, \cdots$）时，$\cos(\varphi_2 - \varphi_1) = -1$，得
$$A = |A_1 - A_2|$$
此时，合振幅最小，两个振动相互抵消，相应的合振动能量也最小。当 $A_1 = A_2$ 时，合振动为零。

在一般情况下，x_1 与 x_2 既不同向，也不反向，此时，合振幅介于 $|A_1 - A_2|$ 和 $A_1 + A_2$ 之间。

4.3.2 同方向、不同频率简谐振动的合成

当两个简谐振动的频率不同时，其合振动仍可用旋转矢量法求得。设两个分振动的初相为零，则
$$x_1 = A_1 \cos \omega_1 t$$
$$x_2 = A_2 \cos \omega_2 t$$
此时，矢量和旋转的角速度不同，两个矢量所合成的平行四边形的形状就会发生变化。其合振幅为
$$A = \sqrt{A_1^2 + A_2^2 + 2A_1 A_2 \cos(\omega_2 - \omega_1)t}$$
显然，合振幅随时间做周期性变化。因此，合振动不是简谐振动。当 $A_1 = A_2$ 时，有
$$A = 2A_1 \cos\left(\frac{\omega_2 - \omega_1}{2}\right)t$$
在 t 时刻，合振幅矢量 A 与 x 轴的夹角可由菱形的几何关系求得，即
$$\omega_1 t + \left(\frac{\omega_2 - \omega_1}{2}\right)t = \left(\frac{\omega_2 + \omega_1}{2}\right)t$$
由此可得，合振动在 x 轴的位移为
$$x = 2A_1 \cos\left(\frac{\omega_2 - \omega_1}{2}\right)t \cos\left(\frac{\omega_2 + \omega_1}{2}\right)t$$

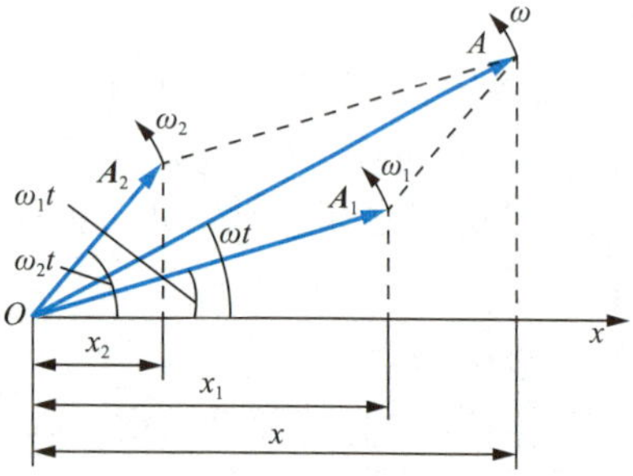

图 4.3.3 同方向、不同频率的简谐振动合成的矢量图

同方向、不同频率的简谐振动合成的矢量图如图 4.3.3 所示。

在 $\omega_2 - \omega_1 \ll \omega_2 + \omega_1$ 的条件下，由于合振动在 x 轴的位移公式中第一个因子 $2A_1 \cos\left(\frac{\omega_2 - \omega_1}{2}\right)t$ 是随时间缓慢变化的量，第二个因子 $\cos\left(\frac{\omega_2 + \omega_1}{2}\right)t$ 是角频率接近于 ω_1 或 ω_2 的简谐函数，因此合振动可以看作角频率为 ω_1 或 ω_2，振幅为 $\left|2A_1 \cos\left(\frac{\omega_2 - \omega_1}{2}\right)t\right|$ 的简谐振动，而合振幅的大小在 $0 \sim 2A_1$ 范围内做周期性的变化。这种频率较大而频率差很小的两个同方向简谐振动合成时，其合振幅时而加强时而减弱的现象称为**拍**，合振幅变化的频率称为**拍频**。拍的合成如图 4.3.4 所示。

拍技术在实际生产和生活中有广泛应用。例如，管弦乐中的双簧管就是利用两个簧片振动频率的微小差别产生颤动的拍音；调整乐器时，使它和标准音叉出现的拍音消失来校准乐器；如果已知一个高频振动频率，使它和另一频率相近但未知的振动叠加，测量合成

振动的拍频，就可求出未知的频率。此外，在各种电子学测量仪器中，也经常用到拍技术。

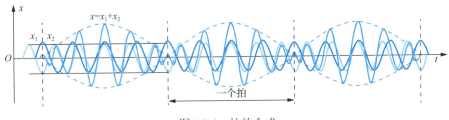

图 4.3.4 拍的合成

4.3.3 相互垂直简谐振动的合成

当物体同时参与相互垂直的两个简谐振动时，物体的合振动是两个分振动的矢量和。如图 4.3.5 所示，设两个分振动分别在 x 轴和 y 轴上。首先讨论频率相同的情况，有

$$x = A_1\cos(\omega t + \varphi_1)$$
$$y = A_2\cos(\omega t + \varphi_2)$$

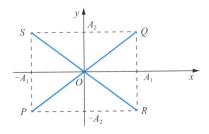

图 4.3.5 同频率垂直振动的合成（相位差为零或 $\pm\pi$）

（1）当两个分振动的初相相同，即 $\varphi_1 = \varphi_2$ 时，有

$$y = \frac{A_2}{A_1}x$$

此时，物体就沿通过原点的直线 PQ 做往复运动。在任意时刻，物体相对原点的位移为

$$r = \sqrt{x^2 + y^2} = \sqrt{A_1^2 + A_2^2}\cos\omega t$$

显然，此时物体以 $\sqrt{A_1^2 + A_2^2}$ 振幅做简谐振动，其频率与分振动的相同。

如果两个振动恰好反相，即 $\varphi_2 - \varphi_1 = \pm\pi$，则有

$$y = -\frac{A_2}{A_1}x$$

此时，物体将沿直线 RS 做简谐振动，振幅和频率仍为 $\sqrt{A_1^2 + A_2^2}$ 和 ω。

（2）当两个分振动的相差为 $\frac{\pi}{2}$ 或 $\frac{3\pi}{2}$ 时，如果有

$$x = A_1\cos\omega t$$
$$y = A_2\cos\left(\omega t + \frac{\pi}{2}\right) = -A_2\sin\omega t$$

那么有

$$\left(\frac{x}{A_1}\right)^2 + \left(\frac{y}{A_2}\right)^2 = 1$$

显然，上式为椭圆方程。因此，物体将沿这个椭圆轨迹运动。在 y 方向的振动相位超前 $\frac{\pi}{2}$ 的情况下，物体将按顺时针方向做椭圆运动。在 y 方向的振动相位超前 $\frac{3\pi}{2}$ 或落后 $\frac{\pi}{2}$ 的情况下，物体将按逆时针方向做椭圆运动。在某些特殊情况下，如 $A_1 = A_2$，则有

$$x^2 + y^2 = A_1^2$$

此时，物体将做圆周运动。

同频率垂直振动的合成（相位差为 $\frac{\pi}{2}$ 或 $\frac{3\pi}{2}$）如图 4.3.6 所示。

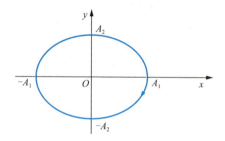

图 4.3.6　同频率垂直振动的合成（相位差为 $\frac{\pi}{2}$ 或 $\frac{3\pi}{2}$）

（3）当振动方向垂直、频率不同的简谐振动合成时，情况比较复杂。但当两个分振动的频率比为整数比时，合振动的轨迹将会合成一个封闭的图形，称为李萨如图形，如表 4.3.1 所示。可见，在两个分振动的合成运动中，若其中一个分振动频率已知，则可根据李萨如图形判断另一个振动的频率。这是测量交流电压频率的一种方法。

表 4.3.1　李萨如图形

频率比	相位差角				
	0	$\frac{1}{4}\pi$	$\frac{1}{2}\pi$	$\frac{3}{4}\pi$	π
1∶1	/	⬭	○	⬭	\
1∶2	∞	∩∩	∩∩	∩∩	∞
1∶3	∿	∿	∿	∿	∿
2∶3					

114

例 4.3.1 将频率为 348Hz 的标准音叉振动与一待测音叉的振动合成，测得其拍频为 3Hz。若在待测音叉的一端加上一小块物体，则拍频将减小，求待测音叉的固有频率。

解：设标准音叉的频率为 f_1，待测音叉的频率为 f_2，由拍频公式 $f' = f_2 - f_1$ 可得
$$f_2 = f' + f_1 = 3 + 348 = 351 (\text{Hz})$$

4.3.4 振动的频谱分析

实际的振动往往是复杂的运动，一个复杂的振动可以分解成若干个或无穷多个简谐振动。确定一个复杂振动所包含的各种简谐振动的频率及其对应的振幅称为**频谱分析**。

在数学上，一个周期为 T 的周期函数 $x(t)$ 可以展开为傅里叶级数

$$x(t) = \frac{a_0}{2} + \sum_{n=1}^{\infty}(a_n \cos n\omega t + b_n \sin n\omega t)$$

式中

$$\omega = 2\pi f = \frac{2\pi}{T}$$

上式表明，任一周期振动都可以看成许多简谐振动的叠加，或者说可以分解成许多个简谐振动。这些简谐振动中有一个最小的频率 f（即为原周期性振动频率），称为**基频**，其他频率都是基频的整数倍，为 nf，如 $2f$、$3f$、$\cdots$，分别称为二次谐频、三次谐频、$\cdots\cdots$，而 a_n、b_n 表示 n 次谐振动的振幅，反映各种频率的振动在合振动中所占的比例。

如果用横坐标表示频率，纵坐标表示各频率对应的振幅，就得到谐频振动的振幅分布图，称为**振动的频谱图**。频谱图上直观地反映出不同频率的振动在合振动中所占的比例。

例如，对图 4.3.7（a）所示的方波，可展开为

$$x = \frac{A}{2} + \frac{2A}{\pi}\sin\omega t + \frac{2A}{3\pi}\sin 3\omega t + \frac{2A}{5\pi}\sin 5\omega t + \cdots = x_0 + x_1 + x_2 + x_3 + \cdots$$

式中，第一项可看作周期为无穷大的零频项，第二、三、四项是频率分别为 f、$3f$、$5f$ 的简谐振动，其振动曲线分别如图 4.3.7（b）～（d）所示，它们的合振动曲线如图 4.3.7（e）所示，已和方波振动曲线接近了。所取项数越多，合成的波越接近方波。方波的频谱图如图 4.3.8 所示。

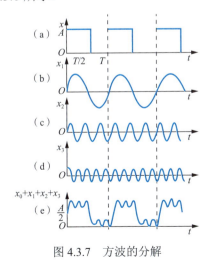

图 4.3.7 方波的分解

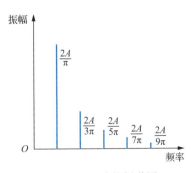

图 4.3.8 方波的频谱图

对于非周期振动，如脉冲，可以用傅里叶积分展开，即

$$x = f(t) = \int_0^\infty A(\omega)\cos\omega t\, d\omega + \int_0^\infty B(\omega)\sin\omega t\, d\omega$$

可见，非周期振动的频谱图是连续的。

频谱分析是研究振动性质的重要方法之一。例如，同为 C 调，音调（即基频）相同，但钢琴和胡琴所发出的 C 音的音色不同，这是因为它们所包含的高次谐频的个数与振幅不同，即频谱不同。频谱分析还在机械制造、地震学、电子技术、光谱分析中有重要应用。频谱分析仪是开展频谱分析的重要工具，它能通过傅里叶运算将被测信号分解成分立的频率分量，为设备的振动分析提供依据。

思考与探究

4.1 符合什么规律的运动才是谐振动？分别分析下列运动是不是谐振动。

（1）拍皮球时球的运动。

（2）一小球在一个半径很大的光滑凹球面内滚动（设小球所经过的弧线很短），如下图所示。

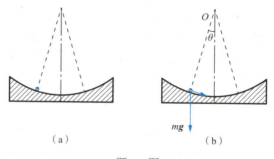

题 4.1 图

4.2 判断下列表述是否正确并解释原因：

（1）若物体受到一个总是指向平衡位置的合力，则物体必然做振动，但不一定是简谐振动。

（2）简谐振动过程是能量守恒的过程，因此，凡是能量守恒的过程就是简谐振动。

4.3 一弹簧下面挂一个质量未知的物体，若弹簧的弹性系数也未知，怎样求出此系统的振动周期？

4.4 弹性系数为 k_1 和 k_2 的两根弹簧，与质量为 m 的小球按下图所示的两种方式连接，试证明它们的振动均为谐振动，并分别求出它们的振动周期。

题 4.4 图

4.5 有人利用安装在气球载人舱内的单摆来确定气球的高度。已知该单摆在海平面处

的周期是 T_0。当气球停在某一高度时，测得该单摆周期为 T。求该气球此时距海平面的高度 h。（把地球看作质量均匀分布的半径为 R 的球体。）

4.6 将一测力传感器连接到计算机上就可以测量快速变化的力，下图（a）表示小滑块（可视为质点）沿固定的光滑半球形容器内壁在竖直平面的 A、A' 点之间来回滑动，A、A' 点与 O 点的连线与竖直方向之间的夹角相等且都为 θ（值很小）。下图（b）表示滑块对容器内壁的压力 F 随时间 t 变化的曲线，且图中 $t=0$ 为滑块从 A 点开始运动的时刻，试根据力学规律和题中（包括图中）所给的信息，求：

（1）容器的半径。
（2）小滑块的质量。
（3）滑块运动过程中的守恒量。

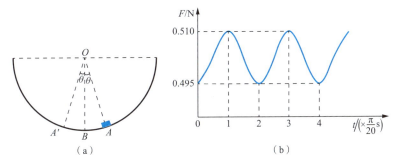

题 4.6 图

机 械 波

▌单元导读

在平静的湖面上丢一颗石子，在石子入水的位置会出现圆形水纹不断向外扩展的现象。通常将在空间某处发生振动，并以有限的速度向四周传播的过程称为波动。如果机械振动通过弹性介质（空气、固体和液体）传播，那么此种波动称为机械波，如声波、水面波、地震波等。波动并不限于机械波，还有电磁波、物质波等。机械波应该如何描述呢？

▌能力目标

1. 了解机械波的相关基本概念，理解平面简谐波波函数及物理含义。
2. 了解波的能量传播特征及能流、能流密度的概念。
3. 理解惠更斯原理和波的叠加原理，理解波的相干条件。
4. 能借助相位差、波程差、相干相消条件计算波的干涉位置。
5. 了解驻波产生条件、驻波方程、能量分布，理解驻波和行波的区别。
6. 了解机械波的多普勒效应及产生的原因。

▌思政目标

1. 培养服务社会的奉献精神，增强责任感、使命感、荣誉感。
2. 培养开拓思维、创新思维、批判性思维，勇于打破常规。

5.1 机械波的产生、分类与物理量

讨论：带操属于艺术体操，因其动作流畅、飘逸、优美而受到大众的喜爱，如图 5.1.1 所示。带操既可以作为比赛项目，又可以作为表演项目，更可以作为健身项目。带操表演有绕环、螺形、蛇形等动作，这需要运动员甩动连接彩带的细棍来控制空中飞舞的彩带的运动状态。那么如何甩动细棍可使彩带呈现出波浪形状？这对彩带的性能有没有要求？

图 5.1.1 带操表演

5.1.1 机械波的产生

如图 5.1.2 所示，手拿一根绳上下甩动时，手就是一个机械振动源，绳随手的挥动也将出现不同的振动状态。手上下挥动一个来回时，绳上仅形成一个波形，波形远离手的位置向前传播。如果手不停地上下挥动，那么绳上各处都将出现振动状态。这其实给出了形成机械波的条件，即要有做机械振动的物体，即**波源**。此外，还需要有**弹性介质**将波源的振动状态传播出去。弹性介质是指在外力作用下能产生形变且撤掉外力后能迅速恢复原状的物质。

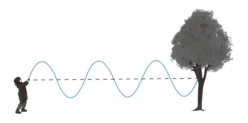

图 5.1.2 机械波在绳子上的传播

下面以波在绳上的传播为例介绍机械波。由于绳上各质点之间存在相互作用弹性力，因此各质点均处于平衡状态。当某一个质点离开平衡位置（波源）时，介质发生了形变，邻近的质点将对其施加弹性恢复力，使它回到平衡位置。然而此质点具有超过原先平衡位

置时的能量，造成其在平衡位置附近振动起来。根据牛顿第三定律（作用力与反作用力），这个质点对邻近质点也施加了弹性力，迫使邻近的质点也在自己的平衡位置附近振动起来。依此类推，振动就会从此质点由近及外地传播出去，形成波动。

应当注意，波动只是振动状态在介质中的传播，在此过程中，介质中的各质点并不随波前进，而只在各自平衡位置附近振动。例如，投石入水，水波荡漾开去，漂浮在水面上的树叶只在原水面位置上下运动，并未随波前进。这也表明，波动的传播方向与质点的振动方向并不一定相同，振动状态的传播速度（波速）与质点的振动速度是两个物理量。

5.1.2 机械波的分类

2008 年 5 月 12 日 14 时 28 分 4 秒，四川省阿坝藏族羌族自治州汶川县境内发生里氏 8.0 级地震，震中位于四川省汶川县映秀镇西南方，震源深度 14km，地震最大烈度 11 度，地震影响波及大半个中国，中国 25 个省（区、市）有明显震感。此次地震造成了人、财、物的重大损失，直接经济损失 8451.4 亿元。既然地震危害如此巨大，那么能否通过预测地震提前避险来减少损失呢？最早利用仪器来预测地震的是我国东汉时期的张衡，他发明了地动仪，但地动仪随着东汉的灭亡而失传。此后，在漫长的历史岁月中，人们都是依靠自然征兆来判断是否会发生地震的，如鸡、狗、蛇等动物的反常行为，以此进行地震预测。人们的这种地震预测方法有科学依据吗？

按照振动方向与波的传播方向之间的关系，波可以分为**横波**和**纵波**两类。纵波在地壳中的传播速度为 5.5~7.0km/s，在发生地震时，它先到达地面，使地面发生上下振动，破坏性较弱。横波在地壳中的传播速度为 3.2~4.0km/s，它使地面发生前后、左右抖动，破坏性较强。通常而言，鸡、狗、蛇等动物因本身对外界的变化比人类更敏感，可先感受到纵波，故能够提前做出异常的反应。

1. 横波

用手握住一根水平紧绷的长绳，当手上下抖动一次时，可以看见一个波形在绳子上传播。如果手连续不断地进行周期性上下抖动，就会形成绳波。如果在绳子上每隔一段距离系上一条红布条，再重复上面的过程，那么容易出现两种现象：一种现象是红布条只是上下振动，没有水平位移；另一种现象是远离手的红布条按照由近及远的次序依次振动起来。

可以把长绳分成非常多的小部分，每一小部分都可以看成一个质点。相邻两个质点间有弹力的相互作用。第一个质点在外力作用下振动后（波源），就会带动第二个质点振动，只是第二个质点的振动落后于第一个质点。这样，前一个质点的振动带动后一个质点的振动，依此类推，振动也就会以一定速度向远处进行传播，如图 5.1.3 所示。这种每一个质点振动方向（竖直）与波的传播方向（水平）垂直的波称为**横波**。偏移平衡位置正向位移最大的地方称为波峰，偏离平衡位置反向位移最大的地方称为波谷。

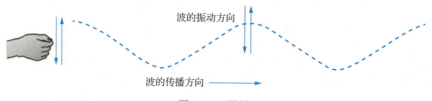

图 5.1.3 横波

2. 纵波

将一根水平放置的长弹簧一端固定,另一端用手拍打,此时弹簧各部分就会振动起来,如图 5.1.4 所示。如果在弹簧上每隔一段距离系上一条红布带,再重复上面的过程,容易发现两种现象:一种现象是红布带有水平位移,但在各自的中心位置往复运动,不会沿某个方向移动下去;另一种现象是相邻的红布带间距时近时远。这种各质点的振动方向与波的传播方向相互平行的波称为**纵波**。纵波的特征是有"稀疏"和"稠密"区域,通过两种区域的交替出现来将机械振动传播出去。声波就是依靠这种方式传播的。沿波的传播方向,密度最大的地方称为波密,密度最小的地方称为波疏。

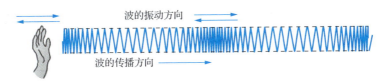

图 5.1.4 纵波

横波和纵波是波动的两种基本形式,任何复杂形式的波动,都可以看成横波和纵波的叠加,如地震波,其纵波使地面发生上下振动,破坏性较弱,横波使地面发生前后、左右抖动,破坏性较强。

5.1.3 描述波动的物理量

为了描述波动过程具有时间上的周期性,可以引入周期的概念。通常将波前进一个波长距离所需的时间称为**波的周期**,用 T 表示。周期的倒数叫作**波的频率**,用 υ 表示,$\upsilon = \dfrac{1}{T}$,波的频率表示单位时间内波动传播的完整波形的数目。

设波在介质中的传播速度固定,图 5.1.5 给出了 0、$\dfrac{T}{2}$、T、$\dfrac{3T}{2}$ 和 $2T$ 时刻下,沿波传播方向各质点偏离平衡位置随坐标的变化。将沿波传播方向两个相邻的、相位差为 2π 的振动质点之间的距离,即一个完整波的长度称为**波长**,用 λ 表示。对于横波,相邻两个波峰之间或相邻两个波谷之间的距离,就是一个波长。对于纵波,相邻两个密部之间或者相邻两个疏部之间的距离,就是一个波长。

机械波在弹性介质中的传播是振动相位的传播,也就是质点没有发生定向的位移。通常将某一振动状态(即振动相位)在单位时间内向前传播的距离叫作**波速**,用 u 表示。通常而言,波源机械振动引起弹性介质中邻近质点的振动,形成波的传播。波源进行一次完整的振动,波就会向前传播一个波长的距离,因而波的周期等于波源的振动周期,波的频率等于波源的振动频率,即有

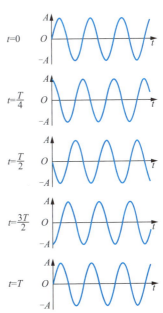

图 5.1.5 不同时刻下沿波传播方向,各质点偏离平衡位置的变化

$$u = \frac{\lambda}{T} = \lambda\upsilon \quad (5.1.1)$$

波速的大小取决于介质的性质,在不同的介质中,波速是不同的。表 5.1.1 所示为声速在标准大气压下不同介质中的传播数值。

表 5.1.1 声速在标准大气压下不同介质中的传播数值

介质	温度/℃	声速/(m/s)
空气	0	313.3
水	15	1450
铝	20	5100
铜	20	3560
铁	20	5130
花岗岩*		6000
硬橡皮*		54

* 声速值与温度基本无关。

固体既可以传播横波,也可以传播纵波。在固体中,横波的传播速度为

$$u = \sqrt{\frac{Y}{\rho}}$$

在固体中,纵波的传播速度为

$$u = \sqrt{\frac{G}{\rho}}$$

上面两式中,ρ 均为固体密度;Y 为杨氏模量;G 为切变模量。

液体和气体只能传播纵波,其中波的传播速度为

$$u = \sqrt{\frac{B}{\rho}}$$

式中,B 为体积模量。

紧绷长绳中横波的传播速度为

$$u = \sqrt{\frac{F}{\rho}}$$

式中,F 为紧绷长绳的张力;ρ 为长绳的单位长度质量。

5.1.4 波线 波面 波前

为了形象地描述波在空间的传播情况,可以引入波线、波面和波前这三种概念。从振动波源出发,沿波的传播方向可以画出带有箭头的线,称为**波线**,用以表示波的传播路径及方向。在波传播过程中的某一时刻,将不同波线上所有振动相位相同的点连成曲面,称为**波面**或**同相位面**。在各向同性的弹性介质中,波线与波面垂直。在任意时刻,波面有无穷多个。为示图方便,通常取相邻两个波面之间的距离等于一个波长或者说取相邻两个波面之间的振动相位差等于 2π 的位置。在某一时刻,由波源最初振动状态传到的各点所连成的曲面叫作**波前**或**波阵面**。在某一时刻下,波前只有一个,波面可以有很多个。波前是平面的波,叫作平面波。波前是球面的波,叫作球面波。球面波传播到无穷远时,也视为平

面波。图 5.1.6 给出了球面波和平面波更具体的波线、波面和波前示意图。

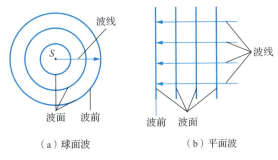

（a）球面波　　　　　（b）平面波

图 5.1.6　波线、波面和波前

讨论：机械振动在弹性介质中的传播形成了机械波，弹性介质中大量质点参与了这种集体运动。一般来说，波动中各质点的振动是复杂的，由于任何复杂的波都可看成由若干简谐波叠加而成，因此可将波动看成做简谐振动的波源在均匀、无吸收的介质中形成的波，这种波称为**简谐波**。那么简谐波应如何进行描述呢？

5.2.1　平面简谐波的波函数

如果波沿 x 方向传播，描述此机械波在弹性介质中的传播规律，也就是确定在任意时刻 t，距离波源 x 处质点偏离平衡位置的位移 $y(x,t)$。通常把描述波传播的函数 $y(x,t)$ 称为**波动函数**，简称**波函数**。

在均匀、无吸收介质中，当波源做简谐振动时，形成波面是平面的波就是**平面简谐波**。平面简谐波的波线相互平行，波线垂直于波面，只要研究清楚一条波线上面波的传播规律，即可确定整个平面简谐波的传播规律。

假设一个平面简谐波在均匀、无吸收、无限大介质中传播，任取一波线为 x 轴，以波速 u 沿 Ox 轴正方向传播，如图 5.2.1 所示。

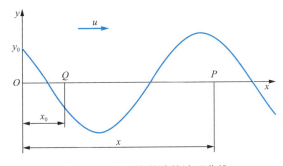

图 5.2.1　平面简谐波的波形曲线

根据图 5.2.1，处于原点处质点的振动表达式为

$$y(0,t) = A\cos(\omega t + \varphi_0) \tag{5.2.1}$$

式中，$y(0,t)$ 为原点处质点在时刻 t 离开平衡位置的位移；A 为振幅；ω 为角频率；φ_0 为初相。

通常，波函数满足 $y(x+\Delta x, t+\Delta t) = y(x,t)$ 的关系，其中 $\Delta x = u\Delta t$，u 是波速。这表示，$x+\Delta x$ 处质点在 $t+\Delta t$ 时刻的振动状态是 x 处的质点在 t 时刻振动状态的复制。在 x 轴正方向任取一点 P，坐标为 x。振动从原点传播到 P 点所需要的时间为 $t_0 = \dfrac{x}{u}$，此时 P 点处质点将以相同的振幅和频率重复 O 点在 $\left(t - \dfrac{x}{u}\right)$ 时刻的振动状态。用 $\left(t - \dfrac{x}{u}\right)$ 代替原点处质点的振动表达式中的 t，即可得到 P 点处质点的振动表达式，即

$$y(x,t) = A\cos\left[\omega\left(t - \dfrac{x}{u}\right) + \varphi_0\right] \tag{5.2.2}$$

式（5.2.2）表述了 x 轴上所有质点的振动，可以描述出各质点的位移随时间的变化的整体图像，也可以描述出某一时刻下各质点的位移随坐标的变化的整体图像。因此，式（5.2.2）即为沿 x 轴正方向传播的平面简谐波的波函数，称为平面简谐波的波动方程。

因为 $\omega = \dfrac{2\pi}{T} = 2\pi\upsilon$ 和 $u = \lambda\upsilon = \dfrac{\lambda}{T}$，所以通常将式（5.2.2）写成

$$y(x,t) = A\cos\left[2\pi\left(\dfrac{t}{T} - \dfrac{x}{\lambda}\right) + \varphi_0\right] = A\cos\left[2\pi\left(\upsilon t - \dfrac{x}{u}\right) + \varphi_0\right]$$

由于 $t = nT$ 时，振动传播的距离为 $x = n\lambda$，所以上式中 $\dfrac{x}{T}$ 和 $\dfrac{x}{\lambda}$ 的地位相同。取 $k = \dfrac{2\pi}{\lambda}$，$k$ 叫作角波数，则波函数可以写成

$$y(x,t) = A\cos(\omega t - kx + \varphi_0)$$

如果波沿 x 轴负方向传播，那么点 P 的振动比原点 O 早开始 $\dfrac{x}{u}$ 的时间。因此，点 P 在任一时刻的位移为

$$y(x,t) = A\cos\left[2\pi\left(\dfrac{t}{T} + \dfrac{x}{\lambda}\right) + \varphi_0\right] = A\cos\left[2\pi\left(\upsilon + \dfrac{x}{u}\right) + \varphi_0\right] = A\cos(\omega t + kx + \varphi_0)$$

将以上公式推广到更普遍的运动形式，若波沿 x 轴正方向传播，已知 x_0 处 Q 点的振动表达式为

$$y_Q(x_0, t) = A\cos(\omega t + \varphi_0)$$

则相应点波的表达式为

$$y(x,t) = A\cos\left[\omega\left(t - \dfrac{x - x_0}{u}\right) + \varphi_0\right] \tag{5.2.3}$$

为了便于理解平面简谐波波函数的物理意义，对于式（5.2.3），可分成以下三部分来讨论。

（1）当 $t = t_0$ 时，有

$$y(x, t_0) = A\cos\left[\omega\left(t_0 - \dfrac{x}{u}\right) + \varphi_0\right]$$

根据上式可画出 t_0 时刻下 x 轴上质点的位移-坐标图（称为波形图），也就是 t_0 时刻波的一张快照。具体方法为，以位移 y 为纵坐标，以坐标 x 为横坐标，画出 t_0 时刻下的 y-x 图，如图 5.2.2 所示。

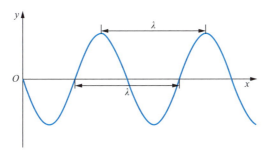

图 5.2.2 t_0 时刻的波形图

波形图显示出了波在空间上的周期性，即相邻两个振动状态相同（也就是相位差为 2π）质点的距离是 λ，这反映在公式上为

$$\omega \frac{x}{u} = 2\pi$$

$$x = \lambda$$

对于横波，其振动方向垂直于传播方向，t_0 时刻的波形图实际上给出的就是真实的质点分布图；对于纵波，其振动方向平行于传播方向，波形图给出的是质点的位移，而不是真实的质点分布图。

（2）当 $x = x_0$ 时，有

$$y(x_0, t) = A\cos\left[\omega\left(t - \frac{x_0}{u}\right) + \varphi_0\right] = A\cos\left[\omega t + \left(\varphi_0 - \frac{2\pi x_0}{\lambda}\right)\right]$$

此式为 x_0 处质点的简谐振动表达式。x_0 处质点的振动初相为 $\left(\varphi_0 - \omega \frac{x_0}{u}\right) = \left(\varphi_0 - \frac{2\pi x_0}{\lambda}\right)$，始终落后原点处质点的相位 $\omega \frac{x_0}{u} = \frac{2\pi x_0}{\lambda}$。以位移 y 为纵坐标，以时间 t 为横坐标，画出 x_0 坐标下的 y-t 图，如图 5.2.3 所示。

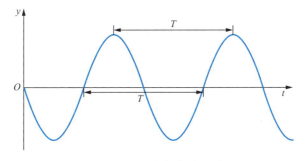

图 5.2.3 x_0 坐标的波形图

波形图显示出了波在时间上的周期性，即振动状态复原（也就是相位差为 2π）所需要的最短时间是 T，这反映在公式上为

$$\omega t = 2\pi$$
$$t = \frac{2\pi}{\omega} = T$$

（3）如果 x 和 t 均在变化，那么波函数表示波线上任意 x 处质点在任意时刻 t 的位移。

图 5.2.4 给出了 t_1 时刻和 $t_1 + \Delta t$ 时刻的两个波形。比较两波形，显然波不断向前推进。这种波通常称为**行波**。由图可知，位于 x_1 处 P 点在 t_1 时刻的振动状态与 $x_1 + \Delta x$ 处 Q 点在 $t_1 + \Delta t$ 时刻的振动状态相同。这说明在 Δt 时间内振动状态向前传播了 Δx 的距离。因此，可用 $\dfrac{\Delta x}{\Delta t}$ 表示相位传播的速度，简称相速。根据在 t_1 时刻的相位与在 $t_1 + \Delta t$ 时刻的相位相等，即

$$\omega\left(t_1 - \frac{x_1}{u}\right) + \varphi_0 = \omega\left(t_1 + \Delta t - \frac{x_1 + \Delta x}{u}\right) + \varphi_0$$

计算可得

$$\frac{\Delta x}{\Delta t} = u$$

可见，波速就是相速度。

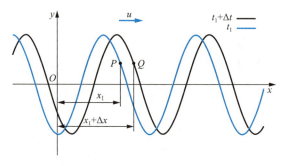

图 5.2.4　两相时刻的波形图

波线上各质点做简谐振动，位于任意 x 处质点的振动速度为 $v = \left(\dfrac{\partial y}{\partial t}\right)_x$，即

$$v = -A\omega\sin\omega\left(t - \frac{x}{u}\right)$$

显然，波传播的相速度与质点的振动速度并不相等。

例 5.2.1　某波源做简谐运动，其运动表达式为 $y = 4\times 10^{-3}\cos(240\pi t)$，式中，$y$ 的单位为 m，t 的单位为 s，它所形成的波以 30m/s 的速度沿一直线传播。求：

（1）波的周期及波长。

（2）波动的表达式。

解：（1）由已知的运动表达式可知，质点振动的角频率 $\omega = 240\pi/s$。波的周期就是振动的周期，故有

$$T = \frac{2\pi}{\omega} \approx 8.33\times 10^{-3}(s)$$

波长为

$$\lambda = uT \approx 0.25(m)$$

（2）将已知的波源运动表达式与简谐运动表达式的一般式比较后可得
$$A = 4 \times 10^{-3} \text{m}, \quad \omega = 240\pi/\text{s}$$
故以波源为原点，沿轴正向传播的波的波动函数为
$$y(x,t) = A\cos\left(\omega t - \frac{2\pi}{\lambda}x\right) = 4 \times 10^{-3}\cos(240\pi t - 8\pi x)$$

例 5.2.2 一横波在一条张紧的弦上传播，其波函数为 $y = \cos\pi(x+0.25t)$，式中，y 的单位为 m。求：

（1）此波的传播方向。
（2）此波的波速。

解：（1）将波函数改写，得
$$y = \cos\frac{\pi}{4}\left(t + \frac{x}{\frac{1}{4}}\right)$$

与负向传播的标准波函数对照可知，波是负向传播的。
（2）由波函数的表达式
$$y = A\cos\omega\left(t + \frac{x}{u}\right)$$

可直接看出，波速为
$$u = \frac{1}{4}(\text{m/s})$$

5.2.2 波的能量

将石子投入水中，水面会出现起伏振荡的现象，如图 5.2.5 所示，这种振动不断向四周扩散。这表示水面波出现了能量的传播。那么波的能量应该如何计算呢？

在波动传播过程中，波源的振动通过弹性介质由近及远一层接一层地传播出去，使介质中各质点依次在各自的平衡位置附近做振动。在振动过程中，各质点既具有运动速度，也具有动能，因介质形变而具有势能。可见，波动过程也是能量传播的过程。

如图 5.2.6 所示，设细杆的横截面面积为 S，密度为 ρ。考虑杆中位于 x 处的体积元 ΔV，其质量为 $\Delta m = \rho \Delta V$。

图 5.2.5 水面波

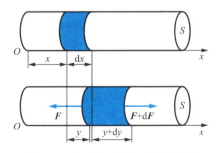

图 5.2.6 纵波在固体细杆中的传播

由图 5.2.6 可知，细杆中传播的平面简谐波的表达式为

$$y = A\cos\left[\omega\left(t - \frac{x}{u}\right) + \varphi_0\right]$$

该体积元的动能为

$$dE_k = \frac{1}{2}(\Delta m)r^2 = \frac{1}{2}\rho\Delta V\left(\frac{\partial y}{\partial t}\right)^2 = \frac{1}{2}\rho\Delta V\omega^2 A^2\sin^2\left[\omega\left(t - \frac{x}{u}\right) + \varphi_0\right]$$

同时，体积元因形变具有弹性势能，长度变化为 dy，而该体积元的原长度为 dx，所以应变为 $\frac{dy}{dx}$。根据杨氏模量 $\frac{dF}{S} = Y\frac{dy}{dx}$ 和胡克定律 $dF = kdy$，该体积元所受到的弹性力为

$$dF = YS\frac{dy}{dx} = kdy$$

故有 $k = \frac{YS}{dx}$。因此，弹性势能为

$$dE_p = \frac{1}{2}k(dy)^2 = \frac{1}{2}\frac{YS}{dx}(dy)^2 = \frac{1}{2}YSdx\left(\frac{\partial y}{\partial x}\right)^2$$

因 $\Delta V = Sdx$，$u = \sqrt{\frac{Y}{\rho}}$，故有

$$dE_p = \frac{1}{2}\rho u^2 \Delta V\left(\frac{\partial y}{\partial x}\right)^2$$

因

$$\frac{\partial y}{\partial x} = A\frac{\omega}{u}\sin\left[\omega\left(t - \frac{x}{u}\right) + \varphi_0\right]$$

故有

$$dE_p = \frac{1}{2}\rho\Delta V\omega^2 A^2\sin^2\left[\omega\left(t - \frac{x}{u}\right) + \varphi_0\right]$$

联立以上各式可得，体积元的总能量为

$$dE = dE_k + dE_p = \rho\Delta V\omega^2 A^2\sin^2\left[\omega\left(t - \frac{x}{u}\right) + \varphi_0\right] \tag{5.2.4}$$

由上述体积元的动能 dE_k 和弹性势能 dE_p 的公式可以看出，两者相等，即体积元的动能和弹性势能相等。将波动的能量和简谐振动的能量进行对照，可以发现有以下几种显著的不同之处。

（1）在简谐振动中，动能和势能两者相互转化，使系统的机械能守恒。动能最大时，势能为零；势能最大时，动能为零。动能和势能两者之间有 $\frac{\pi}{2}$ 的相位差。

（2）在波动情况下，任一时刻任一体积元的动能和势能相等，动能和势能两者之间无相位差。任一体积元的机械能是不守恒的，是时间的函数，在 0 和 $\rho\Delta V\omega^2 A^2$ 之间变化，说明相邻体积元之间发生了能量传递。

为了精确地描述介质中各处能量的分布，这里引入波的能量密度（即单位体积介质内波的能量）的概念，用符号 w 表示，即

$$w = \frac{dE}{\Delta V} = \rho\omega^2 A^2 \sin^2\left[\omega\left(t - \frac{x}{u}\right) + \varphi_0\right] \quad (5.2.5)$$

波的平均能量密度 $\bar{w}$ 是能量密度 w 在一个周期内的平均值，即

$$\bar{w} = \frac{1}{T}\int_0^T w\,dt = \rho\omega^2 A^2 \frac{1}{T}\int_0^T \sin^2\left[\omega\left(t - \frac{x}{u}\right) + \varphi_0\right]dt = \frac{1}{2}\rho\omega^2 A^2 \quad (5.2.6)$$

介质波的平均能量密度是常量，能量在介质中并没有积累。这说明介质中的体积元不断从前面的体积元获取能量，然后传递到后面的体积元。换言之，波动是能量传递的一种方式。

5.2.3 能流和能流密度

单位时间内垂直通过某一横截面的能量叫作通过该横截面的**能流**，用 P 表示。设想在介质内取垂直于波速 u 的面积 S，则 dt 时间内通过 S 的能量等于体积 $Sudt$ 的能量，能流为

$$P = wuS \quad (5.2.7)$$

式中，波的能量密度 w 是随时间变化的，P 正比于 w，显然 P 也是随时间变化的。取一个周期内的平均值定义为平均能流，则有

$$\bar{P} = \bar{w}uS$$

由于能流的单位为瓦（W），因此波的能流也称为波的功率。

垂直通过单位横截面的平均能流叫作**能流密度**。能流密度是一种矢量，用 $\boldsymbol{I}$ 表示，它的大小反映了波的强弱，故能流密度也称为波的强度，简称波强。根据波强的概念，显然有

$$I = \frac{\bar{P}}{S} = \bar{w}u = \frac{1}{2}\rho\omega^2 A^2 u \quad (5.2.8)$$

能流密度的单位为 W/m^2。

例 5.2.3 东汉思想家王充发现，声音在空气中的传播形式是与水波相同的。他在《论衡·变虚篇》中写道：鱼长一尺，动于水中，振旁侧之水，不过数尺，大若不过与人同，所振荡者不过百步，而一里之外澹然澄静，离之远也。今人操行变气远近，宜与鱼等，气应而变，宜与水均。

这段文字的前一句描写了游动的鱼搅起水面浪花及水波传播距离的远近。后一句指出，人的言语行动也使空气发生变化，其变动情况与水波一样。此外，王充在这里还表达了另一种科学思想：声音的强度随传播距离的增大而衰减，鱼激起的水波不过百步，其声音在一里之外消失殆尽；人声和鱼声一样，也是随距离而衰减的。王充是世界上最早向人们展示不可见声波图景的人，也是最早指出声强与传播距离关系的人。

试证明球面波的强度与其与波源的距离成反比，并求球面简谐波的波函数。

解： 假定波源处在均匀、无吸收的介质中，那么，从点波源发出的波将以相同的速度沿各个方向的波线传开去，即波的能量均匀地分布在球面上。现以波源为球心，分别作半径为 r_1 和 r_2 的两个球面，其面积分别为 $S_1 = 4\pi r_1^2$ 和 $S_2 = 4\pi r_2^2$，而两球面上波的振幅分别为 A_1 和 A_2。由于介质不吸收波的能量，因此通过两个球面的平均能量应相等，即

$$\bar{w}_1 u S_1 = \bar{w}_2 u S_2$$

所以有

$$\frac{1}{2}\rho\omega^2 A_1^2 4\pi r_1^2 = \frac{1}{2}\rho\omega^2 A_2^2 4\pi r_2^2$$

故有

$$\frac{A_1}{A_2} = \frac{r_2}{r_1}$$

即球面波的强度与其与波源的距离成反比得证。因此球面简谐波的波函数可写为

$$y = \frac{A_0 r_0}{r}\cos\left[\omega\left(t - \frac{x}{u}\right) + \varphi\right]$$

式中，r 为球面波与波源的距离；A_0 为 $r = r_0$ 处的振幅。

5.3 惠更斯原理和波的衍射

讨论：水面波在传播过程中，遇到一较大障碍物，其中间小孔直径与水面波波长相近，此时穿过小孔后形成的水面波是圆形的，与穿过小孔之前水面波的形状没有任何关系。这说明水面波传播到小孔处，可以看成新的波源，如图 5.3.1 所示。那么产生这种现象的原因是什么呢？

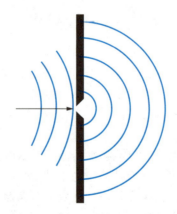

图 5.3.1　水面波遇到障碍物后，障碍物上的小孔形成了新的波源

5.3.1 惠更斯原理

根据大量类似水面波传播的现象，荷兰物理学家惠更斯于 1679 年提出：介质中波动传播到的各点都可以看作发射子波的波源，并且在其后的任意时刻，这些子波的包络就是新的波前。

惠更斯原理适用于任何波动过程（机械波、电磁波或物质波），不论传播波动的介质是均匀的还是非均匀的，是各向同性还是各向异性，若已知某一时刻波前传播到的位置，就可以根据惠更斯原理，利用几何作图的方式确定下一时刻的波前位置，并确定波的传播方向。

以 O 为中心的球面波以波速 u 在介质中传播，在时刻 t 的波前是半径为 R_1 的球面 S_1。根据惠更斯原理，S_1 上的各点都可以看作子波波源。以 $r = u\Delta t$ 为半径画出许多半球形子波，那么这些子波的包络 S_2 即为 $t+\Delta t$ 时刻的新的波前。显然，S_2 是以 O 为中心，以 $R_2 = R_1 + u\Delta t$ 为半径的球面，如图 5.3.2（a）所示。对于平面波，也可以得到其波前，如图 5.3.2（b）所示。

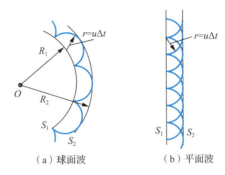

图 5.3.2　用惠更斯原理与几何作图方式求波前

5.3.2　波的衍射

波在传播过程中遇到障碍物时，能够绕过障碍物的边缘，在障碍物的几何阴影区内继续传播，这种现象叫作**波的衍射**。波的衍射也可以用惠更斯原理进行定性解释。如图 5.3.3 所示，平面波在行进中遇到有窄缝的障碍物时，按照惠更斯原理可以把缝上各点看作发射子波的波源，这些子波的包络面就是新的波面。通过作图可知：在缝的中部，新的波面仍保持为平面，波线仍保持原来的方向；但在缝的边缘，波面弯曲使波线偏离原方向进入阴影区域，发生了衍射现象。

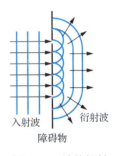

图 5.3.3　波的衍射

衍射现象的显著程度与障碍物的宽度跟波长之间的大小关系有关。障碍物的宽度远大于波长时，衍射现象不明显；障碍物的宽度接近波长时，衍射现象比较明显。障碍物的宽度相对波长越小，衍射现象越明显，甚至会在障碍物后面形成球面波。机械波、电磁波和物质波也会产生衍射现象，衍射现象是波动的重要特征之一。

> **想一想**
>
> 声音在空气中的传播速度约为 340m/s，人与人谈话的频率为 500～2000Hz。那么为什么在室内容易听到室外的谈话声音呢？

5.4　波的叠加原理　波的干涉

讨论：二胡是唐朝由西域胡人传入我国的弦乐器，又称"南胡"，至今已有一千多年的

历史，是我国传统拉弦乐器之一，如图 5.4.1 所示。在对二胡进行调音时，要旋动其上部的旋杆，演奏时手指压触弦的不同部分就能发出各种音调不同的声音。这是什么缘故呢？

5.4.1 波的叠加原理

如图 5.4.2 所示，设有一根紧绷的长绳，左右两边各传播一个波形，观察相遇时和相遇后波形的变化，容易得出如下结论。

1）在波相遇分离后，波动特征（频率、波长、振幅、相位、方向）同单独传播时并无二致。换句话说，各列波跟没有遇到彼此一样。这体现了**波传播的独立性**。例如，管弦乐队合奏时，人们能分辨出各种乐器的声音，这体现的就是波传播的独立性。

图 5.4.1 二胡

2）在波相遇区域内，任何一点的位移为各列波单独在该点产生的位移的矢量和。这称为**波的叠加原理**。该原理在小振幅波动的线性叠加情况（也就是一般遇到的情况）下成立，在非线性介质或波的强度很大时并不成立。

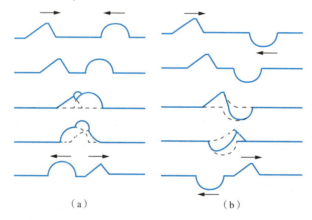

图 5.4.2 同一直线上相反方向传播的两列波的叠加

5.4.2 波的干涉

如果两列或多列波叠加，结果合成波的强度在空间一些地方始终加强，在另一些地方始终减弱，那么这种现场称为**波的干涉**。但不是所有的波都能产生波的干涉，而是对参与叠加的几列波有一定的要求，即它们必须满足频率相同、相位差恒定及振动方向相同。满足这些条件的波称为**相干波**，相应的波源称为相干波源。

波的干涉现象可用水波演示。两个相干波是由固定在同一振动体（如音叉）上的两根探针在上下振动时不断拍打水面而产生的水波。图 5.4.3 所示为水波的干涉现象。

设有两相干波源 S1、S2，它们的简谐振动方程分别为

$$y_1 = A_1\cos(\omega t + \varphi_1)$$
$$y_2 = A_2\cos(\omega t + \varphi_2)$$

式中，ω 为两波源的角频率；A_1 和 A_2 分别是它们的振幅；φ_1 和 φ_2 分别是它们的初相。两波源发出的波在同一介质中

图 5.4.3 水波的干涉现象

传播，波长均等于λ，两列波分别经过r_1和r_2的距离后在P点相遇，振幅分别为A_1和A_2（$A_1 \geq A_2$）。则它们在P点的简谐振动方程为

$$y_1 = A_1 \cos\left(\omega t + \varphi_1 - \frac{2\pi r_1}{\lambda}\right)$$

$$y_2 = A_2 \cos\left(\omega t + \varphi_2 - \frac{2\pi r_2}{\lambda}\right)$$

根据波的叠加原理，P点处合振动的运动方程为

$$y = y_1 + y_2 = A\cos(\omega t + \varphi)$$

式中，A为合振动的振幅；φ为合振动的初相。根据相关的数学计算，可得

$$\tan\varphi = \frac{A_1 \sin\left(\varphi_1 - \dfrac{2\pi r_1}{\lambda}\right) + A_2 \sin\left(\varphi_2 - \dfrac{2\pi r_2}{\lambda}\right)}{A_1 \cos\left(\varphi_1 - \dfrac{2\pi r_1}{\lambda}\right) + A_2 \cos\left(\varphi_2 - \dfrac{2\pi r_2}{\lambda}\right)}$$

$$A = \sqrt{A_1^2 + A_2^2 + 2A_1 A_2 \cos\Delta\varphi}$$

式中

$$\Delta\varphi = \left(\varphi_2 - \frac{2\pi r_2}{\lambda}\right) - \left(\varphi_1 - \frac{2\pi r_1}{\lambda}\right) = \varphi_2 - \varphi_1 - 2\pi\frac{r_2 - r_1}{\lambda}$$

$\varphi_2 - \varphi_1$为两相干波源的初相位差；$2\pi\dfrac{r_2 - r_1}{\lambda}$为由于两列波的传播路程不同而产生的相位差。对于空间给定点P，$r_2 - r_1$是一定的，初相位差也是恒定的，因此两列波在P点的相位差将保持恒定。对于不同的空间点，将有不同的恒定振幅。可见，两列相干波在空间叠加的结果是合振动振幅在空间形成一种稳定的分布：在某些点处，合振幅最大，振动始终加强；而在另外一些点处，合振幅最小，振动始终减弱。

当相位差满足

$$\Delta\varphi = \pm 2k\pi, \quad k = 0, 1, 2, \cdots$$

时，空间各点的合振幅最大，其值为

$$A = A_1 + A_2$$

即相位差为零或2π的整数倍的空间点，振动始终加强，称为干涉相长。

当相位差满足

$$\Delta\varphi = \pm(2k+1)\pi, \quad k = 0, 1, 2, \cdots$$

时，空间各点的合振幅最小，其值为

$$A = A_1 - A_2$$

即相位差为π的奇数倍的空间点，振动始终减弱，称为干涉相消。

5.4.3 驻波

驻波也属于干涉现象，是一种由振幅、频率、传播速度都相同的两列相干波在同一直线上沿相反方向传播时叠加形成的特殊波动。图5.4.4所示为弦线驻波实验示意图。弦线一端系在音叉上，另一端系着砝码使弦线拉紧。当音叉振动时，音叉带动A端振动所引起的波向右传播到B端，使B端产生的反射波沿弦线向左传播。调节劈尖至适当的位置，可以

看到 A、B 间形成了一段或几段稳定振动的部分。不同于绳波，驻波没有波形的传播。弦线上每个位置的质点都在做简谐振动，振幅随位置变化而不随时间变化。有振幅为零的位置（波节），也有振幅最大的位置（波腹）。

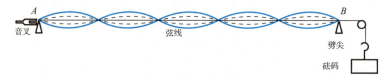

图 5.4.4　弦线驻波实验示意图

取波向右传播为 x 坐标轴正方向，A 端向右传播的入射波的简谐波动方程为

$$y_1 = A\cos\left(\omega t + \varphi_1 - \frac{2\pi x}{\lambda}\right)$$

B 端向左传播的反射波的简谐波动方程为

$$y_2 = A\cos\left(\omega t + \varphi_2 + \frac{2\pi x}{\lambda}\right)$$

利用三角函数公式 $\cos a \cos b = \frac{1}{2}[\cos(a+b)+\cos(a-b)]$，合成波形为

$$y = y_1 + y_2 = A\cos\left(\omega t + \varphi_1 - \frac{2\pi x}{\lambda}\right) + A\cos\left(\omega t + \varphi_2 + \frac{2\pi x}{\lambda}\right)$$

$$= 2A\cos\frac{\left(\omega t + \varphi_1 - \frac{2\pi x}{\lambda}\right) - \left(\omega t + \varphi_2 + \frac{2\pi x}{\lambda}\right)}{2} \cos\frac{\left(\omega t + \varphi_1 - \frac{2\pi x}{\lambda}\right) + \left(\omega t + \varphi_2 + \frac{2\pi x}{\lambda}\right)}{2}$$

$$= 2A\cos\left(\frac{\varphi_1 - \varphi_2}{2} - \frac{2\pi x}{\lambda}\right) \cos\left(\omega t + \frac{\varphi_1 + \varphi_2}{2}\right)$$

上式即为驻波表达式，其中 $\cos\left(\omega t + \frac{\varphi_1 + \varphi_2}{2}\right)$ 表示简谐振动，$\left|2A\cos\left(\frac{\varphi_1 - \varphi_2}{2} - \frac{2\pi x}{\lambda}\right)\right|$ 是此简谐振动的振幅，它只与 x 有关。

（1）满足 $\cos\left(\frac{\varphi_1 - \varphi_2}{2} - \frac{2\pi x}{\lambda}\right) = 0$ 的点，振幅都为 0，这些点始终静止不动，叫作波节。此时有

$$\frac{\varphi_1 - \varphi_2}{2} - \frac{2\pi x}{\lambda} = \pm(2k+1)\frac{\pi}{2}, \quad k = 0,1,2,\cdots$$

波节的位置为

$$x = \frac{\lambda}{4\pi}(\varphi_1 - \varphi_2) \pm \frac{\lambda}{4}(2k+1), \quad k = 0,1,2,\cdots$$

相邻两波节之间的距离为

$$x_{n+1} - x_n = \left\{\frac{\lambda}{4\pi}(\varphi_1 - \varphi_2) + \frac{\lambda}{4}[2(n+1)+1]\right\} - \left[\frac{\lambda}{4\pi}(\varphi_1 - \varphi_2) + \frac{\lambda}{4}(2n+1)\right] = \frac{\lambda}{2}$$

即相邻两波节之间的距离为半个波长。

（2）满足 $\left|\cos\left(\dfrac{\varphi_1-\varphi_2}{2}-\dfrac{2\pi x}{\lambda}\right)\right|=1$ 的点，振幅最大为 $2A$，叫作波腹。此时有

$$\dfrac{\varphi_1-\varphi_2}{2}-\dfrac{2\pi x}{\lambda}=\pm k\pi,\quad k=0,1,2,\cdots$$

波腹的位置为

$$x=\dfrac{\lambda}{4\pi}(\varphi_1-\varphi_2)\pm\dfrac{k\lambda}{2},\quad k=0,1,2,\cdots$$

相邻两波腹之间的距离为

$$x_{n+1}-x_n=\left[\dfrac{\lambda}{4\pi}(\varphi_1-\varphi_2)+\dfrac{(n+1)\lambda}{2}\right]-\left[\dfrac{\lambda}{4\pi}(\varphi_1-\varphi_2)+\dfrac{n\lambda}{2}\right]=\dfrac{\lambda}{2}$$

即相邻两波腹之间的距离也为半个波长。

位于波节和波腹之间的点，其振幅在 0 与 $2A$ 之间。因此，只要测出相邻波节之间或相邻波腹之间的距离，就可以确定波动在弦线上的波长。

由于简谐振动的振幅均为大于 0 的数值。因此，驻波中各点的相位与 $\cos\left(\dfrac{\varphi_1-\varphi_2}{2}-\dfrac{2\pi x}{\lambda}\right)$ 的正负相关。$\cos\left(\dfrac{\varphi_1-\varphi_2}{2}-\dfrac{2\pi x}{\lambda}\right)>0$ 的点，$y=2A\cos\left(\dfrac{\varphi_1-\varphi_2}{2}-\dfrac{2\pi x}{\lambda}\right)\cos\left(\omega t+\dfrac{\varphi_1+\varphi_2}{2}\right)$，振动相位为 $\left(\omega t+\dfrac{\varphi_1+\varphi_2}{2}\right)$；$\cos\left(\dfrac{\varphi_1-\varphi_2}{2}-\dfrac{2\pi x}{\lambda}\right)<0$ 的点，$y=-2A\left|\cos\left(\dfrac{\varphi_1-\varphi_2}{2}-\dfrac{2\pi x}{\lambda}\right)\right|\cos\left(\omega t+\dfrac{\varphi_1+\varphi_2}{2}\right)=2A\left|\cos\left(\dfrac{\varphi_1-\varphi_2}{2}-\dfrac{2\pi x}{\lambda}\right)\right|\cos\left(\omega t+\dfrac{\varphi_1+\varphi_2}{2}+\pi\right)$，振动相位为 $\left(\omega t+\dfrac{\varphi_1+\varphi_2}{2}+\pi\right)$。根据余弦函数的性质，驻波波节段（相邻波节之间的分段）的所有点的振动相位相同，相邻驻波波节段的振动相位相反。由此可见，驻波作分段振动，每个驻波波节段作为一个整体同步振动，相邻驻波波节段的振动方向相反，在每一时刻，驻波都有一定的波形，但既不发生左移，也不发生右移，各点以确定的振幅（与坐标相关）在各自的平衡位置附近振动。这也是驻波之所以称为驻波的原因。驻波的形成如图 5.4.5 所示。

对于弦线上的驻波，当所有质点偏离各自的平衡位置到最大位移处时，振动速度都为 0，同时所有质点的动能都为 0。此时，弦线每个点处均出现了不同程度的形变，越靠近波节处的形变越大，对应弹性势能越大。弦线上弹性势能主要集中在波节附近。当弦线上所有质点回到平衡位置时，弦线的形变消失（相对于弦线没有驻波的情况下），势能为 0，但此时各质点的振动速度都达到了各自的最大值（波节处除外），处于波腹处质点的速度最大。弦线上振动动能主要集中在波腹附近。在其他时刻，弹性势能和振动动能同时存在。

在弦线上形成驻波时，弹性势能和振动动能不断相互转化，在波节和波腹之间来回传递，形成能量的交替。驻波的能量并没有出现定向的传播，也就是驻波不是能量的一种传递方式，这是驻波与行波的又一重要的区别。

需要特别注意的是，驻波达到最大振动状态时，波腹处有弹性形变，存在弹性势能；驻波波节处振幅始终为 0，不存在振动动能。

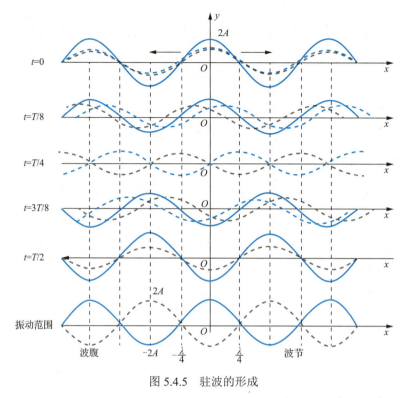

图 5.4.5　驻波的形成

5.5　多普勒效应

讨论：如图 5.5.1 所示，救护车迎面疾驰而来时，人们听到救护车的汽笛音调很尖锐；救护车驶向远处时，人们听到救护车的汽笛音调拉长。事实上，救护车上的汽笛发声音调是恒定的。那么人们为什么会有这种感觉呢？

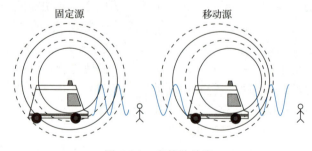

图 5.5.1　多普勒效应

5.5.1　波源静止，观测者运动

人们感觉驶近和驶离自己的救护车上的汽笛音调不一样，实际上就是多普勒效应的一

个典型案例。这个现象最早是由奥地利物理学家多普勒于 1842 年发现的。产生多普勒效应的条件是，波源或观测者或两者都相对于介质运动。当此条件满足时，观测者接收到的频率与波源振动的频率便会产生不一致现象。

设观测者相对于介质以速率 v_R 向着 S 处的波源运动，如图 5.5.2 所示。在这种情形下，观测者在单位时间内接收到的完整波的数目比他静止时接收到的要多。这是因为在单位时间内原来位于观测者处的波阵面向右传播了 u 的距离，同时观测者自己也向左运动了 v_R 的距离，这就相当于波通过观测者的距离为 v_R+u。因此，观测者在单位时间内接收到的完整波的数目等于分布在 $u+v_R$ 距离内的完整波的数目，即

$$\nu_R = \frac{u+v_R}{\lambda}$$

式中，λ 为波的波长。由于波源静止，波的频率就是波源的频率 ν_S，因此有

$$\lambda = \frac{u}{\nu_S}$$

联立以上两式可得

$$\nu_R = \frac{u+v_R}{u}\nu_S \tag{5.5.1}$$

式（5.5.1）表明，当观测者向静止波源运动时，观测者接收到波的频率是波源频率的 $\left(\dfrac{u+v_R}{u}\right)$ 倍，也就是接收到波的频率高于波源的频率。

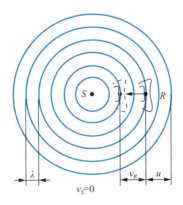

图 5.5.2　波源静止而观察者运动情况下的多普勒效应

当观测者远离波源运动时，容易得出观测者接收到波的频率为

$$\nu_R = \frac{u-v_R}{u}\nu_S \tag{5.5.2}$$

观测者接收到波的频率是波源的 $\left(\dfrac{u-v_R}{u}\right)$ 倍，也就是说，接收到波的频率低于波源的频率。

5.5.2　观测者静止，波源运动

波源振动引起弹性介质中的波动，波长是介质中相位差为 2π 的两个振动状态之间的距离，是波源在相位差为 2π 的两个振动状态下发出的。由于波源是运动的，因此它在发出这

两个振动状态时处于不同的位置。如图 5.5.3 所示，设波源以速度 v_S 向着观测者运动，波源在 S_1 处发出一个振动状态，经过一个周期 T 传播到 A 处，S_1 处与 A 之间的距离即为 λ（波源静止时，介质中的波长）。此时，波源运动到 S_2 处（移动距离 $v_S T$），发出相位差为 2π 的下一个振动状态，S_2 处与 A 之间的距离成为此时介质中的波长 λ_b，可表示为

$$\lambda_b = \lambda - v_S T = uT - v_S T = (u - v_S)T = \frac{u - v_S}{v_S}$$

此时波的频率为

$$\nu_b = \frac{u}{\lambda_b} = \frac{u}{u - v_S} v_S$$

因为观测者静止，所以观测者接收到波的频率就是波的频率，可得

$$\nu_R = \frac{u}{u - v_S} v_S \tag{5.5.3}$$

式（5.5.3）表明，当波源向静止的观测者运动时，观测者接收到波的频率高于波源的频率。

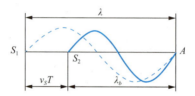

图 5.5.3 波源运动的前方波长变短

如果波源远离观测者运动，那么可求得观测者接收到的频率为

$$\nu_R = \frac{u}{u + v_S} v_S \tag{5.5.4}$$

式（5.5.4）表明，当波源远离静止的观测者运动时，观测者接收到波的频率低于波源的频率。

5.5.3 波源和观测者同时相对于介质运动

综合以上两种情况可得，当波源与观测者同时相对于介质运动时，观测者接收到的频率为

$$\nu_R = \frac{u \pm v_R}{u \mp v_S} v_S \tag{5.5.5}$$

观测者向波源运动时，v_R 前取正号，远离时取负号；波源向观测者运动时，v_S 前取负号，远离时取正号。

需要指出的是，波源和观测者运动方向和二者之间连线有夹角时，可以将运动速度作平行和垂直波源和观测者连线的分解。仅平行于波源和观测者连线的速度分量产生多普勒效应，垂直波源和观测者连线的分量不产生多普勒效应。

多普勒效应适用于所有类型的波，包括电磁波。美国科学家爱德文·哈勃使用多普勒效应得出宇宙正在膨胀的结论。他通过观察和研究发现，远离银河系的天体发射的光线频率变低，即移向光谱的红端（称为红移），天体离开银河系的速度越快，红移越大，这说明

这些天体在远离银河系。

例 5.5.1 站在铁路附近的观察者,听到迎面驶来的火车上笛声的频率为 440Hz,当火车驶过后,笛声频率降为 390Hz,设声音的传播速度为 330m/s,求火车的行驶速度。

解: 设笛声的固有频率为 ν_s,ν'_R 和 ν''_R 分别为观察者测得火车迎面驶来和驶过后的频率,u 为声速,v_s 为火车的运动速度。

当火车驶近静止的观察者时,观察者听到的笛声频率为

$$\nu'_R = \frac{u}{u-v_s}\nu_s$$

当火车远离静止的观察者时,观察者听到的笛声频率为

$$\nu''_R = \frac{u}{u+v_s}\nu_s$$

联立以上两式可得火车的行驶速度为

$$v_s = \frac{\nu'_R - \nu''_R}{\nu'_R + \nu''_R}u = \frac{440-390}{440+390}\times 330 \approx 19.9(\text{m/s})$$

5.5.4 冲击波

如果波源向观察者运动的速度大于波速,那么前面讨论得出的公式将失去意义。在这种情况下,波的传播不会超过运动物体本身,即波源的前方不可能有任何波动产生,所有的波前将被挤压而聚集在一个圆锥面上,这个圆锥面称为马赫锥,由于波的能量高度集中,因此容易造成巨大的破坏。这种波称为**冲击波**或**激波**。例如,超声速飞机发出的震耳欲聋的声波就是冲击波,与普通飞机不同,人在地面上看到它当空掠过后片刻,才能听得见它发出的声音,如图 5.5.4 所示。

图 5.5.4 超声速飞机发出的冲击波

思考与探究

5.1 回答以下问题:
(1) 机械波形成的条件是什么?

（2）机械波分横波和纵波，两者之间的区别是什么？

（3）机械波在弹性介质传播时，波速取决于什么？波的频率取决于什么？

（4）沿正方向和负方向传播的平面简谐波函数一般表达式是什么？

（5）行波和驻波的区别是什么？

（6）小明在教室和操场用同一扬声器播放同一段音乐，保持扬声器音量大小不变。那么在哪种环境下，听者耳朵接收到的声音更响亮？原因是什么？

（7）驻波产生的条件是什么？（请画出一张驻波图样，并解释图样上面的两个特殊位置。）

（8）什么是多普勒效应？

5.2 做简谐振动的波源突然停止振动后，波动如何传播？

5.3 在标准大气压下，声速为340m/s。现有一声源，发声频率为340Hz，其声波波长是多少？在密闭的环境中，使用真空泵抽取一部分空气，声波的波长有何变化？继续使用真空泵抽取空气，直至将气体抽空，此时声波的波长是多少？

5.4 鱼洗是我国古代的一种盥洗用具，用金属材料制成，形状类似现在的脸盆，如下图所示。盆底装饰有鱼纹的，称为鱼洗；盆底装饰两龙纹的，称为龙洗。这种器物在先秦时期已被普遍使用，而能喷水的铜质鱼洗大约出现在唐代。若要观察鱼洗喷水现象，则要先在盆内注入一定量清水，然后用潮湿双手来回摩擦铜耳，可观察到伴随着鱼洗发出的嗡鸣声，犹如喷泉般的水珠从四条鱼嘴中喷射而出，溅出的水珠高度可达几十厘米。请问，鱼洗中的水珠能溅出来的原因是什么？

题 5.4 图

5.5 水面舰艇乘风破浪时，船身后的水样如何分布？

单元 6 真空中的静电场

▌单元导读

N95 口罩是一种防护性较强的防护用具，N95 中的 N 表示不耐油，95 表示暴露在规定数量的专用试验粒子下，口罩内的粒子浓度要比口罩外粒子浓度至少低 95%。N95 口罩发挥功效主要依靠的是过滤层，该层一般为布满约 10μm 网状纤维孔洞的熔喷布，但是 N95 口罩却能够防护 0.3μm 的颗粒，这是为什么呢？

▌能力目标

1. 会用库仑定律计算点电荷间的静电场力。
2. 掌握电场强度和电势的概念，以及利用电场强度和电势的叠加原理进行相关计算的方法。
3. 掌握利用高斯定理求解带电系统电场强度的方法。
4. 理解电场力的功和电势能的概念，掌握电场强度和电势的微分关系。

▌思政目标

1. 培养追求真理、锲而不舍、寻根究底的物理精神。
2. 提升实验能力、动手能力，坚持理论与实践有机结合。

大学物理

6.1 静电力

讨论：生活中有很多有趣的"电"的现象。例如，在冬天，有时用手去抓金属门把时，会出现"啪"的一声，并使手有局部触电的感觉；晚上脱衣服时，会出现噼里啪啦的电火花，这些都是摩擦起电现象。那么摩擦起电现象是如何产生的呢？

6.1.1 摩擦起电

琥珀和玳瑁是人类最早发现具有摩擦起电性质的两种物体。琥珀是一种透明的树脂化石。玳瑁是类似龟的海生爬行动物，其甲壳也叫玳瑁。我国东汉时期的唯物主义哲学家王充在其所著书籍《论衡》中就有关于电的描述：顿牟掇芥，磁石引针，皆以其真是，不假他类。顿牟就是琥珀或玳瑁，这些物体经摩擦后，便能吸引草芥一类的轻小物体。我国南北朝时期的医药学家陶弘景则进一步发现，用布摩擦琥珀较用手摩擦琥珀能提高"琥珀拾芥"的能力。这是人类早先对电的感性认识。

除了琥珀和玳瑁，我国古代人民还发现了毛皮、丝绸等物质的静电现象。我国西晋文学家张华在其编纂的《博物志》中记述了两种静电现象。一种是黑夜用梳子梳理头发，发现梳齿尖端的放电亮光，并听到微弱的放电爆声。另一种是黑夜猛地解脱衣服（毛皮或丝绸质料），也能看到闪光和听见声音。我国明朝时期的改革家张居正在其所著某书中记载：凡貂裘及绮丽之服皆有光。余每于冬月盛寒时，衣上常有火光，振之迸炸有声，如花火之状。

公元1600年，英国伊丽莎白女王的御用医生吉尔伯特发现，用摩擦的方法不但可以使琥珀具有吸引轻小物体的性质，而且还可以使玻璃棒、玛瑙、瓷等物体也具有吸引轻小物体的性质。他把这种吸引力称为"电力"。吉尔伯特同时也是一位科学爱好者，他用观察与实验的方法研究了电与磁的现象，并最先使用了"电力""电吸引"等专用术语。对于电的本质，吉尔伯特也予以解释，他认为存在一种"电液体"，带电体吸引其他物体时，"电液"就从带电体流向被吸引的物体。吉尔伯特提出的关于电的概念，说明电是物质，这有特殊的意义，因此许多人称他是电学研究之父。

1663年，德国物理学家、工程师格里凯把硫磺球装在木架上，用手摇木轮带动它转动，摩擦硫磺球就能连续生电，甚至能发出惊人的电火花，这就是世界上最早的摩擦起电机。

1729年，英国的斯蒂芬·格雷研究琥珀的电效应是否可传递给其他物体时，发现导体和绝缘体的区别：金属可导电，丝绸不导电。格雷还做过一个有趣的实验：把一个小孩用几根粗丝绳水平吊起来，用摩擦过的带电玻璃管接触小孩的胳膊，小孩的手和身体便能吸引羽毛和铜屑。这表明，人也是导体。

格雷的实验引起了法国物理学家杜菲的注意。他做了许多实验，并在巴黎的一家学报上发表了实验结果，他写道"……因此，由总的性质不同这一点可以认为存在着两种电性物质，一种诸如玻璃、晶体等透明固体；另一种诸如琥珀、树脂等物质。……互相推斥的物体具有相同的电性，互相吸引的物体具有不同的电性。不带电的物体可以从另一种带电物体获得电，两者所带的电是相同的……"杜菲意识到不同材料经摩擦后产生的电不同，电有两种，并且同性电相斥，异性电相吸。他还把电想象为二元流体，当它们结合在一起时，彼此中和。在不断实验过程中，杜菲改进了吉尔伯特的验电器，用金箔代替金属细棒，使验电器更加灵敏。

1746年，荷兰莱顿大学的教授马森布罗克在做电学实验时，无意中把一个带了静电的钉子掉进了玻璃瓶。过了很久后，这位科学家终于想起了这颗钉子，于是打算把它取出来。可当他碰到瓶中的钉子时，突然感受到了电击。百思不得其解的马森布罗克把带电的钉子一次又一次地丢入瓶中，一次又一次地"享受"触电的感觉，在经历了许多次触电后，他最终得出结论：**把带电的物体放在玻璃瓶子里，电就不会跑掉，这样就可以把电储存起来了！** 基于这个结论，他发明了莱顿瓶电池（简称莱顿瓶），如图6.1.1所示。

图 6.1.1　莱顿瓶电池

莱顿瓶的发明很快在欧洲引起了强烈反响，物理学家们利用它做了大量的实验和示范表演，有时甚至把它当成一种娱乐游戏。有人用莱顿瓶火花放电杀老鼠，也有人用它来点燃酒精和火药。其中规模最大的一次是法国人诺莱特在巴黎一座大教堂前的表演。诺莱特邀请了法国国王路易十五的皇室成员临场观看莱顿瓶表演，他找来了700个修道士，让他们手拉手排成一行，壮观的队伍全长达275m。然后诺莱特让排头的修道士用手拿住莱顿瓶，让排尾的修道士用手握住莱顿瓶的引线，接着让莱顿瓶起电，起电的一瞬间，700个修道士因受电击几乎同时跳了起来，在场的人无不为之感到惊奇。

美国科学家本杰明·富兰克林也对电进行过深入的探究。他让A、B两人分别站在木箱上，用莱顿瓶分别使他们带上玻璃电和松香电，又让A、B向站在地上的第三个人C放电，结果都有火花闪现。但是如果A、B带电后先互相握手，再向C放电，结果都没有火花闪现。富兰克林由此发现玻璃电和松香电可以互相抵消，于是总结出电荷有两类，他把玻璃电叫作正电，把松香电叫作负电，分别用"+""-"符号来表示。富兰克林同时提出电的单流体学说，他认为：每个物体都有一定量的电，电只有一种。摩擦不能创造出电，只是使电从一个物体转移到另一个物体上，它们的总电量不变。物体上带过量电的称为带正电，不足的称为带负电。由于这些概念的引入，电成了可以定量的物理量。

6.1.2　电荷

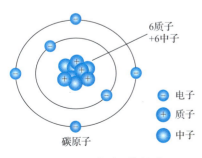

图 6.1.2　碳原子的组成

为什么电荷只有两种呢？自然界中实物形成的物质都是由原子组成的，原子由带正电的核和带负电的核外电子组成，而原子核又是由质子和中子组成的。原子中质子带正电，电子带负电，中子不带电，质子和电子所带电量的绝对值相等。物体的带电过程实际上是正负电荷的分离过程。碳原子的组成如图6.1.2所示。

大量实验证明：一个孤立系统的总电荷数保持不变，

电荷既不能被创造，也不能被消灭，它只能从一个物体转移到另一个物体，或者从物体的一部分转移到物体的另一部分。这个定律称为**电荷守恒定律**，它是自然界的基本守恒定律之一。

负电子和正电子对撞会发生湮没，产生光子，方程为

$$e^+ + e^- \longrightarrow 2\gamma$$

核聚变方程为

$$_1^2H + _1^3H \longrightarrow _2^4He + _0^1n$$

既然总电荷数不变，那有没有元电荷呢？还是电荷数可以是连续的？

1909 年，美国实验物理学家罗伯特·安德鲁·密立根创造出测量电子电荷的平衡油滴法。他将两块金属板以水平方式平行排列，作为两极，两极之间可产生相当大的电位差，以形成一个均匀电场；金属板上有四个小孔，其中三个用来将光线射入装置中，另外一个则设有一部显微镜，用来观测实验，如图 6.1.3 所示。喷入平板中的油滴受到重力和电场力两个力的作用，可通过控制电场使油滴悬浮于两片金属电极之间。因此，可以根据已知的电场强度，计算出整颗油滴的总电荷量。重复对许多油滴进行实验之后，密立根发现所有油滴的总电荷值皆为同一数字的倍数，因此认定此数值为单一电子的电荷。1910 年，他第三次对实验装置做了改进，使油滴可以在电场力与重力平衡时上下运动，并且在受到照射时还可看到因电量改变而致的油滴突然变化，从而求出电荷量改变的差值。1913 年，他得到了电子电荷的数值，从实验上验证了元电荷的存在。

图 6.1.3 密立根的平衡油滴法实验装置示意图

在自然界中，任何可观测到的电荷 q，总是以一个基本的电荷单元 e 的整数倍存在的，即 $q = ne(n = 0, \pm1, \pm2, \cdots)$，这个基本电荷单元称为**电荷量子**。根据 1986 年实验公布的数据，$e = 1.60217733 \times 10^{-19}$ C，它是一个自然界的普适常数。电荷只能取一份一份不连续的量值的性质称为**电荷量子化**。

一个质子所带电量同一个电子的带电量相同，那么质子又是由什么构成的呢？1964 年，美国物理学家默里·盖尔曼和乔治·茨威格各自独立提出了强子的夸克模型，在这一模型中，中子、质子这类强子是由更基本的单元——夸克组成的。夸克具有分数电荷，是基本电量的 $+\dfrac{2}{3}$ 或 $-\dfrac{1}{3}$。夸克不能够直接被观测到，或是被分离出来，只能够在强子里面被找到。

1967—1973年，美国麻省理工学院的杰罗姆·弗里德曼、亨利·肯德尔和斯坦福直线加速器中心的理查德·泰勒，利用当时最先进的电子直线加速器进行了电子对质子和中子的深度非弹性散射实验，发现核子中存在夸克，荣获了1990年诺贝尔物理学奖。

值得注意的是，即使夸克带分数电荷，电荷仍取不连续值，也不会改变电荷的量子性，只是使最小的一份电量变得更小而已。电荷的量子化只在微观领域才需考虑，在宏观领域由于涉及无数基本电荷，增加或减少几个基本电荷单元无足轻重，因此一般可将带电体上的电荷分布和电荷变化看作连续的。

实验证明，一个电荷的电量与其运动状态无关，在不同参照系中对电荷进行测量，测得的量值都相同。

6.1.3 库仑定律

电荷有正电荷和负电荷两种，而且带电体之间的相互作用力具有同号电荷相斥、异号电荷相吸的性质。那么带电体之间的相互作用力大小能否定量得到呢？

一般来说，带电体之间的相互作用力与许多因素有关，它不仅取决于电荷的正负、电量的多少，而且还与带电体的大小和形状，以及周围介质的性质有关，情况比较复杂。为了使问题简化，先讨论点电荷在真空中的相互作用。**点电荷**指带电体的线度与它到其他带电体之间的距离相比很小，以致该带电体本身的形状和大小可以忽略不计。带电体之间的相互作用力的定量计算要归功于法国的工程师、物理学家查理·奥古斯丁·库仑。

1777年，法国科学院悬赏征求改良航海指南针中的磁针的方法。库仑认为，磁针支架在轴上，必然会带来摩擦，要改良磁针，必须从这根本问题着手。他提出用细头发丝或丝线悬挂磁针。他发现线扭转时的扭力和针转过的角度成比例，从而可利用这种装置计算出静电力或磁力的大小。于是他设计了扭秤装置，该装置由一根悬挂在细长线上的轻棒和在轻棒两端附着的两只平衡球构成，如图6.1.4所示。当球上没有力作用时，棒处于平衡位置。如果两球中有一个带电，同时把另一个带同种电荷的小球放在它附近，则会有电力作用在这个球上，使棒绕着悬挂点转动，直到悬线的扭力与电力达到平衡时为止。因为悬线很细，很小的力作用在球上就能使棒显著地偏离其原来的位置，转动的角度与力的大小成正比。经过仔细实验，反复测量，对实验结果进行分析，根据误差产生的原因对误差进行反复修正，1785年，库仑用自己发明的扭秤装置建立了电学发展史上的第一个定量规律——库仑定律，即**两电荷间的力与两电荷的乘积成正比，与两者的距离的二次方成反比**。库仑定律使电学的研究从定性阶段进入定量阶段，在电学史上具有里程碑式的意义。

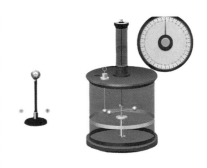

图6.1.4 库仑扭秤装置

库仑定律的数学表达式为

$$F = k\frac{q_1 q_2}{r^2} \tag{6.1.1}$$

式中，q_1与q_2为两个静止的点电荷的带电量；r为两个静止的点电荷之间的距离；k为比例系数，由实验测定，并与所采用的单位制有关。在真空中，采用国际单位制时，比例系数k为

$$k \approx 8.99 \times 10^9 \, \text{N} \cdot \text{m}^2/\text{C}^2$$

作用力 F 的方向沿着两点电荷的连线，同性电荷相斥，异性电荷相吸。

为简化电学基本定律的表达式，进一步取 $k = \dfrac{1}{4\pi\varepsilon_0}$，$\varepsilon_0$ 称为真空中的介电常数。

$$\varepsilon_0 = \frac{1}{4\pi k} \approx 8.85 \times 10^{-13} \, \text{C}^2/(\text{N} \cdot \text{m}^2)$$

在国际单位制中，库仑定律又可表示为

$$F = \frac{1}{4\pi\varepsilon_0} \frac{q_1 q_2}{r^2} \tag{6.1.2}$$

库仑定律有一定的适用范围。近代的有关实验指出，在大到几千米，小到 10^{-15} m 的巨大范围内，库仑定律都准确无误，为电磁学的基本定律之一。

当空间存在几个静止点电荷时，作用在任一点电荷 q_1 上的静电力，应等于各点电荷单独存在时作用于该电荷的静电力的矢量和，即

$$\boldsymbol{F}_1 = \boldsymbol{F}_{12} + \boldsymbol{F}_{13} + \cdots + \boldsymbol{F}_{1n} = \sum_{i=2}^{n} \boldsymbol{F}_{1i} \tag{6.1.3}$$

库仑定律只适用于点电荷，如果这个条件不满足，那么必须把带电体看成许多点电荷的集合，先分别计算每一对点电荷之间的相互作用力，再按叠加原理求静电力的矢量和。

例 6.1.1 在氢原子中，核外电子快速地运动着，并以一定概率出现在原子核周围各处，在基态下，电子在以质子为中心、半径 $r = 5.3 \times 10^{-11}$ m 的球面附近出现的概率最大。试计算，在基态下，氢原子内电子和质子之间的静电力和万有引力，并比较这两种力的大小，引力常量为 $G = 6.67 \times 10^{-11} \, \text{N} \cdot \text{m}^2 \cdot \text{kg}^{-2}$。

解：根据库仑定律，电子和质子之间的静电力为

$$F_e = \frac{1}{4\pi\varepsilon_0} \frac{e^2}{r^2} = 9.0 \times 10^9 \times \frac{(1.6 \times 10^{-19})^2}{(5.3 \times 10^{-11})^2} \approx 8.2 \times 10^{-8} \, (\text{N})$$

二者之间的万有引力为

$$F_g = G \frac{m_e m_p}{r^2} = 6.67 \times 10^{-11} \times \frac{9.1 \times 10^{-31} \times 1.67 \times 10^{-27}}{(5.3 \times 10^{-11})^2} \approx 3.6 \times 10^{-47} \, (\text{N})$$

$$\frac{F_e}{F_g} \approx 2.3 \times 10^{39}$$

可见，在微观领域，万有引力比库仑力小得多，可忽略不计。

6.2 静电场 电场强度

讨论：由库仑定律可知，两个点电荷在真空中相隔一段距离将有相互作用力，它们是通过什么途径相互作用的呢？

6.2.1 静电场

历史上关于真空中两个点电荷相互作用的途径曾有两种不同的观点：一种观点认为，静电力与万有引力都是**超距作用**，一个点电荷对另一个点电荷的作用无须借助任何中间物质，也不需要传递时间，能超越空间直接、瞬时地进行；另一种观点认为，点电荷间的相互作用是**近距作用**，需要通过某种中间物作为媒介，以有限的速度由近及远地进行传递，这种观点也称场论观点。持场论观点的典型代表人物是法拉第，他于 1837 年引入了电场的概念，设想点电荷周围存在一种特殊的物质，这种物质称为电场。

尽管法拉第提出了电场的概念，但在研究两个静止电荷间的相互作用力时，仍旧无法区分静电力是超距作用还是近距作用。

实验表明，在某一电荷发生运动的情况下，另一静止电荷受到的作用力有相应的变化，以及在时间上有滞后效应，并且人们证明了电场传递的速度就是光速。这也说明了法拉第所提电场的概念是正确的。

按照场论的观点，无论电荷运动与否，其周围都存在电场，即任何电荷都在其周围空间激发电场，此电荷称为场源电荷。当电荷相对于观察者静止时，其周围的电场称为**静电场**。静电场对处于场中的电荷有力的作用，此力称为静电场力或静电力。两个静止电荷间的相互作用是通过各自激发的静电场对另一电荷施加静电力来实现的。

6.2.2 电场强度

电场的属性是什么？如何衡量？为了回答这两个问题，可在电场中引入一个电量为 q_0 的电荷作为实验电荷，探测它在场中各点所受的静电力。因为实验电荷本身所带的电量足够小，不致影响待探测电场的分布，实验电荷 q_0 的几何线度也非常小，所以可视为点电荷。

实验发现，在电场中的不同位置，实验电荷所受静电力的大小和方向一般并不相同，如图 6.2.1 所示。实验电荷所受的静电力不仅与实验电荷所处的电场本身的性质有关，还与实验电荷所带电量的大小和正负有关。然而，对电场中任一确定点来说，实验电荷所受到的作用力 F 与实验电荷的带电量 q_0 的比值 $\dfrac{F}{q_0}$ 是一个确定的恒矢量，它与实验电荷的大小、正负无关，只与该点位置有关。

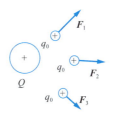

图 6.2.1 实验电荷在电场中的受力情况

显然，这个恒矢量可以反映给定电场中各确定点电场本身的性质，因此可以用来定量描述电场。通常把这个恒矢量定义为电场中各确定点的**电场强度**，简称**场强**，并用 E 表示，即

$$E = \frac{F}{q_0} \tag{6.2.1}$$

式（6.2.1）表明，**电场中某点场强的大小等于单位正电荷在该点所受电场力的大小，其方向为正电荷所受电场力的方向**。场强单位为牛/库（N/C）或伏/米（V/m）。

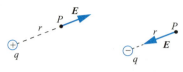

图 6.2.2 点电荷的场强

若场源是点电荷 q，为了研究它的场强，设想将实验电荷 q_0 引入场内 P 点，该点与场源的距离为 r，如图 6.2.2 所示。根据库仑定律，场源电荷作用于实验电荷的力及场强分别为

$$F = \frac{1}{4\pi\varepsilon_0}\frac{qq_0}{r^2}$$

$$E = \frac{1}{4\pi\varepsilon_0}\frac{q}{r^2} \tag{6.2.2}$$

式（6.2.2）表明，点电荷周围的电场是不均匀的，但具有球对称性，在以 q 为中心的球面上场强的大小相等，方向为沿矢径方向（$q>0$），或反方向（$q<0$）。

若场源由 n 个点电荷 q_1、q_2、$\cdots$、q_n 组成，同样设想引入实验电荷 q_0，以 $\boldsymbol{F}_1$、$\boldsymbol{F}_2$、$\cdots$、$\boldsymbol{F}_n$ 分别表示各点电荷单独存在时对 q_0 的作用力，则按电力叠加原理，实验电荷受到的合力及合场强分别为

$$\boldsymbol{F} = \boldsymbol{F}_1 + \boldsymbol{F}_2 + \cdots + \boldsymbol{F}_n$$

$$\boldsymbol{E} = \boldsymbol{E}_1 + \boldsymbol{E}_2 + \cdots + \boldsymbol{E}_n = \sum_{i=1}^{n}\boldsymbol{E}_i \tag{6.2.3}$$

式（6.2.3）表明，点电荷所产生的电场在某点的场强等于各点电荷单独存在时所产生的电场在该点的场强的矢量和。这个结论称为电场强度的叠加原理，简称**场强叠加原理**。

若场源电荷不能当作点电荷处理，则必须考虑其形状和大小，并将带电体上的电荷看作连续分布的。设想将带电体分割成许多微小的电荷元 $\mathrm{d}q$，则每一电荷元都可看作点电荷，于是任一电荷元在给定点所产生的场强为

$$\mathrm{d}E = \frac{1}{4\pi\varepsilon_0}\frac{\mathrm{d}q}{r^2}$$

$$E = \int\mathrm{d}E = \frac{1}{4\pi\varepsilon_0}\int\frac{\mathrm{d}q}{r^2} \tag{6.2.4}$$

例 6.2.1 如图 6.2.3 所示，一对等量异号点电荷 $+q$ 和 $-q$ 相距为 l，若从观察点 P 到两电荷连线的距离 $x \gg l$，则这一对点电荷称为电偶极子，定义电偶极矩 $p = ql$，方向由负电荷指向正电荷，求电偶极子中垂线上一点 P 的场强。

解： 设 P 点到电偶极子轴线的垂直距离为 x，则正负电荷在 P 点产生的场强大小为

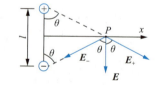

图 6.2.3 电偶极子电场中的场强

$$E_+ = E_- = \frac{q}{4\pi\varepsilon_0\left[x^2 + \left(\frac{l}{2}\right)^2\right]}$$

P 点合场强大小为

$$E = E_+\cos\theta + E_-\cos\theta = 2E_-\cos\theta$$

从图 6.2.3 中可见

$$\cos\theta = \frac{\dfrac{l}{2}}{\sqrt{x^2 + \left(\dfrac{l}{2}\right)^2}}$$

因此有

$$E = 2\frac{q}{4\pi\varepsilon_0\left[x^2+\left(\dfrac{l}{2}\right)^2\right]}\frac{\dfrac{l}{2}}{\sqrt{x^2+\left(\dfrac{l}{2}\right)^2}} = \frac{1}{4\pi\varepsilon_0}\frac{ql}{\left[x^2+\left(\dfrac{l}{2}\right)^2\right]^{\frac{3}{2}}}$$

因 $x \gg l$，故有

$$E = \frac{1}{4\pi\varepsilon_0}\frac{p}{x^3}$$

上式说明，电偶极子的场强不取决于 q，而取决于 p。这表明，电偶极矩是表征电偶极子的一个重要物理量。而且电偶极子的场强是以 r^3 衰减的，比点电荷的场强衰减快得多。

例 6.2.2 如图 6.2.4 所示，一个半径为 R 的均匀带电细圆环，已知其电量为 q，求垂直于环面轴线上的场强分布。

解： 在圆环轴线上任取一点 P，距环心为 z。取如图 6.2.4 所示的坐标系。环的电荷线密度为 $\lambda = \dfrac{q}{2\pi R}$，将圆环分割成许多电荷元 $\mathrm{d}q$，那么任一电荷元在点 P 产生的场强为

$$\mathrm{d}E = \frac{1}{4\pi\varepsilon_0}\frac{\mathrm{d}q}{r^2} = \frac{1}{4\pi\varepsilon_0}\frac{\lambda \mathrm{d}l}{z^2+R^2}$$

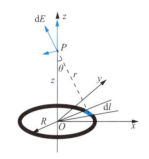

图 6.2.4 均匀带电细圆环轴线上的场强

由于圆环上的电荷对称分布，每一对位于直径两端的电荷元所产生的场强，在垂直 z 轴线方向上的分量互相抵消。于是，总场强就是平行于 z 轴分量的总和。

$$\mathrm{d}E_z = \mathrm{d}E\cos\theta = \frac{z\lambda \mathrm{d}l}{4\pi\varepsilon_0(z^2+R^2)^{\frac{3}{2}}}$$

则

$$E = \int \mathrm{d}E_z = \frac{z\lambda}{4\pi\varepsilon_0(z^2+R^2)^{\frac{3}{2}}}\int_0^{2\pi R}\mathrm{d}l = \frac{zq}{4\pi\varepsilon_0(z^2+R^2)^{\frac{3}{2}}}$$

场强方向沿 z 轴正方向。

若 $z \gg R$，则此时有

$$E = \frac{q}{4\pi\varepsilon_0 z^2}$$

上式表明，带电细圆环在远处形成的场与点电荷的场相同。

例 6.2.3 如图 6.2.5 所示，一半径为 R 的均匀带电薄圆盘，已知其电荷面密度为 σ，求圆盘轴线上的场强分布。

解： 取图 6.2.5 所示的坐标，薄圆盘的平面在 xy 平面内，盘心位于坐标原点 O，由于圆盘上的电荷分布均匀，故圆盘上的电荷为 $q = \sigma\pi R^2$。

把圆盘分成许多细圆环带，其中半径为 r、宽度为 $\mathrm{d}r$ 的环带面积为 $2\pi r\mathrm{d}r$，此带环上的电荷为 $\mathrm{d}q = \sigma 2\pi r\mathrm{d}r$，由例 6.2.2 可知，环带上的电荷对轴上点处激发的电场强度为

$$dE_z = \frac{zdq}{4\pi\varepsilon_0(z^2+r^2)^{\frac{3}{2}}} = \frac{z\sigma rdr}{2\varepsilon_0(z^2+r^2)^{\frac{3}{2}}}$$

由于圆盘上所有带电的环带对点处的电场强度都沿轴同一方向，故由上式可得均匀带电圆盘轴线上 P 点处的电场强度为

$$E = \int dE_z = \frac{z\sigma}{2\varepsilon_0}\int_0^R \frac{rdr}{(z^2+r^2)^{\frac{3}{2}}} = \frac{\sigma}{2\varepsilon_0}\left(1 - \frac{z}{\sqrt{z^2+R^2}}\right)$$

场强的方向与圆盘垂直，其指向视 σ 的正负而定，当 $\sigma > 0$ 时，与 z 轴同向；当 $\sigma < 0$ 时，与 z 轴反向。

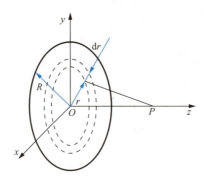

图 6.2.5　均匀带电圆盘轴线上的场强

6.3　电场线　电通量　高斯定理

讨论：如果已知场源电荷的分布，那么原则上可以确定空间任一点的场强，即确定电场的分布。但在实际中，场源电荷的分布往往比较复杂，为了使电场的描述更加形象直观，可以引入电场线的概念，用图示法表示电场。那么电场线真实存在吗？

6.3.1　电场线

设想在电场中可画出一系列曲线，使曲线上每一点的切线方向与该点场强 E 的方向一致，这些曲线称为**电场线**，如图 6.3.1 所示。为了使电场线同时能表示各点场强的大小，绘制的曲线必须有疏密之分。同时进行如下规定：使垂直于场强方向的面积元 dS 上，通过的电场线数 dN 正比于该点场强 E 的大小。

$$E = \frac{dN}{dS} \qquad (6.3.1)$$

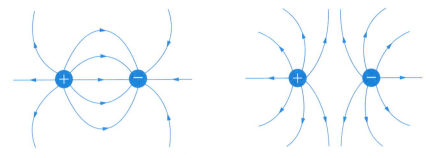

图 6.3.1 电场线示意图

注意：电场线是人为设想图示场强分布而引入的一种辅助概念，电场中并非真的存在这种曲线。

电场线有如下重要性质：

（1）切线方向为电场强度方向，疏密程度表示电场强度大小。
（2）电场线始于正电荷，止于负电荷，不会在无电荷处中断。
（3）任何两条电场线不相交。
（4）静电场中的电场线不形成闭合曲线。

6.3.2 电通量

通量是所有矢量场都具有的数学表述。静电场也是矢量场，通常把通过电场中某个面的电场线总数叫作通过这个面的电场强度通量，简称电通量，用符号 ϕ_e 表示。在电场中任取一面积元 dS，由于十分微小，因此可看作平面，dS 所处的场强 E 也可认为是均匀的，如图 6.3.2 所示。为了同时表示面积元 dS 的方位，可以利用面积元的单位矢量 n，并规定其正方向，将面积元表示为矢量 $dS = dS n$。若面积元与所在位置处的场强 E 的方向成 θ 角，则电通量为

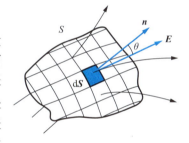

图 6.3.2 电通量

$$d\phi_e = EdS\cos\theta = \boldsymbol{E} \cdot d\boldsymbol{S} \tag{6.3.2}$$

对于电场中任一有限曲面 S，一般各处场强是不均匀的，要计算电通量，必须先将曲面分成许多小面元 dS，求出每一小面元的电通量，然后经过叠加得到通过曲面 S 的总电通量，即

$$\phi_e = \int d\phi_e = \int_S EdS\cos\theta = \int_S \boldsymbol{E} \cdot d\boldsymbol{S} \tag{6.3.3}$$

电通量是标量，但有正负，当 $\theta < \dfrac{\pi}{2}$ 时，ϕ_e 为正；当 $\theta > \dfrac{\pi}{2}$ 时，ϕ_e 为负。对于不闭合的曲面，可以任意选定曲面法向的正方向，并相应决定电通量的正负。

如果为闭合曲面，则电通量为

$$\phi_e = \oint_S EdS\cos\theta = \oint_S \boldsymbol{E} \cdot d\boldsymbol{S} \tag{6.3.4}$$

闭合曲面把空间分成内外两个部分，**通常规定垂直曲面向外为法线正方向**。因此，从闭合曲面自内向外穿出的电通量为正，反之为负。如果 ϕ_e 通过闭合曲面电通量的代数和等于 0，那么并非意味着一定没有电场线通过该曲面，更并非意味着曲面上的场强处处为 0。

电通量的正负示意图如图 6.3.3 所示。

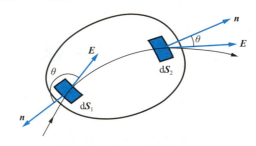

图 6.3.3 电通量的正负示意图

6.3.3 高斯定理

德国著名数学家、物理学家弗里德里希·高斯经过研究后发现，**穿过任一闭合曲面的电通量等于该曲面所包围的所有电荷的代数和除以 ε_0**，此即**高斯定理**，数学表达式为

$$\phi_e = \oint_S \boldsymbol{E} \cdot \mathrm{d}\boldsymbol{S} = \frac{1}{\varepsilon_0} \sum_i q_i \tag{6.3.5}$$

式（6.3.5）中的闭合曲面 S 习惯上称为**高斯面**。从式（6.3.5）也可看出为什么在计算库仑力时要引入 $k = \dfrac{1}{4\pi\varepsilon_0}$，而不是直接使用比例系数 k，因为这样可以大大简化后面的一些计算。

高斯定理可以根据点电荷的场强公式及场强的叠加原理导出。下面以点电荷在球形闭合曲面的中心情况导出高斯定理，如图 6.3.4 所示。

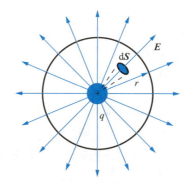

图 6.3.4 点电荷在球心时的高斯定理导出

设想以点电荷 q 所在处为球心，以任意半径 r 作闭合球面。显然，此时球面上任一点场强的大小相等，方向与该处面积元法线平行，所以通过闭合球面的电通量为

$$\phi_e = \oint_S E \cdot \mathrm{d}S = \oint \frac{1}{4\pi\varepsilon_0} \frac{q}{r^2} \mathrm{d}S = \frac{1}{4\pi\varepsilon_0} \frac{q}{r^2} 4\pi r^2$$

$$\phi_e = \frac{q}{\varepsilon_0}$$

结果表明，通过球面的电通量与球面半径无关，只取决于球面所包围的电荷的电量，

即通过以 q 为球心、任意半径球面的电通量都等于 $\dfrac{q}{\varepsilon_0}$。

高斯定理说明了**静电场是有源场**。若闭合曲面内有正电荷，则它对闭合曲面贡献的电通量为正，即有电场线自内向外穿出；若闭合曲面内有负电荷，则它对闭合曲面贡献的电通量是负的，必有电场线自外穿入闭合曲面，所以电场线终止于负电荷。如果某处有电场线穿过而不中断，则通过该处闭合曲面的电通量为0，说明此处无电荷。

注意：高斯面可以是任意的闭合曲面，从方便求解问题出发，一般会选取球面、圆柱面等闭合曲面。

高斯定理是从库仑定理和叠加原理推导出来的，反之，库仑定理也可从高斯定理及对称性推导得到。两者可以互为印证，如库仑定理中的二次方反比关系不仅对静电场成立，而且对随时间变化的电场也成立，是电磁理论的基本方程之一。

例 6.3.1 求均匀带电球面的场强分布。

解：（1）求球外一点的场强（$r > R$）。

如图 6.3.5（a）所示，以 O 为球心、r 为半径作球面形高斯面 S，由于球上的电荷分布具有对称性，故 S 面上各点的场强大小相同，方向沿径向向外，则通过球面 S 的总电通量为

$$\phi_e = \oint_S \boldsymbol{E} \cdot \mathrm{d}\boldsymbol{S} = E\oint_S \mathrm{d}S = E(4\pi r^2)$$

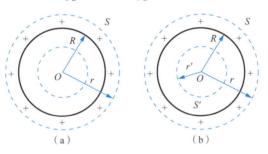

图 6.3.5 均匀带电球面的场强

球面包围的总电量为 Q，根据高斯定理，有

$$E(4\pi r^2) = \dfrac{Q}{\varepsilon_0}$$

$$E = \dfrac{Q}{4\pi\varepsilon_0 r^2}$$

将上式与点电荷的场强计算公式进行比较，可以看出，关于球心对称分布的电荷在球外产生的电场与将全部电荷集中在球心时的场强分布相同。

（2）求球内一点的场强（$r < R$）。

如图 6.3.5（b）所示，在球内作半径为 r' 的同心球面作为高斯面 S'，由于球面所包围的空间内没有电荷，因此根据高斯定理有

$$\phi_e = \oint_S \boldsymbol{E} \cdot \mathrm{d}\boldsymbol{S} = 0$$

进而有

$$E = 0$$

结果表明，均匀带电球面内部的场强处处为0。

例 6.3.2 求无限长均匀带电圆柱面的场强分布。

解： 如图 6.3.6 所示，设带电圆柱面的半径为 R，电荷线密度为 λ。由于电荷分布具有轴对称性，因此电场也是以圆柱轴为中心对称分布的。在半径为 r 且垂直于圆柱轴线的圆截面上，各点场强 $\boldsymbol{E}$ 的大小相等，方向沿径向，电场线呈辐射状。

（1）圆柱面外的场强分布。

以圆柱的轴线为轴，作半径为 r（$r>R$）、高为 h 的闭合圆柱面。在圆柱侧面上，各点场强 $\boldsymbol{E}$ 的大小相等，方向处处与侧面正交，因此通过侧面的电通量为 $E \cdot 2\pi r h$。而对于闭合圆柱面的上、下底面，由于场强方向与底面平行，故通过的电通量为 0。因此，通过高斯面的电通量为

$$\phi_e = \oint_S \boldsymbol{E} \cdot \mathrm{d}\boldsymbol{S} = E \cdot 2\pi r h$$

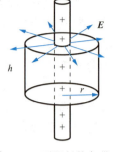

图 6.3.6 无限长均匀带电圆柱面的场强

在闭合面内包围的总电量为 λh。根据高斯定理，有

$$E \cdot 2\pi r h = \frac{1}{\varepsilon_0} \lambda h$$

$$E = \frac{\lambda}{2\pi \varepsilon_0 r}$$

（2）圆柱面内的场强分布。

与上面计算相同，这里也可以作半径为 r'（$r'<R$）、高为 h 的闭合圆柱面。由于闭合面所包围的空间内无电荷，因此由高斯定理可以得到，无限长均匀带电圆柱面内的场强处处为 0。可见，无限长均匀带电圆柱面只对其外部空间产生电场。

例 6.3.3 求无限大均匀带电平面的场强分布。

解： 如图 6.3.7 所示，设均匀带电平面的电荷面密度为 σ。由于电荷在平面上是均匀分布的，因此在平面两侧的电场分布具有平面对称性。与平面等距的各点，其场强大小相等，方向与平面垂直，电场线垂直于平面。

取轴线垂直于平面的圆柱面为高斯面，使底面过待求点且平行于平面，底面面积为 S，圆柱面高为 $2h$。由于场强方向与圆柱面的侧面平行，所以对圆柱面侧面的电通量无贡献。而在两底面处，由于场强处处相等，方向与底面垂直，所以通过高斯面的总电通量就是通过圆柱面两个底面的电通量，即

$$\phi_e = \oint_S \boldsymbol{E} \cdot \mathrm{d}\boldsymbol{S} = 2E \cdot S$$

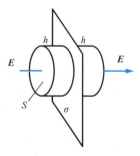

图 6.3.7 无限大均匀带电平面的场强分布

高斯面内包围的电荷为 σS，根据高斯定理，有

$$2E \cdot S = \frac{1}{\varepsilon_0} \sigma S$$

故有

$$E = \frac{\sigma}{2\varepsilon_0}$$

可见，无限大均匀带电平面的电场是匀强电场。

6.4 静电场的环路定理 电势

讨论：在万有引力场中，当物体运动时，万有引力就会对物体做功，从而使势能发生变化。同样，电荷在电场中要受到电场力的作用。当电荷在电场中移动时，电场力就要对电荷做功。那么电场力对电荷做功遵循哪些定理呢？

6.4.1 静电场的环路定理

如图 6.4.1 所示，若点电荷 q 静止，设想将实验电荷 q_0 在点电荷 q 产生的电场中从 A 点移至 B 点，q_0 将受到电场力的作用，由于场强在路径上各点的大小和方向都不相同，因此考虑将路径分成位移元，在每一位移元上的场强都可以看作恒量。这时，当实验电荷移动任一位移元 $\mathrm{d}l$ 时，电场力所做的元功为

$$\mathrm{d}W = \boldsymbol{F}\cdot\mathrm{d}\boldsymbol{l} = q_0\boldsymbol{E}\cdot\mathrm{d}\boldsymbol{l} = q_0 E\cos\theta\mathrm{d}l$$

考虑到 $\mathrm{d}l\cos\theta = \mathrm{d}r$，并且 $E = \dfrac{q}{4\pi\varepsilon_0 r^2}$，那么实验电荷从 A 点移动到 B 点时，电场力所做的总功为

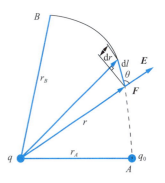

图 6.4.1 电场力对电荷做功

$$W_{AB} = \int_A^B \mathrm{d}W = \frac{qq_0}{4\pi\varepsilon_0}\int_{r_A}^{r_B}\frac{1}{r^2}\mathrm{d}r = \frac{qq_0}{4\pi\varepsilon_0}\left(\frac{1}{r_A} - \frac{1}{r_B}\right)$$

上式表明，当实验电荷在静止点电荷电场中移动时，电场力所做的功仅与实验电荷电量的大小及其起点和终点的位置有关，而与电荷移动的路径无关。这个结论对于任何带电体系所产生的静电场都适用。

以上内容说明，静电场力与万有引力、弹性力一样，静电场是保守场，为了更好地研究静电场力和静电场，可以引入势的概念。

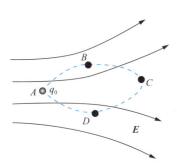

图 6.4.2 静电场的环流为 0

静电场力做功与路径无关这一特性可以表示成另一种形式，如图 6.4.2 所示。由于在任意静电场中，将实验电荷从 A 点移动到 C 点时，无论沿 ABC 路径还是 ADC 路径，电场力所做的功相等，可知

$$\int_{ABC} q_0\boldsymbol{E}\cdot\mathrm{d}\boldsymbol{l} + \int_{CDA} q_0\boldsymbol{E}\cdot\mathrm{d}\boldsymbol{l} = 0$$

$$\oint \boldsymbol{E}\cdot\mathrm{d}\boldsymbol{l} = 0 \qquad (6.4.1)$$

$\oint \boldsymbol{E}\cdot\mathrm{d}\boldsymbol{l}$ 称为静电场的环流。式（6.4.1）表明，**在静电场中，电场强度沿任意闭合回路的线积分恒等于零**，这称为**静电场的环路定理**。

这个定理和静电场力做功与路径无关的表述完全等价。这也表明，电场线不可能是闭合线，同时说明静电场是有势场。

6.4.2 电势

由前文内容可知，静电场是保守场，因此也可以仿照在重力场中引进重力势能，对静电场与实验电荷 q_0 组成的系统引进静电势能的概念。

可以认为，实验电荷 q_0 在静电场中任意给定位置，都具有一定的电势能。如图 6.4.3 所示，若将实验电荷从 A 点移至 B 点，其间电场力所做的功应等于电荷静电势能增量的负值，即

$$\int_A^B q_0 \boldsymbol{E} \cdot \mathrm{d}\boldsymbol{l} = E_A - E_B = -(E_B - E_A) = -\Delta E \tag{6.4.2}$$

式中，E_A 和 E_B 表示实验电荷分别处于静电场 A 点和 B 点的电势能。如果电场力做正功，则电势能减少，说明实验电荷从电势能较高的 A 点移至电势能较低的 B 点；反之，若电场力做负功，即由外力反抗电场力做功，电势能增加，说明实验电荷由电势能较低的点移至较高的点。

若要确定实验电荷在场中某点的电势能的绝对值，则必须选定一个电势能为 0 的参考点。与重力势能参考点的选取类似，电势能的零点可任选，但以计算方便为原则。当场源电荷分布在空间有限区域内时，通常取离开场源电荷无限远处实验电荷的电势能为 0。因此，实验电荷在电场中任一点 P 的电势能可表示为

$$E_P = \int_P^\infty q_0 \boldsymbol{E} \cdot \mathrm{d}\boldsymbol{l} \tag{6.4.3}$$

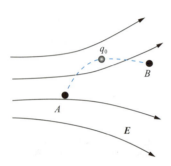

图 6.4.3 静电场中的电势能

式（6.4.3）说明，实验电荷在电场中 P 点的电势能，在数值上等于将实验电荷从 P 点移至无限远处电场力所做的功。在国际单位制中，电势能的单位为焦（J）。

电势能是静电场与实验电荷相互作用的能量，它是场源电荷所产生的电场与实验电荷所共有的。电势能的值不仅与静电场的性质有关，而且还与实验电荷的电量有关。因此，不能用电势能这一物理量来描述电场。但是在电场中给定的电势能与实验电荷电量的比值，则与实验电荷无关，而仅与静电场中给定的位置有关。

于是将 $\dfrac{E_P}{q_0}$ 定义为电场中 P 点的电势，用符号 U_P 表示，即

$$U_P = \frac{E_P}{q_0} = \int_P^\infty \boldsymbol{E} \cdot \mathrm{d}\boldsymbol{l} \tag{6.4.4}$$

静电场中某点的电势，在数值上等于单位正电荷在该处所具有的电势能，也等于单位正电荷从该点经过任意路径移到无限远处电场力对它所做的功。电势是一种标量。

电场中任意 A、B 两点的电势之差，称为**电势差或电压**，在国际单位制中，单位为伏（V），用符号 U_{AB} 表示，可写成

$$U_{AB} = U_A - U_B = \int_A^\infty \boldsymbol{E} \cdot \mathrm{d}\boldsymbol{l} - \int_B^\infty \boldsymbol{E} \cdot \mathrm{d}\boldsymbol{l} = \int_A^B \boldsymbol{E} \cdot \mathrm{d}\boldsymbol{l} \tag{6.4.5}$$

静电场中 A、B 两点的电势差，在数值上等于单位正电荷从电场中 A 点移动到 B 点电场力所做的功。

因此，将任一点电荷 q_0 从电场中 A 点移动到 B 点时，电场力所做的功可用电势差来表示，即

$$W_{AB} = q_0 \int_A^B \boldsymbol{E} \cdot \mathrm{d}\boldsymbol{l} = q_0(U_A - U_B) \tag{6.4.6}$$

利用式（6.4.6），可以很方便地计算出点电荷在静电场中移动时电场力所做的功。

例 6.4.1 求点电荷周围的电势分布。

解：设场源为点电荷 q，由于电场力做功与路径无关，因此可选取沿矢径方向至无限远的直线作为积分路径，则距 q 为 r 处的 P 点的电势为

$$U_P = \int_P^\infty \boldsymbol{E} \cdot \mathrm{d}\boldsymbol{l} = \int_r^\infty \frac{q}{4\pi\varepsilon_0 r^2} \mathrm{d}r = \frac{q}{4\pi\varepsilon_0 r}$$

上式表明，若场源为正电荷，则空间各点电势为正值，距电荷越远，电势越低；若场源为负电荷，则空间各点电势为负值，距电荷越远，电势越高。

若场源是点电荷 q_1、q_2、$\cdots$、q_n 组成的点电荷系，根据电势定义和场强叠加原理，则电场中某点 P 的电势为

$$U_P = \int_P^\infty \boldsymbol{E} \cdot \mathrm{d}\boldsymbol{l} = \int_P^\infty (\boldsymbol{E}_1 + \boldsymbol{E}_2 + \cdots + \boldsymbol{E}_n) \cdot \mathrm{d}\boldsymbol{l}$$

$$= U_{P1} + U_{P2} + \cdots + U_{Pn} = \sum_{i=1}^n U_{Pi} = \sum_{i=1}^n \frac{q_i}{4\pi\varepsilon_0 r_i}$$

在点电荷系电场中某点的电势等于每个点电荷单独存在时在该点所产生的电势的代数和，称为**静电场中的电势叠加原理**。

例 6.4.2 试求电偶极子电场中任一点 P 的电势。已知电偶极子的两点电荷为 $\pm q$，相距为 l。

解：如图 6.4.4 所示，设 P 点到 $+q$ 与 $-q$ 的距离分别为 r_1 和 r_2。根据电势叠加原理，P 点电势应为 $+q$ 与 $-q$ 单独存在时在该点产生的电势的代数和，即

$$U_P = U_1 + U_2 = \frac{1}{4\pi\varepsilon_0}\left(\frac{q}{r_1} - \frac{q}{r_2}\right) = \frac{q}{4\pi\varepsilon_0}\left(\frac{r_2 - r_1}{r_1 r_2}\right)$$

因为 $r \gg l$，有 $r_2 - r_1 \approx l\cos\theta$，$r_1 r_2 \approx r^2$，故

$$U_P \approx \frac{q}{4\pi\varepsilon_0} \frac{l\cos\theta}{r^2} = \frac{1}{4\pi\varepsilon_0} \frac{py}{(x^2+y^2)^{\frac{3}{2}}}$$

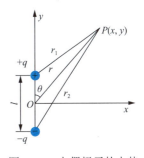

图 6.4.4 电偶极子的电势

例 6.4.3 一半径为 R 的均匀带电圆环，带电量为 q，如图 6.4.5 所示。求圆环轴线上一点 P 的电势。

解：方法一——利用电势叠加法求解。

设点到圆环中心的距离为 x。圆环上任一电荷元 $\mathrm{d}q$ 至该点的距离为 $r = \sqrt{R^2 + x^2}$，根据电势叠加原理，圆环在该点产生的电势为

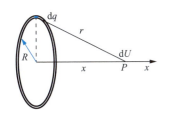

图 6.4.5 均匀带电圆环的电势

$$U = \int \mathrm{d}U = \int \frac{\mathrm{d}q}{4\pi\varepsilon_0 r} = \frac{1}{4\pi\varepsilon_0 r} \int \mathrm{d}q$$

$$= \frac{1}{4\pi\varepsilon_0} \frac{q}{\sqrt{R^2 + x^2}}$$

方法二——根据电势定义求解。

选无限远处为电势零点，以圆环轴线上一点沿轴至无限远处为积分路径。前已得到，

圆环轴线上任一点的场强为

$$E = \frac{1}{4\pi\varepsilon_0} \frac{qx}{(R^2+x^2)^{\frac{3}{2}}}$$

则圆环在该点产生的电势为

$$U = \int_P^\infty \boldsymbol{E} \cdot d\boldsymbol{l} = \int_x^\infty \frac{1}{4\pi\varepsilon_0} \frac{qx}{(R^2+x^2)^{\frac{3}{2}}} dx$$

$$= \frac{1}{4\pi\varepsilon_0} \frac{q}{\sqrt{R^2+x^2}}$$

例 6.4.4 试求半径为 R、总电量为 Q 的均匀带电球面的电场的电势分布。

解：前面已经求得均匀带电球面的场强分布为

$$E = \begin{cases} \dfrac{Q}{4\pi\varepsilon_0 r^2} & (r \geqslant R) \\ 0 & (r < R) \end{cases}$$

场强沿径向分布。

当 $r \geqslant R$ 时，取沿径向至无穷远处为积分路径，则球面外与球心相距 r 的点的电势为

$$U = \int_P^\infty \boldsymbol{E} \cdot d\boldsymbol{l} = \int_P^\infty \frac{Q}{4\pi\varepsilon_0 r^2} dr = \frac{Q}{4\pi\varepsilon_0 r}$$

上式表明，均匀带电球面外任一点的电势，与所有电荷集中在球心的点电荷产生的电势相同。

当 $r < R$ 时，同样取沿径向至无穷远处为积分路径。但是，由于球面内外场强分布不同，因此上式中的积分需要分段进行，即

$$U = \int_P^\infty \boldsymbol{E} \cdot d\boldsymbol{l} = \int_P^R \boldsymbol{E} \cdot d\boldsymbol{l} + \int_R^\infty \boldsymbol{E} \cdot d\boldsymbol{l}$$

$$= 0 + \int_R^\infty \frac{Q}{4\pi\varepsilon_0 r^2} dr = \frac{Q}{4\pi\varepsilon_0 R}$$

上式表明，球面内任意点的电势都与球面上的电势相等。

例 6.4.5 假设有一个球形雨滴，其半径为 0.4mm，带有电量 1.6pC（1pC=10^{-12}C），试求其表面电势。如果两个这样的雨滴碰后合成一个较大的球形雨滴，那么这个较大雨滴表面的电势又有多大？

解：球形雨滴表面的电势为

$$U_1 = \frac{Q_1}{4\pi\varepsilon_0 R_1} = 36(\text{V})$$

两个雨滴合成一个较大的球形雨滴后，其半径为原来的 $\sqrt[3]{2}$ 倍，带电量为原来的 2 倍，则雨滴的表面电势为

$$U_2 = \frac{Q_2}{4\pi\varepsilon_0 R_2} = \frac{2Q_1}{4\pi\varepsilon_0 \sqrt[3]{2} R_1} = 57(\text{V})$$

6.4.3 等势面

前文用电场线来形象描述电场强度的分布，同样，这里也可用等势面来形象描述电场

中电势的分布。一般来说，静电场中的电势总是逐点变化的，把电场中电势相等的点连接起来，构成的曲面称为等势面，同时规定相邻等势面之间的电势差相等。图 6.4.6 就是按此规定画出的两种等势面与电场线，实线代表电场线，虚线代表等势面。分析等势面和电场线图可以发现，任意带电体的电场中等势面与电场线有如下关系：

（1）等势面与电场线处处正交。
（2）电场线指向电势降落的方向。
（3）等势面与电场线密集处场强的量值大，稀疏处场强的量值小。

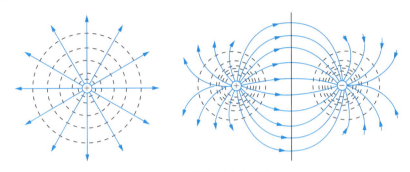

图 6.4.6　等势面和电场线

6.4.4　场强与电势的关系

前面说明了场强与电势的定性关系，下面来分析其定量关系。在静电场中取两个相距很近的等势面，其电势分别为 U 与 $U+\mathrm{d}U$，且 $\mathrm{d}U>0$。在等势面 a 上引一法线 $\boldsymbol{n}$，并规定指向电势升高方向为法线正方向，如图 6.4.7 所示。因两等势面很接近，可认为该法线也垂直于等势面 b，且附近场强是均匀的，当实验电荷 q_0 从点 A 做微小位移到点 B 时，场强在此方向上的分量为 E_l，故电场力做功可表示为

$$\mathrm{d}W = q_0(U_A - U_B) = q_0 E \cdot \mathrm{d}l$$
$$-\mathrm{d}U = E_l \mathrm{d}l$$

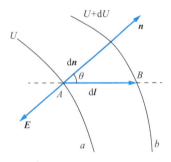

图 6.4.7　场强与电势的关系

则

$$E_l = -\frac{\mathrm{d}U}{\mathrm{d}l} \quad (6.4.7)$$

式（6.4.7）表明，电场中某点场强在任一方向上的分量等于电势在此方向上变化率的负值，也即场强方向指向电势降低的方向。同时也可看出，电势的空间变化率是随着长度 $\mathrm{d}l$ 的改变而改变的，因此必然存在一个最大值，很显然，沿法线方向最大，即有

$$E_n = -\frac{\mathrm{d}U}{\mathrm{d}n}$$

这样可以定义一个矢量，其大小为 $\frac{\mathrm{d}U}{\mathrm{d}n}$，方向指向电势升高的方向，这个矢量称为**电势梯度**，用 ∇U 或 $\mathrm{grad}U$ 表示，即

$$\nabla U = \mathrm{grad}U = \frac{\mathrm{d}U}{\mathrm{d}n}\boldsymbol{n}$$

因为场强在 **n** 方向的分量即本身，故有

$$E = -\frac{dU}{dn}\boldsymbol{n} = -\nabla U = -\mathrm{grad}\,U \tag{6.4.8}$$

式（6.4.8）表明，在电场中任一点的电场强度矢量，等于该点电势梯度矢量的负值，负号表示场强与电势梯度方向相反。

在直角坐标系中，场强和电势的关系式可表示为

$$E = -\left(\frac{\partial U}{\partial x}\boldsymbol{i} + \frac{\partial U}{\partial y}\boldsymbol{j} + \frac{\partial U}{\partial z}\boldsymbol{k}\right) \tag{6.4.9}$$

式（6.4.9）表明，电场中某点的场强并非与该点的电势值相联系，而是与电势在该点的空间变化率相联系。场强与电势的微分关系在实际应用上的重要性在于，它提供了一种计算场强的方法，即可以先求出电势随位置的变化关系，通过求导即可求得场强。

例 6.4.6 试根据电偶极子的电势函数求电偶极子的场强。

解：当 $r \gg l$ 时，电偶极子的电势表示式为

$$U_P = \frac{1}{4\pi\varepsilon_0}\frac{py}{(x^2+y^2)^{\frac{3}{2}}}$$

则 P 点场强沿坐标轴的三个分量为

$$E_{Px} = -\frac{\partial U_P}{\partial x} = \frac{1}{4\pi\varepsilon_0}\frac{3pxy}{(x^2+y^2)^{\frac{5}{2}}}$$

$$E_{Py} = -\frac{\partial U_P}{\partial y} = \frac{p}{4\pi\varepsilon_0}\left[\frac{1}{(x^2+y^2)^{\frac{3}{2}}} - \frac{3y^2}{(x^2+y^2)^{\frac{5}{2}}}\right] = \frac{p}{4\pi\varepsilon_0}\frac{2y^2-x^2}{(x^2+y^2)^{\frac{5}{2}}}$$

$$E_{Pz} = -\frac{\partial U_P}{\partial z} = 0$$

思考与探究

6.1 若通过一闭合曲面的电通量为 0，则此闭合曲面上的电场强度一定：
（1）为 0，也可能不为 0；
（2）处处为 0。

6.2 电势零点的选择是完全任意的吗？

6.3 怎样判断电势能、电势的正负与高低？

6.4 一点电荷放在球形高斯面的球心处，试讨论下列情形下电通量的变化情况：
（1）电荷离开球心，但仍在球内；
（2）球面内再放一个电荷；
（3）球面外再放一个电荷。

6.5 如下图所示，真空中一长为 L 的均匀带电直杆，总电荷为 q，试求直杆延长线上距杆的一端为 d 的 P 点的电场强度。

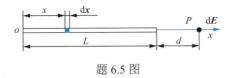

题 6.5 图

6.6 如下图所示,一半径为 R 的半圆环,右半部均匀带电 $+Q$,左半部均匀带电 $-Q$。问半圆环中心 O 点的电场强度大小为多少?方向如何?

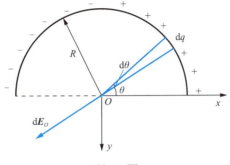

题 6.6 图

6.7 如下图所示,一均匀带电的球层,其电荷体密度为 ρ,球层内表面半径为 R_1,外表面半径为 R_2。设无穷远处为电势零点,求该带电系统的场强分布和空腔内任一点的电势。

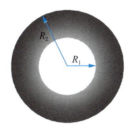

题 6.7 图

6.8 如下图所示,真空中两个半径都为 R 的共轴圆环,相距为 l,两圆环均匀带电,电荷线密度分别是 $+\lambda$ 和 $-\lambda$。取两环的轴线为 x 轴,坐标原点与两环中心的距离均为 $\dfrac{l}{2}$。求轴上任一点的电势。设无穷远处为电势零点。

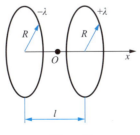

题 6.8 图

单元 7　静电场中的导体与电介质

▎单元导读

在单元 6 中，我们讨论了真空中的静电场。实际上，在静电场中总有导体或者电介质存在，那么导体或者电介质又会对静电场有何影响呢？

▎能力目标

1. 熟悉导体的静电感应现象，掌握静电平衡条件、静电屏蔽的应用方法。
2. 掌握电容的概念、常见电容器的电容计算方法。
3. 了解电介质的分类与极化现象、电介质中的高斯定理。
4. 了解静电场的能量。

▎思政目标

1. 学习我国能源强国战略，增强责任感、使命感、紧迫感。
2. 树立环保意识，践行绿色发展理念。

7.1 静电场中的导体

讨论：通常将由金属网做成的笼子称为法拉第笼，它主要由笼体、高压电源、电压显示器和控制部分组成，其笼体与大地连通，高压电源通过限流电阻将上万伏直流高压输送给放电杆，当放电杆尖端距笼体 10cm 时，出现放电火花，如图 7.1.1 所示。人在法拉第笼中时，如果用高压电对笼体进行放电，笼子中的人不会触电，这是为什么呢？

图 7.1.1 法拉第笼实验

7.1.1 静电感应与静电平衡

金属导体由大量带负电的自由电子和带正电的晶体点阵构成。当导体不带电或者不受外电场影响时，导体中的自由电子只做微观的无规则热运动，而没有宏观的定向运动。若把金属导体放在外电场中，则导体中的自由电子在做无规则热运动的同时，还将在电场力的作用下做宏观的定向运动，从而使导体中的电荷重新分布。**这种现象叫作静电感应现象。**在电场中，导体电荷重新分布的过程一直延续到导体内部的电场强度等于零，即 $E=0$ 时为止，这时，**导体内没有电荷做定向运动，导体处于静电平衡状态。**

在静电平衡状态时，不仅导体内部没有电荷做定向运动，导体表面也没有电荷做定向运动。这时，导体表面电场强度的方向应与表面垂直。假如导体表面处电场强度的方向与导体表面不垂直，则电场强度沿导体表面将有切向分量，自由电子受到与该切向分量方向相同的电场力的作用，将沿导体表面运动，这样就不是静电平衡状态了。因此导体处于静电平衡状态必须满足以下两个条件：

（1）导体内部任何一点处的电场强度都为零，如图 7.1.2（a）所示。
（2）导体表面处电场强度的方向都与导体表面垂直，如图 7.1.2（b）所示。

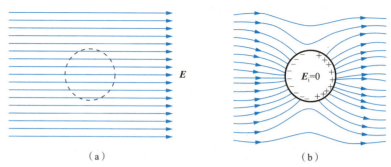

图 7.1.2 导体处于静电平衡状态所要满足的条件

导体的静电平衡条件也可以用电势来表述。由于在静电平衡状态时，导体内部的电场强度为 0，因此在导体内取任意两点 A 和 B，这两点间的电势差 U 为 0，即

$$U = \int_{AB} \boldsymbol{E} \cdot \mathrm{d}\boldsymbol{l} = 0 \tag{7.1.1}$$

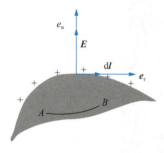

图 7.1.3 导体与电场的相互作用

式（7.1.1）表明，在静电平衡状态时，导体内任意两点间的电势是相等的。对于导体的表面，由于在静电平衡时，导体表面的电场强度 $\boldsymbol{E}$ 与导体表面垂直，其切向分量 $\boldsymbol{e}_\tau$ 为 0，因此导体表面上任意两点间的电势差也应为 0。可见，在静电平衡时，导体表面为一**等势面**，此时，导体内部与导体表面的电势是相等的，否则仍会发生电荷的定向运动。总之，当导体处于静电平衡状态时，导体上的电势处处相等，导体成为等势体。导体与电场的相互作用如图 7.1.3 所示。

7.1.2 静电平衡状态时导体上电荷的分布

在静电平衡状态时，带电导体的电荷分布可运用高斯定理来进行讨论。如图 7.1.4 所示，有一带电实心导体处于静电平衡状态。由于在静电平衡状态时，导体内部的场强为 0，所以通过导体内任意高斯面的电场强度通量也一定为 0，即

$$\oint_s \boldsymbol{E} \cdot \mathrm{d}\boldsymbol{S} = 0 \tag{7.1.2}$$

于是，此高斯面内所包围的电荷的代数和必然为 0。因为高斯面是任意作出的，所以可得到如下结论：**在静电平衡状态时，导体所带电荷只能分布在导体的表面上，导体内没有净电荷**（物体或物体局部存在的不能被抵消的正电荷或负电荷）。

如果有一空腔的导体带有电荷 $+q$（图 7.1.5），这些电荷在空腔导体的内外面上如何分布呢？若在导体内取高斯面 S，由于在静电平衡时，导体内的电场强度为 0，所以有

$$\oint_s \boldsymbol{E} \cdot \mathrm{d}\boldsymbol{S} = \frac{\sum q_i}{\varepsilon_0} = 0 \tag{7.1.3}$$

式（7.1.3）说明，在空腔的内表面上没有净电荷。那么在空腔内表面上是否有可能出现符号相反的正、负电荷而使内表面上净电荷为 0 的情况呢？由静电平衡条件可知，空腔内表面不会出现任何形式的分布电荷，电荷只能全部分布在空腔导体的外表面上。

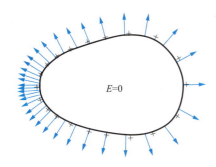
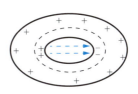

图 7.1.4 带电导体的电荷分布在导体表面上   图 7.1.5 带电空腔导体的电荷只分布在导体的外表面上

例 7.1.1 如图 7.1.6 所示，一块面积为 S 的金属大薄平板 A，带电量为 Q，在其附近平行放置另一块不带电的金属大薄平板 B，两板间距远小于板的线度。试问：两平板表面的电荷面密度为多大？周围空间的场强分布如何？

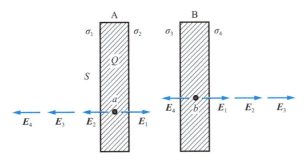

图 7.1.6 平行板场强分布

解：静电平衡状态时，电荷分布在平板表面，设各表面的电荷面密度分别为 σ_1、σ_2、σ_3、σ_4，如图 7.1.6 所示。由于电荷守恒，故有

$$\sigma_1 + \sigma_2 = \frac{Q}{S}$$

$$\sigma_3 + \sigma_4 = 0$$

由前文内容可知，如果带电平板无限大，则在空间产生的电场为均匀电场。空间任一点的场强是 4 个带电平面产生的电场的场强的叠加。根据静电平衡条件，金属板内场强处处为 0，若取向右为正方向，则对 a 点有

$$\frac{\sigma_1}{2\varepsilon_0} - \frac{\sigma_2}{2\varepsilon_0} - \frac{\sigma_3}{2\varepsilon_0} - \frac{\sigma_4}{2\varepsilon_0} = 0$$

对 b 点有

$$\frac{\sigma_1}{2\varepsilon_0} + \frac{\sigma_2}{2\varepsilon_0} + \frac{\sigma_3}{2\varepsilon_0} - \frac{\sigma_4}{2\varepsilon_0} = 0$$

对上述四个方程求解，可得

$$\sigma_1 = \frac{Q}{2S}$$

$$\sigma_2 = \frac{Q}{2S}$$

$$\sigma_3 = -\frac{Q}{2S}$$

$$\sigma_4 = \frac{Q}{2S}$$

由题意可知，金属板 A 和 B 将空间分成三个区域，它们的场强分别为

$$E_1 = E_2 = E_3 = \frac{Q}{2\varepsilon_0 S}$$

讨论：当导体达到静电平衡状态时，其表面附近场强的方向与其表面垂直。那么该处场强与导体表面的电荷面密度之间的关系如何？

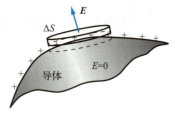

图 7.1.7　表面场强与电荷面密度关系

如图 7.1.7 所示，在导体表面取一足够小的面积元，其上的电荷面密度可视为常数。通过面积元作一无限扁的圆柱形为高斯面，圆柱轴线垂直于面积元，上底面在导体外，下底面在导体内，并与面积元平行。高斯面包围的电荷为 $\sigma\Delta S$。因为导体内部场强为零，而紧靠表面处的场强又与表面垂直，所以通过此圆柱侧面和下底面的电通量为零。根据高斯定理，通过高斯面的总电通量为

$$\oint_S \boldsymbol{E} \cdot \mathrm{d}\boldsymbol{S} = E\Delta S = \frac{\sigma\Delta S}{\varepsilon_0} \tag{7.1.4}$$

有

$$E = \frac{\sigma}{\varepsilon_0} \tag{7.1.5}$$

式（7.1.4）表明，导体表面附近的场强与该处导体表面的电荷面密度成正比。式（7.1.5）只给出了导体表面的电荷面密度与表面附近的电场强度之间的关系。而带电导体达到静电平衡状态后，导体表面的电荷如何则比较复杂，定量研究是很困难的。因为导体表面的电荷分布不仅与导体本身的形状有关，还与导体周围的环境有关。即使对于孤立导体，其表面电荷面密度 σ 与曲率半径 ρ 之间也不存在单一的函数关系。实验表明，对于孤立的带电导体，其电荷面密度与表面曲率有关：曲率大的部分，电荷面密度值较大；曲率小的部分，电荷面密度值较小，如图 7.1.8 所示；表面凹进去的部分曲率为负值，电荷面密度更小。因为导体表面附近场强与该处电荷面密度成正比，所以孤立导体表面附近的场强分布服从同样的规律，即尖端的场强最大，平坦的地方次之，凹进去的地方最弱。

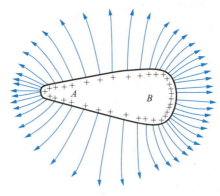

图 7.1.8　带电导体表面曲率和附近电场强度分布的关系

由于带电导体尖端附近电荷密度大，电场特别强，因此往往会导致尖端效应。当电场足够强时，尖端周围空气中残存的少量离子会在强电场的作用下加速运动，它们与空气分子发生碰撞，使之电离，从而产生大量新离子。那些和尖端带异号电荷的离子受到导体电荷的吸引，移向尖端，并和尖端的电荷中和，使导体上的电荷逐渐消失，这种现象称为**尖端放电**。与尖端带同号电荷的离子则远离尖端，因速度很大而形成电风。尖端放电时，在尖端物体周围往往笼罩一层光晕，称为电晕。电晕放电要损耗很多能量，所以高压输电线要尽量避免尖端，高压设备的电极一般做成光滑的球面就是这种原因。

当然，尖端放电也有可利用的一面。避雷针就是利用尖端放电保护建筑物的。在高层建筑等物体的顶上安装一个尖端导体（避雷针），一端稍高于建筑物，一端埋于地下与地保持良好接触，如图 7.1.9 所示。当带电云层接近高层建筑时，避雷针与云层之间的空气很容易被击穿，成为导体，而避雷针是接地的，于是就可以把云层上的电荷导入大地，避免在云层与高层建筑间形成强电场而产生强烈的火花放电（雷击），从而保证建筑物或其他设备的安全。

图 7.1.9　建筑上安装避雷针

避雷针在我国出现比较早。据《穀梁传》《左传》《淮南子》等著作记载，在我国南北朝时期就出现了为防止雷击而在建筑物上安装的"避雷室"。宋朝以来，许多建筑物都有不同形式的"雷公柱"。1688 年，法国人马卡连在游历我国后写了一部书，名叫《中国新事》。他在书中写道："……屋顶的四角都被雕饰成龙头的形状，仰着头，张着嘴。在这些怪物的舌头上有一根金属蕊子，这金属蕊子的末端一直通到地里，如果有雷打在房屋上，它就会顺着舌头跑到地里，不会产生任何危险。"这说明我国古代的避雷装置已经同现代的避雷针原理相同。

7.1.3　静电屏蔽

置于静电场中的导体空腔达到静电平衡状态时，空腔内部没有电场，即使外部电场发生变化，也只能引起导体空腔外表面上电荷的重新分布。这样，导体空壳对外界静电场起到了"隔离"作用，这种现象称为**静电屏蔽**。

在如图 7.1.10 所示的静电场中放置一个空腔导体，由前面的讨论可知，在静电平衡状态时，由静电感应产生的感应电荷只分布在导体的外表面上，导体内和空腔中的电场强度处处为 0。这就是说，空腔内的整个区域都将不受外电场的影响，这时导体和空腔内部的电势处处相等，构成一个等势体。

此外，有时还需要屏蔽电荷激发的电场对外界的影响。这时可采用如图 7.1.11 所示的办法，在电荷外面放置一个外表面接地的空腔导体。这就使得导体外表面所产生的感应正电荷与从地上来的负电荷中和，使空腔导体外表面不带电。这样，接地的空腔导体内的电荷激发的电场对导体外就不会产生任何影响了。

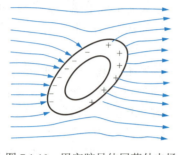

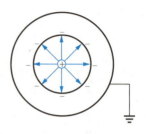

图 7.1.10 用空腔导体屏蔽外电场　　　　图 7.1.11 接地空腔导体屏蔽内电场

综上所述，**空腔导体（无论是否接地）将使腔内空间不受外电场的影响，而接地空腔导体将使外部空间不受空腔内电场的影响**。这就是空腔导体的静电屏蔽作用。

静电屏蔽在工程技术上有着广泛的应用。高压带电作业就是典型的应用案例，如图 7.1.12 所示。检修人员在检修高压设备时，穿着用金属丝网布制成的均压服进入强电场区，均压服相当于一个导体空腔将人体屏蔽起来，通过高压线与均压服之间发生电火花放电，使两者达到等电势，操作人员在等势区工作自然毫无危险。此外，通过在导线的绝缘层外再加一层铜丝或铝丝编织的金属网，可形成屏蔽层，如图 7.1.13 所示，这也是静电屏蔽的应用。

图 7.1.12 检修人员穿着均压服作业　　　　图 7.1.13 屏蔽线

7.2　电容和电容器

讨论：2020 年 12 月 28 日，当时我国国内技术最成熟、性能最可靠的超级电容有轨电车——广州黄埔区有轨电车 1 号线开通运营，如图 7.2.1 所示。这条线路采用"超级电容"供电装置技术，线路系统超级电容单体容量达 9500F。车辆到达站点时，在乘客上下车间隙，车辆就自动完成充电，用时不到 30s，与普通有轨电车相比，最大的特点是在行进中不需要外部供电,利用停靠站台上落客时间完成充电。那么电容又是什么呢?

图 7.2.1 黄浦区有轨电车

7.2.1 孤立导体的电容

在真空中,一个带有电荷 Q 的孤立导体的电势(相对于无限远处的零电势而言)正比于其所带的电荷 Q,而且与导体的形状和尺寸有关。例如,在真空中,有一半径为 R、电荷为 Q 的孤立球形导体,它的电势为

$$U = \frac{1}{4\pi\varepsilon_0}\frac{Q}{R} \tag{7.2.1}$$

从式(7.2.1)可以看出,当电势一定时,球形导体的半径越大,它所带的电荷也越多。然而,当此孤立球形导体的半径一定时,它所带的电荷若增加一倍,则其电势也相应地增加一倍,但 Q/U 是一个常量。上述结果虽然是对球形孤立导体而言的,但对任意形状的孤立导体也是如此。通常把孤立导体所带的电荷 Q 与其电势 U 的比值叫作孤立导体的电容,电容的符号为 C,即

$$C = \frac{Q}{U} \tag{7.2.2}$$

因为孤立导体的电势总是正比于电荷,所以它们的比值既不依赖于 U 也不依赖于 Q,仅与导体的形状和尺寸有关。电容的物理意义是使导体每升高单位电势所必须给予的电量,导体的电容大小反映了该**导体在给定电势的条件下储存电量的能力**。对于在真空中的孤立球形导体,其电容为

$$C = \frac{Q}{U} = \frac{Q}{\dfrac{1}{4\pi\varepsilon_0}\dfrac{Q}{R}} = 4\pi\varepsilon_0 R \tag{7.2.3}$$

由式(7.2.3)可以看出,真空中球形孤立导体的电容正比于其半径。

应当明确,电容是表述导体电学性质的物理量,它与导体是否带电无关,就像导体的电阻与导体是否通有电流无关一样。

在国际单位制中,电容的单位为法(Farad),符号为 F。在实际应用中,法作为电容的单位太大,常用微法(μF)、皮法(pF)等作为电容的单位,它们之间的关系为

$$1F = 10^6 \mu F = 10^{12} pF$$

7.2.2 电容器

通常把两个能够带有等值而异号电荷的导体所组成的系统叫作电容器。电容器可以储

存电荷，以后将看到电容器还可储存能量，两个导体 A 和 B 放在真空中，如图 7.2.2 所示，它们所带的电荷分别为 $+Q$ 和 $-Q$，如果它们的电势分别为 U_1 和 U_2，那么它们之间的电势差为

$$U = U_1 - U_2$$

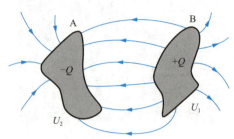

图 7.2.2　两个具有等值异种电荷的导体系统

电容器的电容定义为：两导体中任何一个导体所带的电荷 Q 与两导体间电势差 U 的比值，即

$$C = \frac{Q}{U}$$

导体 A 和 B 常称为电容器的两个电极或极板。

例 7.2.1　试求如图 7.2.3 所示平行板电容器的电容。

解：平行板电容器由两块平行金属平板组成。两极板面积均为 S，板间间距为 d，一般极板线度远大于极板距离。当电容器两极板分别带电 $+q$ 和 $-q$ 时，忽略边缘效应，极板间形成均匀电场 $E = \dfrac{\sigma}{\varepsilon_0}$。此时，两极板间的电势差为

$$U_A - U_B = Ed = \frac{q}{\varepsilon_0 S}d$$

则有

$$C = \frac{Q}{U_A - U_B} = \varepsilon_0 \frac{S}{d}$$

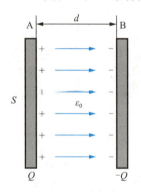

图 7.2.3　平行板电容器

从上式可以看出，平行板电容器的电容与极板面积成正比，与板间距离成反比，而与极板上所带电量无关。

例 7.2.2　试求如图 7.2.4 所示圆柱形电容器的电容。

解：圆柱形电容器由两个同轴的金属圆柱面所组成。设两圆柱面的半径分别为 R_A 和 R_B，长为 l。当 $l \gg (R_B - R_A)$ 时，可近似认为此圆柱形电容器为无限长。若内外圆柱面单位长度的带电量分别为 $+\lambda$ 和 $-\lambda$，忽略边缘效应，两柱面间距轴线处的场强 $E = \dfrac{\lambda}{2\pi\varepsilon_0 r}$，则两柱面的电势差为

$$U_A - U_B = \int_{R_A}^{R_B} \boldsymbol{E} \cdot \mathrm{d}\boldsymbol{r} = \int_{R_A}^{R_B} \frac{\lambda}{2\pi\varepsilon_0 r} \mathrm{d}r = \frac{\lambda}{2\pi\varepsilon_0} \ln \frac{R_B}{R_A}$$

则有

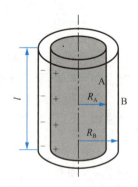

图 7.2.4　圆柱形电容器

$$C = \frac{Q}{U_A - U_B} = \frac{\lambda l}{U_A - U_B} = \frac{2\pi\varepsilon_0 l}{\ln\dfrac{R_B}{R_A}}$$

一个电容器不仅有一定的电容，而且有一个最高工作电压，或称耐压。如果在使用中外加电压超过耐压值，电容器两极板间的电介质就会被击穿而损坏。电容和耐压是电容器的两个重要性能指标。在实际使用时，若已有的电容器的电容量不合要求，或耐压值不够，则一般通过串联或并联电容器来解决问题。

实际上，任何两个绝缘导体之间都存在电容。例如，仪器设备中的接线、元件和机壳等相互间有电容，输电线之间或输电线与地之间也有电容，这种电容称为分布电容。分布电容一般比较小，在通常情况下可以忽略不计，但在高频率时，它对电路的影响不可以忽略，因此一般在高频电路和精密仪器中要注意采取措施，以降低分布电容的影响。

电容器是现代电工技术和电子技术中的重要元件，其大小、形状不一，种类繁多，有大到比人还高的巨型电容器，也有小到肉眼无法看见的微型电容器。在超大规模集成电路中，$1cm^2$ 的区域中可以容纳数以万计的电容器，而随着纳米材料的发展，更微小的电容器将会出现。电子技术正日益向微型化发展，同时电容器的大型化也日趋成熟。利用高功率电容器可以获得高强度的激光束，这为实现良好的人工控制热核聚变提供了方向。电容器实物图如图 7.2.5 所示。

图 7.2.5　电容器实物图

7.3　静电场中的电介质

讨论： 电介质是电的非导体，其特征是带电粒子被原子、分子的内力或分子间的力紧密束缚。一般情况下，电介质内几乎没有自由电荷，因此导电能力很弱，理想的电介质是良好的绝缘体。在外电场作用下，这些带电粒子只能在微观范围内移动，达到静电平衡状态时，电介质内部的场强不为 0，这是电介质与导体的本质区别。常见的电介质有云母片和胶木等，如图 7.3.1 所示。现在如果将电介质引入静电场中，那会对其产生什么影响呢？

(a) 云母片　　　　　　　　(b) 胶木

图 7.3.1　电介质

7.3.1　电介质对静电场的影响

如图 7.3.2 所示，现取一电容量为 C_0 的平行板电容器，充电后两极板间的电势差为 U_0，极板上相应的带电量为 Q，建立的电场场强为 E_0。然后断开电源，在极板间充满一种各向同性均匀电介质。实验发现，电容器的电势差减小了，只有真空中的 $\dfrac{1}{\varepsilon_r}$，即

$$U = \dfrac{U_0}{\varepsilon_r} \tag{7.3.1}$$

因为电容器极板是绝缘的，板上的电荷保持不变，所以电容量增大了，其上电容量变为

$$C = \dfrac{Q}{U} = \dfrac{Q\varepsilon_r}{U_0} = \varepsilon_r C_0 \tag{7.3.2}$$

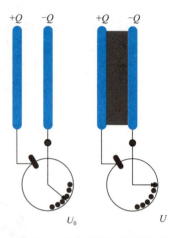

图 7.3.2　电介质对电势的影响

式（7.3.2）说明，充满电介质时的电容为同一电容器无介质（真空）时电容的 ε_r 倍。试验发现，ε_r 为仅与电介质有关的常数，称为**电介质的相对介电常数**，或**相对电容率**。规定真空中的 ε_r 为 1，实测其他电介质的 ε_r 都大于 1。相对电容率 ε_r 与真空电容率 ε_0 的乘积 $\varepsilon_0 \varepsilon_r = \varepsilon$ 叫作**电容率**。表 7.3.1 给出了部分电介质的相对电容率。

表 7.3.1　部分电介质的相对电容率

材料	相对电容率 ε_r	材料	相对电容率 ε_r
真空	1	玻璃釉	3~5
空气	1.00059	二氧化硅	38
变压器油	2~4	云母	5~8
硅油	2~3.5	干的纸	2~4
聚丙烯	2~2.2	干的谷物	3~5
环氧树脂	3~10	高频陶瓷	10~160
纯净的水	80	低频陶瓷、压电陶瓷	1000~10000

7.3.2　电介质的极化

对于同样的电荷分布，为什么电介质引入会造成场强减小？下面来分析其原因。

电介质由中性分子构成，每个分子都由正、负电荷组成。一般来说，正、负电荷在分子中都不集中于一点，但在与分子的距离比分子的线度大得多的地方，分子中全部负电荷对这些地方的影响和一个单独的负电荷影响等效，这个负电荷称为等效负电荷，它的数值等于分子中所有电子电荷之和，这个等效负电荷的位置称为分子的"负电中心"。同样，也存在等效正电荷、正电中心。所以，一个中性分子可以看作由一对等值异号的点电荷组成。每个分子的正、负电荷中心可能不在同一点，这样一对距离很近的等值异号点电荷组成的系统称为**分子的等效电偶极子**。

在没有电场作用时，负电荷对称分布在正电荷周围，每个分子的正负电荷中心重合，电偶极矩为0，对外不显电性，这类分子称为**无极分子**，如甲烷 CH_4 [图 7.3.3（a）]。这类分子构成的电介质称为无极分子电介质。在没有电场作用时，负电荷对称分布在正电荷周围，每个分子的正负电荷中心不重合，电偶极矩不为0，这类分子称为**有极分子**，如水 H_2O 和氨气 NH_3 [图 7.3.3（b）]。有极分子构成的电介质称为有极分子电介质。由于分子的无规则热运动总是存在的，电偶极矩取向杂乱无章，因此分子通常对外不显电性。

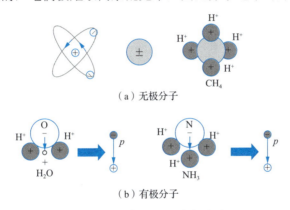

（a）无极分子

（b）有极分子

图 7.3.3　无极分子和有极分子

在电场力作用下，无极分子的正、负电荷中心产生位移，于是每个分子也等效一个电偶极子。在介质内部，这些电偶极子正、负电荷相间排列，中间无净电荷，呈中性，但会在表面呈现正、负电荷。这些电荷被束缚在原来的分子范围内不能做宏观移动，称为**束缚电荷**或**极化电荷**。这种在电介质表面出现极化电荷的现象称为**电介质的极化**。由于这种现象是电介质体内分子的正、负电荷在外电场中发生位移而形成的，因此又称**位移极化**，如图 7.3.4 所示。

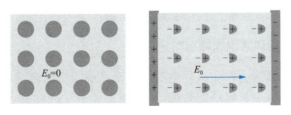

图 7.3.4　无极分子的位移极化

对于有极分子电介质，当加上外电场后，介质中的每个分子都受到力矩作用，使分子电偶极子的方向趋向外电场的方向。但由于分子热运动总是存在的，因此并非所有分子电偶极子都能转向与外电场一致方向，而是沿外电场方向的取向占优势。外电场越强，取向作用越显著，介质表面出现极化电荷越多，极化越强，称为**取向极化**，如图 7.3.5 所示。

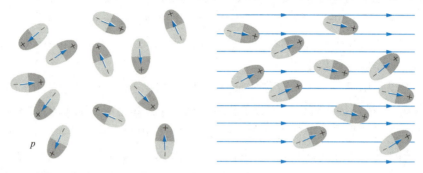

图 7.3.5　有极分子的取向极化

任何电介质都存在位移极化，对于有极分子，取向极化比位移极化强得多。

在静电场中，两种极化无显著差异，但在高频的交变电场中，因为分子的惯性比较大，其固有电偶极子的取向跟不上电场方向的变化，所以取向极化效应等于 0，电介质只发生位移极化。

如果外加电场很强，电介质的分子中的正、负电荷有可能被拉开，而变成可以自由移动的电荷，从而使得绝缘体变成导体，这种现象称为电介质的击穿。通常把电介质所能承受的最大电场强度称为**电介质的介电强度**或**击穿电场强度**。

如果无外电场，电介质是否还会发生极化现象？实际上会发生，在无外电场的情况下，某些电介质（如钠氯酸盐、电气石、石英、酒石酸等），在机械力作用下被压缩或拉伸时也会产生极化，在沿一定方向上受到外力的作用而变形时，其内部会产生极化现象，同时在其两个相对表面上出现正负相反的电荷。当外力去掉后，它又会恢复到不带电的状态，这种现象称为**压电效应**。压电效应是皮埃尔·居里和雅克·居里兄弟于 1880 年首先发现的。1881 年，他们通过实验验证了逆压电效应，也就是说，当在晶体两端加上电压时，晶体会发生形变，即伸长或缩短，这种现象称为电致伸缩。

压电效应和电致伸缩在现代技术中有着广泛的应用。例如，利用压电晶体能将机械力转变为电信号的特点，可以制成各种传感器，用于测量压力、频率等，还可制成频率高度稳定的晶体振荡器，进而可以制成各种石英表。1986 年，德国科学家鲁斯卡、比尼格，瑞士科学家罗勒因研制出扫描式隧道效应显微镜而共同获得诺贝尔物理学奖，该显微镜正是巧妙地利用了压电陶瓷的电致伸缩效应，带动针尖在样品表面一步一步地做微小移动，移动一步只有 0.01～0.1μm，实现了针尖对样品的扫描。

7.3.3　电介质中的安培环路定理和高斯定理

由于电介质在外电场中会产生极化电荷，进而在周围空间激发电场，因此电介质内部的电场是外加电场和极化电荷电场的叠加。

对于环路定理，因为极化电荷产生的电场也是有势场，所以在电介质中环路定理的形式不变，有

$$\oint \boldsymbol{E} \cdot \mathrm{d}\boldsymbol{l} = 0 \qquad (7.3.3)$$

由于电介质的存在仅是增加了新的场源，因此有电介质后的电场，可看作自由电荷和极化电荷分别在真空中激发的电场的叠加，用高斯定理表示为

$$\oint \boldsymbol{E} \cdot \mathrm{d}\boldsymbol{S} = \frac{1}{\varepsilon_0}\left(\sum q_0 + \sum q'\right) \qquad (7.3.4)$$

式中，$\sum q_0$ 和 $\sum q'$ 分别为闭合曲面 S 所包围的自由电荷和极化电荷的代数和。但是在电介质中，极化电荷分布复杂，与场强 $\boldsymbol{E}$ 互相牵制，一般无法预知。所以表达式中最好不要出现 q'，从而简化计算。那应该如何对式（7.3.4）进行简化呢？

这里以极板间充满各向同性均匀电介质的平行板电容器（图 7.3.6）为例进行介绍。电容器充电后，极板上自由电荷面密度为 $\pm\sigma_0$，电介质表面上形成极化电荷面密度 $\pm\sigma'$，在两极板间分别产生 $\boldsymbol{E}_0$ 和 $\boldsymbol{E}'$，如图 7.3.7 所示。

图 7.3.6　具有电介质的平行板电容器　　图 7.3.7　电介质中的场强

极化电荷产生的电场使电介质中的场强比电介质未引入时的场强减弱，可知

$$\boldsymbol{E} = \boldsymbol{E}_0 - \boldsymbol{E}' = \frac{\boldsymbol{E}_0}{\varepsilon_\mathrm{r}}$$

故有

$$\frac{\sigma_0}{\varepsilon_0} - \frac{\sigma'}{\varepsilon_0} = \frac{\frac{\sigma_0}{\varepsilon_0}}{\varepsilon_\mathrm{r}}$$

即

$$\sigma' = \sigma_0\left(1 - \frac{1}{\varepsilon_\mathrm{r}}\right)$$

根据高斯定理有

$$\oint \boldsymbol{E} \cdot \mathrm{d}\boldsymbol{S} = \frac{1}{\varepsilon_0}(\sigma_0 S - \sigma' S)$$

将 σ' 代入上式，有

$$\oint \varepsilon_0 \boldsymbol{E} \cdot \mathrm{d}\boldsymbol{S} = \sigma_0 S \frac{1}{\varepsilon_\mathrm{r}}$$

则有

$$\oint \varepsilon_0 \varepsilon_\mathrm{r} \boldsymbol{E} \cdot \mathrm{d}\boldsymbol{S} = \sigma_0 S = \sum q_0$$

令 $\varepsilon = \varepsilon_0 \varepsilon_\mathrm{r}$，称为电介质的介电常数或电容率，故有

$$\oint \varepsilon \boldsymbol{E} \cdot \mathrm{d}\boldsymbol{S} = \sum q_0$$

再定义一个描述电场的辅助物理量——**电位移矢量** $D = \varepsilon E$，在国际单位制中，电位移的单位是库/米^2（C/m^2），有

$$\oint D \cdot dS = \sum q_0 \qquad (7.3.5)$$

式（7.3.5）称为**电介质中的高斯定理**，式中没有包含极化电荷，只包含自由电荷。该式表明，通过电场中任意闭合曲面的电位移矢量，等于该闭合面所包围的自由电荷的代数和。虽然这一结论是从平行板电容器电场这一特殊情况下得到的，但它是普遍适用的，是静电场的基本定律之一。

7.4 静电场的能量

这一节讨论静电场的能量。这里将以平行板电容器的带电过程为例，讨论通过外力做功把其他形式的能量转变为电能的机理。在带电过程中，平行板电容器内建立起电场，从而以此为前提导出电场能量计算公式。

7.4.1 电容器的电能

设想电源给电容器两极板充电，即把微小电量 dq 无数次地从原来中性的极板 B 迁移到极板 A 上。显然，在移动电荷的过程中外界必须克服静电力做功。如图 7.4.1 所示，设某一瞬间两极板的电量分别为 $+q$ 和 $-q$，电势差为 U，此时若再将电量 dq 从负极板移到正极板，则外力做功为

$$W = U dq = \frac{q}{C} dq \qquad (7.4.1)$$

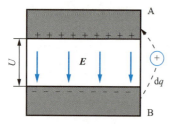

图 7.4.1 电容器的能量

式中，C 为电容器的电容。故当电容器极板上带电量从 0 增加到 $+Q$ 时，外力所做的功为

$$W = \int_0^Q \frac{q}{C} dq = \frac{1}{2} \frac{Q^2}{C} \qquad (7.4.2)$$

这里所求的功就是**电容器的静电能**，利用关系式 $Q = CU$，有

$$W = \frac{1}{2} \frac{Q^2}{C} = \frac{1}{2} QU = \frac{1}{2} CU^2 \qquad (7.4.3)$$

从上述讨论可以看出，在电容器的带电过程中，外力通过克服静电场力做功，可以把非静电能转换为电容器的电能。那么电能以什么形式存在呢？

7.4.2 电能密度

以平行板电容器为例，将 $U = Ed$、$C = \dfrac{\varepsilon S}{d}$ 代入平行板电容器的静电能计算公式，有

$$W = \frac{1}{2} CU^2 = \frac{1}{2} \varepsilon E^2 Sd = \frac{1}{2} \varepsilon E^2 V \qquad (7.4.4)$$

式中，V 为两极板间的体积。可见，电能只与表征电场性质的场强有关，而且正比于电场所占空间的体积。这表明，电能存储在电场中，或者说，电场是电能的携带者。同时可得，单位体积内储存的能量为

$$w_e = \frac{W}{V} = \frac{1}{2}\varepsilon E^2 = \frac{1}{2}DE \tag{7.4.5}$$

式中，w_e 称为**电场能量密度**，简称**电能密度**。上述结果虽然从均匀电场的特例中导出，但它是普遍适用的。

对于非均匀电场，若其中任一体积元 $\mathrm{d}V$ 所处的电能密度为 w_e，则体积元所储存的能量为

$$\mathrm{d}W = w_e\mathrm{d}V = \frac{1}{2}\varepsilon E^2\mathrm{d}V \tag{7.4.6}$$

因此，整个电场中储存的能量为

$$W = \int_V \mathrm{d}W = \int_V \frac{1}{2}\varepsilon E^2 \mathrm{d}V \tag{7.4.7}$$

电能的携带者是电荷还是电场，在静电情况下无法用实验判别。因为带电系统的形成过程也是电场的建立过程，电荷与电场总是如影随形同时存在的。但是实验表明，电场和磁场可以脱离电荷独立存在，并携带能量以一定的速度在空间传播，这就是电磁波。这说明，电场是一种物质，具有能量。

例 7.4.1 利用电场能量密度 $w_e = \frac{1}{2}\varepsilon E^2$ 计算均匀带电球体的静电能，设球体半径为 R，带电荷量 Q，空间电介质的电容率为 ε。

解：首先利用高斯定理

$$\oint \boldsymbol{E} \cdot \mathrm{d}\boldsymbol{S} = \frac{\sum q}{\varepsilon}$$

求空间电场强度分布。

当 $r < R$ 时，有

$$4\pi r^2 E_1 = \frac{Q}{\varepsilon} \cdot \frac{r^3}{R^3}$$

$$E_1 = \frac{Qr}{4\pi\varepsilon R^3}$$

当 $r \geqslant R$ 时，有

$$4\pi r^2 E_2 = \frac{Q}{\varepsilon}$$

$$E_2 = \frac{Q}{4\pi\varepsilon r^2}$$

电场方向沿径向向外，则静电能为

$$W = \int_V \mathrm{d}W = \int_V \frac{1}{2}\varepsilon E^2 \mathrm{d}V$$

$$= \frac{1}{2}\varepsilon \int_0^R \left(\frac{Qr}{4\pi\varepsilon R^3}\right)^2 4\pi r^2 \mathrm{d}r + \frac{1}{2}\varepsilon \int_R^\infty \left(\frac{Q}{4\pi\varepsilon r^2}\right)^2 4\pi r^2 \mathrm{d}r$$

$$= \frac{3Q^2}{20\pi\varepsilon R}$$

例7.4.2 真空中有一个均匀带电的球面，半径为R，所带总电荷量为Q，计算其空间电场的能量。

解： 均匀带电的球面在空间某点产生的电场强度，利用高斯定理可求得。

当$r < R$时，有
$$E_1 = 0$$

当$r \geq R$时，有
$$E_2 = \frac{Q}{4\pi\varepsilon_0 r^2}$$

可见，电场只存在于球面外，并充满整个球面空间，方向沿径向向外。

在电场的空间取半径为r、厚度为dr的一薄球层，该薄球层的体积为
$$dV = 4\pi r^2 \cdot dr$$

半径为r处的电场强度大小为
$$E_2 = \frac{Q}{4\pi\varepsilon_0 r^2}$$

则空间电场的能量为
$$W = \int_V dW = \int_V \frac{1}{2}\varepsilon_0 E^2 dV$$
$$= \frac{1}{2}\varepsilon_0 \int_R^\infty \left(\frac{Q}{4\pi\varepsilon_0 r^2}\right)^2 4\pi r^2 dr = \frac{Q^2}{8\pi\varepsilon_0 R}$$

思考与探究

7.1 回答以下问题：

（1）静电平衡的条件是什么？

（2）为何精密的电子仪器原件都打磨得比较光滑？

（3）高压连线旁边为何还有两根金属线？

（4）能否说电容器的电容和储存的电荷成正比，和板间的电压成反比？

（5）一平行板电容器充电结束后，将电源断开，将一块塑料板夹在两板之间，则以下物理量如何变化？
①电容；②两板的电荷量；③两板间的电势差；④电场强度。

（6）电介质的极化现象和导体的静电感应现象有什么区别？

（7）怎样从物理概念上说明自由电荷与极化电荷的差别？

（8）下列各表述是否正确？在什么情况下正确？在什么情况下不正确？请举例说明。
① 接地的导体都不带电；
② 一导体的电势为0，则该导体不带电；
③ 任何导体只要它所带的电量不变，则其电势也是不变的。

（9）在一个孤立导体球壳的中心放一个点电荷，球壳内外表面上的电荷分布是否均匀？

如果点电荷偏离球心，情况又如何？

7.2 如下图所示，半径为 R_1 的金属球所带电荷量为 q，球外套一同心导体球壳，其内、外半径分别为 R_2、R_3，外球壳所带总电荷为 Q。

（1）求三个球面的电荷分布。
（2）求两个导体球的电势。
（3）若外导体球接地，求内导体球的电势。

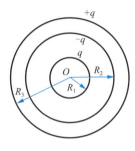

题 7.2 图

7.3 如下图所示，三个平行金属板 A、B、C 的面积都是 200cm^2，A 和 B 相距 4mm，A 和 C 相距 2mm，B 和 C 都接地。如果使 A 板带正电 3.0×10^{-7}C，略去边缘效应，问 B 板和 C 板上的感应电荷各是多少？以地的电势为 0，则 A 板的电势是多少？

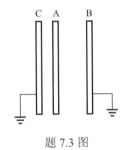

题 7.3 图

7.4 如下图所示，真空中有一原不带电的导体球，现将一点电荷 q 移到距导体球中心 r 处，求此时导体的电势。

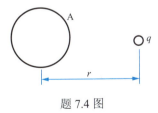

题 7.4 图

7.5 球形电容器的内、外半径分别为 R_1 和 R_2，所带电荷为 $\pm Q$。若在两球壳间充以电容率为 ε 的电介质，则此电容器储存的电场能量为多少？

稳 恒 磁 场

▍单元导读

早在远古时期，人们就发现某些天然矿石具有吸引铁屑的本领，并把它们称为天然磁铁。我国是世界上铁矿开采技术与铁的使用最早的国家，磁石吸铁现象约在春秋时期就被人们发现了。在秦汉时期，我国已经发明了磁性指向器，当时称它为"司南"。磁铁有两个磁极，如果将一条形磁铁悬挂起来，则两极总是分别指向南、北方向，指北的一端称为北极（用 N 表示），指南的一端称为南极（用 S 表示），两个磁极之间有相互作用力，同性磁极互相排斥，异性磁极互相吸引。那么磁的本质是什么呢？

▍能力目标

1. 掌握描述磁场特性的基本物理量——磁感应强度，理解毕奥-萨伐尔定律并能计算一些典型问题的磁感应强度。
2. 理解磁场的高斯定理和安培环路定理，能应用安培环路定理进行磁感应强度的计算。
3. 掌握磁场对带电粒子和载流导线的作用规律。

▍思政目标

1. 提高洞察力，善于透过现象看本质。
2. 培养辩证思维、创新思维，尊重事实和规律。

8.1 磁场 磁感应线 磁感应强度

讨论：电和磁很像一对"孪生兄弟"，它们有很多相似之处，如同性相斥、异性相吸。那两者之间有无联系呢？

8.1.1 磁场

1785 年，法国物理学家库仑用自制的扭秤测定了磁力的大小。他发现，磁力的公式同电荷作用公式很相似。在当时的认知中，电荷可以分开，正电荷和负电荷能够独立存在，但磁极却不能分开，一根磁棒不论折成多少段，每一段都是一个具有南北极的新磁棒。库仑也因此断言，电和磁两者之间没有关系，也不可能互相转换。1786 年，德国哲学家康德出版了《自然科学的形而上学初始依据》一书。他在该书中指出，世界上只存在两种基本力，一种是引力，另一种是斥力，自然界的其他作用力，如电、磁、热、光和化学亲和力等，都是这两种力在不同条件下的转化。

康德阐述的是一种哲学思想，库仑提出的是一个实验的结论，当时绝大多数科学家认为库仑的观点是对的。那么电和磁究竟有没有联系呢？

1820 年，丹麦物理学家奥斯特在康德哲学思想的引导下，一直试图寻找电和磁之间的关系。起初，他用莱顿瓶做实验，但不管莱顿瓶带的电多强，也没有发现它的磁效应。那么闪电为什么能使小刀磁化呢？他想，莱顿瓶带的一定是静电，而闪电带的是动电。于是他改用伏打电堆产生的电流做实验，但是也失败了。直到 1820 年 4 月的一天，他把一根很细的铂丝连在伏打电堆上，细铂丝下放一个磁针，以往的试验磁针与导向是垂直的，他这次特意让磁针与细铂丝平行，接通电源后发现，磁针竟然摆动了一下。由于试验的电流很小，磁针摆动得不大明显。又经过 3 个月的深入研究，奥斯特发现在通电导线的周围确实存在一个环形磁场。从此，电学和磁学两个独立的学科才开始联系起来。

1820 年 9 月初，法国物理学家阿拉果从瑞士带回了奥斯特发现电流磁效应的消息，该消息旋即在法国科学界引起了巨大的反响。法国物理学家安培对此做出了异乎寻常的反应，他于消息发布的第二天就重复了奥斯特电流对磁针作用的实验。在实验过程中，安培逐步认识到，磁并不是与电分开的孤立现象，而是电的许多特性的一个方面，他试图从电的角度对已发现的电磁现象做出解释。9 月 18 日，他向法国科学院提交了第一篇论文，提出圆形电流有起到磁铁作用的可能性。9 月 25 日，他提交了第二篇论文，阐述了他用实验证明了两个平行直导线在电流方向相同时相互吸引、在电流方向相反时相互排斥的报告。10 月 9 日，他提交了第三篇论文，提出磁体中存在一种绕磁轴旋转的宏观电流。

法国物理学家菲涅耳是安培的好朋友，他了解到安培发表的论文以后，指出安培的假设不能成立，即磁体不可能存在安培所设想的宏观电流，否则，由于宏观电流的存在，磁体将生热，但实际上磁体不可能自行地比周围的环境更热一些。菲涅耳在给安培的一封信中建议,为什么不把假定的宏观电流改为环绕着每一个分子呢?这样,如果这些分子可以排成行,这些微观的电流将会合成所需要的同心电流。

收到菲涅耳的信后,安培立即放弃了原来的假定而采取了菲涅耳的建议,于1821年1月前后,提出了著名的"分子电流假说"。安培的分子电流假说认为,在原子、分子等物质微粒的内部,存在着一种环形电流——分子电流,该电流可使每个微粒成为微小的磁体,而分子的两侧相当于两个磁极。根据安培的分子电流假说,通常情况下,磁体分子的分子电流取向是杂乱无章的,它们产生的磁场互相抵消,对外不显示磁性;当有外界磁场作用后,分子电流的取向大致相同,分子间相邻的电流作用抵消,而表面部分未抵消,它们的效果显示出宏观磁性,如图 8.1.1 所示。

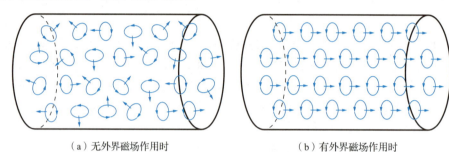

(a) 无外界磁场作用时　　　　　　(b) 有外界磁场作用时

图 8.1.1　安培的分子电流假说

经过长期的探索研究,人们认识到,一切磁现象都可归纳为运动着的电荷间的相互作用。而这种相互作用与静止电荷间的作用类似,是通过磁场传递的。也就是说,运动电荷在其周围产生磁场,磁场再对位于其间的其他运动电荷施加作用力。

注意:电荷间的磁相互作用与静电相互作用不同,无论电荷静止还是运动,它们之间都存在库仑作用力,而只有运动的电荷之间才存在磁相互作用。

运动的普遍性决定了磁现象的普遍性。现代科学实验已经证实,从微观世界中的原子核、基本粒子,到宏观世界中的地球、太阳及其他星球,它们都具有或强或弱的磁性。

8.1.2　磁感应线

如果把小磁针放在磁体或电流的磁场中,小磁针因受磁场力的作用,它的两极静止时不一定指向南北方向,而指向另外某一个方向,在磁场中所处位置不同,小磁针静止时指的方

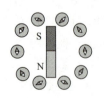

图 8.1.2　放在磁场中的小磁针

向一般并不相同,如图 8.1.2 所示。这个事实说明,磁场是有方向性的。物理学规定,在磁场中的任一点,小磁针北极受力的方向,即小磁针静止时北极所指的方向,就是那一点的磁场方向。

在磁场中人们可以利用磁感应线来形象地描绘各点的磁场方向,即在磁场中画出一些有方向的曲线,在这些曲线上,每一点的切线方向都在该点的磁场方向上。实验中常用铁屑在磁场中被磁化的性质来显示磁感应线的形状。在磁场中放一块玻璃板,在玻璃板上均匀地撒一层细铁屑,细铁屑在磁场里被磁化成"小磁针"。轻敲玻璃板使铁屑能在磁场作用下转动,铁屑静止时有规则地排列起来,显示出磁感应线的形状。图 8.1.3 所示为条形磁铁和蹄形磁铁的磁感应线分布情况,从图中可以看出,磁铁外部的磁感应线从磁铁的北极出来,进入磁铁的南极。

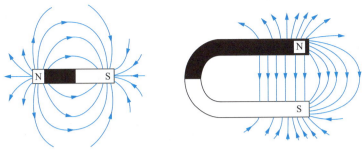

（a）条形磁铁的磁感应线　　　　（b）蹄形磁铁的磁感应线

图 8.1.3　条形磁铁和蹄形磁铁的磁感应线分布情况

图 8.1.4（a）所示为直线电流磁场的磁感应线分布情况。直线电流磁场的磁感应线是一些以导线上各点为圆心的同心圆，这些同心圆都在与导线垂直的平面上。实验表明，改变电流的方向，各点的磁场方向都变成相反的方向，即磁感应线的方向随着改变。直线电流的方向与其磁感应线方向之间的关系可以用**安培定则**（也称右手螺旋定则）来判定：用右手握住导线，让伸直的大拇指所指的方向与电流的方向一致，弯曲的四指所指的方向就是磁感应线的环绕方向。

图 8.1.4（b）所示为环形电流磁场的磁感应线分布情况。环形电流磁场的磁感应线是一些围绕环形导线的闭合曲线。在环形导线的中心轴线上，磁感应线和环形导线的平面垂直。环形电流的方向与中心轴线上的磁感应线方向之间的关系，也可以用安培定则来判定：让右手弯曲的四指和环形电流的方向一致，伸直的大拇指所指的方向就是环形导线中心轴线上磁感应线的方向。

图 8.1.5 所示为通电螺线管磁场的磁感应线分布情况。通电螺线管的电流方向与其磁感应线方向之间的关系，也可用安培定则来判定：用右手握住螺线管，让弯曲的四指所指的方向跟电流的方向一致，大拇指所指的方向就是螺线管内部磁感应线的方向。也就是说，大拇指指向通电螺线管的北极。

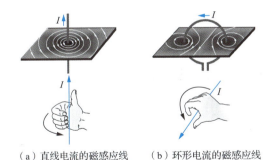

（a）直线电流的磁感应线　（b）环形电流的磁感应线

图 8.1.4　直线电流和环形电流的磁感应线分布情况

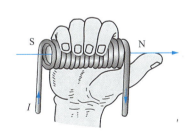

图 8.1.5　通电螺线管磁场的磁感应线分布情况

在磁场中也可以用磁感应线的疏密程度大致表示磁感应强度的大小。在同一个磁场的磁感应线分布图上，磁感应线越密集的位置，表示此处的磁感应强度越大。这样，利用磁感应线的分布就可以形象地表示出磁场的强弱和方向。

如果磁场的某一区域里，磁感应强度的大小和方向处处相同，那么这个区域的磁场叫作**匀强磁场**。匀强磁场是最简单同时又很重要的磁场，在电磁仪器和科学实验中有重要的应用。距离很近的两个异名磁极之间的磁场、通电螺线管内部的磁场，除边缘部分外，都可认为是匀强磁场。

8.1.3 磁感应强度

在讨论电场性质时，曾以作用在实验电荷的电力定义电场强度 E。现在为了描述磁场的性质，同样可以采用此种方法，通过研究磁场作用在运动电荷上的磁力，引入物理量磁感应强度 B。下面引入实验电荷，研究磁场作用下运动电荷上的磁力。

假设除电力、磁力外的其他力可忽略，取一带电量为 q 的实验电荷置于磁场中不同地点，检验是否有电力，若有，则在以后测定的合力中减去，使只出现磁力。然后，将速度为 v 的实验电荷引入磁场，测量通过场中任意给定点时的电荷所受的磁力。结果如图 8.1.6 所示。

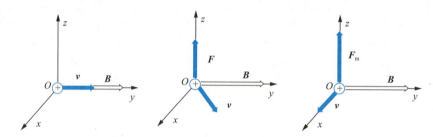

图 8.1.6 运动电荷在磁场中所受的作用力

（1）当带电量为 q 的实验电荷以恒定速率 v 沿不同方向通过场点 P 时，通常会受到磁力的作用，但存在一个特定的方向，当电荷沿此方向运动时，所受磁力为零。

（2）不论运动电荷运动方向如何，其所受磁力的方向始终与速度方向垂直。

（3）带电量为 q、速率为 v 的运动电荷在场点所受磁力的大小与运动方向有关，当电荷运动方向与上述特定方向垂直时，电荷所受磁力最大，并与运动电荷的速率成正比，即

$$F_m \propto qv$$

上述实验表明，磁场中任何一点都存在一个固有的特征方向和确定的比值 $\dfrac{F_m}{qv}$，它们只与磁场性质有关，与实验电荷的性质无关，并且它们客观反映了某场点处磁场的方向与强弱。因此，可以依据上述实验事实定义描述磁场性质的磁感应强度大小 B，有

$$B = \frac{F_m}{qv} \tag{8.1.1}$$

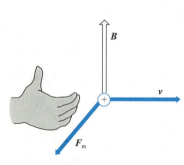

图 8.1.7 磁感应强度方向的判别

磁感应强度的方向与实验电荷受磁力为零时速度的方向相同，也就是将小磁针放在该点 N 极所指的方向，或者根据正电荷受最大磁力和速度的方向，按右手螺旋法则来确定。将右手四指由正电荷所受最大磁力的方向，沿小于 180° 的角度转向正电荷运动速度的方向，这时大拇指的指向便是 B 的方向，如图 8.1.7 所示。

在国际单位制中，磁感应强度的单位为牛/（安·米），称为特斯拉（T）。在高斯单位制中，磁感应强度的单位是高斯（G），$1G = 10^{-4}T$。

反过来,磁场作用于运动电荷 q 的磁力大小可以表示为

$$F = qvB\sin\theta \tag{8.1.2}$$

式中,θ 为 v 与 B 间的夹角,取小于 π 的角度。式(8.1.2)也可表示为矢量式,即

$$\boldsymbol{F} = q\boldsymbol{v} \times \boldsymbol{B} \tag{8.1.3}$$

为了纪念洛伦兹对发展和阐明电场和磁场概念所做的贡献,人们将磁场对运动电荷的作用力称为**洛伦兹力**。洛伦兹力垂直于电荷的运动方向,因而不做功,只改变电荷的速度方向,不能改变速度的大小。

毕奥-萨伐尔定律

讨论:前面已经提到,通电的直导线四周会产生环形的磁场,那么直导线产生的磁场与电流有何关系呢?

19 世纪 20 年代,法国科学家让-巴蒂斯特·毕奥和菲利克斯·萨伐尔研究了长直载流导线在周围空间产生的磁场,得出空间某点处的磁感应强度与导线中的电流成正比,与该点到导线的距离的二次方成反比的结论。其后,法国物理学家皮埃尔-西蒙·拉普拉斯对这一问题进行了细致分析,提出了电流元产生的磁场的磁感应强度的数学表达式,故该结论称为毕奥-萨伐尔-拉普拉斯定律,简称**毕奥-萨伐尔定律**。

图 8.2.1 所示为真空中一根通有稳恒电流的细导线。在导线中沿电流方向取一矢量线元 $\mathrm{d}\boldsymbol{l}$,此线元取得足够小,方向与线元内电流密度的方向相同,并称 $I\mathrm{d}\boldsymbol{l}$ 为电流元。导线中任一电流元在空间某点产生的磁感应强度 $\mathrm{d}\boldsymbol{B}$ 的大小与电流元 $I\mathrm{d}l$ 成正比,与电流元到 P 点的矢径间的夹角 θ 的正弦成正比,而与电流元到 P 点的距离 r 的二次方成反比,数学表达式为

$$\mathrm{d}B = \frac{\mu_0}{4\pi} \frac{I\mathrm{d}l\sin\theta}{r^2} \tag{8.2.1}$$

式中,$\mu_0 = 4\pi \times 10^{-7} \mathrm{N/A}^2$,称为真空磁导率。$\mathrm{d}\boldsymbol{B}$ 的方向垂直于 $\mathrm{d}\boldsymbol{l}$ 与 $\boldsymbol{r}$ 组成的平面,符合右手螺旋法则,如图 8.2.2 所示。毕奥-萨伐尔定律反映了电流元与其激发的磁场之间的定量关系,为稳恒磁场的基本定律之一。

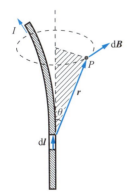 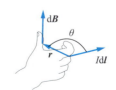

图 8.2.1 电流元在 P 点产生的磁场   图 8.2.2 电流元磁感应强度方向的判别

对于一段给定的载流导线，此时就要运用叠加原理，即有

$$B = \int \mathrm{d}B = \frac{\mu_0}{4\pi} \int \frac{I\mathrm{d}l\sin\theta}{r^2} \tag{8.2.2}$$

在对具体问题进行求解时，应先选取适当的坐标，写成分量形式，分步积分求出分量的值，然后求合磁感应强度的大小和方向。

需要指出的是，毕奥-萨伐尔定律虽是以实验为基础，并经过科学抽象得到的，但是它不能由实验直接证明，这是因为无法从整个稳恒电路中将电流元孤立出来。但是可以应用这一定律计算某些特定形状的载流回路所产生的磁场，并与实验测定结果进行比较。实际上，实验结果与计算符合得很好，证明该定律是正确的。

例 8.2.1 设真空中一长直导线中通有电流 I，方向沿 x 轴正向。试计算距导线为 a 的场点 P 的磁感应强度。

解： 如图 8.2.3 所示，以 P 点至导线的垂足 O 为坐标原点。在导线上任取一电流元 $I\mathrm{d}x$，根据毕奥-萨伐尔定律，它在 P 点产生的磁感应强度的大小为

$$\mathrm{d}B = \frac{\mu_0}{4\pi} \frac{I\mathrm{d}x\sin\theta}{r^2}$$

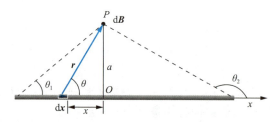

图 8.2.3 载流长直导线附近磁场的计算

根据右手螺旋法则，方向垂直纸面向外。根据图示，有

$$x = -a\cot\theta$$

$$r = \frac{a}{\sin\theta}$$

$$\mathrm{d}x = \frac{a\mathrm{d}\theta}{\sin^2\theta}$$

故有

$$B = \int \mathrm{d}B = \int \frac{\mu_0}{4\pi} \frac{I\mathrm{d}x\sin\theta}{r^2}$$

$$= \int \frac{\mu_0 I}{4\pi} \frac{\sin^2\theta}{a^2} \frac{a}{\sin^2\theta} \sin\theta \mathrm{d}\theta$$

$$= \frac{\mu_0 I}{4\pi a} \int_{\theta_1}^{\theta_2} \sin\theta \mathrm{d}\theta = \frac{\mu_0 I}{4\pi a} (\cos\theta_1 - \cos\theta_2)$$

当导线的长度远大于 a，即可将导线视为无限长，将 $\theta_1 = 0$、$\theta_2 = \pi$ 代入，有

$$B = \frac{\mu_0 I}{2\pi a}$$

上式表明，无限长载流导线周边各点的磁感应强度 $\boldsymbol{B}$ 的大小与距离成反比，方向沿着以导线为中心的周圆的切线。这个结论与毕奥-萨伐尔早期的试验结果是一致的。

例 8.2.2 设真空中有一圆线圈，其半径为 R，通有电流 I。试求通过圆心并垂直于导线平面的轴线上任意点 P 处的磁感应强度 B。

解：选取如图 8.2.4 所示的坐标轴 Ox，其中轴通过圆心 O，并垂直于圆导线的平面。任取一电流元 $Id\boldsymbol{l}$，它与矢径 $\boldsymbol{r}$ 始终垂直，在 P 点产生的磁感应强度的大小为

$$dB = \frac{\mu_0}{4\pi}\frac{Idl}{r^2}$$

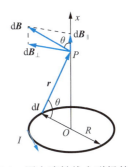

图 8.2.4 圆电流轴线上磁场的计算

$d\boldsymbol{B}$ 方向垂直于 $Id\boldsymbol{l}$ 与 $\boldsymbol{r}$ 所组成的平面，由右手螺旋法则确定。由于对称性，垂直分量互相抵消，沿轴分量互相加强，即

$$B = \int dB_\parallel = \int dB\cos\theta$$

显然有

$$\cos\theta = \frac{R}{r} = \frac{R}{(R^2+x^2)^{\frac{1}{2}}}$$

$$B = \int dB_\parallel = \int_0^{2\pi R} \frac{\mu_0 IRdl}{4\pi(R^2+x^2)^{\frac{3}{2}}}$$

$$= \frac{\mu_0 IR^2}{2(R^2+x^2)^{\frac{3}{2}}}$$

$\boldsymbol{B}$ 方向沿 OP 轴，与电流方向满足右手螺旋法则。

由上式可以看出，当 $x=0$ 时，圆心处的磁感应强度的大小为

$$B = \frac{\mu_0 I}{2R}$$

当 $x \gg R$ 时，有

$$B = \frac{\mu_0 IR^2}{2x^3}$$

圆电流的面积为 $S = \pi R^2$，上式可以写成

$$B = \frac{\mu_0 IS}{2\pi x^3}$$

上式表明，圆线圈中心轴线上的磁感应强度大小取决于线圈本身的物理量 I 和 S 的乘积。这里可以引入物理量磁矩 $\boldsymbol{p}_m$ 来描述载流线圈的磁性质，即

$$\boldsymbol{p}_m = NIS\boldsymbol{n}$$

式中，N 为线圈的匝数；$\boldsymbol{n}$ 为线圈平面正法线方向上的单位矢量，其方向与电流环绕方向满足右手螺旋法则。则有

$$B = \frac{\mu_0 p_m}{2\pi x^3}$$

若将由载流线圈发出的磁感应线在远离线圈处的分布情况与电偶极子发出的电场线的分布情况进行比较，不难发现它们之间的相似之处。这种场点到场源的距离远大于线圈尺寸的载流线圈称为**磁偶极子**。电子、质子和其他许多基本粒子都可近似地看作绕轴转动的

带电球体，一个转动的带电球体在性质上等效于一个圆形电流，在远离粒子处基本上也是一个磁偶极子场，如图 8.2.5 所示。

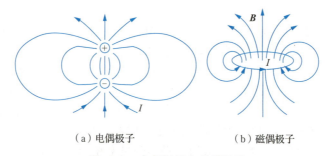

（a）电偶极子　　　　　　（b）磁偶极子

图 8.2.5　电偶极子和磁偶极子

例 8.2.3　试求如图 8.2.6 所示用导线绕成的圆柱状螺旋线圈，即直螺线管内轴线上的磁场。

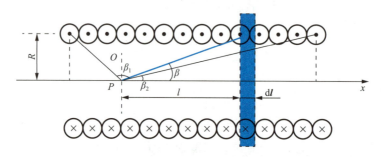

图 8.2.6　载流直螺线管

解：设均匀密绕螺线管的半径为 R，每单位长度有 n 匝线圈，由于绕得很密，每匝线圈相当于一个圆形线圈，通过的电流为 I。

在螺线管上任取一小段 $\mathrm{d}l$，其中有 $n\mathrm{d}l$ 匝线圈，这一小段螺线管相当于一个电流强度为 $In\mathrm{d}l$ 的圆电流，因此它在 P 点产生的磁感应强度的大小为

$$\mathrm{d}B = \frac{\mu_0 I R^2 n \mathrm{d}l}{2(R^2+l^2)^{\frac{3}{2}}}$$

方向沿 x 轴正方向。

为了便于积分，引入变量 β，它是自 P 点到所引的矢量与轴线间的夹角。由图 8.2.6 可知

$$l = R\cot\beta$$
$$\mathrm{d}l = -R\csc^2\beta \mathrm{d}\beta$$
$$R^2 + l^2 = R^2\csc^2\beta$$

联立以上各式，得

$$\mathrm{d}B = \frac{\mu_0 I R^2 n \mathrm{d}l}{2(R^2+l^2)^{\frac{3}{2}}} = -\frac{\mu_0}{2} nI\sin\beta \mathrm{d}\beta$$

载流直螺线管在 P 点所产生的磁感应强度等于各个这样的圆电流在该点所产生的磁感应强度的总和。由于各圆电流所产生的 $\mathrm{d}\boldsymbol{B}$ 具有相同的方向，所以整个螺线管在 P 点所产

生的磁感应强度的大小为

$$B = \int dB = -\frac{\mu_0}{2}nI\int_{\beta_1}^{\beta_2}\sin\beta d\beta = \frac{\mu_0}{2}nI(\cos\beta_2 - \cos\beta_1)$$

当螺线管为无限长时，如管长 $L \gg R$，有 $\beta_1 \to \pi$，$\beta_2 \to 0$，于是有

$$B = \mu_0 nI$$

可见，无限长直螺线管内轴线上的磁场是均匀的。

对于长直螺线管轴线上的两个端点，相应有 $\beta_1 \to \frac{\pi}{2}$，$\beta_2 \to 0$，或 $\beta_1 \to \pi$，$\beta_2 \to \frac{\pi}{2}$，有

$$B = \frac{1}{2}\mu_0 nI$$

即对长直螺线管的端点来说，该处磁感应强度恰好是内部磁感应强度的一半。

8.3 磁场的高斯定理 安培环路定理

讨论：根据静电场的相关性质，磁感应强度通过任意闭合曲面的磁通量的值和沿任一闭合路径的积分的值各是多少？

8.3.1 磁通量

与电场中引入电通量的方法相似，规定穿过磁场中任一面积元 dS 的磁感应线数为磁通量，即

$$d\phi_m = \boldsymbol{B} \cdot d\boldsymbol{S} = B\cos\theta dS \tag{8.3.1}$$

式中，θ 为面积元 dS 的法线 $\boldsymbol{n}$ 与 $\boldsymbol{B}$ 的夹角，则穿过曲面 S 的通量为

$$\phi_m = \int_S \boldsymbol{B} \cdot d\boldsymbol{S} \tag{8.3.2}$$

因此，可将穿过某曲面的磁通量形象地表述为穿过某一曲面的磁感应线的总和，如图 8.3.1 所示。

在国际单位制中，磁通量的单位是特·米^2，或为韦（Wb）。

如果 S 是闭合曲面，那么取闭合曲面的外法线方向为法线正方向，因此，在磁感应线穿出曲面处，$\boldsymbol{B}$ 与 $\boldsymbol{n}$ 的夹角为锐角，相应的磁通量为正；在磁感应线穿入曲面处，$\boldsymbol{B}$ 与 $\boldsymbol{n}$ 的夹角为钝角，通过该处的磁通量为负。

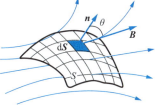

图 8.3.1 磁通量

8.3.2 磁场的高斯定理

磁感应线是既无起点又无终点的闭合线，从一个闭合曲面 S 的某处穿进的磁感应线，必定从该曲面的另一处穿出，因此通过磁场中任意闭合曲面的磁通量恒等于零，即

$$\phi_m = \oint_S \boldsymbol{B} \cdot d\boldsymbol{S} = 0 \tag{8.3.3}$$

式（8.3.3）称为**稳恒磁场的高斯定理**。

将式（8.3.3）与静电场中的高斯定理

$$\oint_S \boldsymbol{D} \cdot \mathrm{d}\boldsymbol{S} = \sum q$$

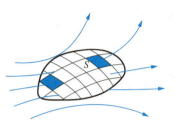

图 8.3.2 磁场的高斯定理

相比较即可看出，虽然两式在形式上相似，但显然静电场和稳恒磁场有着本质区别。磁场的高斯定理与静电场的高斯定理存在不对称性。自然界单独存在正、负电荷，通过闭合曲面的电通量可以不为零，所以静电场为有源场。磁场的磁感应线是无头无尾，总是闭合的，所以**磁场为无源场**。磁场的高斯定理如图 8.3.2 所示。

既然自然界中存在自由的正、负电荷，那有没有可能存在单个磁极，即磁单极子呢？

1931 年，英国物理学家保罗·狄拉克认为，既然带有基本电荷的电子在宇宙中存在，那么理应存在带有基本"磁荷"的粒子，并指出磁单极子的磁荷也是量子化的，而且最小磁荷与电子电荷的乘积为 $\dfrac{hc}{4\pi}$（h 是普朗克常量，c 是光速）。1982 年 2 月 14 日，美国斯坦福大学物理系的布拉斯·卡布雷拉宣称利用超导线圈发现了磁单极粒子，然而事后他在重复他先前的实验时却未得到先前探测到的磁单极粒子，最终未能证实磁单极粒子的存在。1994 年，美国物理学家内森·塞伯格和爱德华·威滕首次证明了磁单极粒子存在理论上的可能性。然而，从高能加速器到宇宙射线，从深海沉积物到月球岩石，人们至今都没有找到磁单极粒子存在的直接证据。

8.3.3 磁场的安培环路定理

静电场中 $\oint_L \boldsymbol{E} \cdot \mathrm{d}\boldsymbol{l} = 0$，表示静电场是保守力场。那么磁场是不是保守力场呢？$\oint_L \boldsymbol{B} \cdot \mathrm{d}\boldsymbol{l}$ 的值是多少呢？

现以长直载流导线周围的磁场（图 8.3.3）为例来分析这个问题。

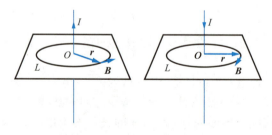

图 8.3.3 长直载流导线周围的磁场

在垂直于导线的平面上取一围绕电流的封闭圆 L。L 上任一点的磁感应强度 $\boldsymbol{B}$ 的大小为

$$B = \frac{\mu_0 I}{2\pi r}$$

其方向与矢径 $\boldsymbol{r}$ 垂直，由右手螺旋法则确定。在该点取线元 $\mathrm{d}\boldsymbol{l}$，与 $\boldsymbol{B}$ 的夹角为 $0°$，则有

$$\oint_L \boldsymbol{B} \cdot \mathrm{d}\boldsymbol{l} = \oint_L \frac{\mu_0 I}{2\pi r} \cdot \mathrm{d}l \cdot \cos 0° = \frac{\mu_0 I}{2\pi r} \int_0^{2\pi r} \mathrm{d}l = \mu_0 I$$

线元 $\mathrm{d}\boldsymbol{l}$ 的方向就是沿闭合回路积分时的绕行方向。

如果改变绕行方向，则在该点取线元 dl，与 B 的夹角为 180°，有

$$\oint_L \boldsymbol{B} \cdot \mathrm{d}\boldsymbol{l} = \oint_L \frac{\mu_0 I}{2\pi r} \cdot \mathrm{d}l \cdot \cos 180° = -\frac{\mu_0 I}{2\pi r} \int_0^{2\pi r} \mathrm{d}l = \mu_0(-I)$$

积分结果为负值，也可以认为电流取为负值。由于积分时的绕行方向可以任意选定，因此规定：当积分绕行方向与电流流向满足右螺旋法则时，闭合曲线所包围的电流为正值，反之为负值。

如果闭合曲线为任一包围电流的曲线 [图 8.3.4（a）]，则由图可知，$\cos\theta \mathrm{d}l = r\mathrm{d}\varphi$，故有

$$\oint_L \boldsymbol{B} \cdot \mathrm{d}\boldsymbol{l} = \oint_L B\cos\theta \mathrm{d}l = \oint_L \frac{\mu_0 I}{2\pi r} r\mathrm{d}\varphi$$

$$= \frac{\mu_0 I}{2\pi} \int_0^{2\pi} \mathrm{d}\varphi = \mu_0 I$$

如果闭合曲线为任一不包围电流的曲线 [图 8.3.4（b）]，则有

$$\oint_L \boldsymbol{B} \cdot \mathrm{d}\boldsymbol{l} = \oint_{L_1} \boldsymbol{B} \cdot \mathrm{d}\boldsymbol{l} + \oint_{L_2} \boldsymbol{B} \cdot \mathrm{d}\boldsymbol{l}$$

$$= \frac{\mu_0 I}{2\pi} \left(\oint_{L_1} \mathrm{d}\varphi + \oint_{L_2} \mathrm{d}\varphi \right) = \frac{\mu_0 I}{2\pi}[\varphi + (-\varphi)] = 0$$

如果闭合曲线为任一包围电流的空间曲线 [图 8.3.4（c）]，则可将其上每一段线元 dl 分解为在平行于直导线平面内的分矢量 d$l_\parallel$ 与垂直于此平面的分矢量 d$l_\perp$，故有

$$\oint_L \boldsymbol{B} \cdot \mathrm{d}\boldsymbol{l} = \oint_L \boldsymbol{B} \cdot \mathrm{d}\boldsymbol{l}_\parallel + \oint_L \boldsymbol{B} \cdot \mathrm{d}\boldsymbol{l}_\perp$$

$$= \oint_L \boldsymbol{B} \cdot \mathrm{d}\boldsymbol{l}_\parallel + 0 = \mu_0 I$$

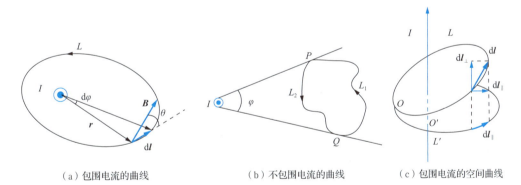

（a）包围电流的曲线　　　（b）不包围电流的曲线　　　（c）包围电流的空间曲线

图 8.3.4　闭合回路为任意形状的曲线

虽然上面讨论的是长直载流导体，但其结论具有普遍性，对任意形状的载流导体所产生的磁场均适用，而且当闭合曲线包围多根载流导线时也同样适用，故一般可写成

$$\oint_L \boldsymbol{B} \cdot \mathrm{d}\boldsymbol{l} = \mu_0 \sum_i I_i \tag{8.3.4}$$

式（8.3.4）表达了电流与由它所激发磁场之间的普遍规律，称为**磁场的安培环路定理**，也称安培环路定理，可表述为：**在真空的稳恒磁场中，磁感应强度沿任一闭合路径的积分的值等于 μ_0 乘以该闭合路径所包围的各电流的代数和。**

安培环路定理表明，稳恒磁场的性质与静电场不同。在静电场中，场强 E 的环流为零，说明静电场为势场。在稳恒磁场中，磁感应强度 B 的环流不为零，不能引入类似电势的标量函数来描述磁场。磁场的磁感应强度都是围绕电流的闭合线，磁场是非势场，也称**涡旋场**。

例 8.3.1 求解如图 8.3.5 所示无限长直载流圆柱体的磁场。

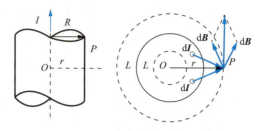

图 8.3.5 长直载流圆柱体周围的磁场

解：设真空中无限长圆柱体的圆截面半径为 R，电流沿轴向均匀流过截面。由于圆柱体无限长，其附近的磁场呈轴对称分布，磁感应线在垂直于轴线的平面内，为以该平面与轴线的交点为中心的同心圆。因此，可选择通过圆柱内、外任一点 P 的圆形闭合曲线为积分回路 L，并使绕行方向与回路包围电流的流向满足右手螺旋法则。

当 P 点在圆柱外，即 $r > R$ 时，有

$$\oint_L \boldsymbol{B} \cdot \mathrm{d}\boldsymbol{l} = B \cdot 2\pi r = \mu_0 \sum I_{in}$$

得

$$B = \frac{\mu_0 I}{2\pi r}$$

当 P 点在圆柱上，即 $r \leqslant R$ 时，由于

$$\sum I_{in} = \frac{I}{\pi R^2} \pi r^2 = \frac{I r^2}{R^2}$$

故有

$$B = \frac{\mu_0 I r}{2\pi R^2}$$

例 8.3.2 求解如图 8.3.6 所示长直载流螺线管管内的磁场。

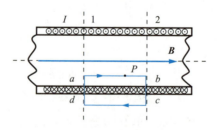

图 8.3.6 长直载流螺线管管内的磁场

解：在管内取任一点 P，通过该点作一顺时针方向绕行的矩形积分回路 $abcd$，使绕行方向与回路所包围的电流的流向满足右手螺旋法则，则闭合回路包围了 $n \cdot ab$ 匝线圈，静电流为 $n \cdot ab \cdot I$。根据安培环路定理，有

$$\oint_L \boldsymbol{B} \cdot \mathrm{d}\boldsymbol{l} = \oint_a^b \boldsymbol{B} \cdot \mathrm{d}\boldsymbol{l} + \oint_b^c \boldsymbol{B} \cdot \mathrm{d}\boldsymbol{l} + \oint_c^d \boldsymbol{B} \cdot \mathrm{d}\boldsymbol{l} + \oint_d^a \boldsymbol{B} \cdot \mathrm{d}\boldsymbol{l}$$

由题意可知，cd 段在管的外侧，磁感应强度 $\boldsymbol{B}$ 为 0，在 bc 和 ad 段，由于管内 $\boldsymbol{B}$ 都与 $\mathrm{d}\boldsymbol{l}$ 垂直，故两段的线积分均为 $\oint_L \boldsymbol{B} \cdot \mathrm{d}\boldsymbol{l} = 0$。而在 ab 段，各点磁感应强度大小相等，方向与

积分路径一致,故有

$$\oint_L \boldsymbol{B} \cdot \mathrm{d}\boldsymbol{l} = \oint_a^b \boldsymbol{B} \cdot \mathrm{d}\boldsymbol{l} = B \cdot ab$$

同时

$$\sum I_{in} = nI \cdot ab$$

故有

$$\oint_L \boldsymbol{B} \cdot \mathrm{d}\boldsymbol{l} = \mu_0 \sum I_{in}$$

则有

$$B \cdot ab = \mu_0 nI \cdot ab$$
$$B = \mu_0 nI$$

例 8.3.3 试求如图 8.3.7 所示载流螺线环环内的磁场。

解:螺线环是用导线密绕在环上的环式螺线管。设螺线环的总匝数为 N,导线中通过的电流为 I。以 O 为中心,半径为 r 的圆为安培环路,则有

$$\oint_L \boldsymbol{B} \cdot \mathrm{d}\boldsymbol{l} = B \cdot 2\pi r = \mu_0 \sum I_{in}$$

当 $r < R_1$ 时,$\sum I_{in} = 0$,$B = 0$。

当 $r > R_2$ 时,$\sum I_{in} = 0$,$B = 0$。

当 $R_1 < r < R_2$ 时,$B \cdot 2\pi r = \mu_0 NI$,有

$$B = \frac{\mu_0 NI}{2\pi r}$$

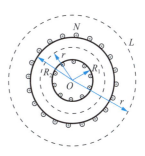

图 8.3.7 载流螺线环环内的磁场

由上式可知,螺线环内的磁场随半径的增大而减小,即环内不是均匀磁场。

8.4 磁场对载流导体的作用

讨论:2003 年 1 月,上海建成了世界上第一条商业运营的磁悬浮列车,线路总长 30km,轨道悬空距离地面 12~13m,列车单程行驶大约需要 8min。2021 年 1 月,全球第一台超导高速磁悬浮列车在成都问世,时速高达 620km,足以比肩飞机,这样的"神力"究竟从何而来?那么,火车的时速真的能超过飞机吗?

8.4.1 安培定律

导线中的电流是由大量自由电子的定向运动形成的,而运动着的自由电子在磁场中要受到洛伦兹力的作用,这些电子又不断与晶格点阵上的原子发生碰撞,最终将所获得的冲量传给导体,从而使金属导线受到这些力的作用。通常将**载流导体在磁场中受到的磁力**称为**安培力**。由此可见,**安培力就是磁场作用在各个定向运动的自由电子上的洛伦兹力的宏观表现**。因此,可以从单个定向运动的自由电子受到的洛伦兹力导出一段金属导体在磁场中受到的安培力。

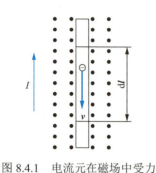

图 8.4.1 电流元在磁场中受力

如图 8.4.1 所示,导线中通有电流 I,放置在垂直纸面内的磁场中。在导线上任取一段长 dl 的电流元 Idl,截面积为 S。在电流元所处区域磁场为均匀分布,磁感应强度为 B。设电流元中自由电子的定向漂移速度为 v,则每个电子由于定向运动受到的洛伦兹力为

$$f = -ev \times B$$

假定导体单位体积内的自由电子数为 n,电流元中的电子总数为 dN,那么这段电流元所受的合力为

$$dF = -dN \cdot (ev \times B) = -nSdl \cdot (ev \times B)$$

式中,$enSv$ 为单位时间内通过截面的电量,即电流 I。因为电子定向运动方向与电流方向相反,所以这段导体所受到的安培力为

$$dF = Idl \times B \tag{8.4.1}$$

式(8.4.1)称为**安培定律**,又称安培公式。

利用安培定律和力的叠加原理,就可以计算各种形状的金属导体在磁场中所受的力,其公式为

$$F = \int dF = \int_0^L Idl \times B \tag{8.4.2}$$

式中,L 为导线在磁场中的长度。

安培力的方向判别可以用右手螺旋法则,伸开右手,使拇指与其余四个手指垂直,使四个手指的指向为电流方向,再让四个手指转过小于 $180°$,与磁感应强度方向一致,此时大拇指的指向即为安培力的方向,如图 8.4.2 所示。

由式(8.4.2)可以推导直导线在均匀磁场中所受安培力的大小,为

$$dF = IdlB\sin\theta$$

式中,θ 为电流流向与 B 之间的夹角。

如图 8.4.3 所示,当电流流向与场强垂直时,直导线在均匀磁场中所受的安培力为

$$F = \int dF = \int_0^L Idl \times B = IL \times B$$

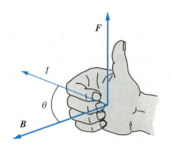

图 8.4.2 安培力方向的判别

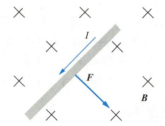

图 8.4.3 载流直导线在均匀磁场中所受的安培力

8.4.2 载流导体在磁场中的安培力

如图 8.4.4 所示,如果两根相距为 a 的无限长平行直导线,都载有电流 I,电流流向相同。在右边的导线上取电流元 Idl,它所受的安培力大小为

$$dF = BIdl = \frac{\mu_0 I^2}{2\pi a}dl$$

式中，B 为左边导线产生的磁场在导线处的磁感应强度，其大小为

$$B = \frac{\mu_0 I}{2\pi a}$$

方向与右边的导线垂直。所以右边导线单位长度所受安培力的大小为

$$\frac{dF}{dl} = \frac{\mu_0 I^2}{2\pi a}$$

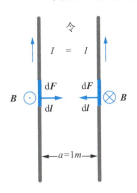

图 8.4.4 平行直导线之间的安培力

安培力的方向在两平行导线组成的平面内，垂直指向左边的导线。同理可得左边导线也受到右边导线的安培力作用，大小相等，方向相反。这就是说，两平行直导线中的电流同向时互相吸引，电流流向相反时，则互相排斥。在国际单位制中，电流的单位"安培"就是利用平行电流间相互作用的安培力来定义的：**真空中相距 1m 的两条无限长（截面积很小的）平行直导线，载有相等的稳恒电流，若每一导线每米长度上受力为 2×10^{-7}N，则各导线上的电流定义为 1 安培**。从安培的定义可知

$$\mu_0 = 4\pi \times 10^{-7} \text{N/A}^2$$

这就是真空中的磁导率，在国际单位制中它是一个导出量。

在一般情况下，各电流元所受合力的大小和方向有所不同，此时应按选定的坐标方向进行分解，分别进行积分，求出合力的分量。

安培力有着广泛的应用。电磁炮是利用电磁发射技术制成的一种先进动能杀伤武器，如图 8.4.5 所示。与传统大炮将火药燃气压力作用于炮弹不同，电磁炮是利用电磁系统中电磁场产生的安培力来对金属炮弹进行加速的，以使其达到打击目标所需的动能。与传统由火药推动的大炮相比，电磁炮可大大提高炮弹的速度和射程，其射速可达 2500m/s，射程可达 200km，以舰船上储存的电能为动力来源，利用电磁力（洛伦兹力）沿导轨将炮弹加速到很高的速度发射出去。

 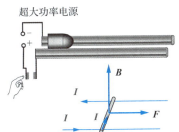

图 8.4.5 电磁炮与电磁炮原理

磁悬浮列车是安培力的另一种高科技应用成果。通电后，轨道磁铁 N 极与列车上磁铁 N 极相斥会使列车悬浮，下一节轨道磁铁 N 极与列车磁铁 S 极相吸会将列车往前拉，轨道上的电磁铁会根据列车的前进而不断变化磁极，保证磁悬浮列车不断向前推进，磁力既可以让列车悬浮，又可以推动列车前进。

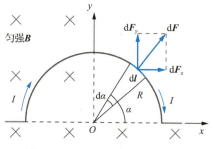

图 8.4.6 半圆电流所受的安培力

例 8.4.1 试求如图 8.4.6 所示半圆电流所受的安培力。

解：取图示坐标系，则在半圆导线上任取一电流元 $I\mathrm{d}l$，此电流元所受的安培力为

$$\mathrm{d}\boldsymbol{F} = I\mathrm{d}\boldsymbol{l} \times \boldsymbol{B}, \quad \mathrm{d}F = I\mathrm{d}lB\sin\theta$$

由于电流元与磁感应强度正交，故有

$$\mathrm{d}F = IB\mathrm{d}l$$

由对称性可知，弧上各电流元在 x 方向受力的总和为零，而 y 方向的分力沿 y 轴的正向，故有

$$\mathrm{d}F_y = \mathrm{d}F\sin\alpha = IB\sin\alpha\mathrm{d}l = IB\sin\alpha R\mathrm{d}\alpha$$

$$F_y = \int \mathrm{d}F_y = \int_0^\pi IB\sin\alpha R\mathrm{d}\alpha = 2IBR$$

显然，该力与作用在通有同样电流、长度为 $2R$ 的直导线上的安培力相同。可以证明，无论这段导线的形状如何，其所受安培力都一样。

例 8.4.2 如图 8.4.7 所示，把一个可绕对称轴转动的通电线圈放在均匀磁场中，线圈受到的安培力应如何计算？

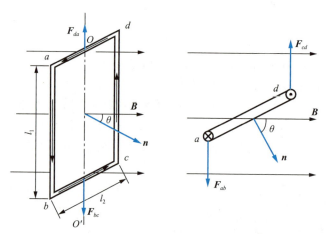

图 8.4.7 平面载流线圈在均匀磁场中受的力矩

解：设在磁感应强度为 $\boldsymbol{B}$ 的均匀磁场中，有一长度为 l_1、宽度为 l_2、通有电流 I 的刚性矩形线圈，可绕垂直于磁感应强度的中心轴 OO' 自由转动。取与线圈中电流方向满足右手螺旋法则的方向为线圈平面的法线矢量 $\boldsymbol{n}$ 的指向。当 $\boldsymbol{n}$ 与磁感应强度 $\boldsymbol{B}$ 的夹角为 θ 时，根据安培定律，导线 da 和 bc 所受的安培力的大小分别为

$$F_{da} = IBl_2\sin\left(\frac{\pi}{2}+\theta\right) = IBl_2\cos\theta$$

$$F_{bc} = IBl_2\sin\left(\frac{\pi}{2}-\theta\right) = IBl_2\cos\theta$$

方向如图 8.4.7 所示。显然，这两个力大小相等、方向相反，并且作用在同一直线上，对刚性线圈不产生任何效果。

导线 ab 和 cd 都与 $\boldsymbol{B}$ 垂直，所受的安培力的大小分别为

$$F_{ab} = F_{cd} = IBl_1$$

但这两个导线所受安培力的方向相反。这对力的合力虽为零，但不在同一直线上，因此形成一力偶。

综上可知，磁场作用在线圈上的力矩大小为

$$M = F_{ab}l_2\sin\theta = IBl_1l_2\sin\theta = BIS\sin\theta$$

若线圈有 N 匝，则线圈所受的力矩大小为

$$M = NBIS\sin\theta$$

下面讨论几种特殊的情况：

（1）当载流线圈的 n 方向与磁感应强度 B 方向垂直时，线圈受到的力矩最大。

（2）当载流线圈的 n 方向与磁感应强度 B 方向相同时，线圈受到的力矩为 0，此时线圈处于稳定平衡状态。

（3）当载流线圈的 n 方向与磁感应强度 B 方向成 180°时，线圈受到的力矩亦为 0，但此时线圈处于不稳定平衡状态，只要稍有扰动，磁力矩就会使它偏转，转到载流线圈的 n 方向与磁感应强度 B 方向相同时才停下。

根据磁场对载流线圈的作用力矩规律，可制成各种电动机、磁电式仪表等机电设备和仪表。磁电式电流表的结构如图 8.4.8 所示。这种电流表的构造是在一个很强的永久蹄形磁铁的两极间有一个固定的圆柱形铁心，铁心外面套有一个可以绕轴转动的铝框，铝框上绕有可动线圈，铝框的转轴上装有两个游丝（螺旋弹簧）和一个指针。可动线圈的两端分别接在这两个游丝上，被测电流经过这两个游丝流入可动线圈。蹄形磁铁和铁心间的磁场是均匀地辐向分布，不管通电后的可动线圈转到什么角度，它的平面都跟磁感应线平行。当电流通过可动线圈的时候，线圈上跟铁柱轴线平行的两边都受到安培力，这两个力产生的力矩使线圈发生转动。可动线圈转动时，游丝被扭动，产生一个阻碍线圈转动的力矩，其大小随线圈转动角度的增大而增大。当这种阻碍线圈转动的力矩增大到同安培力产生的使线圈发生转动的力矩相平衡时，线圈停止转动。磁场对电流的作用力跟电流成正比，因而线圈中的电流越大，安培力产生的力矩也越大，线圈和指针偏转的角度也就越大。因此，根据指针偏转角度的大小，可以知道被测电流的强弱。当线圈中的电流方向改变时，安培力的方向随着改变，指针的偏转方向也随着改变。所以，根据指针的偏转方向，可以知道被测电流的方向。

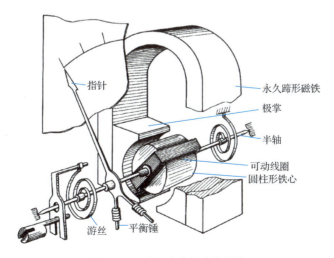

图 8.4.8　磁电式电流表的结构

8.5 磁场对运动带电粒子的作用

讨论：可控核聚变技术被认为是人类未来能源的终极解决方案，很多国家都在不遗余力地进行这方面的研究。2021 年 5 月 28 日，中国科学院合肥物质科学研究院的全超导托卡马克核聚变实验装置（图 8.5.1）实现了可重复的 1.2 亿℃101s 等离子体运行和 1.6 亿℃20s 等离子体运行，打破了此前托卡马克实验装置运行的世界纪录。那么用什么物质制造的容器才能承受这样的高温呢？

图 8.5.1　全超导托卡马克核聚变实验装置

8.5.1　带电粒子在横向磁场中的圆周运动

假设一带电粒子以速度 v 沿垂直于磁感应强度 B 的方向进入均匀磁场。在磁场中，粒子在洛伦兹力 $F = qv \times B$ 的作用下做匀速圆周运动，如图 8.5.2 所示，其运动方程为 $qvB = m\dfrac{v^2}{R}$，则运动轨迹半径为

$$R = \frac{mv}{Bq} \tag{8.5.1}$$

图 8.5.2　带电粒子在横向磁场中的圆周运动

式中，$\dfrac{q}{m}$ 称为带电粒子的荷质比。粒子回旋一周所需时间（即回旋周期）为

$$T = \frac{2\pi R}{v} = \frac{2\pi m}{Bq} \tag{8.5.2}$$

式（8.5.2）表明，回旋周期与粒子的运动速度无关。

带电粒子在横向磁场中的运动规律有着重要的应用，如质谱仪、回旋加速器等。

1. 质谱仪

质谱仪的工作原理如图 8.5.3 所示。由离子源发出不同初速度的正离子，由狭缝 S_1 和 S_2 之间的电场加速后进入均匀电场 E 和均匀磁场 B，E 和 B 方向垂直，离子同时受到方向相反的电场力和磁场力作用。只有速度大小满足 $qE=qvB$，即 $v=\dfrac{E}{B}$ 的离子才能通过夹缝 S_3。因此，只需改变 E 或 B 的量值就可得到所需速度的粒子，这部分装置通常称为速度选择器。

速率为 $v=\dfrac{E}{B}$ 的离子垂直地进入磁感应强度为 B' 的另一横向均匀磁场，在磁场力的作用下将做均匀圆周运动，其轨道半径为

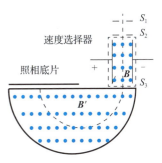

图 8.5.3　质谱仪的工作原理

$$R=\dfrac{mv}{B'q}$$

则粒子的荷质比为

$$\dfrac{q}{m}=\dfrac{v}{RB'}=\dfrac{E}{RBB'}$$

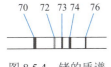

图 8.5.4　锗的质谱

从速度选择器出来的离子，速度与电量都相等，如果这束离子包含有不同质量的同位素，则在磁场中做圆周运动时，质量大的轨道半径大，质量小的轨道半径小。于是这些同位素离子将因质量的差异而落到照相底片的不同位置，并形成若干线谱状的细线，每一细线与一种质量的粒子相对应，即形成质谱。这种仪器称为质谱仪。利用质谱仪可以精确测定同位素的原子量。锗的质谱如图 8.5.4 所示。

2. 回旋加速器

2020 年 9 月 21 日，中国原子能科学研究院回旋加速器研究中心传来捷报：230MeV 超导回旋加速器质子束能量首次达到 231MeV，达到设计指标。这标志着我国自主研制质子治疗装备迈出关键一步。那么回旋加速器是如何工作的呢？

美国试验物理学家欧内斯特·劳伦斯于 1930 年提出回旋加速器理论，于 1932 年研制成功，于 1939 年获诺贝尔物理学奖。图 8.5.5 所示为回旋加速器核心部分的示意图。

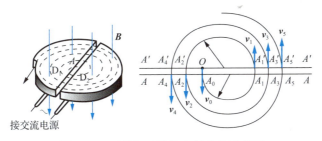

图 8.5.5　回旋加速器核心部分的示意图

两个半圆形的扁平金属盒 D_1 和 D_2 作为电极，放在高真空容器里，一均匀磁场垂直于 D

形盒的底面，两 D 形盒与高频振荡电源相接，以在两盒间的缝隙中产生交变电场。粒子源发出的带电粒子受到电场的作用加速，进入 D 形盒内部，在磁场作用下做圆周运动，在速度小于光速条件下，粒子运动的周期与粒子的速率、回旋半径无关。如果调节交变电场的周期使之等于粒子回旋周期，那么带电粒子每经过缝隙都会受到电场加速，粒子能量会越来越高。在电场和磁场对带电粒子的联合作用下，粒子从加速器出射时的速度大小为

$$v = \frac{q}{m}RB$$

从上式可以看出，要提高粒子的能量，必须增大回旋加速器中 D 形电极和相应磁铁的直径。

回旋加速度所获得的粒子的能量还受到相对论效应的限制。当粒子的速度非常大时，其质量随速度而改变的相对论效应将非常明显，因而粒子回旋的半周期将不再是恒量，即

$$\frac{T}{2} = \frac{\pi m_0}{Bq\sqrt{1-\frac{v^2}{c^2}}}$$

这时用固定频率的交变电场来进一步加速粒子便不再适用。对于同样的动能，质量越小的粒子，速度越大，相对论效应也越明显，因此回旋加速度更适用于加速质量较大的粒子。

如果适当地改变电源频率，使得交变电场的频率随着粒子的加速过程同步产生变化，则可进一步提高粒子的能量。根据这一原理设计的加速器称为**同步回旋加速器**。但是，与普通回旋加速器一样，若要进一步获得高能粒子，则必须增大电磁铁的尺寸。例如，若要在 1.5T 的磁场中获得 500GeV（1GeV=10^9eV）能量的质子，则所需电磁铁的半径为 1.1km，尺寸如此大的磁铁十分昂贵，并且制作异常困难。

针对上述困难，同时考虑到粒子的回旋半径为

$$R = \frac{v}{B\left(\frac{q}{m}\right)}$$

当粒子速度增加时，设法同时增加磁场强度，使得回旋半径基本不变，这样磁铁就能做成环形。利用这种原理制成的加速器称为**同步加速器**。

费米国家加速器实验室的一台 Tevatron 质子同步加速器可以把质子加速到 1000GeV。该加速器用 3000 块磁铁环绕圆形轨道，粒子在缝隙处被电场加速，加速电场的频率和磁场的强度均随粒子的加速同步地改变。质子绕周长约为 6.28km 的加速器旋转 400000 圈，历时 10s，将粒子加速到光速的 99.99999954%。

加速器通常用来加速粒子使其达到高能量，然后引出粒子轰击静止的靶。如果两束高能粒子迎面相撞，则相应的能量会高得多。例如，两束 30GeV 的质子正碰撞时，其作用相当于用 200GeV 的高能质子轰击静止质子。20 世纪 60 年代以来，世界各国相继建立利用相对运动的粒子做正碰撞的装置，这种装置称为**对撞机**。

北京正负电子对撞机（BEPC），是世界八大高能加速器中心之一。1988 年 10 月 16 日，BEPC 首次实现正负电子对撞。该对撞机由长约 200m 的直线加速器、输运线、周长约 240m 的圆形加速器（也称储存环）、北京谱仪和围绕储存环的同步辐射实验装置等几部分组成，外形像一支硕大的羽毛球拍，如图 8.5.6 所示。

图 8.5.6 北京正负电子对撞机外景

欧洲大型强子对撞机（large hadron collider，LHC）是目前世界上尺寸最大、能量最高的粒子加速器。该对撞机采用的是一个圆形加速器，深埋于地下约 100m 处，它的环状隧道长约 27km，坐落于瑞士日内瓦的欧洲核子研究中心（又称欧洲粒子物理实验室）。

8.5.2 带电粒子在磁场中的螺旋线运动

如果一带正电粒子以速度 v 沿与 B 成 θ 夹角方向进入均匀磁场，那么该粒子会怎样运动呢？

这时，可以把速度分解成沿 B 方向垂直的速度分量 $v_\perp = v\sin\theta$ 和沿 B 方向平行的速度分量 $v_\parallel = v\cos\theta$，如图 8.5.7 所示。对于分量 $v_\parallel$，粒子不受磁场力作用，沿 B 方向做匀速直线运动；对于分量 $v_\perp$，粒子受洛伦兹力作用，在垂直于 B 的平面内做匀速圆周运动，圆周半径为

$$R = \frac{mv_\perp}{Bq} \tag{8.5.3}$$

因此，粒子的实际运动是上述两种运动的合成，其运动轨迹是一条半径为 R 的螺旋线。也就是说，带电粒子在均匀磁场中绕磁力线做螺旋线运动，其螺距为

$$h = v_\parallel T = \frac{2\pi m}{Bq} v\cos\theta \tag{8.5.4}$$

式中，T 为粒子在磁场中的回旋周期。

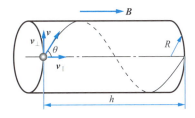

图 8.5.7 带电粒子在均匀磁场中的螺旋线运动

若有一束速度大小近似相同、方向不同，但速度方向与磁感应强度的夹角很小的带电粒子，则有

$$v_\parallel = v\cos\theta \approx v$$

$$v_\perp = v\sin\theta \approx v\theta$$

由于各粒子的方向不同,大小近似相同,因此它们将从同一点出发,沿各自的螺旋线,做半径不同、螺距相同的螺旋运动,绕行一周后汇集于同一点,如图 8.5.8 所示。这与光束经透镜后聚焦的现象相似,称为**磁聚焦**。磁聚焦广泛应用于对电子束的聚焦,如电子束加工,其基本原理如图 8.5.9 所示,在真空中,从灼热的灯丝阴极发射出的电子在高电压作用下被加速到很高的速度,再通过电磁透镜聚成一束高功率密度的电子束,当冲击到工件时,电子束的动能立即转变成热能,产生极高的温度,可以使许多材料瞬间熔化、汽化,从而可进行焊接、穿孔、刻槽和切割等加工。

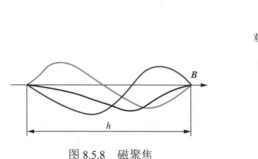

图 8.5.8 磁聚焦

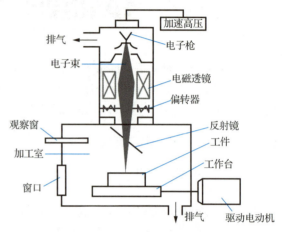

图 8.5.9 电子束加工

受控热核反应需在 $10^7 \sim 10^9$ K 的高温下进行,在如此高的温度下,原子均电离成离子,称为等离子体。如何将如此高温的等离子体限制在一定范围内呢?使用固体容器显然是不行的。为此,人们设计了一种名为磁镜的装置,用强磁场将等离子体约束在一定空间范围内。

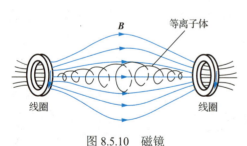

图 8.5.10 磁镜

磁镜是用两个电流方向相同的线圈来产生一个中央弱两端强的磁场。它可以将等离子体中的正负带电粒子约束在一定的螺旋线轨道上运动,如图 8.5.10 所示。

等离子体在磁场中运动的螺旋线轨道的螺旋半径为

$$R = \frac{mv_\perp}{Bq}$$

螺距为

$$h = v_\parallel T = \frac{2\pi m}{Bq} v\cos\theta$$

由上面两个式子可知,螺旋线轨道的螺旋半径和螺距随磁场的增强而减小。因此,在很强的磁场中,每个带电粒子都被限制在一个很小的范围内活动,它们的回旋轨道的中心只能沿磁感应线做纵向移动。也就是说,等离子体的横向运动受到了磁场的抑制。

此外,带电粒子在非均匀磁场中向着磁场较强方向运动的过程中,还将受到一个指向磁场较弱方向的洛伦兹力的作用,它使粒子在磁场方向上的分速度逐渐减小到 0,最后在接近端部处被迫返回,并再一次沿一定的螺旋线轨道向磁场较弱的中央区域运动。这样,带电粒子在磁场两端不断来回运动,就像光线遇到镜面发生反射一样,粒子的纵向运动也被磁镜约束了。由此,磁场可以把等离子体约束在其间。但在运动过程中,总有一些纵向速度特别大的带电粒子会从两端逃逸,因此,目前在受控热核反应中通常会采用环形磁约束结构,如托克马克和仿星器等受控热核反应试验装置。

类似现象也存在于地球磁场中。地球磁场中间弱两极强,是一个天然的磁镜捕集器,电子和质子被捕集在不同的区域,围绕磁感应线做螺旋运动,当它们运动至靠近两极的强磁场处时会被弹回,粒子在两极间不断往返游荡。距地面几千千米和几万千米处的两个环绕地球的高速带点粒子层称为**范·阿仑辐射带**,外层为电子层,内层为质子层,如图 8.5.11 所示。地球磁场俘获来自宇宙空间的、能对地球生物造成致命伤害的各种高能射线和带电粒子,使地球上的人类和其他生物能安全生存下来。但也有一些特殊情况,如当太阳表面产生太阳黑子时,会引起地球磁场分布的变化,使带电粒子在两极附近逃逸而进入大气层,在 80~350km 的高空形成绚丽的极光。

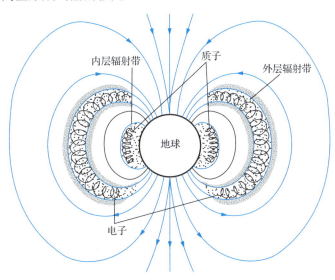

图 8.5.11 范·阿仑辐射带

8.5.3 霍尔效应

1879 年,年仅 24 岁的美国物理学家霍尔在研究金属的导电机制时发现:在均匀磁场中放入通电导体薄板,当电流方向与磁场方向垂直时,在垂直于电流和磁场的方向会产生一附加电场,从而在半导体的两端产生电势差,这一现象称为霍尔效应,对应的电势差被称为**霍尔电势差**。霍尔效应示意图如图 8.5.12 所示。

试验表明,霍尔电势差 U_H 与通过导体薄板的电流 I、磁场的磁感应强度 B 成正比,而与板的厚度 d 成反比,即

$$U_H = R_H \frac{IB}{d} \tag{8.5.5}$$

式中,R_H 为霍尔系数;d 为导体薄板顺着磁场方向的厚度。

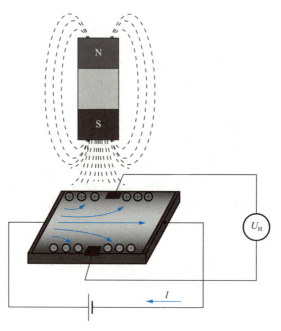

图 8.5.12 霍尔效应示意图

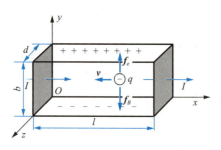

图 8.5.13 霍尔效应原理

霍尔效应从本质上讲是运动的带电粒子在磁场中受到洛伦兹力作用的结果,霍尔效应原理如图 8.5.13 所示。设导体中的载流子为带电量 q 的自由电子。当导体中通以电流 I 时,自由电子以平均漂移速度 v 做定向运动。由于外加一个正交的磁场,因此自由电子还受到一个向下的洛伦兹力,大小为 $f_B = qvB$。在此力作用下,自由电子向下偏转,使导体板的下端集聚电子而带负电,上端缺少电子而带等量的正电,在两端建立起一个附加电场 E_H,称为**霍尔电场**。该电场作用在电子上的电场力大小为 $f_e = qE_H$。霍尔电场的出现阻止了电子向下端进一步累积的作用,当电场力和洛伦兹力相等时,两个端面上的电量不再增加,两端面间的电势差达到稳定值,此时的电势差即霍尔电势差。因此有

$$qvB = qE_H$$

故

$$E_H = vB$$

若导电板截面积的宽为 b、厚为 d,则电势差为

$$U_H = E_H b = vbB$$

设自由电子密度(又称载流子浓度)为 n,则电流为

$$I = nqvS = nqvbd$$

故有

$$U_H = vbB = \frac{I}{nq}\frac{B}{d}$$

联立 $U_H = R_H \dfrac{IB}{d}$，则有

$$R_H = \dfrac{1}{nq}$$

上式表明，霍尔系数的大小与导体载流子的浓度和带电量有关。

霍尔效应可用于测量磁场、载流子的浓度和漂移速度，以及电流，特别是较大的电流等物理量，制成的仪器仪表具有反应灵敏、测量准确、成本低廉等优点，在测量技术、电子技术、自动化技术等领域得到广泛应用。利用霍尔效应，还可实现磁流体发电。

8.6 磁场中的磁介质

讨论：实际的磁场中大多存在各种各样的物质，处于磁场中的物质会被磁化，从而表现出不同程度的磁性，同时被磁化的物质反过来会影响磁场的分布。通常将能磁化的物质称为**磁介质**。那么在有无磁介质的情况下，高斯定理和安培环路定理一样吗？

8.6.1 磁介质及其分类

前面已经提到，置于磁场中的磁介质会被磁化，磁化的磁介质会激发附加磁场，对原磁场产生影响。

磁介质中的磁感应强度 $\boldsymbol{B}$ 应等于真空中原来磁场的磁感应强度 $\boldsymbol{B}_0$ 与附加磁感应强度 $\boldsymbol{B}'$ 之和，即

$$\boldsymbol{B} = \boldsymbol{B}_0 + \boldsymbol{B}'$$

将上式表示为

$$\boldsymbol{B} = \mu_r \boldsymbol{B}_0$$

式中，μ_r 为磁介质的**相对磁导率**，可见，磁介质中的磁场为真空中磁场的 μ_r 倍。μ_r 是量纲为一的量，反映介质磁化后对磁场的影响程度。根据 μ_r 的大小，磁介质可分成**顺磁质**、**抗磁质**和**铁磁质**三类。

顺磁质：$\mu_r > 1$，磁化后产生微弱的附加磁场，方向与真空中的磁感应强度相同，使磁介质内的磁场比原来真空中的磁场稍强，如锰、铬、铝、钨、氧等。

抗磁质：$\mu_r < 1$，磁化后产生微弱的附加磁场，但方向与真空中的磁感应强度相反，使磁介质内的磁场比原来真空中的磁场稍弱，如汞、铜、铋、银及惰性气体等。超导体具有完全抗磁性，即 $\mu_r = 0$。

铁磁质：$\mu_r \gg 1$，磁化后产生比原磁场强得多的附加磁场，方向与真空中的磁感应强度相同，使磁介质内的磁场比原来真空中的磁场明显增强，如铁、钴、镍、钇、镝及其合金等。表 8.6.1 给出了几种磁介质的相对磁导率。

表 8.6.1　几种磁介质的相对磁导率

磁介质种类		相对磁导率
顺磁质 $\mu_r > 1$	氧（液态 90K）	$1 + 7.699 \times 10^{-3}$
	氧（气态 293K）	$1 + 3.449 \times 10^{-3}$
	铝（293K）	$1 + 1.65 \times 10^{-5}$
	铂（293K）	$1 + 2.6 \times 10^{-4}$
抗磁质 $\mu_r < 1$	铋（293K）	$1 - 1.66 \times 10^{-5}$
	汞（293K）	$1 - 2.9 \times 10^{-5}$
	铜（293K）	$1 - 1.0 \times 10^{-5}$
	氢（气态）	$1 - 3.89 \times 10^{-5}$
铁磁质 $\mu_r \gg 1$	纯铁	5×10^3（最大值）
	硅钢	7×10^2（最大值）
	坡莫合金	1×10^5（最大值）

8.6.2　磁介质中的高斯定理和安培环路定理

如果有磁介质存在时的磁场是由传导电流和磁化电流共同激发的，它们所产生的磁场的磁感应线都是环绕电流的闭合曲线，即对任意闭合曲面 S 都有

$$\oint_S \boldsymbol{B}_0 \cdot \mathrm{d}\boldsymbol{S} = 0$$

$$\oint_S \boldsymbol{B}' \cdot \mathrm{d}\boldsymbol{S} = 0$$

那么有

$$\oint_S \boldsymbol{B} \cdot \mathrm{d}\boldsymbol{S} = \oint_S (\boldsymbol{B}_0 + \boldsymbol{B}') \cdot \mathrm{d}\boldsymbol{S} = 0 \tag{8.6.1}$$

这就是有磁介质存在时的磁场高斯定理。

同样，将真空中稳恒磁场的安培环路定理推广到磁介质中，安培环路定理可表示为

$$\oint_L \boldsymbol{B} \cdot \mathrm{d}\boldsymbol{l} = \mu_0 \left(\sum I + \sum I_\mathrm{m} \right)$$

式中，$\sum I$ 和 $\sum I_\mathrm{m}$ 分别为通过积分回路 L 所围面积的传导电流和磁化电流的代数和。由于磁化电流的分布不能直接测量，为了简化计算，可以利用磁化电流与磁化强度之间的关系，将上式改写为

$$\oint_L \boldsymbol{B} \cdot \mathrm{d}\boldsymbol{l} = \mu_0 \left(\sum I + \oint_L \boldsymbol{M} \cdot \mathrm{d}\boldsymbol{l} \right)$$

或

$$\oint_L \left(\frac{\boldsymbol{B}}{\mu_0} - \boldsymbol{M} \right) \cdot \mathrm{d}\boldsymbol{l} = \sum I$$

式中，$\boldsymbol{M}$ 为**磁化强度**，是一个定量描述磁介质磁化时磁化强弱和方向的物理量，它是矢量，在国际单位制中，单位是安·米$^{-1}$（A·m^{-1}）。

这里引入一个新的物理量**磁场强度 $\boldsymbol{H}$**，并令

$$\boldsymbol{H} = \frac{\boldsymbol{B}}{\mu_0} - \boldsymbol{M}$$

于是，有磁介质存在时的安培环路定理可写为

$$\oint_L \boldsymbol{H} \cdot \mathrm{d}\boldsymbol{l} = \sum I \tag{8.6.2}$$

式（8.6.2）表示，**磁场强度沿任一闭合回路的环流，等于闭合回路所包围并穿过的传导电流的代数和**。应注意的是，磁场强度是为了方便解决磁介质中的磁场问题而引入的辅助物理量，描述磁场的基本物理量是磁感应强度。在国际单位制中，磁场强度 $\boldsymbol{H}$ 的单位是安/米（A/m）。

思考与探究

8.1 谈谈你对磁场的理解。

8.2 关于利用磁感应线来描绘磁场，你认为磁感应线应该具有哪些特点？

8.3 已知地球北极地磁场感应强度的大小为 6.0×10^{-5} T，如设想此地磁场是由地球赤道上一圆电流所激发的，如下图所示，此电流有多大？流向如何？

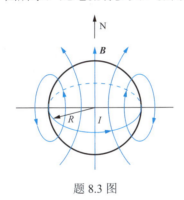

题 8.3 图

8.4 如下图所示，一半径为 R 的无限长的 $\frac{1}{4}$ 圆筒形金属薄片中，自上向下均匀通有电流 I，求圆柱轴线处的磁感应强度 $\boldsymbol{B}$ 的大小。

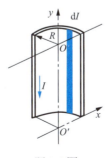

题 8.4 图

8.5 一同轴电缆的横截面如下图所示，两导体的电流均为 I，且都均匀地分布在横截面上，但电流的方向相反，求 $r < R_1$、$R_1 < r < R_2$、$R_2 < r < R_3$ 及 $r > R_3$ 处 $\boldsymbol{B}$ 的大小。

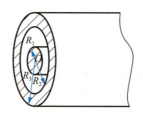

题 8.5 图

8.6 两平行导线中的电流方向相反时，它们便互相排斥。有一种磁悬浮列车便是利用这种排斥力使列车悬浮在车轨上运行的。设想两个相同的共轴线圈，半径都是 R，匝数都是 N，相距为 r，载有相反的电流 I，如下图所示。假定一个线圈中的电流在另一个线圈中产生的磁感应强度的大小可近似为

$$B = \frac{\mu_0 NI}{2\pi r}$$

试估算在 $r=10\text{cm}$ 时，要使排斥力为 $F=1.0\times 10^4 \text{N}$ 所需的安匝数 NI。

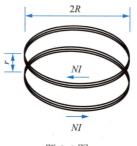

题 8.6 图

8.7 弹性挡板围成边长为 $L=100\text{cm}$ 的正方形 $abcd$，固定在光滑的水平面上，匀强磁场竖直向下，磁感应强度大小为 $B=0.5\text{T}$，如下图所示。质量为 $m=2\times 10^{-4}\text{kg}$、带电量为 $q=4\times 10^{-3}\text{C}$ 的小球，从 cd 边中点的小孔 P 处以某一速度 v 垂直于 cd 边和磁场方向射入，以后小球与挡板的碰撞过程中没有能量损失。

（1）为使小球在最短的时间内从 P 点垂直于 dc 射出来，小球入射的速度大小 v_1 是多少？

（2）若小球以 $v_2 = 1\text{m/s}$ 的速率入射，则需经过多少时间才能由 P 点出来？

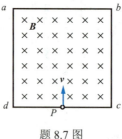

题 8.7 图

8.8 如下图所示。从离子源产生的甲、乙两种离子，由静止经加速电压 U 加速后在纸面内水平向右运动，自 M 点垂直于磁场边界射入匀强磁场，磁场方向垂直于纸面向里，磁

场左边界竖直。已知甲种离子射入磁场的速度大小为 v_1，并在磁场边界的 N 点射出；乙种离子在 MN 的中点射出；MN 长为 l。不计重力影响和离子间的相互作用。求：

（1）磁场的磁感应强度大小。

（2）甲、乙两种离子的荷质比。

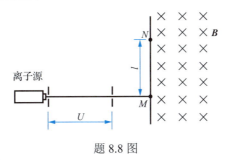

题 8.8 图

变化的电磁场 电磁波

▍单元导读

电磁炉是现代厨房革命性的产物，它无须明火或传导式加热，是一种高效节能厨具，那你知道电磁炉的工作原理是什么吗？

▍能力目标

1. 理解法拉第电磁感应定律和楞次定律并能应用。
2. 掌握动生电动势和感生电动势的概念并能进行简单计算。
3. 能解释自感和互感现象，理解磁能和磁能密度的概念。
4. 理解位移电流及全电流的概念，能解释麦克斯韦方程的物理意义。
5. 理解电磁波的产生与基本特性。

▍思政目标

1. 提升数学思维，善于利用数学知识解决物理问题。
2. 培养发散思维、空间思维、逻辑思维。

9.1 电磁感应

讨论：在 19 世纪 20 年代之前，很多科学家认为，电与磁是相互独立的，直到 1820 年丹麦物理学家奥斯特发现了载流导线下方磁针的偏转现象。电流的磁效应揭示了电现象与磁现象之间确实存在着某种关联性，既然电流能够引起磁针的偏转，那么能不能用磁铁使导线中产生电流呢？

9.1.1 电磁感应现象

1823 年，瑞士物理学家科拉顿尝试用磁铁和线圈获得电流。他把一个线圈与电流计连成一个闭合回路。为了使磁体不至于影响电流计中的小磁针，他特意将电流计用长导线连接后放在单独的房间，并用磁棒在线圈中插入或拔出，然后一次一次地跑到另一房间去观察电流计是否偏转。由于感应电流的产生存在时间很短，他没有观察到指针的偏转，也与发现电磁感应的机会失之交臂。

1827 年，美国物理学家亨利也进行了电磁感应的实验。他将纱包铜线在一铁心上绕了两层，然后在铜线中通电，发现铁心上仅仅 3kg 的铁片居然吸起了 300kg 的物体。亨利以此为开端，发现了自感现象，他把这个实验发现总结在《螺旋状长导线内的电气自感》一文中，但他没有公开发表这一结果。

英国物理学家法拉第从 1821 年就开始了"磁生电"的研究。他做了大量的实验，但结果总是失败。直到 1831 年 8 月 26 日终于取得了突破性的进展。他用伏打电池在给一组线圈通电（或断电）的瞬间，在另一组线圈中获得了感生电流，他称之为"伏打电感应"。同年 10 月 17 日完成了在磁体与闭合线圈相对运动时在闭合线圈中激发电流的实验，他称之为"磁电感应"。1831 年 11 月 24 日，法拉第向英国皇家学会提交了论文，他把可以产生感应电流的情形概括为五类：①变化着的电流；②变化着的磁场；③运动的稳恒电流；④运动的磁铁；⑤在磁场中运动的导体。他指出，感应电流与原电流的变化有关，而与原电流本身无关，并把上述现象正式定名为"电磁感应"。现在沿用了他的提法，将在线圈中产生电流的现象称为**电磁感应现象**，所产生的电流称为**感应电流**，产生感应电流对应的电动势称为**感应电动势**。

9.1.2 法拉第电磁感应定律

1845 年，德国物理学家纽曼对法拉第的工作从理论上作出表述：**不论何种原因，使通过回路所包围面积的磁通量 $\varPhi$ 发生变化时，回路中产生的感应电动势与磁通量对时间的变化率的负值成正比**。为了纪念法拉第，人们把这种规律称为**法拉第电磁感应定律**，数学表达式为

$$\varepsilon_i = -\frac{\mathrm{d}\varPhi}{\mathrm{d}t} \tag{9.1.1}$$

如果使穿过 N 匝线圈的磁通发生变化，那么在每匝线圈中都会产生感应电动势，总感

应电动势就是每匝线圈的感应电动势之和，即有

$$\varepsilon_i = -N\frac{d\Phi}{dt} = -\frac{dN\Phi}{dt} = -\frac{d\psi}{dt} \qquad (9.1.2)$$

式中，$\psi = N\Phi$，称为磁通链数，简称**磁链**。

从式（9.1.2）中可以看出，对任意选定的环路方向，ε_i 与 $\dfrac{d\Phi}{dt}$ 符号恒相反，如图 9.1.1 所示；ε_i 的大小和方向与 Φ 无关，只由 $\dfrac{d\Phi}{dt}$ 决定，即 Φ 的变化快慢决定 ε_i 的值。

法拉第电磁感应定律数学表达式中的负号反映了感应电动势的方向，那么应该如何确定正负号呢？

首先确定环绕绕行方向 L 和环路曲面正法线方向 n 满足右手螺旋法则，如图 9.1.1 所示。当磁感应强度 B 与环路曲面正法线方向 n 成锐角时，磁通量 $\Phi > 0$；当磁感应强度 B 与环路曲面正法线方向 n 成钝角时，磁通量 $\Phi < 0$。如果 ε_i 和 L 绕行方向一致则为"+"，如图 9.1.2 所示。

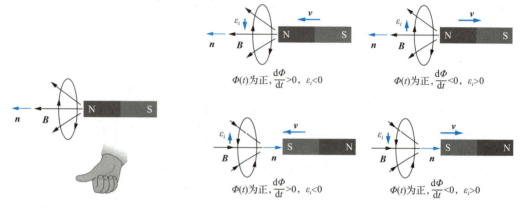

图 9.1.1　环绕绕行方向和环路曲面正法线方向的选取

图 9.1.2　感应电动势方向的确定

> **想一想**
>
> 从以上内容可以看出，这样判别感应电动势的方向是比较麻烦的，那么有没有更好的办法呢？

9.1.3 楞次定律

1832 年，俄国物理学家楞次受到法拉第的启发，也进行了一系列的电磁实验。1833 年，楞次发表了《论动电感应引起的电流的方向》，他指出，**感应电流的方向是使它所产生的磁场与引起感应的原磁场的变化方向相反**，这就是**楞次定律**。也可表述为：**闭合回路中感应电流的方向总是使它所激发的磁场去阻止引起感应电流的原磁通量的变化**。

在把一条形磁铁的 N 极插入线圈的过程中，穿过线圈的磁通量在增加，根据楞次定律，线圈中产生的感应电流所激发的磁场要阻止磁通量的这种变化，感应电流激发的磁感应线方向应与原磁场方向相反，而感应电流方向与激发磁场的磁感应线应符合右手螺旋法则，

因此可以得出感应电流方向如图 9.1.3 所示。当条形磁铁从线圈中拔出时，穿过线圈的磁通量在减少，根据楞次定律，线圈中产生的感应电流所激发的磁场要阻止磁通量减少，线圈中产生的感应电流方向也就反向。那么如何解释这种现象呢？

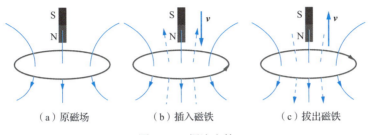

（a）原磁场　　　　（b）插入磁铁　　　　（c）拔出磁铁

图 9.1.3　楞次定律

当磁铁插入线圈时，可以把产生感应电流的线圈看成一根磁棒，此时磁棒 N 极在上、S 极在下，磁铁与磁棒的两个 N 极互相排斥，若要继续插入，则外力必须克服这个排斥力做机械功。因此，线圈中感应电流的焦耳热是机械功转化的结果。同理，当磁铁从线圈中拔出时，此时磁棒 S 极在上、N 极在下，磁铁与磁棒的两个磁极互相吸引，若要继续拔出，则外力也必须克服这个吸引力做机械功，线圈同样也会产生焦耳热。由此可见，楞次定律是能量守恒定律在感应现象上的具体表现。

 动生电动势　感生电动势

讨论：根据法拉第电磁感应定律，只要穿过回路的磁通量发生变化，在回路中就有感应电动势产生。由磁通量的计算公式 $\varPhi = \int_S \boldsymbol{B} \cdot \mathrm{d}\boldsymbol{S}$ 可以看出，引起磁通量变化的原因有两种：一种是回路所在空间的磁场不变，回路所围的面积发生变化；另一种是回路面积不变，回路所在空间的磁场发生变化。通常将前一种原因产生的感应电动势称为**动生电动势**，将后一种原因产生的感应电动势称为**感生电动势**。那么这两种电动势有什么区别呢？

9.2.1　动生电动势

如图 9.2.1 所示，在磁感应强度为 $\boldsymbol{B}$ 的均匀磁场中，有一长度为 l 的导体棒以速度 $\boldsymbol{v}$ 向右运动，$\boldsymbol{v}$ 与 $\boldsymbol{B}$ 垂直。在运动过程中，导体棒内每个自由电子都受到洛伦兹力的作用，洛伦兹力 $\boldsymbol{f}_\mathrm{m}$ 为

$$\boldsymbol{f}_\mathrm{m} = -e(\boldsymbol{v} \times \boldsymbol{B}) \qquad (9.2.1)$$

洛伦兹力的方向根据右手螺旋法则确定，它驱使自由电子自上向下运动，使得导体棒下端积累了负电荷，上端积累了正电荷，从而在导体棒两端建立起静电场。当作用在电子上的静电场力 $\boldsymbol{f}_\mathrm{e}$ 与洛伦兹力 $\boldsymbol{f}_\mathrm{m}$ 相平衡时，导体棒两端就形

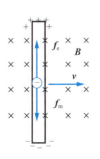

图 9.2.1　动生电动势的产生原因

成了稳定的电势差，这就是动生电动势。由此可见，在磁场中运动的导体棒相当于电源，此电源的非静电力为洛伦兹力。

根据非静电场强度的定义，这个电源的非静电场强度为

$$E_k = \frac{f_m}{-e} = v \times B$$

根据电动势的定义，动生电动势为

$$\varepsilon_i = \int E_k \cdot dl = \int_l (v \times B) \cdot dl \qquad (9.2.2)$$

对于导体棒，其两端产生的动生电动势为

$$\varepsilon_i = \int_l (v \times B) \cdot dl = (vB\sin 90°) \cdot dl \cdot \cos 0° = vBl$$

从前面的讨论可知，洛伦兹力是导体中产生动生电动势的非静电力，动生电动势要对电荷做功，而洛伦兹力垂直于运动电荷的速度，对电荷不做功。那么，动生电动势做功的能量从何而来？

导体棒以速度 v 在均匀磁场中运动时，电子受到洛伦兹力 f_m 的作用，电子在导体棒中又以运动速度 u 向下运动，同样也会受到另一洛伦兹力 f_m' 的作用。因此，电子其实参与了两种运动，合速度为 $u+v$，每种运动都会受到各自的洛伦兹力作用，电子受到的总洛伦兹力 $F_m = f_m + f_m'$，合力方向与合速度方向垂直，总洛伦兹力并不做功，如图 9.2.2 所示。

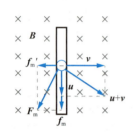

图 9.2.2 洛伦兹力不做功

同时，由以上内容可以看出，f_m 的方向与速度 u 一致，对电子做正功；f_m' 的方向与速度 v 相反，对电子做负功。为了维持导体以恒定速度向右运动，必须有外力克服洛伦兹力 f_m' 做功，正是此功，为洛伦兹力 f_m 驱动电荷做功提供了能量。这就是说，洛伦兹力 F_m 并没有做功，它并没有提供能量，而只是起到了将机械能转化为电能的能量传递的作用。

例 9.2.1 如图 9.2.3 所示，在均匀磁场中，有一长为 L 的铜棒 OA 在垂直于磁场的平面内，该铜棒绕棒的端点 O 以角速度 ω 沿逆时针方向匀速旋转，求这根铜棒两端的电势差。

解：在铜棒上距端点 O 为 l 处取一线元 dl。由题意得，v 与 B 垂直且 $v \times B$ 与 dl 同向，由于 B 均匀，$v = l\omega$，故线元 dl 中的动生电动势为

$$d\varepsilon_i = (v \times B) \cdot dl = vBdl$$

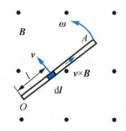

图 9.2.3 铜棒在均匀磁场中绕定点转动

则整个铜棒上的电动势为

$$\varepsilon_i = \int_O^A d\varepsilon_i = \int_0^L vBdl = \int_0^L l\omega Bdl = \frac{1}{2}\omega BL^2$$

对上式积分可知 $\varepsilon_i > 0$，表示动生电动势的方向与积分路径一致，由 $O \to A$。

1831 年，法拉第利用电磁感应发明了世界上第一台发电机——法拉第圆盘发电机。圆盘发电机的工作原理如图 9.2.4 所示，圆盘中心处固定一个摇柄，圆盘的边缘和圆盘中心处各与一个黄铜电刷紧贴，用导线把电刷与电流表连接起来；圆盘放置在蹄形磁铁的磁场中。当转动摇柄使圆盘旋转起来时，电流表的指针偏向一边，这说明电路中产生了持续

的电流。

法拉第圆盘发电机是怎样产生电流的呢？可以把圆盘看作由无数根长度等于半径的纯铜辐条组成的，在转动圆盘时，每根辐条都做切割磁力线的运动。辐条和外电路中的电流表恰好构成闭合电路，电路中便有电流产生了。随着圆盘的不断旋转，总有某根辐条到达切割磁感应线的位置，因此外电路中便有了持续不断的电流。

法拉第圆盘发电机虽然简单，产生的电流甚至不能让一只小灯泡发光。但它是世界上第一台发电机，首先向人类揭开了机械能转化为电能的序幕。后来，人们在此基础

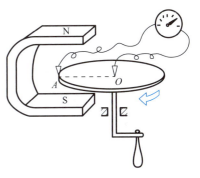

图 9.2.4　圆盘发电机的工作原理

上，将蹄形永久磁铁改为能产生强大磁场的电磁铁，用多股导线绕制的线框代替纯铜圆盘，电刷也进行了改进，就制成了功率较大的可供实用的发电机。目前，即使是功率为 100 万 kW 的特大发电机，也是根据法拉第圆盘发电机的基本原理制成的。

9.2.2　感生电动势

当线圈（导体回路）不动而磁场变化时，穿过回路的磁通量发生变化，由此在回路中激发的感应电动势叫作**感生电动势**。电源中都有一种非静电力，它迫使正电荷从电源的负极移动到正极而做功。做功本领大小用电动势来描述，那么产生感生电动势的非静电力原因是什么？

英国物理学家麦克斯韦在分析、总结法拉第等人在电磁学方面的成果后，提出如下假设：变化的磁场在其周围空间激发一种新的电场，称为**感生电场**或**涡旋电场**，如图 9.2.5 所示。处于感生电场中的电荷会受到感生电场力的作用，感生电场力是产生电动势的非静电力，其感应电场的存在与否与是否为闭合电路无关。实验证明，变化的磁场空间存在感生电场。

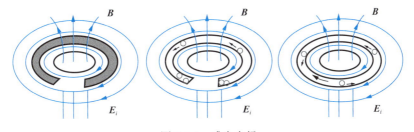

图 9.2.5　感生电场

若以 E_i 表示感生电场的场强，则按电动势的定义，感生电动势等于单位正电荷绕闭合回路一周感生电场力所做的功，即

$$\varepsilon_i = \oint E_i \cdot dl$$

根据法拉第电磁感应定律，感应电动势又等于回路所围任意曲线中磁通量的变化率，即

$$\varepsilon_i = \oint E_i \cdot dl = -\frac{d\Phi}{dt} = -\frac{d}{dt}\int_s B \cdot dS$$

由于回路是固定的，曲面亦静止，因此可以将上式对时间的微商与对曲面的积分的两个运算顺序对换。又因 **B** 一般是空间和时间的函数，而这里仅考虑 **B** 随时间的变化率，故

B 对时间的微商应改为偏微商，故有

$$\oint E_i \cdot dl = -\int_S \frac{\partial B}{\partial t} \cdot dS \qquad (9.2.3)$$

式中，S 是以 L 为边界的任一曲面。

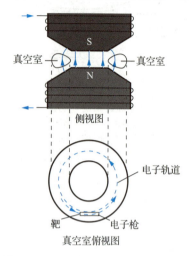

图 9.2.6　电子感应加速器的工作原理

应用感应电场加速电子的电子感应加速器，是涡旋电场存在的最重要的例证之一。1932 年，斯莱皮恩提出利用感应电场加速电子的想法，接着也有不少人进行了这方面的研究，但都没有成功，直到 1940 年美国物理学家克斯特解决了电子轨道的稳定问题以后，人们才建成了第一台电子感应加速器，这台加速器可以把电子加速到 2.3MeV。图 9.2.6 所示为电子感应加速器的工作原理。在电磁铁的两极之间安置一个环形真空室，当用交变电流励磁电磁铁时，在环形室内就会感生出很强的、同心环状的有旋电场。用电子枪将电子注入环形室，电子在有旋电场的作用下被加速，并在洛伦兹力的作用下，沿圆形轨道运动。由于磁场和感生电场都是交变的，所以在交变电流的一个周期内，只有当感生电场的方向与电子绕行的方向相反时，电子才能得到加速。因而，要求每次注入电子束并使它加速后，在电场尚未改变方向前就将已加速的电子束从加速器中引出。由于用电子枪注入真空室的电子束已经具有一定的速度，在电场方向改变前的短时间内，电子束已经在环内绕行几十万圈，并且一直受到电场加速，所以利用电子感应加速器可以获得能量很高的电子。例如，一台 100MeV 的电子感应加速器能使电子速度加速到 $0.999986c$（c 为光速）。

当大块金属处在变化磁场中时，垂直磁场方向的任意一个截面都可以看成是由若干个大小不等的闭合金属环构成的，这些闭合金属环就是一个一个的闭合回路。当穿过这些闭合回路中的磁通量随变化磁场发生变化时，每个回路中都会产生涡旋状的感应电流。这种涡旋状的感应电流叫作**涡电流**。

对于大块的金属，由于电阻很小，涡电流强度可以很大。涡电流在金属块内流动时，会释放出大量的热。用交流线圈激发交变磁场，使放置在交变磁场中的金属块内产生涡电流而被加热，称为感应加热，如图 9.2.7（a）所示，它是感应电炉所依据的原理，可用于加热、熔化及冶炼金属。

在金属探测器 [图 9.2.7（b）] 等交流电设备的铁心中，线圈中交变电流所引起的涡电流导致能量损耗，叫作涡流损耗。涡流损耗对电器是有害的，故铁心常用互相绝缘的薄片（薄片平面与磁力线平行）或细条（细条方向与磁力线平行）叠合而成，以减小涡流损耗。

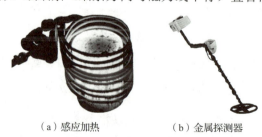

（a）感应加热　　　　（b）金属探测器

图 9.2.7　涡电流的应用

当闭合导体与磁极发生相对运动时,两者之间会产生电磁阻力,阻碍相对运动。这种原理广泛应用于需要稳定摩擦力及制动力的设备,如磁电式电表等。

例 9.2.2 如图 9.2.8 所示,有一半径为 r、电阻为 R 的细圆环,放在与圆环所围的平面相垂直的均匀磁场中,设磁场的磁感应强度随时间变化且 $\dfrac{\mathrm{d}B}{\mathrm{d}t}=k$(常量)。求圆环上感应电流的大小。

解:根据感生电动势的计算公式

$$\varepsilon_i = \oint \boldsymbol{E}_i \cdot \mathrm{d}\boldsymbol{l} = -\int_S \frac{\partial \boldsymbol{B}}{\partial t} \cdot \mathrm{d}\boldsymbol{S}$$

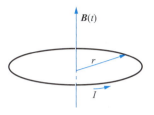

图 9.2.8 圆环感生电流求解

有

$$\varepsilon_i = -\int_S \frac{\mathrm{d}\boldsymbol{B}}{\mathrm{d}t} \cdot \mathrm{d}\boldsymbol{S} = -k\int_S \mathrm{d}S = -\pi k r^2$$

继而可得细环上的感应电流大小为

$$I = \frac{\varepsilon_i}{R} = -\frac{\pi k r^2}{R}$$

9.3 自感 互感 磁场的能量

讨论:现在很多智能手机都配置了无线充电的功能,如图 9.3.1 所示。很多人都会觉得很奇怪,没有数据线的连接,两个设备是怎么传输电流的呢?

图 9.3.1 手机无线充电

9.3.1 自感

因回路中电流变化而在回路自身中产生感应电动势的现象称为**自感现象**,如图 9.3.2 所示,产生的电动势称为**自感电动势**。根据毕奥-萨伐尔定律,载流回路在空间任一点产生的磁感应强度 $\boldsymbol{B}$ 都与回路中的电流 I 成正比,因此通过回路的磁通量 $\varPhi$ 也与 I 成正比,即

$$\varPhi = LI \tag{9.3.1}$$

式中,L 为线圈的自感系数,简称**自感**。自感的单位为亨(H),$1\mathrm{H}=1\mathrm{T}\cdot\mathrm{m}^2/\mathrm{A}$。辅助单位有毫亨(mH)和微亨($\mu$H),$1\mathrm{mH}=10^{-3}\mathrm{H}$,$1\mu\mathrm{H}=10^{-6}\mathrm{H}$。

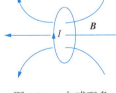

图 9.3.2 自感现象

若回路几何形状、大小、周围介质的磁导率不变，根据法拉第电磁感应定律，回路中的自感电动势为

$$\varepsilon_L = -\frac{d\Phi}{dt} = -L\frac{dI}{dt} \tag{9.3.2}$$

对于 N 匝线圈，式（9.3.1）和式（9.3.2）中磁通量 Φ 改为磁链 $\psi = N\Phi$ 表示即可。式（9.3.2）中的负号表示，**自感电动势总是阻碍线圈回路本身电流的变化**。自感系数描述线圈**电磁惯性**的大小。

例 9.3.1 已知长直密绕螺线管单位长度的匝数为 n，截面积为 S，长度为 l，管中磁介质的磁导率为 μ，求其自感。

解： 设想给螺线管通以电流 I，则在管内空间产生的均匀磁场的磁感应强度大小为

$$B = \mu n I$$

则通过螺线管的磁链为

$$\psi = NBS = nl \cdot \mu n I \cdot S = \mu n^2 ISl = \mu n^2 IV$$

式中，V 为螺线管的体积。故自感为

$$L = \frac{\psi}{I} = \mu n^2 V$$

由上式可知，自感的数值与电流无关，仅由回路的几何形状、尺寸、匝数及线圈内的磁介质决定。不规则形状线圈的自感很难计算，一般通过测量获得。

自感现象在各种电气设备和无线电技术中都有着广泛的应用。荧光灯的镇流器就是利用线圈自感现象的典型案例。自感现象也有不利的一面。例如，在自感系数很大而电流又很强的电路（如大型电动机的定子绕组）中，在切断电路的瞬间，由于电流在很短的时间内发生很大的变化，因此会产生很大的自感电动势，使开关的闸刀和固定夹片之间的空气电离而变成导体，形成电弧。这会烧坏开关，甚至危害到人员安全。因此，切断这种电路时必须采用特制的安全开关。

9.3.2 互感

一个回路中的电流变化在另一个回路中产生感应电动势的现象称为**互感现象**，如图 9.3.3 所示，产生的电动势称为**互感电动势**。

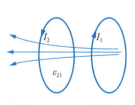

图 9.3.3 互感现象

实验表明：一个回路中的互感电动势不仅与另一个回路中电流改变的快慢有关，还与两个回路的结构及相对位置有关。为表示两相邻回路在不同情况下所显示出的互感能力，引进另一个物理量——**互感系数**。

设两个相邻回路 1 和回路 2 分别通以电流 I_1 和 I_2。根据毕奥-萨伐尔定律，在回路 1 中电流 I_1 所产生的磁场中，任意一点的磁感应强度都和 I_1 成正比，因此通过回路的全磁链 ψ_{21} 也必然和 I_1 成正比，即

$$\psi_{21} = M_{21} I_1$$

同理，回路 2 中电流 I_2 所产生的磁场通过回路 1 的全磁链 ψ_{12} 为

$$\psi_{12} = M_{12} I_2$$

实验证明，$M_{21}=M_{12}=M$，M 称为两回路的**互感系数**，简称**互感**，如图 9.3.4 所示。互感系数是一个表征两回路互感耦合强弱的物理量。如果回路周围不存在铁磁质，那么互感系数只与两回路的形状、匝数、相对位置及周围磁介质的磁导率有关。互感系数的单位与自感系数的相同。互感系数一般不易计算，多数用实验方法测定。

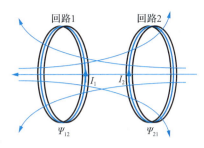

图 9.3.4 互感

根据法拉第电磁感应定律，当回路 1 中的电流 I_1 变化时，在回路 2 中产生的互感电动势为

$$\varepsilon_{21}=-\frac{\mathrm{d}\psi_{21}}{\mathrm{d}t}=-M\frac{\mathrm{d}I_1}{\mathrm{d}t} \quad (9.3.3)$$

同理，当回路 2 中的电流 I_2 变化时，在回路 1 中产生的互感电动势为

$$\varepsilon_{12}=-\frac{\mathrm{d}\psi_{12}}{\mathrm{d}t}=-M\frac{\mathrm{d}I_2}{\mathrm{d}t} \quad (9.3.4)$$

互感原理在各种电气设备中有着广泛的应用，如变压器、无线充电器等。

9.3.3 磁场的能量

以 RL 回路（图 9.3.5）为例，试验发现，在闭合和断开电键 S 的短暂时间内，电路中出现变化的电流在线圈中会激发出自感电动势。RL 回路的电路方程为

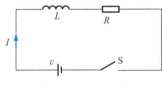

图 9.3.5 RL 回路

$$\varepsilon-L\frac{\mathrm{d}i}{\mathrm{d}t}=iR$$

将上式两边同乘以 $i\mathrm{d}t$，得

$$\varepsilon i\mathrm{d}t=Li\mathrm{d}i+i^2R\mathrm{d}t$$

可见，在 $\mathrm{d}t$ 时间内，电源在建立电流的过程中，不仅要为电路产生的焦耳热 $i^2R\mathrm{d}t$ 提供能量，还要克服自感电动势而做功，所做的功转换成磁场的能量而储存起来，载流线圈便是储存磁能的器件。显然，电源反抗自感电动势所做的功为

$$\mathrm{d}A=Li\mathrm{d}i$$

在电流由零增长到稳定值 I 的整个过程中，电源反抗自感电动势做的总功为

$$\int \mathrm{d}A=\int_0^I Li\mathrm{d}i=\frac{1}{2}LI^2$$

因此，在一个自感系数为 L 的线圈中建立稳定电流 I 时，线圈中所储存的磁能为

$$W_\mathrm{m}=\frac{1}{2}LI^2 \quad (9.3.5)$$

式中，W_m 称为**线圈的自感磁能**。当电流一定时，线圈的自感系数越大，储存的自感磁能越多。自感系数可以用来衡量线圈储存磁能的本领。

如果线圈是一单层密绕空心长直螺线管，总匝数为 N，长度为 l，半径为 R。当通有电流 I 时，在忽略边缘效应的情况下，可将长直螺线管内的磁场看作均匀磁场，即有

$$B=\mu_0 nI=\mu_0\frac{N}{l}I$$

式中，n 为每单位长度具有的线圈数。

因此，穿过螺线管的磁链为

$$\psi = N\Phi = \mu_0 \frac{N^2}{l} IS$$

自感系数为

$$L = \frac{\psi}{I} = \mu_0 \frac{N^2}{l} S = \mu_0 n^2 V$$

式中，V 为螺线管的体积。显然，自感系数与电流无关，只与描述螺线管自身的特征量有关。

因此，螺线管的自感磁能为

$$W_m = \frac{1}{2}LI^2 = \frac{1}{2}\mu\frac{N^2}{l}S \cdot \frac{B^2}{\left(\frac{\mu N}{l}\right)^2} = \frac{1}{2}BHV \tag{9.3.6}$$

式（9.3.6）表明，磁能定域在磁场占有的空间中。单位体积内的磁能称为**磁能密度**，即

$$w_m = \frac{1}{2}BH \tag{9.3.7}$$

式（9.3.7）虽从特例导出，但适用于一切磁场。对于非均匀磁场，可将磁场存在的空间划分为无数体积元 dV，在体积元 dV 中，磁场可视为均匀分布。因此，体积元的磁场能量为

$$dW_m = w_m dV = \frac{1}{2}BH dV$$

则整个有限体积 V 内的磁场能量为

$$W_m = \int_V dW_m = \int_V \frac{1}{2}BH dV \tag{9.3.8}$$

式（9.3.8）是计算磁场能量的通用公式。

9.4 位移电流 麦克斯韦方程 电磁波

讨论：1861 年，麦克斯韦通过对电流电磁感应现象进行深入研究，提出随时间变化的磁场在其周围激发涡旋电场的假设。同年 12 月，又在解决将安培环路定理应用于非稳恒情况时遇到的矛盾时，提出位移电流的概念。那么麦克斯韦提出的这种假设和概念之间有什么联系呢？

9.4.1 位移电流

以平行板电容器充电为例，电容器极板上的电荷 q 或电荷面密度 σ 都随时间变化，电路中的电流是非稳恒的，导线中的传导电流在电容器两极板间中断，如图 9.4.1 所示。虽然极板上积累的自由电荷不能跨越极板而形成传导电流，但在极板间产生了电场，即存在与传导电流等价的电通量变化率。该电场的电位移为 $D = \sigma$，电位移通量的量值为 $\Phi_D = D \cdot S$。

麦克斯韦将电位移通量的变化看作一种新的等效电流——**位移电流**，同时引入全电流的概念，全电流在任何情况下都连续，同时定义位移电流密度 j_d 和位移电流 I_d 为

$$j_d = \frac{dD}{dt}$$

$$I_d = \frac{d\Phi_D}{dt}$$

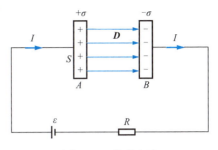

图 9.4.1 位移电流

即通过电场某点的位移电流密度等于该点电位移对时间的变化率，通过电场中某截面的位移电流等于通过该截面的电通量对时间的变化率，位移电流的方向规定为电位移增量的方向。

由于

$$\Phi_D = \oint_S D \cdot dS$$

因此，位移电流为

$$I_d = \frac{d}{dt}\oint_S D \cdot dS = \oint_S \frac{\partial D}{\partial t} \cdot dS$$

引入全电流后，全电流应等于传导电流和位移电流之和，即

$$I_{全} = \sum I + I_d$$

因此，在全电流的概念下，可将安培环路定理修改为

$$\oint_L H \cdot dl = \sum I + \frac{d\Phi_D}{dt} = \sum I + \oint_S \frac{\partial D}{\partial t} \cdot dS \tag{9.4.1}$$

式中，S 是以 L 为边界的任意曲面。式（9.4.1）适用于普遍情况下的安培环路定理，称为**全电流安培环路定理**。

全电流安培环路定理表明，位移电流和传导电流一样，都是激发磁场的场源。

9.4.2 麦克斯韦方程

变化的磁场产生感生电场，变化的电场产生磁场，由此可见，变化的电场与磁场相互依存，不可分割，这种共存变化的电场和变化的磁场形成了统一的电磁场。

麦克斯韦对已有的试验规律和资料进行分析、概括，再结合他引入的感生电场和位移电流两个重要概念，对描述静电场和稳恒电流磁场的方程加以修正推广，将电磁学理论归纳为如下四个方程：

$$\oint_S D \cdot dS = \int_V \rho dV = \sum q \tag{9.4.2}$$

$$\oint_L E \cdot dl = -\frac{d\Phi_m}{dt} = -\int \frac{\partial B}{\partial t} \cdot dS \tag{9.4.3}$$

$$\oint_S B \cdot dS = 0 \tag{9.4.4}$$

$$\oint_L H \cdot dl = \sum I + \frac{d\Phi_D}{dt} = \oint_S j \cdot dS + \oint_S \frac{\partial D}{\partial t} \cdot dS \tag{9.4.5}$$

上面四个方程中，电场量 D、E 分别为电荷激发的电场和变化磁场激发的感生电场的总电场；磁场量 B、H 分别为传导电流和位移电流激发的总磁场；j 为电荷在电场中运动产生的电流，即电流密度，$j = \sigma E$，其中 σ 为电导率，即电阻率的倒数。这四个方程就是麦

克斯韦方程组的积分形式，给出了一定范围内（如一条闭合曲线或者一个闭合曲面）的电磁场量与场源之间的关系，但在许多具体问题中，需要知道电场或磁场中任一点的情况。为此，利用数学上的矢量分析方法，将麦克斯韦方程组的积分形式变换成相应的微分形式，即

$$\nabla \cdot \boldsymbol{D} = \rho$$

$$\nabla \times \boldsymbol{E} = -\frac{\partial \boldsymbol{B}}{\partial t}$$

$$\nabla \cdot \boldsymbol{B} = 0$$

$$\nabla \times \boldsymbol{H} = \boldsymbol{j} + \frac{\partial \boldsymbol{D}}{\partial t}$$

式中，$\nabla = \boldsymbol{i}\frac{\partial}{\partial x} + \boldsymbol{j}\frac{\partial}{\partial y} + \boldsymbol{k}\frac{\partial}{\partial z}$，称为矢量微分算符。

麦克斯韦用麦克斯韦方程组统一了电和磁，并预言光就是一种电磁波（利用麦克斯韦方程组可以解出电磁波在真空中的传播速度为光速），这是物理学家在统一之路上的巨大进步。2004 年，英国的科学杂志《物理世界》举办了一场活动，让读者选出科学史上最伟大的公式，结果，麦克斯韦方程组力压质能方程、欧拉公式、牛顿第二定律、勾股定理、薛定谔方程等"方程界"的巨擘，高居榜首。

9.4.3 电磁波

由麦克斯韦方程可知，若在空间某区域有变化的电场，则在其邻近区域必定会激发变化的磁场，尔后又会在较远的区域激发起变化的电场。变化的电场与变化的磁场相互激发，交替产生并以一定的速度由近及远地向四周传播，形成电磁波，如图 9.4.2 所示。那么在什么条件下才能产生电磁波呢？

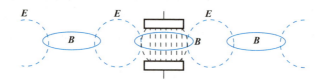

图 9.4.2　变化的电场和变化的磁场的传播示意图

LC 振荡电路（图 9.4.3）是产生电磁振荡的振源，它由一个电容器和一个自感线圈串联而成。在 LC 振荡电路中，电容器 C 是储存电场能量的元件，自感线圈 L 是储存磁场能量的元件。LC 振荡过程示意图如图 9.4.4 所示。先由电源给电容器充电，使电容器两极板带电；然后由电容器放电，因自感的存在，电路中的电流将逐渐增大至最大值，两极板间的电量也相应逐渐减小到零，在此过程中，自感线圈中激发出磁场，电容器的电场能量转换成线圈的磁场能量；在电容器放电完毕时，回路中的电流达到最大值，此时，由于自感线圈的作用，电路会对电容器反向充电，电流逐渐减小到零，电容器两极板上的电量也逐渐增大到最大值，线圈磁场的能量又转换成电容器的电场能量；此后电容器又对线圈反向放电，电路中的电流逐渐增大，电场能量又转换成磁场能量；之后，线圈又对电容器充电，恢复到初始状态，完成一个周期的振荡过程。如果电路中没有任何能量损耗（转换成焦耳热、电磁辐射等），那么这种变化将在电路中一直进行下去。

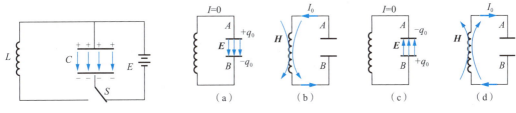

图 9.4.3 LC 振荡电路   图 9.4.4 LC 振荡过程示意图

理论上可以证明,电磁波在单位时间内辐射的能量与频率的 4 次方成正比,也就是说,振荡电路的振荡频率越高,越能有效地将能量辐射出去。

以平行板电容器和长直载流螺线管为例,要降低电路的电容值和电感值,可增加电容器极板间的距离、缩小极板面积、减少螺线管线圈数,具体方式如图 9.4.5 所示,最后由 LC 振荡电路变成了振荡电偶极子。可见,开放的 LC 振荡电路就是天线。当有电荷或电流在天线中振荡时,就激发出变化的电磁场在空中传播。天线的物理模型就是振荡电偶极子。发射电磁波的电路示意图如图 9.4.6 所示。

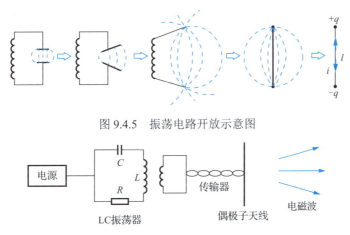

图 9.4.5 振荡电路开放示意图

图 9.4.6 发射电磁波的电路示意图

麦克斯韦的电磁场理论具有划时代的意义。由于在当时没有人能证明电磁波的存在,所以很多物理学家都对之持怀疑甚至否定态度。尽管如此,还是有一些物理学家支持麦克斯韦,如德国物理学家亥姆霍兹。1879 年冬,德国柏林科学院根据他的倡议,颁布了一项科学竞赛奖,以重金向当时科学界征求对麦克斯韦电磁场部分理论的证明。亥姆霍兹建议自己的学生赫兹参加这项竞赛。1886 年,赫兹设计了一个直线型开放振荡器,如图 9.4.7 所示。这种振荡器是在两根长 12 英寸(in,1in≈2.54cm)的铜棒上各焊一个磨光的黄铜球,另一端各安装一块边长 16in 的正方形锌块,两根铜棒放在同一直线上,两球之间留一空隙,将它们连到感应圈的次级线圈两端。当充电到一定程度时,空隙被火花击穿,两根铜棒连成一条导线通路,这时它相当于一个振荡电偶极子。由于能量不断辐射出

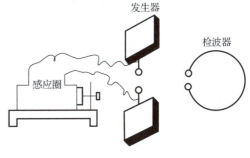

图 9.4.7 赫兹的试验装置

去而损失，每次放电后引起的高频振荡衰减很快。为了检测由振荡偶极子发射出来的电磁波，赫兹将一根粗铜导线弯成一圆环形，在环形的开口端各焊上一个黄铜球，两球间的距离微小可调，他将这种装置（称为共振偶极子）作为检波器放在电磁波发生器附近。如果麦克斯韦电磁场理论是对的，那么振荡偶极子产生的交变电磁场就会在空间激发出新的电磁场，也就是在空间出现电磁波，那么用共振偶极子在一定距离的地方应能检测到这种变化的电磁场。但是试验很不顺利。直到 1887 年的一天，赫兹把铜环移到与发生器相距一定距离并适当选择其方位时，看到电火花在两铜球之间不断跳跃。这样，赫兹在试验中第一次观察到了电磁振荡在空间的传播。1888 年，赫兹还测定了电磁波的传播速度，得到的结果与麦克斯韦预测的相同，即为光速。

9.4.4 电磁波谱

麦克斯韦电磁理论成功预言了电磁波的存在，但在当时，已知的电磁波只有可见光、红外辐射光及紫外辐射光。如今，人们已经获得了范围极其广阔的电磁波谱。尽管这些电磁波在性质、产生方法上有很大差异，但都能在真空中以光速传播，它们的主要区别在于波长和频率不同。电磁波波长和频率的乘积为光速。电磁波谱如图 9.4.8 所示。

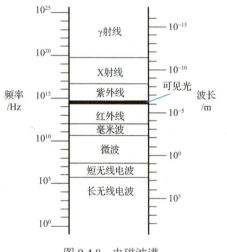

图 9.4.8　电磁波谱

为了对各种电磁波形成统一、直观的认识，人们习惯按真空中电磁波波长的长短或频率的高低把这些电磁波排列成谱，这就是电磁波谱。

红外线以上的电磁波谱部分是通常意义上的"无线电波"，是波长最长的电磁波。它通常按波长又分为长波（波长 3km 以上）、中波（波长 50m～3km）、短波（波长 10～50m）、超短波（波长 1～10m）和微波（波长 1mm～1m）。长波可以传播很远的距离，并能够贴着地球表面传播，但是长波的发送和接收都很不容易，因为天线的尺寸需要达到波长量级。中波覆盖不如长波那么远，但可以用于城市区域的覆盖，主要用于 AM 收音机。短波具有独特的性质，可以被大气电离层反射回地面，通过来回发射可以实现远距离通信，典型应用是各种短波收音机频道。超短波又称米波，主要用于调频收音机和电视广播，如上海广播电视台 FM93.4 采用的就是超短波。微波根据其波长可以进一步划分为分米波、厘米波和毫米波，其中分米波是移动通信的主力频段。

可见光是电磁波谱中非常独特的一个频段，它是指人眼可以感知的电磁波谱部分，波长范围为 400～760nm。波长最长为红光，最短为紫光。波长比红光长的称为红外线，它具有显著的热效应，可用来制成夜视仪、红外雷达等；波长比紫光长的称为紫外线，它具有显著的化学效应和荧光效应，常用于医学上的杀菌处理等。可见光、红外线和紫外线都是由原子或分子等微观源的振荡所激发的。

X 射线的波长范围为 0.04～5nm，它具有很强的穿透力，主要用于金属探伤、晶体结构分析、人体内部透视等，由高速电子轰击金属靶得到。X 射线由德国物理学家伦琴在 1895 年发现。

γ 射线的波长小于 0.04nm，主要来自宇宙射线、放射性物质的辐射或高能粒子与原子核碰撞所产生的电磁辐射，比 X 射线具有更强的穿透力，可用来分析原子核结构、产生高能粒子、伽马刀等。γ 射线由法国化学家维拉德于 1900 年发现。

思考与探究

9.1 回答以下问题：
(1) 产生感应电流的条件是什么？
(2) 感应电动势产生的条件是什么？
(3) 如何理解磁通量变化？

9.2 把条形磁铁沿铜质圆环的轴线插入铜环中时，铜环中能产生感应电流和感应电场吗？如用塑料圆环替代铜质圆环，环中仍有感应电流和感应电场吗？

9.3 一导体圆线圈在均匀磁场中运动，在下列哪种情况下会产生感应电流？为什么？
(1) 线圈沿磁场方向平移。
(2) 线圈沿垂直磁场方向平移。
(3) 线圈以自身的直径为轴转动，轴与磁场方向平行。
(4) 线圈以自身的直径为轴转动，轴与磁场方向垂直。

9.4 如下图所示，棒 PQ 长为 l，在磁感应强度为 B 的均匀磁场中绕过 O 点的轴以角速度 ω 逆时针转动。设 O 轴与磁场平行，且 $OQ=2OP$，求 PQ 上感应电动势的大小，并指出 P、O、Q 三点中哪一点的电势最高。

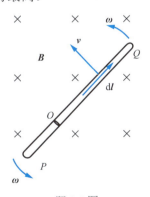

题 9.4 图

9.5 均匀磁场 B 被限制在半径 $R=10$cm 的无限长圆柱空间内，方向垂直纸面向里，取一固定的等腰梯形回路 $abcd$，梯形所在平面的法向与圆柱空间的轴平行，位置如下图所示。设磁感应强度以 $\dfrac{dB}{dt}=1$T/s 的速率匀速增加，已知 $\theta=\dfrac{1}{3}\pi$，$Oa=Ob=6$cm，求等腰梯形回路 $abcd$ 中感生电动势的大小和方向。

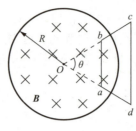

题 9.5 图

9.6 截面为矩形的螺线环共绕 N 匝，其尺寸如下图所示。求：
（1）螺线环的自感系数。
（2）当线圈通以电流时，螺线环内储存的磁能。

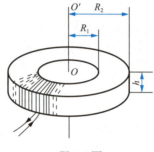

题 9.6 图

气体动理论

单元导读

空气中含有大量的气体分子，如 1mol 气体内约含有 6.02×10^{23} 个分子，各气体分子都在做无规则的运动。那么应该如何来描述这些大量气体分子的运动呢？

能力目标

1．掌握研究大量气体分子热运动的统计方法及统计规律。
2．掌握理想气体压强的统计意义及麦克斯韦速率分布律。
3．能够利用理想气体的内能、温度的微观解释、理想气体的状态方程及实际气体的范德瓦尔斯方程进行相应参数的求解。
4．掌握分子的平均碰撞频率和平均自由程的概念。

思政目标

1．树立服务社会的职业使命感和社会责任感。
2．养成严谨认真、实事求是、追求卓越的职业精神。

10.1 气体分子热运动

讨论：我国著名诗人杜甫在其《绝句·迟日江山丽》一诗中写道"迟日江山丽，春风花草香。"这两句诗的大意是，沐浴在春光下的江山显得格外秀丽，春风送来花草的芳香。那么在春天，人们为什么能远远地闻到各种花草香呢？

10.1.1 分子热运动的概念

大量实验表明，组成宏观物体的大量分子都在做无规则的永不停息的运动。分子的这种运动称为**分子热运动**。温度对分子热运动有较大的影响，温度越高，分子热运动越剧烈。

10.1.2 布朗运动

布朗运动是典型的分子热运动。1827年，英国植物学家布朗用显微镜观察到悬浮在水中的花粉不停地做无规则的运动，人们把悬浮微粒的这种运动叫作布朗运动。布朗运动是由大量液体分子或气体分子不对称碰撞悬浮微粒引起的，它描述的虽不是液体分子或气体分子本身的热运动，但如实反映了液体分子或气体分子热运动的情况。布朗运动中颗粒的运动轨迹示意图如图10.1.1所示。

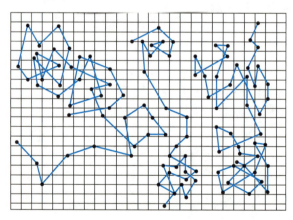

图 10.1.1 布朗运动中颗粒的运动轨迹示意图

由于分子数目巨大，因此分子在热运动中发生的相互碰撞是极其频繁的。通常情况下，气体分子的平均速率为每秒几百米，1cm³的气体中约有 $2.7×10^{19}$ 个分子，1s内一个分子与其他分子相互碰撞次数的数量级约为 10^9 次。分子热运动的基本特征是分子的永恒运动和频繁的相互碰撞。显然，具有这种特征的分子热运动是比较复杂的物质运动形式，它与物质的机械运动有着本质的区别。

10.1.3 气体分子热运动的统计规律

气体中的气体分子数目通常十分庞大，并且每个分子的运动情况千变万化、十分复杂，要想按照力学规律追踪并研究气体中每个分子的运动,将十分困难。但是从气体分子组成的气体整体来看,它常常表现出一定的规律。例如,气体处于平衡状态且无外场作用时,就单个气体分子而言,某一时刻它究竟沿哪个方向运动,这完全是偶然的、不能预测的,但就大量气体分子整体而言,任意时刻,平均来看,沿各个方向运动的分子数目是相等的,也就是说,不存在任何一个气体分子沿这个方向的运动比沿其他方向更占优势的特殊方向。试验表明,在平衡状态下,气体中各处的分子密度是相等的,便是上述结论的有力证明。这说明,在大量的偶然、无序的分子热运动中,包含着一种规律,这种规律来自大量偶然事件的集合,称为气体分子热运动的**统计规律**。

下面通过介绍伽尔顿板实验来对统计规律进行简单说明。如图 10.1.2 所示,在一块竖直木板的上部规则地钉上铁钉,木板的下部用竖直隔板隔成等宽的狭槽,从顶部中央的漏斗形入口处可以投入小球,板前覆盖玻璃使小球不致落到槽外。小球从入口处投入,在下落过程中将与铁钉发生多次碰撞,最后落入某一槽中。分别多次投入单个小球或同时投入多个小球,观察比较小球在各个槽中的分布。实验发现:投入单个小球时,小球与铁钉碰撞后落入哪个槽中完全是偶然的或随机的;大量小球同时投入或单个小球分别多次投入时,最终落入中间部位槽中的小球总是较多,而落入两侧槽中的小球总是较少。多次重复实验发现,各槽中小球的数目分布基本一致,但又不绝对相同。也就是说,整体而言,大量小球在各槽的分布遵从一定的统计规律。

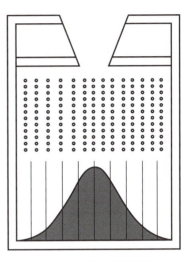

图 10.1.2　伽尔顿板实验

统计规律所反映的是与某宏观量相联系的某些微观量的统计平均值,是**大量偶然事件的总体所遵从的规律**。任意瞬时,实验观测到的宏观量的数值与统计规律所给出的统计平均值相比,总是或多或少存在着偏差,这种统计平均值出现偏差的现象,称为**涨落**。因此,**统计规律和涨落现象是分不开的**。

气体分子热运动的统计规律是大量分子集体所遵从的规律,它在本质上不同于力学规律。热运动本质上也不同于机械运动。

10.2　理想气体压强

讨论:气体压强简称气压,是指作用在单位面积上的大气压力,即在数值上等于单位面积上向上延伸到大气上界的垂直空气柱所受到的重力。著名的马德堡半球实验证明了大气压强的存在。那么气体压强的本质是什么呢?

10.2.1　气体分子动理论的基本假设

"假设"是一种重要的科学方法,它以事实为依据,对未知现象进行猜想。如果假设和由它所得的结论与实验不符，那么假设就被抛弃；如果假设和由它所得的结论与实验相符，那么说明假设是对的，可上升为理论。

1. 理想气体的微观假设

（1）气体分子大小与分子间距相比可以忽略，分子可以看作质点。

试验表明，常温常压下气体中各分子之间的平均距离约是分子有效直径的 10 倍，对三维空间而言，分子本身体积仅是其活动空间的千分之一。

（2）除碰撞力外，分子力可忽略。

由于气体分子间距很大，分子力的作用距离很短，除碰撞的瞬间外，分子间的相互作用力可以忽略不计。因此，在两次碰撞之间分子做均匀直线运动，即自由运动。

（3）碰撞为完全弹性碰撞。

由于处于平衡态下气体的宏观性质不变，因此分子间及分子与器壁之间的碰撞是完全弹性碰撞。这表明系统的能量不因碰撞而损失。

由上述假设可知，理想气体的微观模型是大量无序运动的弹性质点的集合。

2. 平衡态气体的统计假设

实验发现，气体处于平衡态时，内部的压强、密度处处相等。由此可以假设：气体内分子速度沿三个坐标轴方向分量二次方的平均值是相等的，即

$$\overline{v_x^2} = \overline{v_y^2} = \overline{v_z^2} \tag{10.2.1}$$

设气体分子总数为 N，根据统计平均值的定义，有

$$\overline{v_x^2} = \frac{v_{1x}^2 + v_{2x}^2 + \cdots + v_{Nx}^2}{N}$$

$$\overline{v_y^2} = \frac{v_{1y}^2 + v_{2y}^2 + \cdots + v_{Ny}^2}{N}$$

$$\overline{v_z^2} = \frac{v_{1z}^2 + v_{2z}^2 + \cdots + v_{Nz}^2}{N}$$

对于任意一个分子，如第 i 个分子，有

$$v_i^2 = v_{ix}^2 + v_{iy}^2 + v_{iz}^2$$

根据统计平均值的定义和统计假设，有

$$\overline{v_x^2} = \overline{v_y^2} = \overline{v_z^2} = \frac{1}{3}\overline{v^2} \tag{10.2.2}$$

以上给出的统计假设只适用于大量分子组成的系统。

10.2.2 理想气体压强公式

从微观上看，气体的压强等于大量分子在单位时间内施加在单位面积器壁上的平均冲量，就像密集的雨点打在雨伞上对雨伞产生的压力一样。从分析气体分子动理论观点看，气体的压强是大量气体分子对器壁不断碰撞的综合平均效果。下面应用气体分子动理论的基本假设推导理想气体的压强公式。理想气体压强公式推导用图如图 10.2.1 所示。

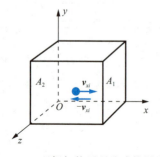

图 10.2.1 理想气体压强公式推导用图

设有一个长方形容器，边长分别为 x、y、z，体积为 V，容器内有处于平衡态的一定量理想气体。容器内有 N 个气体分子，单个气体分子的质量为 m，视为弹性小球，速度为 v。显然，单位体积内的气体分子数，即气体分子数密度为

$$n = \frac{N}{V}$$

先来跟踪第 i 个气体分子，设它在某一时刻的速度 $\boldsymbol{v}_i$ 在 x 方向的分量为 v_{xi}。该分子以速度 v_{xi} 向 A_1 面碰撞，并以速度 $-v_{xi}$ 弹回，则气体分子受 A_1 面的冲量为

$$I'_{ix} = p_{ix} - p_{i0x} = -mv_{ix} - (mv_{ix}) = -2mv_{ix}$$

根据牛顿第三定律，A_1 面受到气体分子的冲量为

$$I_{ix} = 2mv_{ix}$$

气体分子与 A_2 面发生碰撞后，又与 A_1 面发生碰撞，相继两次对 A_1 面碰撞所用的时间为

$$\Delta t = \frac{2x}{v_{ix}}$$

则单位时间内对 A_1 面的碰撞次数为

$$\frac{1}{\Delta t} = \frac{v_{ix}}{2x}$$

单位时间一个气体分子对 A_1 面的冲量（即平均冲力）为

$$\overline{F_{ix}} = \frac{I_{ix}}{\Delta t} = 2mv_{ix} \cdot \frac{v_{ix}}{2x} = \frac{mv_{ix}^2}{x}$$

容器内 N 个气体分子对器壁的平均冲力为

$$\overline{F} = \sum_{i=1}^{N} \overline{F_{ix}} = \sum_{i=1}^{N} \frac{mv_{ix}^2}{x}$$

那么 A_1 面受到的压强为

$$p = \frac{\overline{F}}{S} = \sum_{i=1}^{N} \frac{mv_{ix}^2}{xyz}$$

由于 $V = xyz$，因此上式可改写为

$$p = \sum_{i=1}^{N} \frac{mv_{ix}^2}{V}$$

分子分母同乘以 N 得压强为

$$p = \frac{mN}{V} \sum_{i=1}^{N} \frac{v_{ix}^2}{N}$$

因为

$$\overline{v_x^2} = \frac{\overline{v^2}}{3} = \sum_{i=1}^{N} \frac{v_{ix}^2}{N}$$

所以可得压强公式为

$$p = \frac{1}{3} nm\overline{v^2} \qquad (10.2.3)$$

若定义分子平均平动动能为

$$\overline{\varepsilon_k} = \frac{1}{2} m\overline{v^2}$$

则压强公式又可表示为

$$p = \frac{1}{3}nm\overline{v^2} = \frac{2}{3}n\overline{\varepsilon_k} \tag{10.2.4}$$

式（10.2.4）称为**平衡态下理想气体的压强公式**。式（10.2.4）表明，压强是大量分子对器壁碰撞产生的平均效果。压强具有统计意义，即它对于大量气体分子才有明确的意义。压强公式建立了宏观量压强 p 与微观气体分子运动之间的关系，该公式实际上表征了三个统计平均量 p、n 和 ε_k 之间的一种统计规律。

10.3 麦克斯韦速率分布律

讨论：在没有外力场的情况下，气体达到平衡态时，容器中分子数密度、压强和温度是处处相同的。但从微观上看，各个气体分子的速率和动能是各不相同的。气体分子的速率分布有没有遵从一定的规律呢？

10.3.1 速率分布函数

设想一定量气体中有 N 个分子，分子速率在 $v \sim (v+dv)$ 区间内的分子数为 dN，则 $\dfrac{dN}{N}$ 就表示分布在这一速率区间内的分子数占总分子数的百分比，或分子速率处于 $v \sim (v+dv)$ 区间内的概率。显然，这个百分比在各速率区间是不同的，$\dfrac{dN}{N}$ 是速率 v 的函数。可以证明，在确定的情况下，$\dfrac{dN}{N}$ 与 dv 成正比，故有

$$\frac{dN}{N} = f(v)dv$$

或

$$f(v) = \frac{dN}{Ndv} \tag{10.3.1}$$

通常把函数 $f(v)$ 称为**分子速率分布函数**。它的物理意义是，分子速率在 v 附近单位速率区间内的分子数占总分子数的百分比，或者说，分子处于速率 v 附近单位区间内的概率。由分子速率分布函数可知，$f(v)dv$ 表示分子处于 v 到 $v+dv$ 速率区间的概率，只要知道 $f(v)$ 函数表达式，即可计算出分子出现在任一速率区间的概率 $\int_{v_1}^{v_2} f(v)dv$。由于分子速率必然出现在零到无穷大这一速率区间，故有

$$\int_0^\infty f(v)dv = 1 \tag{10.3.2}$$

式（10.3.2）表明，分子速率分布函数 $f(v)$ 满足归一化条件。

因为 dv 表示一无穷小量，所以可以认为，在 $v \sim (v+dv)$ 速率区间的各分子的速率都是

v，$v\mathrm{d}N$ 就是 $v \sim (v+\mathrm{d}v)$ 速率区间的分子速率之和。因此，$\int_0^\infty v\mathrm{d}N$ 就表示气体中所有分子的速率之和，而气体的分子总数是 N，根据平均速率 $\bar{v}$ 的定义，有

$$\bar{v} = \frac{\int_0^\infty v\mathrm{d}N}{N} = \int_0^\infty vf(v)\mathrm{d}v \tag{10.3.3}$$

则分子的方均根速率为

$$\sqrt{\overline{v^2}} = \left[\int_0^\infty v^2 f(v)\mathrm{d}v\right]^{\frac{1}{2}} \tag{10.3.4}$$

10.3.2 麦克斯韦速率分布函数

1859 年英国的物理学家麦克斯韦首先从理论上导出了气体分子速率分布的具体形式。他指出，理想气体处于平衡态时，气体分子速率分布函数为

$$f(v) = 4\pi \left(\frac{m}{2\pi kT}\right)^{\frac{3}{2}} v^2 \mathrm{e}^{-\frac{mv^2}{2kT}} \tag{10.3.5}$$

式 (10.3.5) 称为**麦克斯韦速率分布函数**，它所反映的气体分子按速率分布的统计规律称为**麦克斯韦分布律**。式中，T 为理想气体的热力学温度；m 为分子质量；k 为玻尔兹曼常量，k 与摩尔气体常量 R 的关系为

$$k = \frac{R}{N_0}$$

式中，N_0 为阿伏伽德罗常量。从麦克斯韦速率分布函数可以看出，当 T、m 确定后，分布函数只是 v 的函数，可以画出 $f(v)$ 的函数曲线，如图 10.3.1 所示。显然，图中任一区间内曲线下窄条面积表示分布在该区间内的分子数占总分子数的百分比 $\frac{\mathrm{d}N}{N} = f(v)\mathrm{d}v$。此外，曲线下的总面积也显然等于 1。

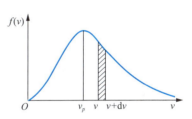

图 10.3.1 气体分子的速率分布

同时，从图 10.3.1 中也可看出，速率很小和速率很大的分子数都很少，在 v_p 处分布函数取得极大值，说明分子速率出现在 v_p 附近的概率最大，通常把 v_p 称为**气体分子的最概然速率**。$f(v)$ 在 v_p 处取极值，则函数在该处的导数必然为零，即

$$f'(v_p) = 0$$

可得，最概然速率为

$$v_p = \sqrt{\frac{2kT}{m}} = \sqrt{\frac{2RT}{\mu}} \tag{10.3.6}$$

平均速率为

$$\bar{v} = \int_0^\infty vf(v)\mathrm{d}v = \sqrt{\frac{8kT}{\pi m}} = \sqrt{\frac{8RT}{\pi \mu}} \tag{10.3.7}$$

均方根速率为

$$\sqrt{\overline{v^2}} = \left(\int_0^\infty v^2 f(v)\mathrm{d}v\right)^{\frac{1}{2}} = \sqrt{\frac{3kT}{m}} = \sqrt{\frac{3RT}{\mu}} \tag{10.3.8}$$

在式（10.3.6）~式（10.3.8）中，R 为摩尔气体常量；μ 为气体的摩尔质量。根据均方根速率公式，可以计算分子平均动能，即

$$\overline{\varepsilon_k} = \frac{1}{2}m\overline{v^2} = \frac{3}{2}kT \tag{10.3.9}$$

10.3.3　麦克斯韦速率分布律的试验验证

虽然麦克斯韦从理论上导出了速率分布函数，但由于当时技术落后，还无法用试验来验证。直到 1920 年，德国物理学家斯特恩首次用试验验证了麦克斯韦速率分布，其试验装置示意图如图 10.3.2 所示。整个装置处于高真空中，O 为恒温银蒸气源，银蒸气源分子通过小孔射出，形成分子束。A 和 B 是两个同轴圆盘，相距 l。A 上有夹缝 S，只有 S 对准分子束时，分子才能通过 S 而射到 B 上。如果圆盘静止，分子打在 P 点，当圆盘以角速度顺时针（沿分子束运动方向看）转动时，分子将打到 P 点的左边，速率越小的分子打在的地方距 P 点越远、越偏左。假设速率为 v 的分子打在 P' 点上，由于分子从 A 飞到 B 需要时间 $t = \dfrac{l}{v}$，因此

$$\theta = \omega t = \frac{\omega l}{v}$$

式中，θ 为通过 P 点和 P' 点的两条半径之间的夹角。可见，当 ω 和 l 一定时，θ 与 v 一一对应。再用光学方法测定不同处金属层的厚度，就可得到分子速率的分布规律。虽然斯特恩用银蒸气分子束试验获得了银分子速度分布的相关信息，但未能给出定量的结果。

我国物理学家葛正权对斯特恩的试验装置进行了改进，如图 10.3.3 所示。O 是铋蒸气源，P 是绕中心轴转动的圆筒，内贴玻片，S_1、S_2、S_3 是平行的窄缝，整个装置放在真空中。显然，不同速率的分子到达 P 所用的时间不等，沉淀于玻片上不同位置，再用光学方法测量玻片上铋的厚度分布，即可推知分子速率分布。1933 年，葛正权完成了重要学术论文《用分子束方法证明麦克斯韦——玻尔兹曼分子速率分布定律，并测定双原子的铋分子的分解热》，获得博士学位，并获得美国物理学会和数学学会金钥匙各一枚。

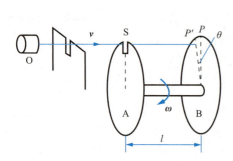
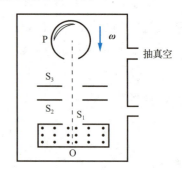

图 10.3.2　斯特恩的试验装置示意图　　　图 10.3.3　葛正权的分子速率分布测定装置示意图

1956 年，美国哥伦比亚大学的密勒和库士用钍蒸气的原子射线，采用如图 10.3.4（a）所示装置，精确地验证了麦克斯韦速率分布。O 是蒸气源，S 是原子束射出方向孔，R 是长为 l、刻有螺旋槽的铝合金制成的圆柱体，可以绕中心轴转动。沟槽的入口夹缝与出口夹缝之间的夹角为 φ，出口夹缝后面的 D 是一个检测器，用来接收其原子射线并测定强度。

整个装置都放置在被抽成真空的容器内。显然，只有速率满足 $\dfrac{l}{v}=\dfrac{\varphi}{\omega}$ 的原子才能通过螺旋槽而进入检测器，所以检测器接收到的原子的速率必须满足 $v=\dfrac{\omega l}{\varphi}$。由于螺旋槽有一定宽度，相对于两夹缝之间的夹角 φ 有一定的范围，所以当转动角度一定时，通过螺旋槽的原子速率分布在 $v\sim(v+\Delta v)$ 区间内。改变 ω 就可确定原子的速率分布，图10.3.4（b）给出了试验结果与理论结果的比较，图中圆圈表示试验结果，实线是理论值，可见两者精确地吻合。

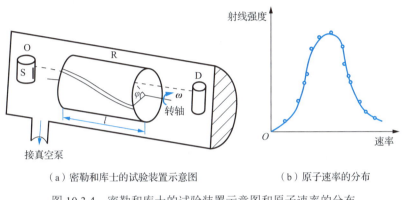

（a）密勒和库士的试验装置示意图　　　　　　（b）原子速率的分布

图 10.3.4　密勒和库士的试验装置示意图和原子速率的分布

10.4　理想气体的平均动能

讨论：不同的分子具有不同的结构，分子的热运动，除了平动，还有转动和振动，因此，在研究分子无序运动的平均动能时，需要对理想气体分子的微观模型进行适当修正，那么如何修正呢？

10.4.1　自由度

确定一个物体的空间位置所需最少的独立坐标数称为该物体的**自由度**。单原子分子相当于一个质点，确定其位置需要 3 个独立坐标（如 x、y、z），因此，单原子分子的自由度为 $i=3$，单原子分子的 3 个自由度均为平动自由度，如图 10.4.1（a）所示。刚性双原子分子相当于刚性轻杆相连的两个质点，确定其位置需 5 个独立坐标（如质心坐标 x、y、z 和轴线的方位角 α、β），故刚性双原子分子的自由度为 $i=5$，其中前 3 个为平动自由度，后 2 个为转动自由度。刚性分子的自由度如图 10.4.1（b）所示。刚性多原子分子（非直线型）相当于刚体，确定其位置需 6 个独立坐标（如质心坐标 x、y、z，过质心轴线的方位角 α、β 和绕轴线转过的角度 θ），故刚性多原子分子的自由度为 $i=6$，其中前 3 个为平动自由度，后 3 个为转动自由度，如图 10.4.1（c）所示。

事实上，双原子分子和多原子分子并非完全是刚性的，分子内部原子之间可能有振动，还要考虑振动自由度。但是，在温度不太高的情况下，按刚体分子计算，其结果与许多气体的试验结果大致相同，因此，作为统计初步，一般将分子都视为刚体。

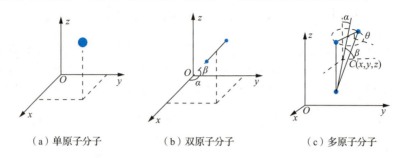

(a) 单原子分子　　(b) 双原子分子　　(c) 多原子分子

图 10.4.1　刚性分子的自由度

10.4.2　能量均分原理

气体分子的平均平动动能为

$$\overline{\varepsilon_k} = \frac{1}{2}m\overline{v^2} = \frac{1}{2}m\overline{v_x^2} + \frac{1}{2}m\overline{v_y^2} + \frac{1}{2}m\overline{v_z^2} = \frac{3}{2}kT$$

由统计假设知，$\overline{v_x^2} = \overline{v_y^2} = \overline{v_z^2}$，故有

$$\frac{1}{2}m\overline{v_x^2} = \frac{1}{2}m\overline{v_y^2} = \frac{1}{2}m\overline{v_z^2} = \frac{1}{2}kT$$

上式表明，分子的平均平动动能平均地分配给三个平动自由度，分子每个平动自由度的平均动能相等，都等于 $\frac{1}{2}kT$。

由于分子的无序运动和频繁碰撞，任何一种形式的运动都不可能特别占优势。因此，平均平动动能均分的结论可推广到转动和振动上。在平衡态下，分子每个自由度的平均动能都相等，而且都等于 $\frac{1}{2}kT$。这就是分子平均动能所遵循的统计规律，称为**能量均分原理**。液体和固体的温度较高时，能量均分原理也适用。

根据能量均分原理，若分子的自由度为 i，则分子的平均动能为

$$\overline{\varepsilon} = \frac{i}{2}kT$$

单原子分子平均动能为

$$\overline{\varepsilon} = \frac{3}{2}kT$$

双原子分子平均动能为

$$\overline{\varepsilon} = \frac{5}{2}kT$$

多原子分子平均动能为

$$\overline{\varepsilon} = \frac{6}{2}kT$$

10.4.3 理想气体的内能

一定量气体的能量包括两部分：一部分是与气体的整体运动联系的能量；另一部分是与气体内部分子的无序运动相联系的能量。前一部分称为气体的机械能，后一部分称为系统的内能。

实际气体的内能等于所有分子的热运动能量以及分子间相互作用的势能的总和。对于理想气体，由于不计分子之间的相互作用的势能，因此，理想气体的内能等于所有分子热运动能量的总和。由于平均每个分子的动能为 $\bar{\varepsilon} = \frac{i}{2}kT$，因此，$\nu$ mol 理想气体的内能为

$$E = \nu N_0 \left(\frac{i}{2} kT \right) = \nu \frac{i}{2} RT$$

可见，理想气体的内能只是温度的单值函数，而且与热力学温度成正比，也是状态函数。对于一定量的理想气体，当温度改变 ΔT 时，内能的改变量为

$$\Delta E = \nu \frac{i}{2} R \Delta T \tag{10.4.1}$$

式（10.4.1）表明，一定量的理想气体无论经由什么过程，只要温度变化相同，其内能变化也相同。

例 10.4.1 质量为 50.0g、温度为 18℃ 的氦气装在容积为 10.0L 的密封绝热容器内，容器以速率 $v=200$m/s 做匀速直线运动。若容器突然停止运动，定向运动的动能全部转化为分子无序运动的动能，试求平衡后氦气的温度增量是多少。

解：根据相关资料，氦气的摩尔质量 $\mu = 4$g/mol，则有

$$\nu = \frac{M}{\mu} = \frac{50.0 \times 10^{-3}}{4.0 \times 10^{-3}} = 12.5 \text{(mol)}$$

设容器停止运动前氦气的温度为 T_0，压强为 p_0；停止运动后氦气的温度为 T，压强为 p，则容器运动时，总能量=内能+机械能，即

$$E_0 = \nu \frac{i}{2} RT_0 + \frac{1}{2} Mv^2$$

容器停止运动后，总能量=内能，即

$$E = \nu \frac{i}{2} RT$$

由于容器突然停止运动过程中，整体定向运动的机械能全部转化为气体内能，根据能量守恒定律，有

$$\nu \frac{i}{2} RT_0 + \frac{1}{2} Mv^2 = \nu \frac{i}{2} RT$$

因此，容器停止运动后氦气的温度增量为

$$\Delta T = T - T_0 = \frac{Mv^2}{i \nu R} = \frac{50.0 \times 10^{-3} \times 200^2}{12.5 \times 3 \times 8.31} \approx 6.42 \text{(K)}$$

10.4.4 温度的微观解释

若有 A、B 两个系统，它们的冷热程度不同，使其相互接触，经过一段时间后，两个

系统达到相同的冷热程度，这时，称两个系统具有相同的温度。从微观角度看，两系统彼此接触，若开始时 A 侧分子的平均平动动能比 B 侧的大，则分子在接触区不断碰撞，交换能量后，A 侧分子的平均平动动能减小，B 侧分子的平均平动动能增大，最后，两侧分子的平均平动动能趋于相等，两个系统就达到了热平衡。所以，系统的温度与分子平均平动动能之间存在单值关系，即

$$\overline{\varepsilon_k} = \frac{3}{2}kT$$

上式表明，系统的温度越高，分子的平均平动动能越大。温度是分子平均动能的量度。需要指出的是，系统整体运动的动能对温度无影响，同时温度是微观量的统计平均值。如果容器内有大量分子，那么，个别分子的平均平动动能是偶然的、无规则的，有的分子平动动能大，有的分子平动动能小。若对大量分子的平动动能进行统计平均，则平均平动动能总是等于 $\frac{3kT}{2}$。如果容器内只有很少几个分子，就没有统计规律，温度的微观解释在此情况下也就没有意义了。

10.4.5 理想气体状态方程

1662 年，爱尔兰化学家波义耳用一个容积为 12in³ 的 U 形玻璃管（短的一端的口封闭），将汞从开口中灌进去，让原来管内的空气被压缩，以此对气体特性进行研究，如图 10.4.2 所示。他发现，当压强是 2 个标准大气压时，空气的体积是 6in³；当压强是 3 个标准大气压时，空气的体积是 4in³。根据试验结果，他提出："在密闭容器中的定量气体，在恒温下，气体的压强和体积成反比关系。"1676 年，法国物理学家马略特在其发表的《气体的本性》论文中提出：一定质量的气体在温度不变时，其体积和压强成反比。因为是波义耳和马略特两人各自独立发现上述两种现象的，所以人们把这一定律称为**波义耳-马略特定律**，即

$$pV = 恒量$$

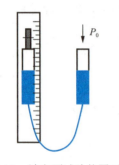

图 10.4.2　波义耳试验装置示意图

1783 年，法国物理学家查理制成了第一个充氢气的气球。在他的启发下，人们开始用灌装氢气的办法制作庞大的飞艇，用于运输货物、人员、邮件等，这些飞艇在军事上也发挥了重要作用。大约在 1787 年，查理发现，当气体体积保持不变时，气体压强与热力学温度成正比，即 $\frac{p}{T}$ = 恒量。但是查理没有发表他发现的这个定律。1802 年，法国物理学家盖·吕萨克在发表某篇论文时，提到了查理的研究发现，并将之归功于查理。现在这个定理称为**查理定律**。盖·吕萨克还发现，在压强不变时，一定质量气体的体积与热力学温度成正比，即 $\frac{V}{T}$ = 恒量，称为**盖·吕萨克定律**。

此外，查理和盖·吕萨克还分别发现了绝对零度。按照查理定律，一定质量的理想气体，在体积一定的情况下，压强与热力学温度成正比。查理发现，如果将直线外推（延长）到横坐标上，那么绝大多数气体最终会交于一点，这个点的温度值为-273.15℃，如图 10.4.3 所示。这种现象可以解释为"当压强降低到零时，达到绝对零度。"

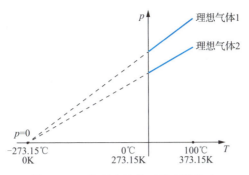

图 10.4.3　查理定律绝对零度的推出

同样，按照盖·吕萨克定律，在压强一定的情况下，理想气体的体积与温度热力学温度成正比。盖·吕萨克发现，在理想气体的 V-T 图像上反向延长，绝大多数气体最终会交于一点，这个点的温度值同样为-273.15℃，如图 10.4.4 所示。

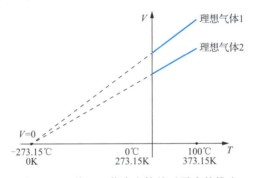

图 10.4.4　盖·吕萨克定律绝对零度的推出

事实上，一切实际气体在温度接近-273.15℃时，都将表现出明显的量子特性，这时气体早已变成液态或固态。不过，无论从相对论的角度来看，还是从量子力学的角度来看，粒子都不可能完全静止，所以绝对零度是无法达到的温度下限。

从以上三条试验定律出发，可以推出一定质量的理想气体状态方程，即

$$pV = \frac{M}{\mu}RT \tag{10.4.2}$$

式中，M、μ 分别为理想气体的质量和摩尔质量。

下面从气体分子动力学理论出发推导理想气体状态方程。将温度与分子平均平动动能的关系式 $\overline{\varepsilon_k} = \frac{3}{2}kT$ 代入理想气体的压强公式 $p = \frac{2}{3}n\overline{\varepsilon_k}$，得

$$p = nkT$$

由于 $n = \frac{N}{V}$，$R = N_0 k$，因此上式也可表示为

$$pV = \frac{M}{\mu}RT = \nu RT$$

式中，ν 为气体的摩尔数。显然，这就是**理想气体的状态方程**。这个方程与实验结果完全一致，这说明，气体分子动理论的基本假设是正确的。

10.4.6 范德瓦耳斯方程

前面提到的气体都是理想气体，即在压强不太大、温度不太高的条件下的气体。人们发现，在高温或低压情况下，气体并不遵从理想气体状态方程，通常把这种气体称为实际气体。为了更精确地描述实际气体的行为，急需寻找适用于实际气体的状态方程。

荷兰物理学家范德瓦耳斯认为，实际气体与理想气体的差别有两点：一是理想气体分子本身的体积忽略不计，而实际分子本身的体积不能忽略；二是理想气体分子与分子之间的相互作用力忽略不计，而实际气体分子与分子之间的相互作用力是不能忽略的。由于存在着这两种差别，因此范德瓦耳斯把实际气体分子看作相互之间有吸引力、具有一定体积的刚性小球。只有对实际气体的体积和压强进行修正后，它才能服从理想气体状态方程。

1. 体积的修正

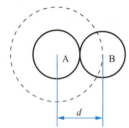

图 10.4.5 实际气体的不可压缩体积

由于理想气体分子本身的体积忽略不计，因此理想气体状态方程中的 V 就是容器的体积。而实际气体分子本身具有一定体积，故实际气体的可压缩体积就比容器要小，如图 10.4.5 所示。作为估算，假设气体分子直径为 d，那么，B 气体分子的质心不能进入 A 气体分子周围 $\frac{4}{3}\pi d^3$ 的体积之中。反之，A 分子的质心也不能进入 B 分子周围 $\frac{4}{3}\pi d^3$ 的体积之中。因此，对大量气体分子而言，每个分子的不可压缩体积为

$$\frac{1}{2}\left(\frac{4}{3}\pi d^3\right) = 4\left[\frac{4}{3}\pi\left(\frac{d}{2}\right)^3\right]$$

即一个分子的不可压缩体积相当于分子自身体积的 4 倍。1mol 分子不可压缩体积为

$$b = N_0 4\left[\frac{4}{3}\pi\left(\frac{d}{2}\right)^3\right] = \frac{2}{3}N_0\pi d^3$$

实际气体的可压缩体积应是气体所在容器的容积减去气体的不可压缩体积，即

$$V_{实} = V - \nu b$$

式中，ν 为气体的摩尔数。

2. 压强的修正

实际气体的分子与分子之间存在的相互作用力称为分子力。分子力与分子间距的关系如图 10.4.6 所示。当两个分子间距离为 r_0 时，分子力为 0。当两个分子间距离小于 r_0 时，分子力表现为斥力，距离进一步减小时，这个斥力会急剧增大。当两个分子间距离大于 r_0 时，分子力表现为引力，距离进一步增大时，引力很快趋向于零。r_0 的数量级约为 10^{-10} m，引力作用距离约为 $10^{-10} \sim 10^{-8}$ m。一般压强下，气体分子间的距离在引力

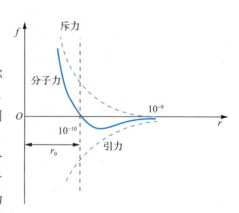

图 10.4.6 分子力与分子间距的关系

作用范围内，故气体分子间的相互作用力是引力。

实际气体内部的分子，周围各个方向都受到其他分子的引力，因而恰好相互抵消，对分子的运动不产生影响。但对于靠近器壁的分子，则会有所不同，它受其他分子的引力作用不对称，结果受到一个垂直器壁指向气体内部的合力。当分子向器壁运动，靠近器壁时，由于这一合力的作用，分子动量减小，从而使得碰撞器壁的冲量减小，相当于产生了一个指向气体内部的附加压强 p_i。显然，这个压强 p_i 正比于器壁附近受力的分子数密度 $\frac{\nu}{V}$，同时 p_i 还正比于器壁附近分子施力的气体分子数密度 $\frac{\nu}{V}$。因此，附加压强 p_i 可表示为

$$p_i = a\left(\frac{\nu}{V}\right)^2$$

式中，a 为比例系数，取决于气体的性质。

实际气体的压强是考虑分子间引力时的气体对器壁产生的压强，所以修正后的压强为

$$p + p_i = p + a\left(\frac{\nu}{V}\right)^2$$

分别用修正后的气体体积和压强替代理想气体状态方程中的体积和压强，即有

$$\left[p + a\left(\frac{\nu}{V}\right)^2\right](V - \nu b) = \nu RT \tag{10.4.3}$$

式（10.4.3）即**范德瓦耳斯方程**。范德瓦耳斯从理论上分析了实际气体与理想气体的差别，式中的系数 a 和 b 由实验测定，因此，该方程是一个半理论、半经验的方程。气体分子间的引力附加压强示意图如图 10.4.7 所示。

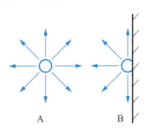

图 10.4.7　气体分子间的引力附加压强示意图

表 10.4.1 列出了温度为 320K 时，CO_2 在不同压强下其摩尔体积的试验值 $V_{实}$、范德瓦耳斯方程的计算值 $V_{范}$ 和理想气体状态方程的计算值 $V_{理}$。

表 10.4.1　温度为 320K 时 CO_2 的摩尔体积

p/atm	$V_{实}$/m³	$V_{范}$/m³	$V_{理}$/m³
1	2.63×10⁻²	2.63×10⁻²	2.63×10⁻²
10	2.52×10⁻³	2.53×10⁻³	2.63×10⁻³
40	0.54×10⁻³	0.55×10⁻³	0.66×10⁻³
100	0.098×10⁻³	0.10×10⁻³	0.25×10⁻³

可以看出，在 1～100atm 压强范围内，理想气体状态方程的计算结果与实验值的偏差

逐渐变大，而范德瓦耳斯方程的计算结果则比较符合实际。随着压强的增大，范德瓦耳斯方程与实验结果的偏差也渐渐变大。这说明，与理想气体状态方程相比，范德瓦耳斯方程能较好地反映实际气体的行为。但是，无论是理想气体状态方程，还是范德瓦耳斯方程，都只是在一定程度上近似地反映实际气体，只是后者的近似程度更高一些而已。

10.5 气体分子的平均自由程

讨论：气体分子的运动是无规则的，而且分子与分子之间的碰撞也是非常频繁的，那么单位时间内一个分子与多少个其他分子发生碰撞呢？

10.5.1 平均碰撞频率

假设有一个分子 A 以平均速率 $\bar{v}$ 运动，而其他分子都静止不动。分子 A 在运动过程中

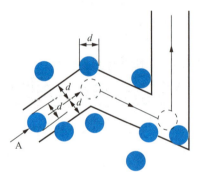

图 10.5.1 分子平均碰撞频率的推导

与其他分子频繁碰撞，运动方向不断改变，其中心的运动轨迹是一条不规则折线，如图 10.5.1 所示。显然，只有中心与折线的距离小于有效直径 d 的分子才会与分子 A 发生碰撞。设想以折线为轴，作一个半径为 d、长为 $\bar{v}$ 的曲折圆柱体，那么在单位时间内，柱内的分子都会与分子 A 碰撞。若气体的分子数密度为 n，则圆柱体内的分子数为 $n\pi d^2 \bar{v}$，因此分子 A 在单位时间内与其他分子碰撞次数为 $n\pi d^2 \bar{v}$。因为碰撞具有偶然性，所以每个分子单位时间内与其他分子的碰撞次数是随机变化的，但单位时间内一个分子与其他分子碰撞次数的统计平均值却是一定的，通常称之为分子的**平均碰撞频率** $\bar{Z}$，显然有

$$\bar{Z} = n\pi d^2 \bar{v}$$

前面假设只有一个分子运动，而其他分子静止不动。而实际上，所有的分子都在运动，因此上式中的平均速率 $\bar{v}$ 应该用平均相对速率 $\bar{v}_r$ 来代替，可以证明

$$\bar{v}_r = \sqrt{2} \bar{v}$$

因此，分子的平均碰撞频率应修改为

$$\bar{Z} = \sqrt{2} n\pi d^2 \bar{v} \tag{10.5.1}$$

10.5.2 气体平均自由程的计算

一个分子在两次连续碰撞之间所走的直线路程称为分子的**自由程**。由于一个分子的自由程也具有偶然性，因此，引入多个自由程的统计平均值——**分子的平均自由程** $\bar{\lambda}$。由于单位时间内一个分子走过的平均路程为 $\bar{v}$，而这段时间内这个分子与其他分子平均碰撞了 $\bar{Z}$ 次，因此，分子的平均自由程为

$$\bar{\lambda} = \frac{\bar{v}}{\bar{Z}} = \frac{1}{\sqrt{2}n\pi d^2}$$

对于理想气体，$p = nkT$，故有

$$\bar{\lambda} = \frac{kT}{\sqrt{2}\pi d^2 p} \tag{10.5.2}$$

从式（10.5.2）可以看出，理想气体的温度一定时，分子的平均自由程与气体的压强成反比。当压强很低时，利用式（10.5.2）计算得到的平均自由程将大于容器的线度，此时该式不再适用。这是因为，气体分子只是在容器的器壁之间来回不断地碰撞，分子之间已很少碰撞了。

例 10.5.1 设氢分子的有效直径 $d = 2.73 \times 10^{-10}$ m，求氢气在压强 $p = 1.013 \times 10^5$ Pa、温度 $T = 298$ K 时，其分子的平均速率、平均碰撞频率和平均自由程。

解：在题意给定的条件下，氢气可视为理想气体，故有

$$n = \frac{p}{kT} = \frac{1.013 \times 10^5}{1.38 \times 10^{-23} \times 298} \approx 2.46 \times 10^{25} (\text{m}^{-3})$$

平均速率为

$$\bar{v} = \sqrt{\frac{8RT}{\pi\mu}} = \sqrt{\frac{8 \times 8.31 \times 298}{\pi \times 2.02 \times 10^{-3}}} \approx 1.77 \times 10^3 (\text{m/s})$$

平均碰撞频率为

$$\bar{Z} = \sqrt{2}n\pi d^2 \bar{v} = \sqrt{2}\pi \times 2.46 \times 10^{25} \times (2.73 \times 10^{-10})^2 \times 1.77 \times 10^3 \approx 1.44 \times 10^{10} (\text{s}^{-1})$$

平均自由程为

$$\bar{\lambda} = \frac{\bar{v}}{\bar{Z}} = \frac{1.77 \times 10^3}{1.44 \times 10^{10}} \approx 1.23 \times 10^{-7} (\text{m})$$

思考与探究

10.1 在生活中，经常会遇到这样两种现象：在夏季炎热阳光下，自行车车轮内胎发生自爆；在打气过程中自行车车轮内胎发生爆炸。试从微观角度解释这两种现象。

10.2 试用气体动理论说明，一定体积的氮气和氧气的混合气体总压强等于氮气和氧气单独存在于该体积内时所产生的压强之和。

10.3 一定质量的气体，保持体积不变，由于温度升高时分子运动得更剧烈，因此平均碰撞次数增多，平均自由程是否也因此而减小？为什么？

10.4 某些恒星表面的温度可达 1.0×10^8 K，这也是发生聚变反应所需的温度。在此温度下，恒星可视为由质子组成。问质子的平均动能是多少？质子的方均根速率为多大？

10.5 无线电所用的真空管的真空度为 1.33×10^{-3} Pa，试求 27℃时单位体积内的分子数及分子平均自由程（设分子的有效直径为 3.0×10^{-10} m）。

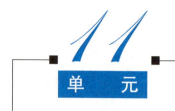

热力学基础

单元导读

摩擦可以产生热量，那么做功和热量之间有何关系？高温热源能自发地将热量传递给低温热源，为什么低温热源不能自发地将热量传递给高温热源？为什么制造永动机都是徒劳的？

能力目标

1. 理解热量、功、内能等基本概念，掌握热力学第一定律在理想气体各等值过程的应用。
2. 理解循环过程及其效率计算方法，掌握卡诺循环效率计算。
3. 理解热力学第二定律的两种表述、可逆过程、不可逆过程的概念及卡诺定理。
4. 理解熵的概念及熵增原理。

思政目标

1. 培养整体思维、批判性思维，实事求是，勇于创新。
2. 培养效率意识、节能意识、环保意识，践行绿色发展理念。

11.1 热力学系统及其状态的改变

讨论：在许多欧洲历史剧中，常常会有这样一种镜头：白色的蒸汽从火车车头喷涌而出，火车发出嘹亮的鸣笛声穿过蒸汽疾驰向前。那么这种火车是靠什么提供动力而向前行驶的呢？

11.1.1 热力学系统

在热力学中，一般把所研究的宏观物体（如气体、液体、固体、化学电池、电介质、磁介质等）叫作**热力学系统**，简称**系统**，把与热力学系统相互作用的环境称为**外界**。

当系统与外界没有能量交换、系统内又无不同形式的能量转换时，经过足够长的时间，系统总会达到处处温度相同、所有的宏观量不随时间变化的状态，这种状态称为**平衡态**。以平衡态下的气体为例，系统内的分子仍在不停地做无规则的热运动，只是大量分子运动的平均效果不变，在宏观上表现为系统达到平衡；从微观上看，系统的平衡态是动态平衡，常称为热动平衡。

1931 年，英国物理学家拉尔夫·福勒提出：如果两个热力学系统中的每一个都与第三个热力学系统处于热平衡（温度相同），则它们彼此也必定处于热平衡。这一结论称为**热力学第零定律**。该定律揭示了处于同一热平衡的所有热力学系统都具有共同的宏观性质，即温度。也就是说，温度是决定某一系统是否与其他系统处于热平衡的宏观标志，它的特征就是热平衡的系统都具有相同的温度。热力学第零定律不仅给出了温度的宏观定义，而且给出了利用温度计测量温度的依据和方法。

当系统与外界交换能量时，系统的状态就要发生变化。系统状态随时间的变化称为**热力学过程**。

从平衡态被破坏到建立新的平衡态所需的时间称为**弛豫时间**。由于中间状态不同，热力学过程又分为非静态过程和准静态过程。设想有一个系统开始时处于平衡态，经过一系列状态变化后到达另一平衡态。一般来说，在实际的热力学过程中，在始末两平衡态之间所经历的中间状态，不可能都是平衡态，而常为非平衡态。所以通常将中间状态为非平衡态的过程称为**非静态过程**。但是，如果系统在始末两平衡态之间所经历的过程是无限缓慢的，以致系统所经历的每一中间态都可近似地看成平衡态，那么系统的这种状态变化的过程称为**准静态过程**。

准静态过程是一种理想化过程，但是当实际过程进行的时间比弛豫时间大得多时，可以近似视为准静态过程。例如，活塞压缩气体的弛豫时间为 $10^{-4} \sim 10^{-3}$ s，而内燃机气缸内气体压缩一次时间约为 10^{-2} s，比弛豫时间大得多，此时内燃机压缩过程可近似作为准静态过程处理。

11.1.2 热力学系统状态的改变

在系统与外界没有热量交换的情况下，系统状态发生变化的过程称为**绝热过程**。显然，绝热过程中系统状态的变化只是由外界对系统做功引起的。实验表明，当系统从确定的初平衡状态变化到确定的末平衡状态时，在不同的绝热过程中，外界对系统的做功都相等。也就是说，绝热过程中的功仅由系统的初、末状态完全决定，与过程的具体进行方式无关。例如，要使一杯水的温度从 300K 升高到 350K，可以用搅拌、电烧等多种方法。这一事实表明，在热力学系统中存在一种由其热运动状态单值决定的能量，这种能量称为系统的**内能**。系统内能的改变可以用绝热过程中外界对系统所做的功来量度。

要改变热力学系统的状态，有两种方法：第一种方法是做功；第二种方法是向系统传递热量。

1. 做功

如图 11.1.1（a）所示，在一有活塞的气缸内盛有一定量的气体，气体的压强为 p，活塞的面积为 S，则作用在活塞上的力为 $F = pS$。当系统经历一微小的准静态过程使活塞移动一微小段距离 Δl 时，气体所做的功为

$$\Delta W = F\Delta l = pS\Delta l = p\Delta V$$

式中，ΔV 为气体体积的变化量。功 W 可用图 11.1.1（b）中有斜线的矩形来表示，故气体在由状态 A 变化到状态 B 的准静态过程中所做的功为

$$W = \sum \Delta W = \sum p\Delta V$$

在 p-V 图上，W 为所有矩形面积的总和。当气体的体积有无限小变化 $\mathrm{d}V$ 时，气体所做的功为 $\mathrm{d}W = p\mathrm{d}V$，此时上式可用积分式表示，即

$$W = \int_{V_1}^{V_2} p\mathrm{d}V$$

它等于 p-V 图上实线 AB 下的面积。所以**气体所做的功等于 p-V 图上过程曲线下面的面积**。当气体膨胀时，它对外界做正功；当气体被压缩时，它对外做负功。假定气体从状态 A 到状态 B 经历另一个路径，如图 11.1.1（b）中的虚线 AB，则气体所做的功应该是虚线下面的面积。状态变化过程不同，系统所做的功也就不同。总之，**系统所做的功不仅与系统的始末状态有关，而且与路径有关**，也就是说，**功是过程量，不是状态函数**。

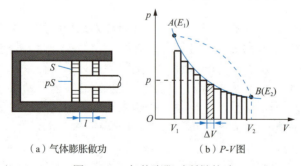

（a）气体膨胀做功　　（b）P-V 图

图 11.1.1　气体膨胀时所做的功

2. 向系统传递能量

除做功外，向系统传递能量也可以改变系统的状态。例如，把一杯冷水放在电炉上加热。电炉不断地把能量传递给低温的水，从而使水温也相应提高，水的状态就发生了改变。又如，在一杯水中放进一块冰，冰将吸收水的能量而融化，从而使水和冰的状态都发生变化。通常把**系统与外界之间由于存在温度差而传递的能量称为热量**，用符号 Q 表示。如图 11.1.2 所示，把温度为 T_1 的系统 A，放在温度为 T_2 的外界环境 B 之中，若 $T_1 < T_2$，则热

量 Q 将从 B 传递到 A；若 $T_1>T_2$，则热量 Q 从 A 传递到 B。

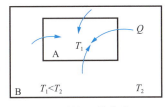 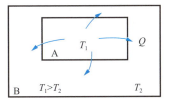

（a）热量从B传递到A　　　　（b）热量从A传递到B

图 11.1.2　热量传递

在国际单位制中，热量与功的单位相同，均为焦（J）

应当指出的是，热量传递的多少与其传递的方式有关。由此可见，热量与功一样是与热力学过程有关的量，也是一种过程量。

需要注意的是，系统在与外界发生能量传递时，系统的温度通常是要发生变化的。但是也会有这样的情形：当系统与外界发生能量传递时，系统的温度维持不变。例如，当一杯冷水放在高温电炉上加热至沸腾后，水虽被继续加热，但水温却维持在沸点而不再升高。在这种情形下，也认为外界向系统传递了热量。总之，只要有能量的传递，无论系统的温度是否发生变化，都是热量的传递过程。

知识窗　蒸汽机的诞生与改良

16 世纪末到 17 世纪后期，英国的采矿业，特别是煤矿，规模已相当庞大，仅靠人力、畜力已难以满足排除矿井地下水的要求，鉴于煤矿现场有丰富而廉价的煤作为燃料，现实的需要促使许多人致力于"以火力提水"的探索和试验。1698 年，萨弗里制成了世界上第一台实用的蒸汽提水机；1705 年，纽科门及其助手卡利发明了大气式蒸汽机；1769 年，瓦特改进了大气式蒸汽机，增加了冷凝器，使机器运作由断续变连续，从而使蒸汽机的使用价值大大提高，引发了欧洲的工业革命。1785 年，瓦特改良后的蒸汽机被应用于纺织。1807 年，瓦特改良后的蒸汽机被美国人富尔顿应用于轮船。1825 年，斯蒂芬森亲自驾驶他同别人合作设计制造的"旅行者号"蒸汽机车在新铺设的铁路上试车，并获得成功。瓦特改良后的蒸汽机模型如图 11.1.3 所示。蒸汽机的进一步发展，迫切需要研究热和功的关系，以提高热机效率，适应生产力发展的需要。

图 11.1.3　瓦特改良后的蒸汽机模型

11.2　热力学第一定律

讨论：在工业革命的推动下，工业领域和运输领域都相当广泛地使用蒸汽机，人们越来越关注热和功的转化问题，甚至幻想制造一种机器，不需要外界提供能量，却能不断地对外做功，这就是所谓的**第一类永动机**。历史上最著名的第一类永动机是法国人亨内考在 13 世纪提出的"魔轮"。时至今日，仍未有真正意义上的永动机面世，那么第一类永动机能研制成功吗？

11.2.1 能量传递的研究历程

在没有认识热的本质以前，人们并不清楚热量、功、能量之间的关系。18 世纪中期，苏格兰物理学家布莱克等提出了热质说。这种学说认为，热由一种特殊的、没有质量的流体物质，即热质组成，物体的冷热程度取决于其中所含热质的多少。这种学说比较圆满地解释了由热传导导致热平衡等热现象，因而这种学说为当时许多科学家所接受。直到 1798 年，英国物理学家汤普森发表了题为《论摩擦激起的热源》的论文，该文指出，摩擦产生的热是无穷尽的，与外部绝热的物体不可能无穷尽地提供热物质，热不可能是一种物质，只能认为热是一种运动，从而否定了热质的存在。

1840 年，德国物理学家、医生迈尔作为一名随船医生到达印度尼西亚的爪哇岛，船上很多船员因水土不服而生病，迈尔在给病人进行放血治疗时发现，病人静脉中的血液呈鲜红色，可是在德国，从病人静脉中抽出的血呈现黑红色。这种现象促使迈尔对整个生物热的问题开始进行系统的研究。当时公认的拉瓦锡理论认为，生物体通过吸进氧气的缓慢氧化，产生维持生命的热量，人肺通过呼吸吸进新鲜空气，流经肺叶的血液从中吸收氧气后变成鲜红色。迈尔想到，爪哇岛地处热带，在这里，人们体热的维持一定比较容易，因此维持体热所需消耗的氧气也比较少。这样，血液自然比较红，即使是静脉中的血液也是这样。迈尔从印度尼西亚回国后，于 1842 年发表了《论无机自然界的力》论文，并用自己的方法测得热功当量为 365kg·m/kcal。

1843 年，英国物理学家焦耳在得出焦耳-楞次定律的实验基础上，设计了一个实验。他将一个小线圈绕在铁心上，用电流计测量感生电流，把线圈放在装水的容器中，测量水温以计算热量。这个电路是完全封闭的，没有外界电源供电，水温的升高只是机械能转换为电能、电能又转换为热的结果。1843 年 8 月，在英国举办的一场学术会上，焦耳报告了他的论文《论电磁的热效应和热的机械值》，论文中指出，1kcal 的热量相当于 460kg·m 的功。然而，他的报告没有获得强烈的反响，这时他意识到自己还需要进行更精确的实验。

1847 年，焦耳做了一项极为巧妙的实验：他在量热器中注入水，在量热器中间装上带有叶片的转轴，然后让下降重物带动叶片旋转，由于叶片和水的摩擦，水和量热器都变热了。根据重物下落的高度，可以计算出转换的机械功；根据量热器内水升高的温度，就可以计算水的内能的升高值，把两数进行比较就可以求出热功当量的准确值。同年，德国物理学家亥姆霍兹在德国物理学会上发表了关于力的守恒讲演，第一次把能量概念从机械运动推广到普遍的能量守恒。

焦耳于 1849 年发表了《论热功当量》，于 1878 年发表了《热功当量的新测定》，最后得到的数值为 423.85kg·m/kcal。焦耳证明了机械能（功）和电能（功）同热量之间的转换关系，论证了传热是能量传递的一种形式，为确认能量守恒和转换定律的正确性打下了坚实的实验基础。

19 世纪 50 年代，英国的兰金把力的守恒原理表述为"能量守恒定律"。直到 19 世纪

60 年代，能量守恒定律才被普遍承认。该定律把各种自然现象用定量的规律联系起来，指出机械运动、热运动、电磁运动等都不过是同一运动在不同条件下的各种特殊形式，它们在一定条件下可以相互转换而不发生量上的任何损耗。

11.2.2　热力学第一定律的定义

对于一个热力学系统，系统的状态（能量发生改变）可以由外界向系统传递热量 Q 来实现，也可以由外界对系统做功 W^{ex} 来实现。当然，外界向系统传递热量的同时，又对系统做功，系统能量的改变就与这两者有关了。设想系统在初始状态时的内能为 E_0，当外界向它传递热量和对它做功后，系统达到末状态时的内能为 E，根据能量守恒定律，有

$$E - E_0 = Q + W^{ex} \tag{11.2.1}$$

式（11.2.1）表明，系统内能的增量等于外界向系统传递的热量与外界对系统做功之和。例如，以 W 表示系统对外界做的功，那么有 $W^{ex} = -W$。于是，式（11.2.1）可写成

$$Q = W + E - E_0 = W + \Delta E \tag{11.2.2}$$

式（11.2.2）的物理意义是：**系统从外界吸收的热量，一部分用于系统对外做功，另一部分用来增加系统的内能**。这就是热力学第一定律。显然，热力学第一定律就是包括热现象在内的能量守恒定律。

为方便热力学第一定律的应用，需作如下规定：$Q>0$ 表示系统从外界吸收热量，$Q<0$ 表示系统向外界放出热量；$W>0$ 表示系统对外界做正功，$W<0$ 表示系统对外界做负功，即外界对系统做功；$E>0$ 表示系统内能增加，$E<0$ 表示系统内能减少。

对于系统状态微小变化过程，热力学第一定律的数学表达式可写成

$$dQ = dW + dE \tag{11.2.3}$$

由热力学第一定律可知，要使系统对外做功，必然要消耗系统的内能或由外界吸收热量或两者皆有。针对第一类永动机，它既不消耗系统的内能，又不需要外界向它传递热量，即不消耗任何能量而能不断地对外做功，很明显，它违反了热力学第一定律，因此第一类永动机是无法真正制成的。热力学第一定律也可表述为，第一类永动机是不可能实现的。

11.2.3　热力学第一定律的应用

对于理想气体一些典型的等值过程，可以利用热力学第一定律和理想气体的状态方程，计算过程中的功、热量和内能的改变量，以及它们之间的转换关系。

1. 等体过程　摩尔定体热容

在等体过程中，理想气体的体积保持不变。如图 11.2.1 所示，等体过程在 p-V 图上是一条平行于 p 轴的直线，即等体线。

在等体过程中，由于气体的体积 V 是常量，气体不对外做功，即 $W = 0$，根据热力学第一定律，有

$$\Delta Q_V = \Delta E$$

考虑到理想气体的内能公式为

$$\Delta E = \nu \frac{i}{2} R \Delta T$$

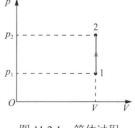

图 11.2.1　等体过程

式中，i 为气体分子的自由度；ν 为气体分子的摩尔数。因此有

$$\Delta Q_V = \nu \frac{i}{2} R \Delta T \qquad (11.2.4)$$

式（11.2.4）表明，在等体过程中，气体吸收的热量全部用来增加气体的内能。设有 1mol 理想气体，在等体过程中所吸收的热量为 dQ_V，气体的温度由 T 升高到 $T+dT$，则定义气体的**摩尔定体热容**为

$$C_V = \frac{dQ_V}{dT}$$

摩尔定体热容的单位为焦/（摩·开），符号为 $J/(mol·K)$。

由于对于理想气体，$dQ_V = \nu \frac{i}{2} R dT$，因此，理想气体的摩尔定体热容为

$$C_V = \frac{i}{2} R \qquad (11.2.5)$$

通常将等体过程吸收的热量表示为

$$Q_V = \Delta E = \nu C_V \Delta T \qquad (11.2.6)$$

式（11.2.6）也说明，理想气体内能的改变只与起始和终了状态温度的改变有关，与状态变化的过程无关。基于这个原理，摩尔定体热容 C_V 既可以由理论计算得出，也可以通过实验测出。

2. 等压过程 摩尔定压热容

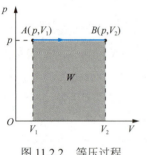

图 11.2.2 等压过程

在等压过程中，理想气体的压强保持不变。如图 11.2.2 所示，等压过程在 p-V 图上是一条平行于 V 轴的直线，即等压线。

对于理想气体的等压过程，有 $pdV = \nu R \Delta T$，所以在等压过程中，理想气体对外做的功为

$$W = pdV = \nu R \Delta T$$

根据热力学第一定律，有

$$Q_p = \Delta E + W = \nu(C_V + R)\Delta T \qquad (11.2.7)$$

式（11.2.7）表明，在等压过程中，理想气体吸收的热量一部分用来增加气体的内能，另一部分使气体对外做功。设有 1mol 的理想气体，在等压过程中吸收热量 dQ_p 温度升高 dT，则定义该气体的**摩尔定压热容**为

$$C_p = \frac{dQ_p}{dT}$$

因此，理想气体的摩尔定压热容为

$$C_p = C_V + R \qquad (11.2.8)$$

式（11.2.8）称为**迈耶公式**，该式说明，理想气体的摩尔定压热容与摩尔定体热容之差恰好等于摩尔气体常量。也就是说，在等压过程中，1mol 的理想气体温度升高 1K 时，要比其等体过程多吸收约 8.31J 的热量，以用于对外做功。

在实际中，常用到 C_p 与 C_V 的比值，称为**摩尔热容比**，用 γ 表示，即

$$\gamma = \frac{C_p}{C_V} \tag{11.2.9}$$

对于理想气体，$C_p = C_V + R$，$C_V = \frac{i}{2}R$，因此，理想气体的摩尔热容比为

$$\gamma = \frac{C_p}{C_V} = 1 + \frac{2}{i} \tag{11.2.10}$$

表 11.2.1 列出了一些气体 C_p、C_V、γ 的实验值，从表中可以看出：对于常温下的单原子和双原子气体，C_p、C_V、γ 的经典理论值与实验值大致相符；而对于多原子分子，其理论值与实验值不符，经典热容理论公式不再适用。按照经典热容理论，C_p、C_V 的值与温度无关，但实验表明，C_p、C_V 是随温度变化的，如表 11.2.2 所示，其中列出了不同温度下氧气的 C_p、C_V 实验值。

表 11.2.1　一些气体的 C_p、C_V、γ 值（$1.013×10^5$ Pa，25 ℃）

原子类型	气体	C_p/[J/(mol·K)]		C_V/[J/(mol·K)]		$C_p - C_V$/[J/(mol·K)]		$\gamma = \frac{C_p}{C_V}$	
		理论值	实验值	理论值	实验值	理论值	实验值	理论值	实验值
单原子	He	20.8	20.95	12.5	12.61	8.31	8.34	1.67	1.66
	Ar	20.8	20.90	12.5	12.53	8.31	8.37	1.67	1.67
双原子	H_2	29.1	28.83	20.8	20.47	8.31	8.36	1.40	1.41
	N_2	29.1	28.88	20.8	20.56	8.31	8.32	1.40	1.40
	CO	29.1	29.00	20.8	21.20	8.31	7.80	1.40	1.37
	O_2	29.1	29.61	20.8	21.16	8.31	8.45	1.40	1.40
多原子	H_2O	33.2	36.2	24.9	27.8	8.31	8.4	1.33	1.31
	CH_2	33.2	35.6	24.9	27.2	8.31	8.4	1.33	1.30
	$CHCL_3$	33.2	72.0	24.9	63.7	8.31	8.3	1.33	1.13
	CH_3OH	33.2	87.5	24.9	79.1	8.31	8.4	1.33	1.11

表 11.2.2　不同温度下氧气摩尔定体热容的实验值（$1.013×10^5$ Pa）

参数	200K	300K	500K	1000K	2000K	3000K
C_p/[J/(mol·K)]	29.26	29.43	31.12	36.82	37.78	39.96
C_V/[J/(mol·K)]	20.95	21.12	22.80	28.50	29.47	31.65

经典热容理论与实验结果不完全相符，原因之一是忽略了分子内部原子的振动。实际上，振动能量在结构复杂的分子中，或在温度很高的情况下，是不能忽略的。原因之二是气体动理论以能量连续的概念为基础，而实际上，分子、原子等微观粒子的能量是量子化的，只有应用量子统计理论才能圆满解释热容问题。

3. 理想气体的等温过程

假设一个密闭的气缸内充有理想气体，气缸壁是由绝热材料制成的，气缸底部是良导体，气缸底部与温度为 T 的恒温热源相接触，如图 11.2.3 所示。当作用在活塞上的力有微小降低（或增加）时，缸内气体将膨胀（或压缩），气体将对外做正功（或负功），这时气体的内能将减少（或增加），温度也将略有降低（或升高），这个过程可看作准静态过程。

在这种情况下,就有热量从恒温热源传入(或传出)气缸中的气体,使气体的温度维持不变,这种在温度不变的情况下,状态变化的过程叫作**等温过程**。由于理想气体的内能是温度的单值函数,因此在等温过程中气体的内能也保持不变,即 $\Delta E = 0$。理想气体的等温过程在 p-V 图上的过程曲线是一条双曲线,也称等温线。

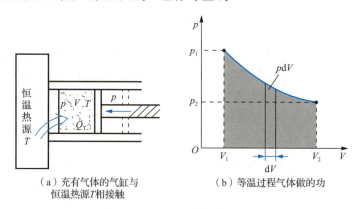

(a)充有气体的气缸与恒温热源T相接触　　(b)等温过程气体做的功

图 11.2.3　理想气体的等温过程

由于等温过程中内能不变,故根据热力学第一定律,有

$$dQ_T = dW_T = pdV$$

式中,dQ_T 为气体从温度为 T 的热源中吸收的热量,dW_T 为气体所做的功。上式表明,在等温过程中,理想气体所吸收的热量全部用来对外做功。气体对外所做的功等于 p-V 图等温曲线下的面积。

设理想气体在等温过程中,其体积由 V_1 改变为 V_2 时气体所做的功为

$$W_T = \int_{V_1}^{V_2} pdV$$

根据理想气体物态方程 $pV = \nu RT$ 和等温过程中 T 为常量这一结论,上式可写为

$$W_T = \nu RT \int_{V_1}^{V_2} \frac{dV}{V} = \nu RT \ln \frac{V_2}{V_1}$$

因为 $p_1V_1 = p_2V_2$,所以上式也可写成

$$W_T = \nu RT \ln \frac{p_1}{p_2}$$

$$Q_T = W_T = \nu RT \ln \frac{V_2}{V_1} = \nu RT \ln \frac{p_1}{p_2} \tag{11.2.11}$$

式(11.2.11)表明,在理想气体的等温过程中,当气体膨胀($V_2 > V_1$)时,W_T 和 Q_T 均取正值,气体从恒温热源吸收的热量全部用于对外做功;当气体被压缩($V_2 < V_1$)时,W_T 和 Q_T 均取负值,此时外界对气体所做的功全部以热量形式由气体传递给恒温热源。

4. 理想气体的绝热过程

在气体的状态发生变化的过程中,如果它与外界之间没有热量传递,那么这种过程叫作**绝热过程**。实际上,绝对的绝热过程是没有的,但在有些过程中,虽然系统与外界之间有热量传递,但所传递的热量很小,几乎可忽略不计,这种过程就可近似作为绝热过程,

如蒸汽机气缸中蒸汽的膨胀、柴油机中受热气体的膨胀、压缩机中空气的压缩等。这些过程进行得很迅速，在过程进行时只有很少的热量通过器壁进入或离开系统。此外，声波在空气中传播时，空气的压缩和膨胀过程也可看作绝热过程。但这些实际的绝热过程不是接下来所要讨论的，下面要介绍的绝热过程是进行得非常缓慢的准静态过程。

如图 11.2.4（a）所示，在一密闭气缸中充有理想气体，气缸壁、底部和活塞均由绝热材料制成。活塞与缸壁间的摩擦忽略不计。绝热过程的特征是 $dQ=0$。理想气体的绝热过程在 p-V 图上的过程曲线称为绝热线，如图 11.2.4（b）所示。

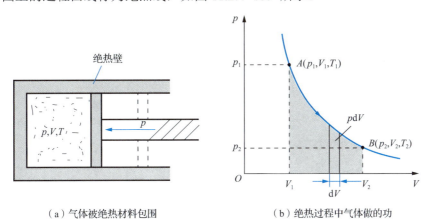

（a）气体被绝热材料包围　　　　　（b）绝热过程中气体做的功

图 11.2.4　理想气体的绝热过程

在绝热过程中，$dQ=0$，$Q=0$，根据热力学第一定律，有

$$W = -\Delta E = \nu C_V \Delta T$$

在绝热膨胀过程中，气体减少的内能全部用于对外做功。在绝热压缩过程中，外界对气体所做的功全部转换为内能的增量。

根据迈耶公式和理想气体状态方程，可得

$$C_V = C_V \frac{R}{C_p - C_V} = \frac{R}{\gamma - 1}$$

$$\Delta T = \frac{\Delta(pV)}{\nu R}$$

故有

$$W = -\Delta E = \nu C_V \Delta T = \frac{\Delta(pV)}{\gamma - 1}$$

可以证明，理想气体绝热准静态过程中，p、V、T 之间的关系为

$$pV^\gamma = 常量 \tag{11.2.12}$$

或

$$V^{\gamma-1}T = 常量 \tag{11.2.13}$$

$$p^{\gamma-1}T^{-\gamma} = 常量 \tag{11.2.14}$$

式（11.2.12）～式（11.2.14）统称为理想气体的绝热过程方程，简称**绝热方程**。需要注意的是，式中各个常量是不相同的。在绝热过程中，p、V、T 这三个量都在变化，没有一个是恒定的。

气体在绝热压缩过程中温度升高,在绝热膨胀过程中温度降低。例如,用打气筒向轮胎打气时,筒壁会发热;当压缩空气从喷嘴中急速喷出时,气体绝热膨胀,使气体变冷,甚至液化。

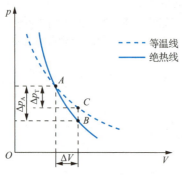

图 11.2.5 绝热线与等温线的比较

为了比较绝热线和等温线,在 p-V 图上作这两过程的过程曲线,如图 11.2.5 所示。两线在图中的点 A 相交,显然,绝热线比等温线要陡。这是因为点 A 等温线的斜率为

$$\left(\frac{dp}{dV}\right)_T = -\frac{p_A}{V_A}$$

而点 A 绝热线的斜率为

$$\left(\frac{dp}{dV}\right)_Q = -\gamma\frac{p_A}{V_A}$$

因为理想气体的摩尔热容比 $\gamma>1$,所以,绝热线比等温线要陡。原因可以解释如下:处于某一状态的气体虽经等温过程或绝热过程膨胀相同的体积,但在绝热过程中压强的下降值 Δp 比在等温过程中压强的下降值 Δp 要大。这是因为:在等温过程中,压强的降低仅由气体密度的减小引起;而在绝热过程中,压强的降低,除与气体密度减小有关外,还与温度降低有关。

11.3 循环过程 卡诺循环

讨论:虽然瓦特改良后的蒸汽机带来了第一次工业革命,但蒸汽机的大体积、小功率、低效率一直为人诟病。人们一直想发明一种理想热机,使热机以最小能耗获得最大输出,这就需要解决热机能量转换的问题。那么什么决定了热机能量转换效率呢?

11.3.1 循环过程

热力学研究各种过程的主要目的是探索怎样才能提高热机效率。在等温膨胀过程中,理想气体可以把吸收的热量全部转换为机械功,但仅仅借助这种过程,不可能制成热机。这是因为气体在膨胀中体积越来越大,压强则越来越小,等到气体压强与环境压强相等时,膨胀过程不能继续下去,而真正的热机需要源源不断地吸热并对外做功,这就需要利用循环过程。

系统经过一系列状态变化过程以后,又回到原来状态的过程叫作热力学**循环过程**,简称**循环**。热机就是实现这种循环过程的一种机器。

现考虑以气体为工作物质的循环过程,其压缩过程和重复膨胀过程如图 11.3.1 所示。设气体吸收热量推动气缸的活塞而膨胀,经准静态过程从状态 A 到状态 B 膨胀过程中,气体所做的功为 W_{AB}。若使气体从状态 B 沿原来的路径压缩到状态 A,则气体所做的功为 $W_{BA}=-W_{AB}$。上述从状态 A 出发又回到状态 A 的过程也是一个循环过程,但是在这个循环

过程中,系统所做的净功为 0,即 $W_{BA}+W_{AB}=0$。

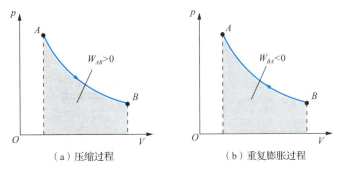

图 11.3.1 压缩过程及重复膨胀过程

如图 11.3.2(a)所示,气体在压缩过程中所经过的路径与在膨胀过程中所经过的路径不重复。气体由起始状态 A 沿过程 AaB 膨胀到状态 B,在此过程中,气体对外所做的功等于 A、B 两点间过程曲线 AaB 下的面积。将气体由状态 B 沿过程 BbA 压缩到起始状态 A,在压缩过程中,外界对气体所做的功等于 AB 两点间过程曲线 BbA 下的面积。可见,气体经历一个循环以后,对外所做的净功 W 应是由 AaB 和 BbA 两个过程组成的循环所包围的面积,如图 11.3.2(b)所示。应当指出的是,在任何一个循环过程中,系统做的净功都等于 p-V 图上循环包围的面积。

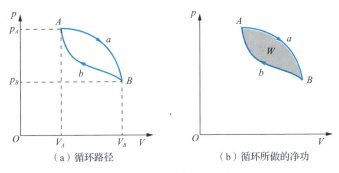

图 11.3.2 循环过程所做的功

由于系统内能是状态参量的单值函数,所以系统经历一个循环过程之后,它的内能没有改变。这是循环过程的重要特征。

按过程进行方向的不同,可把循环过程分为两类:在 p-V 图上按顺时针方向进行的循环过程叫作**正循环**,图 11.3.2(a)所示的蒸汽机的工作循环就是一个**正循环**;在 p-V 图上按逆时针方向进行的循环过程叫作**逆循环**。工作物质做正循环的机器叫**热机**(如蒸汽机、内燃机),它是把热量持续地转换为机械功的机器,其工作原理示意图如图 11.3.3(a)所示。工作物质做逆循环的机器称为**制冷机**(也称热泵),它是利用外界做功使热量由低温处流入高温处,从而获得低温的机器。

第一种实用的热机是蒸汽机,发明于 17 世纪末,用于煤矿中抽水,其工作原理示意图如图 11.3.3(b)所示。目前蒸汽机主要用于发电厂中,除蒸汽机外,内燃机、喷气机等也属于热机。虽然它们在工作方式、效率上各不相同,但工作原理基本相同,都是不断地把热量转换为机械功。蒸汽机的工作物质是水和水蒸气。水从锅炉(高温热源)吸收热量变成水蒸气,水蒸气推动活塞对外做功,废气进入冷凝器,向大气(气温热源)放热而凝结成水，然后开始下一个循环。

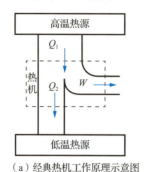
（a）经典热机工作原理示意图

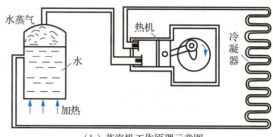
（b）蒸汽机工作原理示意图

图 11.3.3　经典热机工作原理与蒸汽机工作原理示意图

从能量的角度看，热机经过一个正循环后，由于它的内能不变化，因此它从高温热源吸收的热量 Q_1 一部分用于对外做功 W，另一部分则向低温热源放热 Q_2。也就是说，在热机经历一个正循环后，吸收的热量不能全部转换为功，转换为功的只是 $Q_1 - Q_2 = W$，通常把

$$\eta = \frac{W}{Q_1} = \frac{Q_1 - Q_2}{Q_1} = 1 - \frac{Q_2}{Q_1} \tag{11.3.1}$$

称为**热机效率**。

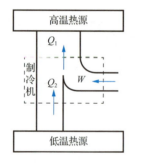

图 11.3.4　制冷机工作原理示意图

图 11.3.4 所示为制冷机工作原理示意图。制冷机从低温热源吸取热量而膨胀，并在压缩过程中把热量放出给高温热源。为实现这一点，外界必须对制冷机做功。图中 Q_2 为制冷机从低温热源吸收的热量，W 为外界对它做的功，Q_1 为它放出给高温热源的热量。当制冷机完成一个逆循环后，有 $-W = Q_2 - Q_1$，即 $W = Q_1 - Q_2$。也就是说，制冷机经历一个逆循环后，由于外界对它做功，因此它可把热量由低温热源传递到高温热源，这就是制冷机的工作原理。通常把

$$\varepsilon = \frac{Q_2}{W} = \frac{Q_2}{Q_1 - Q_2} \tag{11.3.2}$$

称为**制冷机的制冷系数**。

11.3.2　卡诺循环

虽然瓦特改进了蒸汽机，使其效率较之前大为提高，但其实际效率仍然很低，只有 3%～5%。随着工业化的不断发展，人们迫切要求进一步提高热机的效率。那么，提高热机效率的主要方向在哪里呢？提高热机效率有没有极限呢？基于这两种疑问，法国工程师卡诺于 1824 年提出一种工作在两热源之间的理想循环——卡诺循环，找到了在两个给定热源温度的条件下，热机效率的理论极限值。另外，卡诺还提出了著名的卡诺定理。

卡诺循环是由四个**准静态过程**所组成的，其中两个是**等温过程**，两个是**绝热过程**。卡诺循环对工作物质是没有规定的，为方便讨论，这里以理想气体为工作物质。如图 11.3.5（a）所示，曲线 AB 和 CD 分别是温度为 T_1 和 T_2 的两条等温线，BC 和 DA 分别是两条绝热线，如果气体从 A 点出发沿封闭曲线 $ABCDA$ 顺时针进行循环，那么这种循环为**卡诺循环**，这种热机称为**卡诺热机**，其工作原理示意图如图 11.3.5（b）所示。

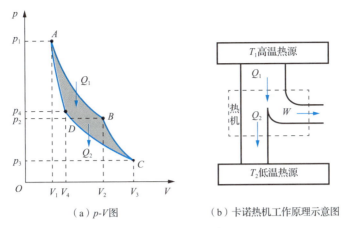

(a) p-V图 (b) 卡诺热机工作原理示意图

图 11.3.5 卡诺正循环

根据热力学第一定律，在卡诺循环的四个过程中，气体的内能对外做功和传递热量间的关系如下。

（1）在 AB 的等温膨胀过程中，气体的内能没有改变，气体对外做的功 W_1 等于气体从温度为 T_1 的高温热源中吸收的热量 Q_1，即

$$W_1 = Q_1 = \nu R T_1 \ln \frac{V_2}{V_1}$$

（2）在 BC 的绝热膨胀过程中，气体不吸收热量，对外做的功 W_2 等于气体所减少的内能，即

$$W_2 = -\Delta E = E_B - E_C = \nu C_V (T_1 - T_2)$$

（3）在 CD 的等温压缩过程中，外界对气体做的功 $-W_3$，等于气体向温度为 T_2 的低温热源放出的热量 $-Q_2$，即

$$-W_3 = -Q_2 = \nu R T_2 \ln \frac{V_4}{V_3}$$

有

$$Q_2 = \nu R T_2 \ln \frac{V_3}{V_4}$$

（4）在 DA 的绝热压缩过程中，气体不吸收热量，外界对气体做的功 $-W_4$，用于增加气体的内能，即

$$-W_4 = \Delta E = E_A - E_D = \nu C_V (T_1 - T_2)$$

由以上四个方程式可得，理想气体经历一个卡诺循环后所做的净功为

$$W = W_1 + W_2 - W_3 - W_4 = Q_1 - Q_2$$

从图 11.3.5（a）中可以看出，这个净功 W 就是图中四个循环所包围的面积。

根据循环效率的定义，可以得到以理想气体为工作物质的卡诺循环的效率为

$$\eta = \frac{W}{Q_1} = 1 - \frac{Q_2}{Q_1} = 1 - \frac{T_2 \ln \dfrac{V_3}{V_4}}{T_1 \ln \dfrac{V_2}{V_1}}$$

由理想气体绝热方程 $TV^{\gamma-1}=$ 常量 可得

$$T_1 V_2^{\gamma-1} = T_2 V_3^{\gamma-1}$$
$$T_1 V_1^{\gamma-1} = T_2 V_4^{\gamma-1}$$

以上两式相除，有

$$\frac{V_2}{V_1} = \frac{V_3}{V_4}$$

将上式代入卡诺循环的效率式，有

$$\eta = 1 - \frac{T_2}{T_1} \tag{11.3.3}$$

从式（11.3.3）可以看出，完成一次卡诺循环必须有高温和低温两个热源。高温热源的温度越高，低温热源的温度越低，卡诺循环的效率就越高。

若卡诺循环按逆时针方向进行，则构成**卡诺逆循环**，对应的装置称为卡诺制冷机。借助正卡诺循环类似的推导，可得到理想气体准静态过程卡诺逆循环的制冷系数，即

$$\varepsilon = \frac{Q_2}{Q_1 - Q_2} = \frac{T_2}{T_1 - T_2} \tag{11.3.4}$$

可见，当高温热源的温度 T_1 一定时，理想气体卡诺逆循环的制冷系数只取决于低温热源的温度 T_2，T_2 越小，制冷系数越小。

11.4 热力学第二定律 卡诺定理

讨论：19 世纪初期，蒸汽机已在工业、航海等领域得到了广泛应用，同时随着技术水平的提高，人们对蒸汽机效率的要求也越来越高。那么热机效率的提高有没有限制呢？能否制造一种可以将从单一热源吸取的热量完全用来做功的热机呢？能否制造一种可以不需要外界对系统做功就能使热量从低温物体传递给高温物体的制冷机呢？

11.4.1 热力学第二定律的两种表述

历史上曾有人试图制造这样一种循环工作的热机：它只从单一热源（如大气或海洋等）吸收热量并将吸收的热量全部用来做功，同时不放出热量给低温热源使外界发生任何变化，它的效率可达 100%。这种热机叫作**第二类永动机**。

我国东汉时期思想家王充曾写过《论衡》一书，书中记录了他对冷热现象的一系列思辨性解释，并对当时社会上的一些错误见解进行了科学的纠正，如对"神异瑞草"的批判。当时流传某儒者家厨中能自动长出一种神异瑞草，可"扇暑而凉"，使食物不臭。王充以"冷不自生"驳斥之，他断言，"在大气中，不可能自动产生某种机制，使温度降到低于周围环境，如果违反'冷不自生'这一规律，那么就使火自燃于灶，使饭自蒸于甑，一切都会自动发生升温现象。用现代语言表述就是，如果违反'冷不自生'这一规律，那么会得到第二类永动机。

1. 热力学第二定律的开尔文表述

第二类永动机并不违反热力学第一定律，即不违反能量守恒定律，因而它对人们更具有诱惑性。曾有人估计，要是用这样的热机来吸收海水中的热量而做功，只要使海水的温度下降 0.01K，就能使全世界的机器开动许多年。然而人们经过长期的实践认识到，第二类永动机也是不可能实现的。

1851 年，英国物理学家开尔文得出结论：**不可能制成这样一种循环工作的热机，它只使单一热源冷却来做功，而不放出热量给其他物体，或者说不使外界发生任何变化**。这个结论称为**热力学第二定律的开尔文表述**。

热力学第二定律的开尔文表述指出了单热源的热机是造不出来的，也就是说，效率为 100%的热机是造不出来的。由于单热源的热机并不违背热力学第一定律，因此将这种热机称为第二类永动机，于是热力学第二定律的开尔文表述也可以表述为：第二类永动机是不可能制成的。

2. 热力学第二定律的克劳修斯表述

根据经验，如果在一个与外界没有能量传递的孤立系统中，有一个温度为 T_1 的高温物体和一个温度为 T_2 的低温物体，那么经过一段时间后，整个系统将达到温度为 T 的热平衡状态。这说明在一孤立系统内，热量是由高温物体向低温物体传递的。同样根据经验，孤立系统中低温物体的温度不会越来越低，高温物体的温度不会越来越高，即热量不能自动地由低温物体向高温物体传递。显然，这一过程也并不违反热力学第一定律。但在实践中确实无法实现热量自动由低温物体传递到高温物体，只有依靠外界对它做功才能实现。

1850 年，德国物理学家克劳修斯提出了可逆循环过程中热力学第二定律的表述：**不可能把热量从低温物体自动传到高温物体而不引起外界的变化**。这就是**热力学第二定律的克劳修斯表述**。

以上热力学第二定律的两种表述看似毫不相关，但是可以证明，它们是完全等价的。应当指出的是，与热力学第一定律一样，热力学第二定律也不能从更普遍的定律推导出来，它是大量实验和经验的总结。

11.4.2 可逆过程与不可逆过程

由热力学第二定律的克劳修斯表述可知，高温物体能自动地把热量传递给低温物体，而低温物体不可能在对外界不产生影响的情况下，自动地把热量传递给高温物体。如果把热量由高温物体传递给低温物体作为正过程，把热量由低温物体传递给高温物体作为逆过程，那么逆过程显然是不能自动进行的。也就是说，若要把热量由低温物体传递给高温物体，非要由外界对它做功不可，而由于外界做功的结果，外界的环境就要发生变化（如能量损耗等）。所以，在外界环境不发生变化的情况下，热量的传递过程是不可逆的。

假设系统经历一个过程，如果过程的每一步都可沿相反的方向进行，同时不引起外界的任何变化，那么这个过程就称为**可逆过程**。反之，如果对于某一个过程，用任何方法都不能使系统和外界恢复到原来的状态，该过程就称为**不可逆过程**。

实现可逆过程的条件是什么呢？只有当系统的状态变化过程是无限缓慢进行的准静态

过程，而且在过程进行中没有能量耗散效应时，系统所经历的过程才是可逆过程；否则，就是不可逆过程。

设气缸中充有理想气体，当气缸中的活塞无限缓慢地运动时，气体在任意时刻的状态近似地处于平衡态，此时气体状态变化的过程可看作准静态过程。这时，如果能略去活塞与气缸壁间的摩擦力、气体间的黏滞力等所引起的能量耗散效应，那么，不仅气体的正逆两过程经历了相同的平衡态，正逆过程都是准静态过程，而且由于没有能量耗散效应，在正逆两过程终了时，外界环境也不发生任何变化。总之，当活塞无限缓慢地运动，使得气体的状态变化过程可视为准静态过程，系统又无能量耗散效应时，气体的状态变化过程才可视为可逆过程。

然而，活塞与气缸间总有摩擦，摩擦力做功的结果是向外界放出热量，从而使外界的温度有所升高，进而使外界的状态发生变化。所以有摩擦的过程是不可逆过程。此外，实际上活塞的运动不可能无限缓慢，在正逆过程中，不仅气体的状态不能重复，而且准静态过程也不能实现。这种情况下的过程是不可逆过程。

综上所述，要使逆过程能重复正过程的所有状态且又不发生其他变化，其条件是：①过程要无限缓慢地进行，即属于准静态过程；②没有摩擦力、黏滞力或其他耗散力做功，能量耗散效应可略去不计。同时符合这两个条件的过程为可逆过程，不符合其中任意一个条件的过程为不可逆过程。

可逆过程是理想的，是实际过程的近似。不可逆过程在自然界中是普遍存在的，除前面介绍过的热功转换、热传导外，生命科学中的生长与衰老也都是不可逆过程。

根据对可逆过程和不可逆过程的研究不难发现，在孤立系统中，一切涉及热现象的过程不仅满足能量守恒，并且具有方向性和局限性，即自然界的自发过程都是不可逆过程。

11.4.3 卡诺定理

1824 年，卡诺提出，在温度为 T_1 的热源和温度为 T_2 的热源之间工作的循环动作的机器，一定遵循以下两条定理，即卡诺定理。

（1）在相同的高温热源和低温热源之间工作的任意工作物质的可逆机，都具有相同的效率。

（2）工作在相同的高温热源和低温热源之间的一切不可逆机的效率都不可能大于可逆机的效率。

如果在可逆机中取一个以理想气体为工作物质的卡诺机，那么由卡诺定理（1）可得

$$\eta = 1 - \frac{Q_2}{Q_1} = 1 - \frac{T_2}{T_1}$$

同样，如以 η' 代表不可逆机的效率，则由卡诺定理（2）可得

$$\eta' \leqslant 1 - \frac{T_2}{T_1}$$

式中，"="适用于可逆机，"<"适用于不可逆机。

卡诺定理指明了提高热机效率的方向：首先，增大高、低温热源的温度差，因为一般热机总是以周围环境作为低温热源，所以实际上只能是提高高温热源的温度；其次，尽可能地减小热机循环的不可逆性，也就是减少摩擦、漏气、散热等耗散因素。

11.5 熵 熵增原理

讨论：热力学第二定律指出，自然界实际进行的与热现象有关的过程都是不可逆的，都具有方向性。例如，物体间存在温差时，如果没有外界影响，能量总是从高温物体传向低温物体，直到两物体的温度相等为止；气体密度不均匀时，气体要从密度大的区域向密度小的区域迁移，直到气体密度达到均匀；热功之间的转换也是不可逆和有方向性的；等等。那么如何更准确地描述这些现象呢？

11.5.1 熵

由卡诺定理可知，工作在两个给定温度 T_1 和 T_2 之间的所有可逆机的效率都相等，与工作物质无关，其效率为

$$\eta = \frac{Q_1 - Q_2}{Q_1} = \frac{T_1 - T_2}{T_1}$$

得

$$\frac{Q_1}{T_1} = \frac{Q_2}{T_2}$$

式中，Q_1 为系统吸收的热量；Q_2 为系统放出的热量。对于热量 Q 的正负号，按照热力学第一定律中热量符号的规定，即系统从外界吸热时 Q 为正值，系统放出热量时 Q 为负值，上式应改成

$$\frac{Q_1}{T_1} = \frac{-Q_2}{T_2}$$

即

$$\frac{Q_1}{T_1} + \frac{Q_2}{T_2} = 0$$

式中，$\frac{Q_1}{T_1}$、$\frac{Q_2}{T_2}$ 分别为在等温膨胀和等温压缩过程中吸收热量与热源温度的比值，称为**热温比**。上式表明，在可逆卡诺循环中，系统经历一个循环后，热温比的总和为 0。

对于如图 11.5.1 所示的任意可逆循环，它可以由许多小卡诺循环所组成。这样可逆循环的热温比近似等于所有小卡诺循环热温比之和且为 0，即

$$\sum_{i=1}^{n} \frac{Q_i}{T_i} = 0$$

当小卡诺循环无限变窄，即小卡诺循环的数目无限多时，求和可用积分来替代，有

$$\oint \frac{\mathrm{d}Q}{T} = 0 \tag{11.5.1}$$

式中，$\mathrm{d}Q$ 为系统从温度为 T 的热源中吸取的微分热量。

式（11.5.1）也称为克劳修斯等式，表明系统经历任意可逆循环后，其热温比之和为0。也就是说，$\oint \dfrac{dQ}{T}$ 与过程无关，系统存在一个状态函数。1865年，克劳修斯在他发表的《力学的热理论的主要方程之便于应用的形式》一文中，把这一新的状态函数正式定名为熵，用符号 S 表示，即

$$dS = \dfrac{dQ}{T}$$

如图 11.5.2 所示，系统由状态 A 变到状态 B，系统熵的增量等于状态 A 沿任意可逆过程变到状态 B 时热温比的积分，即

$$S_A - S_B = \int_A^B \dfrac{dQ}{T} \quad \text{（任意可逆过程）}$$

熵的单位是焦/开，符号是 J/K。

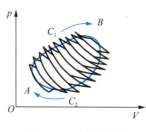

图 11.5.1 可逆循环

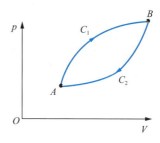

图 11.5.2 熵变计算参考图

11.5.2 熵变的计算

在热力学中，计算两平衡态之间熵的变化时，应注意以下两点：

（1）由于熵是状态的单值函数，故系统处于某给定状态时，其熵也就确定了。如果系统从始态经一过程达到末态，始、末两态均为平衡态，那么，系统熵的变化也是确定的，与过程是否是可逆过程无关。因此，当始、末两态之间为一不可逆过程时，可以预先在两态间设计一个可逆过程，然后进行计算。

（2）系统如果可分为几个部分，那么系统的熵是各部分的熵之和，各部分熵变之和就等于系统的熵变。

下面分别阐述理想气体状态变化时和物体可逆相变化时熵变的计算，如图 11.5.2 所示。

1. 理想气体状态变化时熵变的计算

在绝热可逆过程中，$dQ = 0$，此过程中熵变为

$$\Delta S = \int_A^B \dfrac{dQ}{T} = 0$$

在等体可逆过程中，熵变为

$$\Delta S = \int_A^B \dfrac{dQ_V}{T} = \int_{T_1}^{T_2} \dfrac{\nu C_V dT}{T}$$

联立以上两式可得

$$\Delta S = \nu C_V \ln \dfrac{T_2}{T_1}$$

在等压可逆过程中，熵变为
$$\Delta S = \int_A^B \frac{dQ_P}{T} = \int_{T_1}^{T_2} \frac{\nu C_p dT}{T}$$

由此可得
$$\Delta S = \nu C_p \ln \frac{T_2}{T_1}$$

在等温可逆过程中，熵变为
$$\Delta S = \int_A^B \frac{dQ_T}{T} = \frac{1}{T}\left(\nu RT\ln\frac{V_2}{V_1}\right)$$

由此可得
$$\Delta S = \nu R\ln\frac{V_2}{V_1}$$

2. 物体可逆相变化时熵变的计算

可逆相变化是指在等温、等压和相平衡条件下的相变过程。例如，水在373.15K 和 1.01325×10^5Pa 条件下的汽化就属于可逆相变化。由于在可逆相变化过程中，温度 T 恒定，因此有
$$\Delta S = \frac{Q}{T}$$

式中，T 为相平衡温度，为相平衡条件下的相变热。

例 11.5.1 如图 11.5.3 所示，一绝热刚性容器，用隔板分成 A、B 两室，A、B 室的体积均为 V。A 室充满 ν mol 理想气体，B 室为真空。若抽掉隔板，则气体自由膨胀，充满整个容器。求膨胀前后气体熵的增量。

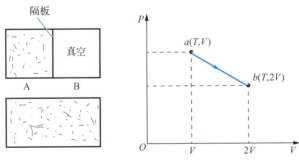

图 11.5.3 气体的自由膨胀

解：气体向真空的膨胀过程称为气体的自由膨胀。在自由膨胀过程中，气体无须克服外压力做功。又因容器与外界绝热，故气体与外界无热量交换。根据热力学第一定律，经绝热自由膨胀过程，气体内能的增量为 0。由于理想气体的内能是温度的单值函数，因此，理想气体经绝热自由膨胀，温度不变。因气体体积由 V 膨胀为 $2V$，故始态为 $a(T,V)$，终态为 $b(T,2V)$。根据以上信息，可以设想以等温可逆过程连接始态、终态，有
$$\Delta S = \nu R\ln\frac{V_2}{V_1} = \nu R\ln 2 > 0$$

11.5.3 熵增原理

气体的自由膨胀是孤立系统的自发过程，这说明，一个孤立系统进行自发过程后，系统的熵是增加的。这一点也可利用卡诺定理证明。

在孤立系统中，可逆过程的熵变是怎样的呢？由于孤立系统与外界之间没有能量传递，孤立系统中发生的过程也是绝热的，即 dQ=0。因此，孤立系统中可逆过程的熵应保持不变，实际上意味着系统无限接近平衡态，即

$$\Delta S = 0$$

综上所述，对于孤立系统，有

$$\Delta S \geqslant 0$$

式中，取">"号时，对应自发过程；取"="号时，对应平衡态。

上式表明，**孤立系统的自发过程总是向着熵增大的方向进行，当熵达到最大时，孤立系统达到平衡**。这一规律称为**熵增原理**。也就是说，若一个孤立系统开始时处于非平衡态（如温度不同、气体密度不同等），后来逐渐向平衡态过渡，则在此过程中熵会增加，最后当系统达到平衡态（如温度均匀、气体密度均相等）时，系统的熵达到最大值。此后，如果系统的平衡态不被破坏，那么系统的熵将保持不变。孤立系统中的物质由非平衡态向平衡态过渡的过程为不可逆过程。综上所述，孤立系统中不可逆过程总是朝着熵增加的方向进行，直到达到熵的最大值。因此，用熵增加原理可判断过程进行的方向和限度。

思考与探究

11.1 从增加内能方面来说，做功和传递热量是等效的，那么如何理解它们在本质上的差异呢？

11.2 系统能否吸收热量仅使其内能变化？系统能否吸收热量而不使其内能变化？

11.3 在一巨大的容器内，储满温度与室温相同的水，容器底部有一小气泡缓缓上升，逐渐变大，这是什么过程？在气泡上升过程中，泡内气体吸热还是放热？

11.4 自然界的过程都遵守能量守恒定律，那么，作为它的逆定理，"遵守能量守恒定律的过程都可以在自然界中出现"能否成立？

11.5 委内瑞拉的安赫尔瀑布是世界上落差最大的瀑布，高度为979m。如果在水下落过程中，重力对它所做的功中有50%转换为热量使水温升高，那么水由瀑布顶部落到底部而产生的温差是多少？[水的比热容为4.18×10^3J/(kg·K)。]

11.6 有一台电冰箱放在室温为20℃的房间里，冰箱储物柜内的温度维持在5℃。现每天有2.0×10^8J的热量自房间通过热传导方式传入电冰箱内。若要使电冰箱内温度保持在5℃，则外界每天需做多少功？其功率为多少？[设在5~20℃之间运转的制冷机（电冰箱）的制冷系数是卡诺制冷机制冷系数的55%。]

几何光学

单元导读

光学是物理学中一门古老的基础科学。早在公元前 4 世纪，我国的学者——墨翟（墨子）和他的学生就做了世界上第一个小孔成像的实验，并对其进行了解释：光是沿直线传播的。同时，《墨经》中还指出：景迎日，说在转。其中，"转"字指的是反射光的光路发生了方向性改变。

能力目标

1. 了解光的反射、折射、反射定律和折射定律。
2. 熟练掌握薄透镜的成像原理，并会求解相关问题。

思政目标

1. 激发爱国情怀，增强民族自信、文化自信。
2. 感受物理之美、科学之美，提升审美情趣。

12.1 光的反射和折射

讨论：鱼在清澈的水里游动，如果岸上的人沿着人眼看到的方向去叉鱼，往往是叉不到的，只有瞄准人眼看到的鱼的下方才能叉到，这是为什么呢？

12.1.1 反射定律和折射定律

阳光能够照亮水中的鱼和水草，同时人们也能通过水面看到太阳的倒影，这说明：光从空气射到水面时，一部分光射进水中，另一部分光返回空气中。一般来说，光从介质 1 射到它与介质 2 的分界面时，一部分光会返回介质 1，这种现象叫作光的**反射**；另一部分光会进入介质 2，这种现象叫作光的**折射**。

光的反射定律：**反射光线与入射光线、法线处在同一平面内，反射光线与入射光线分别位于法线的两侧，反射角等于入射角**。

如图 12.1.1 所示，窄光束由一种介质斜射向另一种介质表面。图中入射光线与法线 NN' 间的夹角 θ_1 叫作**入射角**，折射光线与法线 NN' 间的夹角 θ_2 叫作**折射角**。实验表明，当入射角变化时，折射角随之改变。

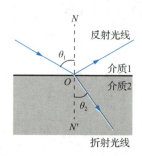

图 12.1.1 光的反射和折射同时存在

1621 年，荷兰数学家斯涅耳在分析了大量数据后，总结得出光的**折射定律**：折射光线与入射光线、法线处在同一平面内，折射光线与入射光线分别位于法线的两侧；入射角的正弦与折射角的正弦成正比，即

$$\frac{\sin\theta_1}{\sin\theta_2} = n_{12} \tag{12.1.1}$$

式中，n_{12} 是比例常数。

事实表明，在光的折射现象中，当光从水中斜着射入空气时也会发生偏折，而且当光线沿图 12.1.2 中 BO 的方向从水中射入空气时，会沿 OA 的方向射出。也就是说，与光的反射现象一样，**在光的折射现象中，光路也是可逆的**。因此，人们平时看到水中鱼的真实位置在人眼看到的鱼的下方，叉鱼时要瞄准鱼的下方才能叉到鱼，如图 12.1.3 所示。

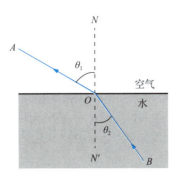

图 12.1.2 光的折射

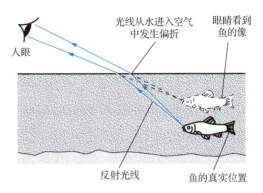

图 12.1.3 叉鱼位置示意图

12.1.2 折射率

光从介质 1 射入介质 2 时，入射角的正弦与折射角的正弦之比 n_{12} 是一个常数，它与入射角、折射角的大小无关，只与两种介质的性质有关。在实际应用中，光从空气射入某种介质或从某种介质射入空气时，空气对光传播的影响很小，可以作为真空处理。因此，下面只讨论光从真空射入介质的情形。这时，常数 n_{12} 可以简单地记为 n。对于不同的介质，常数 n 是不同的，它是一个反映介质光学性质的物理量。介质的常数 n 越大，光线从空气斜射入这种介质时偏折的角度就越大。

光从真空射入某种介质发生折射时，入射角的正弦与折射角的正弦之比，叫作这种介质的绝对折射率，简称折射率，用符号 n 表示。

研究表明，光在不同介质中的传播速度不同。介质的折射率等于光在真空中的传播速度 c 与光在这种介质中的传播速度 v 之比，即

$$n = \frac{c}{v} \tag{12.1.2}$$

由于光在真空中的传播速度 c 大于光在任何其他介质中的传播速度 v，因此任何介质的折射率 n 都大于 1。由此可见，光从真空射入任何介质时，$\sin\theta_1$ 都大于 $\sin\theta_2$，即入射角总是大于折射角。表 12.1.1 列出了几种常见介质的折射率。

表 12.1.1 几种常见介质的折射率（$\lambda = 589.3\text{nm}$，$T = 20\text{℃}$）

介质	折射率	介质	折射率
金刚石	2.42	氯化钠	1.54
二硫化碳	1.63	酒精	1.36
玻璃	1.5～1.8	水	1.33
水晶	1.55	空气	1.00028

12.1.3 全反射

不同介质的折射率不同，通常把折射率较小的介质称为**光疏介质**，折射率较大的介质称为**光密介质**。光疏介质与光密介质是相对的。例如，水、水晶和金刚石这三种物质相比

较，水晶对水来说是光密介质，对金刚石来说则是光疏介质。由关系式 $n=\dfrac{c}{v}$ 可知，光在光密介质中的传播速度比在光疏介质中的传播速度小。

根据折射定律：光由光疏介质射入光密介质（如由空气射入水）时，折射角小于入射角；光由光密介质射入光疏介质（如由水射入空气）时，折射角大于入射角。

当光从光密介质射入光疏介质时，同时发生折射和反射。如果入射角逐渐增大，折射光距法线会越来越远，而且越来越弱，反射光却越来越强。当入射角增大到某一角度，使折射角达到 90° 时，折射光完全消失，只剩下反射光，这种现象叫作**全反射**，如图 12.1.4 所示。这时的入射角叫作**临界角**。

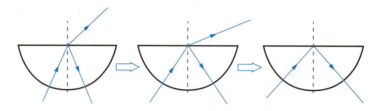

图 12.1.4 全反射过程

当光从光密介质射入光疏介质时，如果入射角大于等于临界角，就会发生全反射现象。
当光从介质射入空气（真空）时，发生全反射的临界角 C 与介质的折射率 n 的关系是

$$\sin C = \dfrac{1}{n} \qquad (12.1.3)$$

从式（12.1.3）可以看出，介质的折射率越大，发生全反射的临界角越小。

全反射是自然界中常见的现象。例如，水中或玻璃中的气泡看起来特别明亮，这就是因为光从水或玻璃射向气泡时，一部分光在界面上发生了全反射的缘故。

人们日常生活中的光纤通信就是利用了全反射的原理。当光在玻璃棒内传播时，如果从玻璃射向空气的入射角大于临界角，光就会发生全反射，于是光在玻璃棒内沿着锯齿形路线传播。这就是光导纤维（以下简称光纤）导光的原理。

实用光纤的直径只有几微米到 $100\mu m$。因为光纤很细，所以一定程度上可以弯折。光纤由内芯和外套两层组成，内芯的折射率比外套的大，光传播时在内芯与外套的界面上发生全反射，如图 12.1.5 所示。

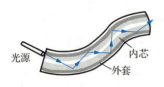

图 12.1.5 光在光纤中的传播

如果把光纤聚集成束，使纤维在两端排列的相对位置一样，那么图像就可以从光纤的一端传到另一端。医学上用光纤制成内窥镜，用来检查人体胃、肠、气管等的内部。实际的内窥镜装有两组光纤：一组把光传送到人体内部进行照明；另一组把人体内部的图像传出供医生观察。

光也是一种电磁波，它可以像无线电波一样作为载体传递信息。光纤具有容量大、衰减小、抗干扰性强、保密性好等多种优点。载有声音、图像及各种数字信号的激光从光纤的一端输入，可以传到千里以外光纤的另一端，实现光纤通信。

例 12.1.1 根据图 12.1.6，如何测定玻璃的折射率？

（1）第一种测定方法。

当光以一定的入射角从空气射入一块玻璃砖时，只要找出与入射光线 AO 相对应的出

射光线 $O'D$，就能够画出光从空气射入玻璃后的折射光线 OO'，于是就能测量入射角 θ_1、折射角 θ_2，根据折射定律，就可以求出玻璃的折射率了。

（2）第二种测定方法。

这里需要先确定与入射光线 AO 相对应的折射光线 OO'。

把玻璃砖放在木板上，下面垫一张白纸，在纸上描出玻璃砖的两个边 a 和 a'。然后，在玻璃砖的一侧 A、B 两位置插两个大头针，AB 的延长线与直线 a 的交点就是 O。

眼睛在另一侧透过玻璃砖看两个大头针，使 B 位置的大头针把 A 位置的大头针挡住。如果在眼睛这一侧 C 处再插第三个大头针，使它把 A、B 处的大头针都挡住，在 D 处插第四个大头针，使它把 A、B、C 处的大头针都挡住，那么后两个大头针就确定了从玻璃砖射出的光线。

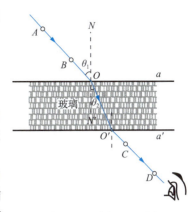

图 12.1.6　例 12.1.1 图

在白纸上描出光线的径迹，测量相应的角度，就能计算玻璃的折射率了。

测定过程中，可以采取一些措施以减小误差：①玻璃砖的宽度适当加大；②入射角适当加大；③大头针应垂直插在纸面上；④大头针 A、B 及 C、D 之间的距离适当加大。

例 12.1.2　如图 12.1.7 所示，广口瓶中盛满水，从瓶口的 P_2 处可以看到直尺上 S_2 处的刻度和 S_1 处刻度在水中的像重合，由直尺刻度可以得到 $P_1S_1 = a$，$P_1S_2 = b$，同时测得广口瓶的瓶口宽度为 d，那么水的折射率 n 为多大？

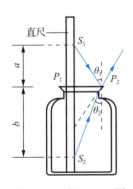

图 12.1.7　例 12.1.2 图

解：根据折射定律及题意，有

$$\frac{\sin\theta_1}{\sin\theta_2} = n$$

$$\sin\theta_1 = \frac{d}{\sqrt{d^2 + a^2}}$$

$$\sin\theta_2 = \frac{d}{\sqrt{d^2 + b^2}}$$

$$n = \frac{\sqrt{d^2 + b^2}}{\sqrt{d^2 + a^2}}$$

12.2　透　镜

讨论：透镜的应用非常早。我国西汉时期的《淮南万毕术》一书中记载：削冰令圆，举以向日，以艾承其影，则生火。这其实就是一种自制的冰透镜。1299 年，佛罗伦萨的阿玛蒂发明了眼镜；16 世纪末期，荷兰人詹森发明了第一架显微镜；1609 年伽利略展出了人类历史上第一架天文望远镜。目前，透镜已经在电子显微镜、投影仪和照相机等设备仪器上得到了广泛应用，它们的工作原理是什么？

12.2.1 透镜的种类和结构

1. 透镜的种类

透镜是用透明物质制成的一种光学元件,通常由玻璃或树脂制成。中间厚边缘薄的透镜称为凸透镜,也称汇聚透镜,从截面形状来分,有双凸、平凸、凹凸三种,如图 12.2.1(a)所示。中间薄边缘厚的透镜称为凹透镜,也称发散透镜,从截面形状来分,有双凹、平凹和凸凹三种,如图 12.2.1(b)所示。

薄透镜是一种特殊的透镜,它是一种厚度远小于两球面曲率半径的透镜,如眼镜片可视作薄透镜。薄透镜符号如图 12.2.2 所示。

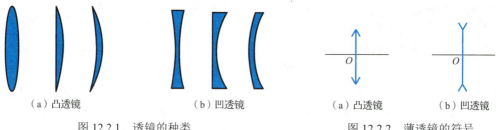

图 12.2.1 透镜的种类   图 12.2.2 薄透镜的符号

2. 透镜的结构

通过透镜两个球面曲率中心的直线 C_1C_2 叫作透镜的**主光轴**或主轴。主轴上有一个特殊点,通过它的光线传播方向不变,这个点叫作透镜的**光心**,一般用字母 O 表示。所有通过光心的直线,但不是通过主光轴的任意直线称为**副光轴**,如图 12.2.3 所示。平行于主光轴的光线经透镜后所汇聚的点 F 称为焦点。焦点到凸透镜光心的距离叫作**焦距**,一般用字母 f 表示。过焦点且垂直于主光轴的平面称为**焦平面**,如图 12.2.4 所示。

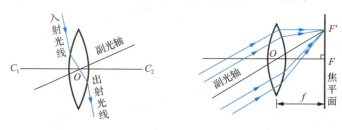

图 12.2.3 主光轴和副光轴   图 12.2.4 焦距和焦平面

12.2.2 实像与虚像 实物与虚物

由物点(入射光线的发光点或同心光束的顶点)发出的光线经透镜折射后,所有折射线均可汇聚于一点,该点叫作物点的实像点,所有实像点的集合叫作物体的**实像**。由物点发出的光线经透镜折射后,折射线反向延长线的交点叫作该物点的虚像点,其集合叫作物体的**虚像**。物体通过透镜可能成实像,也可能成虚像。实像和虚像具有如下区别。

(1)成像原理不同。物体发出的光线经光学器件汇聚而成的像为实像,经光学器件后光线发散，反向延长线相交形成的像为虚像。

（2）成像性质不同。实像是倒立的，虚像是正立的。

（3）接收方法不同。实像既能被眼睛看到，又能被光屏接收到。虚像只能被眼睛看到，不能被光屏接收到。

在一成像系统中，物总是与入射光束相联系。其中，入射的发散光束的交点称为该系统的实物，入射的汇聚光束的交点称为该系统的虚物。

以凸透镜为例，当物距等于 $2f$（f 为物方焦距）时，像距也等于 $2f$，此时成实像，光屏能接收到所成的像，物和实像在凸透镜两侧，如图 12.2.5 所示。

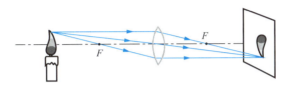

图 12.2.5　凸透镜成实像

当物距小于 f 时，光屏不能接收到所成的像，物和像在凸透镜同侧，为放大的虚像，如图 12.2.6 所示。

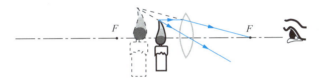

图 12.2.6　凸透镜成虚像

12.2.3　光在球面上的折射成像

如图 12.2.7 所示，AOB 是折射率分别为 n_1 和 n_2 两种介质的球面界面，O 为球面的中心，C 为球面的曲率中心，设 $n_2 > n_1$，光线从物点 S 发出，经球面折射后与主光轴相交于 I 点，即 I 点为像点。由三角形的性质可得

$$\theta_1 = \alpha + \varphi, \quad \varphi = \theta_2 + \beta$$

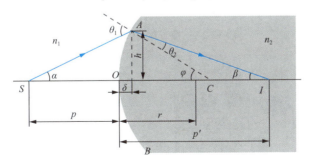

图 12.2.7　光在球面上的折射

根据折射定律，有

$$n_1 \sin \theta_1 = n_2 \sin \theta_2$$

对于近轴光线，α、β、φ、θ_1、θ_2 都很小，近似可得
$$n_1\theta_1 = n_2\theta_2$$
将 $\theta_1 = \alpha + \varphi$ 和 $\theta_2 = \varphi - \beta$ 代入上式，得
$$n_1\alpha + n_2\beta = (n_2 - n_1)\varphi$$
又因为 α、β、φ、θ_1、θ_2 都很小，δ 也可忽略不计，所以近似可得
$$\alpha = \tan\alpha = \frac{h}{p}$$
$$\beta = \tan\beta = \frac{h}{p'}$$
$$\varphi = \tan\varphi = \frac{h}{r}$$
式中，p 为物距；p' 为像距；h 为折射点到主光轴的距离。故有
$$\frac{n_1}{p} + \frac{n_2}{p'} = \frac{n_2 - n_1}{r} \tag{12.2.1}$$

式（12.2.1）就是在**近轴光线条件下球面折射的物像公式**。

若式（12.2.1）中 $p \to \infty$，即入射光线平行于主光轴，则其像点 F' 称为**像方焦点**，对应像距 p' 称为**像方焦距**，用 f' 表示，如图 12.2.8 所示。若折射线平行于主光轴，即 $p' \to \infty$，则其物点 F 称为**物方焦点**，对应物距 p 称为**物方焦距**，用 f 表示，如图 12.2.9 所示。综上可得

$$f' = \frac{n_2}{n_2 - n_1}r$$
$$f = \frac{n_1}{n_2 - n_1}r$$

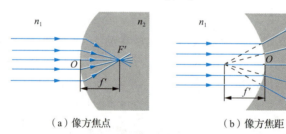

（a）像方焦点　　　　　（b）像方焦距

图 12.2.8　像方焦点和像方焦距

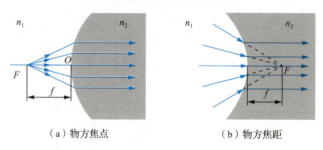

（a）物方焦点　　　　　（b）物方焦距

图 12.2.9　物方焦点和物方焦距

因此，近轴光线条件下球面折射的物像公式也可表示为

$$\frac{f'}{p'}+\frac{f}{p}=1 \qquad (12.2.2)$$

如图 12.2.10 所示，球面折射的横向放大率是指像和物沿着主光轴垂直方向上的大小之比，用 m 表示，即

$$m=\frac{h_i}{h_o}$$

式中，h_o 为物高；h_i 为像高；符号规定主光轴上方为"+"，轴下方为"−"。

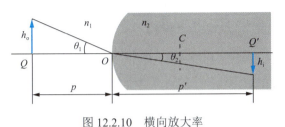

图 12.2.10 横向放大率

根据折射定律，有

$$n_1\sin\theta_1=n_2\sin\theta_2$$

由于在近光轴条件下，θ_1、θ_2 都很小，因此近似可得 $\sin\theta_1=\tan\theta_1$，$\sin\theta_2=\tan\theta_2$，可以得出

$$n_1\frac{h_o}{p}=n_2\frac{h_i}{p'}$$

由此可得

$$m=\frac{h_i}{h_o}=\frac{n_1 p'}{n_2 p} \qquad (12.2.3)$$

12.2.4 近轴光线条件下的薄透镜成像

成像透镜由两个折射球面组成，光线穿过透镜时经过两个球面折射。可以用**逐次成像法**得到透镜的成像公式。

在进行计算之前，需要先了解如下两个物理量。

(1) 物点 S 到点 O 的距离 SO 称为物距，用 p_1 表示。对于实物，$p_1>0$；对于虚物，$p_1<0$。（左正右负。）

(2) 像点 I_1 到点 O 的距离 I_1O 称为像距，用 p_1' 表示。对于实像，$p_1'>0$；对于虚像，$p_1'>0$。（对折射镜，左负右正。）

如图 12.2.11 所示，透镜由两个曲率半径分别为 r_1、r_2 的球面组成，透镜的折射率为 n，透镜前后介质的折射率分别为 n_1 和 n_2。

在薄透镜中，两球面的主光轴重合，两顶点 O_1 和 O_2 可视为重合在一点 O，称为薄透镜的光心。

第一次折射：物点 S 经左侧折射球面成像于 I_1，有

$$\frac{n_1}{p_1}+\frac{n}{p_1'}=\frac{n-n_1}{r_1}$$

式中，p_1 为第一次折射的物距；p_1' 为像距；r_1 为左侧折射球面的曲率半径；n 为透镜的

折射率。

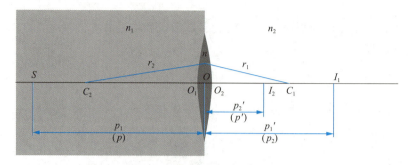

图 12.2.11 透镜的物像关系

第二次折射：将 I_1 看成虚物点经右侧折射球面成一实像于 I_2，有

$$\frac{n}{-p_2}+\frac{n_2}{p_2'}=\frac{n_2-n}{r_2}$$

式中，p_2 为第一次折射的物距；p_2' 为像距；r_2 为右侧折射球面的曲率半径。

由于 $p_2=p_1'$，由两次折射成像公式可得

$$\frac{n_1}{p_1}+\frac{n_2}{p_2'}=\frac{n-n_1}{r_1}+\frac{n_2-n}{r_2}$$

令物距 $p=p_1$，像距 $p'=p_2'$，就可得到在**近轴条件下薄透镜的物像公式**，即

$$\frac{n_1}{p}+\frac{n_2}{p'}=\frac{n-n_1}{r_1}+\frac{n_2-n}{r_2} \qquad (12.2.4)$$

此时像方焦距 f' 和物方焦距 f 分别为

$$f'=\frac{n_2}{\dfrac{n-n_1}{r_1}+\dfrac{n_2-n}{r_2}}$$

$$f=\frac{n_1}{\dfrac{n-n_1}{r_1}+\dfrac{n_2-n}{r_2}}$$

若薄透镜处于空气中，则 $n_1=n_2=1$，可得焦距为

$$f=f'=\frac{1}{(n-1)\left(\dfrac{1}{r_1}-\dfrac{1}{r_2}\right)} \qquad (12.2.5)$$

式（12.2.5）被称为**磨镜者公式**。

当透镜两侧介质相同，即 $n_1=n_2$ 时，$f=f'$，可将薄透镜的物像公式进一步写成

$$\frac{1}{p}+\frac{1}{p'}=\frac{1}{f} \qquad (12.2.6)$$

式（12.2.6）称为**薄透镜物像公式的高斯形式**。

根据单球面折射横向放大率公式连续的两次计算，可得**薄透镜的放大率**为

$$m=m_1m_2=-\frac{n_1p'}{n_2p}$$

当 $m>0$ 时，为直立的像；当 $m<0$ 时，为倒立的像。

若薄透镜处于空气中,则 $n_1 = n_2 = 1$,有

$$m = m_1 m_2 = -\frac{p'}{p}$$

透镜的光焦度为

$$P = \frac{1}{f}$$

光焦度是反映透镜折光本领的物理量,单位为屈光度(D)。通常眼镜的度数是屈光度的 100 倍。

12.2.5 薄透镜成像的作图法

作图时可选择下列三条光线:
(1)平行于光轴的光线,经透镜后通过像方焦点 F'。
(2)通过物方焦点 F 的光线,经透镜后平行于光轴。
(3)透过光心 O 不改变方向的光线。若物、像两方折射率相等,通过光心 O 的光线经透镜后方向不变。

从以上三条光线中任选两条作图,出射线的焦点即为像点 I。薄透镜成像光线如图 12.2.12 所示。

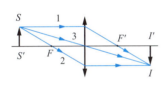 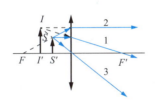 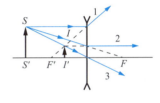

图 12.2.12 薄透镜成像光线

例 12.2.1 如图 12.2.13 所示,一玻璃圆球半径为 10cm,其折射率为 1.5,放在空气中,沿直径的轴上有一物点 S,距球面 100cm,求像的位置。

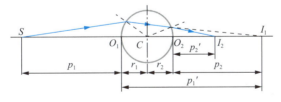

图 12.2.13 例 12.2.1 图

解: 设物点 S 在球的左侧。
对于左侧球面,由题目可知

$$p_1 = 100\text{cm}$$
$$r_1 = 10\text{cm}$$
$$n_1 = 1$$
$$n_2 = 1.5$$

根据在近轴光线条件下球面折射的物像公式

$$\frac{n_1}{p_1} + \frac{n_2}{p_1'} = \frac{n_2 - n_1}{r_1}$$

可得，$p_1' = 37.5\text{cm}$，像点为 I_1。

对于右侧球面，I_1 为虚物，有

$$p_2 = -(37.5 - 20) = -17.5(\text{cm})$$
$$r_2 = -10\text{cm}$$
$$n_1' = 1.5$$
$$n_2' = 1$$

根据在近轴光线条件下球面折射的物像公式

$$\frac{n_1'}{p_2} + \frac{n_2'}{p_2'} = \frac{n_2' - n_1'}{r_2}$$

可得，$p_2' = 7.35\text{cm}$，像点为 I_2。

综上可得，像距物点的距离为

$$l = p_1 + 2r + p_2' = 127.35(\text{cm})$$

例 12.2.2 如图 12.2.14 所示，透镜 L1 是汇聚透镜，焦距为 22mm，一物体放在该透镜左侧 32cm 处；透镜 L2 是发散透镜，焦距为 57cm，位于透镜 L1 右侧 41cm 处。两透镜表面的曲率半径分别为 $r_1 = 80\text{cm}$，$r_2 = 36\text{cm}$，求最后成像的位置并讨论像的性质。

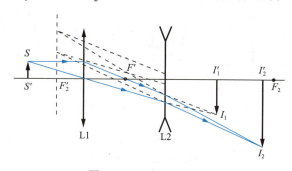

图 12.2.14　例 12.2.2 图

解： 先求透镜 L1 成的像，已知物距 $p_1 = 32\text{cm}$，物方焦距 $f_1 = 22\text{cm}$，根据薄透镜的物像公式

$$\frac{1}{p_1} + \frac{1}{p_1'} = \frac{1}{f_1}$$

可得 $p_1' = 70\text{cm}$，透镜 L1 的像位于透镜 L2 的右侧 $(70 - 41)\text{cm} = 29\text{cm}$ 处。

对于透镜 L2，透镜 L1 的像是透镜 L2 的虚物，已知物距 $p_2 = -29\text{cm}$，物方焦距 $f_2 = -57\text{cm}$，根据薄透镜的物像公式

$$\frac{1}{p_2} + \frac{1}{p_2'} = \frac{1}{f_2}$$

可得 $p_2' = 59\text{cm}$。

放大率为

$$m = m_1 m_2 = \left(-\frac{p_1'}{p_1}\right)\left(-\frac{p_2'}{p_2}\right) = -4.5$$

最后成像在透镜 2 右侧 59cm 处，为倒立的实像，大小是物体的 4.5 倍。

思考与探究

12.1 一凸透镜在空气中的焦距为 40cm，在水（设水的折射率为 1.33）中的焦距为 136.8cm，此透镜的折射率是多少？若将此透镜放置在 CS_2（二硫化碳，无色液体）中（CS_2 的折射率为 1.62），其焦距为多少？

12.2 两片极薄的玻璃片，曲率半径分别为 20cm 和 25cm，将两玻璃片的边缘粘起来，形成一内含空气的双凸透镜，把它置于水中，其焦距为多少？

12.3 如下图所示，一汇聚透镜两表面的曲率半径分别为 $r_1 = 80$cm，$r_2 = 36$cm，汇聚透镜的折射率为 1.63，一高为 2cm 的物体放在透镜的左侧 15cm 处，求像的位置及大小。

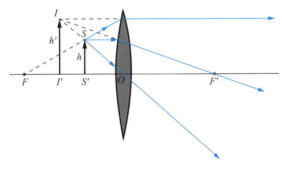

题 12.3 图

12.4 某患有远视眼的人远视眼的近点在眼前 90cm 处，欲使其最近能看清眼前 15cm 处的物体，应为其制作多少度的凸透镜镜片？

12.5 如下图所示，焦距为 10cm 的薄凸透镜 L1 和焦距为 4cm 的薄凹透镜 L2 共轴地放置在空气中，两者相距 12cm，现把物放在 L1 左侧 20cm 处，求最后像的位置。

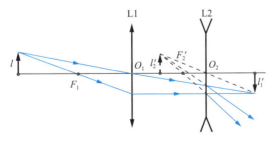

题 12.5 图

波动光学

▌单元导读

用一束光照射小孔、细缝时，会在远处观察到明暗相间的条纹，这说明光线绕过了障碍物，到达了偏离直线传播的区域，反映了光具有波动性。那么光的波动性又有哪些性质呢？

▌能力目标

1. 掌握光的相干条件、光程、光程差、半波损失的概念。
2. 掌握杨氏双缝干涉实验、薄膜干涉、劈尖干涉和牛顿环的特点及原理，并会用干涉原理解释相关问题。
3. 了解光的衍射现象，掌握瑞利判据的概念。
4. 掌握单缝衍射、圆孔衍射的原理及衍射条纹的特点及其应用。
5. 掌握光的偏振现象、布儒斯特定律及其应用。

▌思政目标

1. 强化辩证思维、批判性思维，不盲从权威，不迷信教条。
2. 培养举一反三的逻辑推理能力，善于发现事物发展的规律。

13.1 光的干涉

讨论：当阳光照射在肥皂泡、水面上的油膜时，在其表面会出现彩色条纹。产生这种现象的原因是什么？

13.1.1 光波 光的相干性

1. 光波

光波通常是指电磁波谱中的可见光。能为人类的眼睛所感受的可见光在真空中的波长在 400~760nm 之间，对应的频率范围是 $(3.9 \times 10^{14}) \sim (7.5 \times 10^{14})$ Hz。不同波长的可见光给人以不同颜色的感觉，可见光的频率从小到大分别对应的是红、橙、黄、绿、青、蓝、紫。

2. 光的相干性

与机械波的干涉相似，如果两列光波满足一定条件并相遇，在相遇区域内就产生稳定的有强有弱的光强分布，这种现象称为**干涉现象**。具备这种条件的两束光称为**相干光**，光源称为**相干光源**。设有振动方向相同、频率相同的两个波源 S_1 和 S_2，它们发出的波在空间相遇，如图 13.1.1 所示。假设波源的振动方程分别为

$$\psi_1 = A_1 \cos(\omega t + \varphi_{10})$$
$$\psi_2 = A_2 \cos(\omega t + \varphi_{20})$$

这两个波源产生的振动传播到空间的某个 P 点时，引起 P 点的振动分别为

$$\psi_1(t) = A_1 \cos\left(\omega t + \varphi_{10} - 2\pi \frac{r_1}{\lambda}\right)$$
$$\psi_2(t) = A_2 \cos\left(\omega t + \varphi_{20} - 2\pi \frac{r_2}{\lambda}\right)$$

式中，r_1、r_2 分别为 P 点与两个波源的距离。将上述两个振动叠加，就可以求出 P 点的总振动。假设合振动的振幅为 A，则

$$A^2 = A_1^2 + A_2^2 + 2A_1 A_2 \cos \Delta \varphi$$

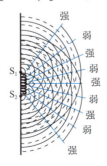

图 13.1.1 双缝干涉

波的强度与振幅的二次方成正比，即 $I \propto A^2$，所以叠加后的波的强度为

$$I = I_1 + I_2 + 2\sqrt{I_1 I_2}\cos\Delta\varphi$$

式中，$\Delta\varphi$ 是相位差，其值为

$$\Delta\varphi = \frac{2\pi}{\lambda}(r_2 - r_1) - (\varphi_{20} - \varphi_{10})$$

两个波源的振动会引起介质中所有质元的振动。但是在不同的位置 P，路程差 $r_2 - r_1$ 是不同的，因而相位差 $\Delta\varphi$ 是逐点变化的，合成波的强度也是逐点变化的。从整个波场来看，所有质点都在振动，但是各个质点的振幅不同，有强有弱。

如果波源连续不断地振动，波动传播的过程中也没有介质的干扰，那么在空间某个固定点 P 处，相位差 $\Delta\varphi$ 固定不变，该点的波强也不变，干涉在这种情况下是稳定的。如果波源的振动是断断续续的，每次起振的时刻完全随机，那么 $\varphi_{20} - \varphi_{10}$ 是随机变化的，任意位置的相位差 $\Delta\varphi$ 也随机变动，从而使得 $\cos\Delta\varphi$ 的平均值为 0，总的波强等于参与叠加的各波强的总和，即

$$\bar{I} = I_1 + I_2$$

这就是**波的非相干叠加**。例如，同一室内的两盏白炽灯同时照明就是非相干叠加。

若相位差 $\Delta\varphi$ 为 π 的偶数倍，则该处的振幅最大，为 $A = A_1 + A_2$，称为**干涉相长**，此时有

$$\Delta\varphi = 2j\pi \quad (j = 0, \pm 1, \pm 2, \cdots)$$

$$I = I_1 + I_2 + 2\sqrt{I_1 I_2} \tag{13.1.1}$$

若相位差 $\Delta\varphi$ 为 π 的奇数倍，则该处的振幅最小，为 $A = |A_1 - A_2|$，称为**干涉相消**，此时有

$$\Delta\varphi = (2j+1)\pi \quad (j = 0, \pm 1, \pm 2, \cdots)$$

$$I = I_1 + I_2 - 2\sqrt{I_1 I_2} \tag{13.1.2}$$

综上可知，可见光的相干条件是振动方向、频率相同，相位差恒定。一般情况下，两个普通的独立光源发出的光不满足相干条件，不能发生干涉，即使是同一光源上两个不同部分发出的光，也同样不会发生干涉。

13.1.2 光程 光程差

由于光在不同介质中的传播速度不同，因此光在不同介质中走过相同的距离时，引起的相位变化也不同。

光在介质中传播时，光振动的相位逐点落后。若用 λ' 表示光在介质中的波长，则通过路程 r 时，光振动相位落后的值为

$$\Delta\varphi = 2\pi\frac{r}{\lambda'}$$

同一束光在不同介质中传播时，频率不变而波长不同。用 λ 表示光在真空中的波长，n 表示介质折射率，ν 表示光波的频率，由于

$$\lambda' = \frac{u}{\nu} = \frac{\frac{c}{n}}{\nu} = \frac{\frac{c}{\nu}}{n} = \frac{\lambda}{n}$$

即光在介质中的波长是真空中波长的 $\frac{1}{n}$ 倍，因此可得

$$\Delta\varphi = 2\pi\frac{nr}{\lambda} \tag{13.1.3}$$

式（13.1.3）表明，光在折射率为 n 的介质中传播时，通过几何路径为 r 时发生的相位变化，相当于光在真空中通过 nr 的路程所发生的相位变化。通常定义折射率 n 与几何路径 r 的乘积 nr 为光程，用 L 表示。光程实际上是把光在介质中通过的路程按相位变化相同折合到真空中的路程。这样折合的好处是可以统一地用光在真空中的波长 λ 来计算光的相位变化。薄透镜的等光程性如图 13.1.2 所示，垂直于平行光的 AB 面是同相面，光从同相面各点经透镜汇聚于一点，虽然各点经过的几何路径长度不等，但几何路径较长的在透镜内的路径较短，而几何路径较短的在透镜内的路径较长。因此，总效果是，从同相面各点汇聚于一点的光程总是相等的。

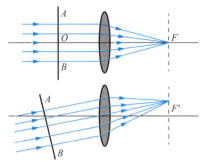

图 13.1.2　薄透镜的等光程性

13.1.3　杨氏双缝干涉实验

1672 年，英国科学家胡克提出，光是一种横波。1678 年，荷兰物理学家惠更斯提出，光是一种机械波。1704 年，牛顿在其论著《光学》中断言，光是由微粒组成的，这种理论在之后的许多年一直都是主流观点。

1801 年，英国物理学家托马斯·杨做了一个著名的双缝干涉实验来验证他对光是一种波的猜想。他让一束光先通过一个小针孔，然后通过两个小针孔而变成两束光。因为两束光来自同一光源，它们是相干的。结果在光屏上看到了明暗相间的干涉图像。之后，他又以狭缝代替针孔，进行了同样的实验，得到了更明亮的干涉条纹。这种现象只能用波动而不能用粒子来解释。然而，这个新理论在当时完全不被学术界接纳。

1815 年，法国物理学家菲涅尔向法国科学院递交了一份有关光波学说的论文，阐述了和托马斯·杨的观测相仿的现象。1818 年，菲涅尔又发表了一篇更严密、更完整的论文，对托马斯·杨的光波学说给出了充分的理论分析，使光波学说最终在学术界站稳了脚跟。

杨氏双缝干涉实验是最早利用单一光源形成两束相干光，从而获得干涉现象的典型实验，实验结果为光的"波动说"提供了重要的依据。

杨氏双缝干涉实验装置示意图如图 13.1.3 所示，在普通单色光源前面放一狭缝 S，狭缝相当于一个线光源，S 前放置两个相距很近的平行狭缝 S_1、S_2，S_1、S_2 与 S 之间的距离相等。S_1、S_2 处在 S 发出光波的同一波阵面上，构成一对初相相同的等光强的相干光源。从 S_1、S_2 传出的相干光在屏后面的空间叠加相干。显然，杨氏双缝干涉实验是采用分波阵面法产生相干光的。由于这种获得相干光的两新光源是两条相互平行的缝 S_1 和 S_2，所以这个实验称作双缝干涉实验。

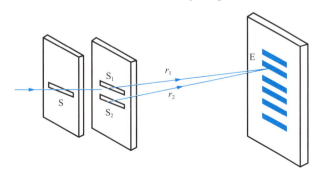

图 13.1.3　杨氏双缝干涉实验装置示意图

在双缝的前方放置观察屏,可在屏幕上观察到明暗相间且对称的干涉条纹,这些条纹都与狭缝平行,条纹间的距离相等。

如图 13.1.4 所示,S_1、S_2 相距 d,E 为屏幕,屏幕与双缝距离为 D,S_1、S_2 连线的中垂线与 E 交于点 O。在屏幕上任取一点 P,P 点与 O 点的距离为 x,点 P 与 S_1、S_2 的距离分别为 r_1、r_2,由 S_1、S_2 传出的光在点 P 相遇时,产生的光程差为

$$\delta = r_2 - r_1$$

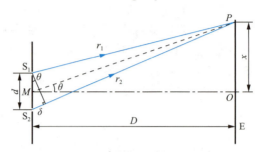

图 13.1.4 双缝干涉的计算

相位差为

$$\Delta\varphi = 2\pi\frac{\delta}{\lambda}$$

当 $D \gg d$,$D \gg x$ 时,θ 很小,$\sin\theta \approx \tan\theta$,可得

$$\delta = r_2 - r_1 \approx d\sin\theta \approx d\tan\theta = d\frac{x}{D}$$

即

$$\delta = d\frac{x}{D}$$

1)明纹中心位置

当 $\Delta\varphi = \pm 2k\pi$,$\delta = \pm k\lambda$ $(k=0,1,2,\cdots)$ 时,点 P 为明纹中心,由 $d\frac{x}{D} = \pm k\lambda$ 得

$$x = \pm k\frac{D\lambda}{d} \quad (k=0,1,2,\cdots) \tag{13.1.4}$$

$k=0$ 对应 O 点,称为中央明纹中心;$k=1,2,\cdots$ 依次为一级、二级……明纹,各级明纹关于中央明纹(零级明纹)对称。

2)暗纹中心位置

当 $\Delta\varphi = \pm(2k+1)\pi$,$\delta = \pm(2k+1)\frac{\lambda}{2}$ 时,点 P 为暗纹中心,此时有

$$x = \pm\left(\frac{2k+1}{2}\right)\frac{D\lambda}{d} \quad (k=0,1,2,\cdots) \tag{13.1.5}$$

杨氏干涉条纹是关于中央明纹对称分布的明暗相间的干涉条纹,相邻明(暗)纹的间距均相等,为

$$\Delta x = x_{k+1} - x_k = \frac{D\lambda}{d} \tag{13.1.6}$$

实验中常根据测得的 Δx、D 和 d 的值求出光的波长。

由式（13.1.6）可以看出，若 D 和 d 的值一定，则相邻条纹间的距离 Δx 与入射光的波长 λ 成正比，波长越小，条纹间距越小。因此，在用白光照射双缝时，中央明纹（白色）的两侧将出现各级彩色明（内紫外红）条纹。

例 13.1.1 在用白光做双缝干涉实验时，能观察到几级清晰可辨的彩色光谱？

解：当 k 级红色明纹位置大于 $k+1$ 级紫色明纹位置时，光谱就会发生重叠。根据 $x = \pm k \dfrac{D\lambda}{d}$，由 $x_{k红} = x_{(k+1)紫}$ 的临界条件可知

$$k\frac{D\lambda_{红}}{d} = (k+1)\frac{D\lambda_{紫}}{d}$$

将 $\lambda_{红} = 760\text{nm}$，$\lambda_{紫} = 400\text{nm}$ 代入上式，得 $k = 1.1$，因 k 只能取整数，故 $k = 1$。这一结果表明，在中央白色明纹两侧，只有 1 级清晰可辨的彩色光谱。

例 13.1.2 如图 13.1.5 所示，当双缝干涉装置的一条夹缝前面盖上折射率为 $n = 1.58$ 的云母片时，观察到屏幕上干涉条纹移动了 9 个条纹间距，已知 $\lambda = 550\text{nm}$，求云母片的厚度 b。

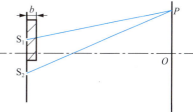

图 13.1.5　例 13.1.2 图

解：未盖云母片时，零级明纹在 O 点。当夹缝 S_1 盖上云母片后，光线 1 的光程增大。因为零级明纹对应的光程差为 0，所以这时零级明纹只有移动到 O 点上方才能使光线 1 和光线 2 的光程差为 0。根据题意，盖上云母片后，零级明纹移动到原来第 9 级明纹所在的位置。由于 $D \gg d$，并且屏幕上一般只能在 O 点两侧有限的范围内才能呈现清晰可辨的干涉条纹，即 x 较小，因此，由 S_1 发出的光可近似看成垂直通过云母片，可得光线 1 和光线 2 的光程差 $\delta = nb - b$，此时有

$$nb - b = k\lambda$$

解得

$$b = \frac{9\lambda}{n-1} = \frac{9 \times 5500 \times 10^{-10}}{1.58 - 1} \approx 8.53 \times 10^{-6} (\text{m})$$

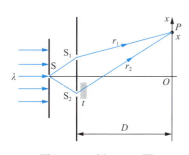

图 13.1.6　例 13.1.3 图

例 13.1.3 如图 13.1.6 所示，在杨氏双缝干涉实验中，以钠光作为光源，已知 $\lambda = 589.3\text{nm}$，$D = 500\text{mm}$，问：

（1）在 $d = 1.2\text{mm}$ 和 $d = 10\text{mm}$ 两种情况下，明条纹的间距分别为多少？

（2）能分清明条纹最小间距为 0.065mm 的最大双缝间距为多少？

（3）在 $d = 10\text{mm}$ 情况下，如果用折射率 $n = 1.30$、厚度 $t = 0.051\text{mm}$ 的透明薄膜挡在 S_2 的前面，条纹会发生什么变化？

解：（1）当 $d = 1.2\text{mm}$ 时，明条纹间隔为

$$\Delta x = \frac{D}{d}\lambda \approx 0.25(\text{mm})$$

当 $d = 10\text{mm}$ 时，明条纹间隔为

$$\Delta x = \frac{D}{d}\lambda \approx 0.03(\text{mm})$$

（2）能分清明条纹最小间距为 0.065mm 时的最大双缝间距为

$$d = \frac{D}{\Delta x}\lambda \approx 4.5(\text{mm})$$

（3）两束光在屏幕上任一点的光程差为

$$\delta = L_2 - L_1 = [(r_2 - t) + nt] - r_1$$

将 $r_2 - r_1 = x\dfrac{d}{D}$ 代入上式，可得两束光在屏幕上任一点 P 的光程差为

$$\delta = d\frac{x}{D} + (n-1)t$$

明条纹满足 $d\dfrac{x}{D} + (n-1)t = k\lambda$。

计算零级明条纹的位置。

令

$$d\frac{x_0}{D} + (n-1)t = 0$$

得

$$x_0 = \frac{(1-n)t}{d}D = -0.765(\text{mm})$$

此结果说明，零级明条纹向下移动到 0.765mm 的位置。

计算中心处干涉条纹的级数。

令

$$x = 0, \quad (n-1)t = k\lambda, \quad k = \frac{(n-1)t}{\lambda}$$

得

$$k \approx 26$$

即原来零级条纹位置现为第 26 级明条纹。

13.1.4 劳埃德镜干涉

劳埃德镜实验装置示意图如图 13.1.7 所示。MM′为一块下表面涂黑的平玻璃板，用作反射镜。从狭缝 S_1 射出的光一部分直接射到屏幕 E 上（图中以 1 表示），另一部分光掠射（入射角 $i \approx 90°$）到 MM′上经反射后到达 E 上（图中以 2 表示），反射光可看作由虚光源 S_2 发出的。劳埃德镜干涉相应的干涉条纹分布与杨氏双缝干涉实验相同；图中阴影区域表示相干光在空间叠加的区域，在屏上出现明暗相间的干涉条纹。

若把屏幕移近到和镜面边缘 M′相接触，即在 E′M′位置，在屏幕与劳埃德镜交点 M′似乎应出现明纹（因为从 S_1、S_2 发出的光到达交点 M′时，波程相等），但实验上观测到的却是暗纹。这表明直接射到屏幕上的光与由镜面反射的光在 M′处相位相反，即相位差为π。由于直射光不可能有相位突变，所以只能是由空气经镜面反射的光有相位突变π。

劳埃德镜实验表明：光从光疏介质（光速较大，即折射率较小）射到光密介质（光速较小，即折射率较大）反射时，在掠射（入射角 $i \approx 90°$）或正入射（入射角 $i \approx 0°$）的情况

下，反射光的相位较入射光的相位有π的突变。这一相位突变相当于反射光与入射光之间附加了半个波长的光程差，故常称为**半波损失**。在处理光波的叠加时，必须考虑半波损失，否则会得出与实验情况不同的结果。

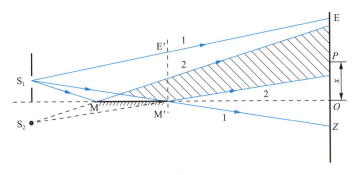

图 13.1.7　劳埃德镜实验装置示意图

13.1.5　薄膜干涉

设一均匀透明的平行平面介质薄膜折射率为 n、膜厚为 e，处于折射率为 n'（$n > n'$）的均匀介质中，波长为 λ 的单色光以入射角 i 投射到薄膜上表面 A 点，一部分在 A 点反射（光线1），另一部分射进薄膜在下界面反射，再经上界面折射而出（光线2）。显然，光束1、2是平行光，它们经透镜 L 后汇聚在点 P。因为1、2两束光是同一入射光的两部分，经历了不同的路径而有恒定的相位差，所以二者是相干光，它们在透镜 L 的焦平面上点 P 处叠加而干涉。由此可知，肥皂泡或油膜表面出现的绚丽多彩的条纹也是干涉现象，称为**薄膜干涉**，如图 13.1.8 所示。

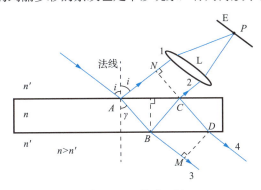

图 13.1.8　薄膜干涉

光束1和光束2的路径分别为 ANP 和 $ABCP$，过 C 点作 CN 垂直于光束1。根据透镜的等光程性，光程 NP 等于光程 CP，并考虑到反射光束1有半波损失，反射光束2无半波损失，两束光之间有附加光程差，所以它们的光程差为

$$\delta = n(AB + BC) - n'AN + \frac{\lambda}{2}$$

考虑到

$$AB = BC = \frac{e}{\cos\gamma}$$

$$AN = AC\sin i = 2e\tan\gamma \sin i$$

根据折射定律，$n'\sin i = n\sin\gamma$，可得

$$\delta = 2n\frac{e}{\cos\gamma} - 2n'e\tan\gamma\sin i + \frac{\lambda}{2} = 2n\frac{e}{\cos\gamma}(1-\sin^2\gamma) + \frac{\lambda}{2}$$
$$= 2ne\cos\gamma + \frac{\lambda}{2} = 2e\sqrt{n^2 - n'^2\sin^2 i} + \frac{\lambda}{2}$$

由上式可得

$$\delta = 2e\sqrt{n^2 - n'^2\sin^2 i} + \frac{\lambda}{2} = \begin{cases} k\lambda & (k=1,2,\cdots) \quad \text{（明纹）} \\ (2k+1)\frac{\lambda}{2} & (k=0,1,2,\cdots) \quad \text{（暗纹）} \end{cases} \quad (13.1.7)$$

由式（13.1.7）可知，当薄膜的折射率和周围介质确定后，对某波长的光来说，两相干光的光程差取决于薄膜的厚度和入射角。当薄膜厚度均匀，为定值时，干涉条纹仅由入射角确定，在干涉结果中，同一入射角对应同一级干涉条纹，这种干涉称为**等倾干涉**。

由以上内容可知，入射光学透镜，即在光学元件的表面上会发生反射，会损失部分能量。正入射时，反射光强度约占入射光强度的 4%。一般光学仪器需要许多透镜和透光元件。例如，潜水艇的潜望镜或医用膀胱镜等，它们的玻璃表面多达 30～40 个，光能损失高达 70%～80%，再加上反射产生的漫射光的干扰，获得的图像既暗又模糊，达不到预期的成像质量。为了减少有害的反射，利用薄膜干涉原理，在透镜表面镀一层介质薄膜，使某种波长的反射光减到最小，以提高透射能力，这种膜称为**增透膜**。增透膜的原理是使垂直入射的单色光在薄膜上、下表面反射时，光程差符合干涉相消条件，从而使反射光强度降至最低、入射光强度增至最大，如图 13.1.9 所示。通常用真空喷镀方法在透镜表面镀一层 MgF_2（氟化镁）（折射率 $n=1.38$）之类的透明介质薄膜，那么应镀多厚的膜呢？

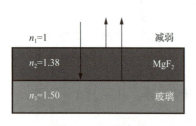

图 13.1.9 增透膜

以照相为例，白光中对视觉及普通照相底片最敏感的波长是 550nm 的黄绿光，以此为依据计算所镀膜的厚度。由于光线垂直入射，根据干涉相消条件，故有

$$\delta = 2n_2 e = (2k+1)\frac{\lambda}{2}$$

式中，$n_2 e$ 称为**光学厚度**。由此可得所镀膜的厚度为

$$e = \frac{(2k+1)\frac{\lambda}{2}}{2n_2} = \frac{(2k+1) \times \frac{550 \times 10^{-9}}{2}}{2 \times 1.38} \approx (2k+1) \times 10^{-7} \text{(m)}$$

取 $k=0$，得所镀 MgF_2 薄膜的最小厚度为 100nm。由于反射光中缺少黄绿光，于是看到薄膜呈蓝紫色。在镀膜过程中，通常不是直接测量膜层的几何厚度，而是近似地根据膜层的颜色来判断光学厚度。

与增透膜原理不同，在实际应用中，还有一些光学元件表面需要有高的反射率。例如，氦氖激光器中的反射镜要求对波长 632.8nm 的光的反射率在 99%以上。为此，通常在玻璃表面镀一层 ZnS（硫化锌）之类的高折射率的透明介质薄膜，选取合适的厚度，使膜层上、下两个表面的两束反射光干涉后加强，这种薄膜称为**增反膜**。

13.1.6 劈尖干涉

如图 13.1.10 所示,G_1、G_2 为两片平板玻璃(折射率为 n_1,一端接触,另一端被一直径为 D 的细丝隔开,G_1、G_2 的夹角 θ 很小,在 G_1 的下表面与 G_2 的上表面间形成空气薄层(折射率为 n),此装置称为劈尖干涉装置,简称劈尖,两玻璃板接触部位为劈尖棱边。

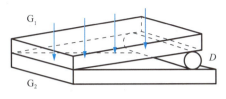

图 13.1.10 劈尖干涉装置

由于从空气劈尖的上表面(玻璃-空气分界面)和从空气劈尖的下表面(空气-玻璃分界面)反射的情况不同,因此存在附加的半波长光程差,当 λ 射光与玻璃板几乎垂直,即 $i \approx 0$ 时,在厚度为 e 处,劈尖上、下两面反射的两相干光的光程差为

$$\delta = 2ne + \frac{\lambda}{2}$$

因而干涉条件是

$$\delta = 2ne + \frac{\lambda}{2} = \begin{cases} k\lambda & (k=1,2,\cdots) \quad \text{(明纹)} \\ (2k+1)\dfrac{\lambda}{2} & (k=0,1,2,\cdots) \quad \text{(暗纹)} \end{cases} \tag{13.1.8}$$

对于同一级条纹,无论是明纹还是暗纹,都出现在厚度相同的地方,劈尖干涉条纹是**平行于劈尖棱边且位于劈尖表面明暗相间的直条纹**,如图 13.1.11 所示。通常将这种与等厚线相对应的干涉现象称为**等厚干涉**。劈尖干涉条纹的形成如图 13.1.12 所示,图中 n_1 为平板玻璃折射率,n 为薄膜介质折射率。

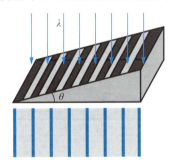

图 13.1.11 劈尖干涉条纹

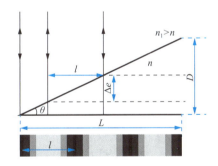

图 13.1.12 劈尖干涉条纹的形成

在劈尖棱边处,$e=0$ 时,$\delta=\dfrac{\lambda}{2}$,故为暗条纹,这和实际观察的结果相一致,也是"半波损失"的又一有力证据。

两相邻明纹(或暗纹)对应的厚度差为

$$\Delta e = e_{k+1} + e_k = \frac{\lambda}{2n}$$

两相邻明纹(或暗纹)间距为

$$l = \frac{\Delta e}{\sin\theta} = \frac{\lambda}{2n\sin\theta} \approx \frac{\lambda}{2n\theta}$$

利用薄膜干涉条纹位置、形状和间距的变化,可以精确测定一些微小的物理量。

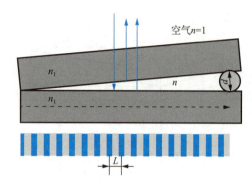

图 13.1.13 细丝直径测量

如图 13.1.13 所示，将待测细丝夹在两块光学平玻璃板一端。两板之间形成劈尖状空气薄膜。用单色光垂直照射该装置，用读数显微镜测出相邻干涉条纹的间距 l、劈尖长度 L。由图可知，细丝直径 $d=L\tan\theta$，由于 $l=\dfrac{\lambda}{2n\sin\theta}$，考虑到 θ 很小，故有

$$\theta \approx \frac{d}{L}, \quad \theta \approx \frac{\lambda}{2nl}$$

可得细丝的直径为

$$d = \frac{\lambda}{2nl}L$$

利用上述方法也可测量劈尖透明介质的小角度，或者某工件两个几乎平行的平面间的夹角。

利用劈尖干涉条纹还可以检验精密加工的表面质量。将标准平面放在待测平面上，形成一个空气劈尖。如果观察到干涉条纹局部弯曲指向顶尖的方向，那么在条纹弯曲处，加工面上存在凹凸，如图 13.1.14 所示。

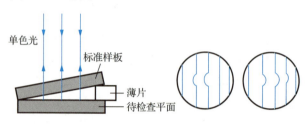

图 13.1.14 工件表面质量检查

例 13.1.4 如图 13.1.15 所示，单色光入射由薄玻璃和金属丝构成的空气劈尖，已知波长 $\lambda = 589.3$nm，$L = 28.880$mm，由读数显微镜测得第 1 条明条纹到第 31 条明条纹的距离为 4.295mm，求金属丝的直径 D。

解：明条纹的间距为

$$l = \frac{4.295}{30} \approx 0.14317 \text{(mm)}$$

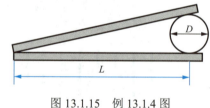

图 13.1.15 例 13.1.4 图

对于空气劈尖，$n=1$，明条纹的间距为 $l = \dfrac{\lambda}{2\sin\theta}$。

由于 $L \gg D$，$\sin\theta \approx \dfrac{D}{L}$，因此金属丝的直径为

$$D = \frac{\lambda}{2l}L \approx 0.05945 \text{(mm)}$$

13.1.7 牛顿环

牛顿环装置是由一块曲率半径 R 很大的平凸透镜和一块平板玻璃组成的。透镜的球面与平面玻璃之间的空气形成了一层空气薄膜，平行光垂直照射平凸透镜时，光线在空气膜的上下表面反射，形成干涉条纹。理论上，干涉条纹围绕着透镜与玻璃的接触点形成同心圆环，这种现象是牛顿在 1675 年首先观察到的，故称为**牛顿环**，如图 13.1.16 所示。

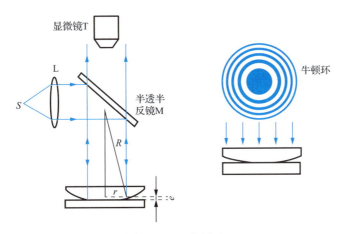

图 13.1.16 牛顿环

下面计算牛顿环的半径。由图 13.1.17 中的直角三角形可得

$$r^2 = R^2 - (R-e)^2 = 2Re - e^2$$

透镜的半径 R 的量级一般为 m（米），而膜厚 e 的量级一般为 μm（微米），故上式后一项 e^2 可忽略，得

$$e = \frac{r^2}{2R}$$

根据明暗条纹处所对应的空气厚度应满足的条件为

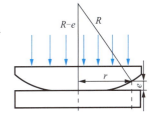

图 13.1.17 牛顿环半径计算

$$\delta = 2ne + \frac{\lambda}{2} = \begin{cases} k\lambda & (k=1,2,\cdots) \quad （明纹） \\ (2k+1)\frac{\lambda}{2} & (k=0,1,2,\cdots) \quad （暗纹） \end{cases} \quad (13.1.9)$$

得到明环和暗环半径公式为

$$\begin{cases} r_k = \sqrt{\dfrac{(2k-1)R\lambda}{2n}} & (k=1,2,\cdots) \quad （明纹） \\ r_k = \sqrt{\dfrac{kR\lambda}{n}} & (k=0,1,2,\cdots) \quad （暗纹） \end{cases} \quad (13.1.10)$$

由式（13.1.10）可知，膜厚度与环半径的二次方成正比，距中心越远，光程差增加越快，出现的牛顿环也越来越密。在透镜与玻璃板的接触点，即薄膜厚度 $e=0$ 处，由于存在半波损失，因此该点为零级暗纹中心。应用牛顿环装置可以测量透镜的曲率半径和光的波长。

例 13.1.5 置于空气（折射率 $n=1$）中的牛顿环，第 k 级暗环半径为 r_k，第 $k+m$ 级暗环半径为 r_{k+m}，单色光波长为 λ，求透镜的曲率半径。

解： 第 k 级暗环半径为

$$r_k = \sqrt{kR\lambda}$$

第 $k+m$ 级暗环半径为

$$r_{k+m} = \sqrt{(k+m)R\lambda}$$

综上可得透镜的曲率半径为

$$R = \frac{r_{k+m}^2 - r_k^2}{m\lambda}$$

13.2 光的衍射

讨论：光在传播过程中遇到障碍物或小孔时，将偏离直线传播的路径而绕到障碍物后面传播，这种现象进一步证明了光具有波动性。那么还有哪些现象可以说明光具有波动性呢？

13.2.1 光的衍射现象

光在传播中遇到尺寸比光的波长大得不多的障碍物时，它就不再遵循直线传播的规律，而是传到障碍物的阴影区并形成明暗相间的条纹，这就是**光的衍射现象**，如图 13.2.1 所示。衍射和干涉一样，也是波动的重要特征之一。

（a）圆孔衍射　　　（b）单缝衍射

图 13.2.1　光的衍射现象

能观察到显著的衍射现象的试验装置主要包括三个部分：光源、衍射屏和观察屏。按三者之间相对位置的不同，通常把衍射分为以下两类。

一类是近场衍射，其衍射装置中的光源、观察屏（或两者之一）与衍射屏的距离有限远。这种衍射又称**菲涅耳衍射**，如图 13.2.2 所示。

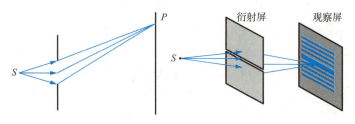

图 13.2.2　菲涅耳衍射

另一类是远场衍射，其衍射装置中的光源和观察屏与衍射屏的距离都是无限远，相当于入射光和衍射光都是平行光。这种衍射又称**夫琅禾费衍射**。在实验室中产生的夫琅禾费衍射通常利用两个汇聚透镜来实现，如图 13.2.3 所示。

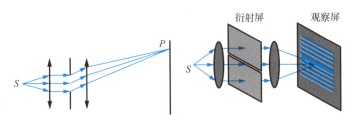

图 13.2.3　夫琅禾费衍射

13.2.2　惠更斯-菲涅耳原理

惠更斯原理可以定性地解释衍射现象中光的传播方向问题。为了说明光波衍射现象图样中的强度分布，菲涅耳补充指出：**衍射时，波场中各点的强度由各子波在该点的相干叠加决定**。利用相干叠加原理补充完善后的惠更斯原理叫作**惠更斯-菲涅耳原理**。

子波相干叠加如图 13.2.4 所示，dS 是某波阵面 S 上的任一面元，菲涅耳认为，面元 dS 发出的子波，在波阵面前方某点 P 点引起的光振动的振幅与面元的

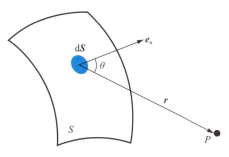

图 13.2.4　子波相干叠加

大小成正比，与面元到 P 点的距离 r 成反比，并且随面元法向 e_n 和 P 点的位置矢量 r 的夹角 θ 的增大而减小，当 $\theta \geqslant \dfrac{\pi}{2}$ 时，振幅为 0。计算整个波阵面上所有面元发出的子波在 P 点引起的光振动的总和，就可得到 P 点处的光强。应用惠更斯-菲涅耳原理，原则上可解决一般衍射问题，但积分计算是相当复杂的，只能对少数简单情况进行求解。

13.2.3　夫琅禾费单缝衍射

夫琅禾费单缝衍射装置示意图如图 13.2.5 所示，由于光源 S 处于凸透镜 L_1 主焦面上，

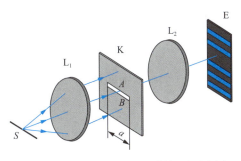

图 13.2.5　夫琅禾费单缝衍射装置示意图

因此从 L_1 发出的光为平行光，该平行光垂直射到单缝上，单缝的衍射光经凸透镜 L_2 汇聚在屏幕 E 上，屏幕上将出现与单缝平行的明暗相间的衍射条纹。

在图 13.2.5 中，AB 为单缝的截面，其宽度为 a，衍射后沿某一方向传播的光线与平面衍射屏幕法线之间的夹角 θ 称为衍射角。

沿入射方向传播的光束 1，其衍射角 $\theta = 0$，如图 13.2.6（a）所示，它们被透镜 L 汇聚于焦点 O（P_0 点）。由于 AB 是同相面，同时透镜不会产生附加光程差，所以它们到达 O 点时仍保持相同的相位而互相加强。这样，在正对狭缝中心的 O 点处将是一条明纹的中心，这条明纹叫作中央明纹。

如图 13.2.6（a）所示，衍射角为 θ 方向的光线为光束 2，经透镜 L 后汇聚于屏幕上 P 点。显然，垂直于光束 2 的面 AC 上各点到点 P 的光程都相等，即从面 AB 发出的各光线在点 P 的相位差对应于从 AB 面到 AC 面的光程差。因此，单缝的两边缘 A 和 B 发出的光线到 P 点的光程差最大，为

$$\delta = BC = a\sin\theta$$

为分析各光线在点 P 叠加的结果,菲涅耳提出了**半波带法**。

半波带在 P 点引起的光振动的特点如下。

(1)由于各个半波带的面积相等,所以各个半波带在 P 点所引起的光振幅接近相等。

(2)两相邻的半波带上,任何两个对应点(如 A_1A_2 带上的 G 点与 A_2B 上的 G' 点)所发出的光线到达 AC 面上时,光程差为 $\frac{\lambda}{2}$,即位相差为 π(这就是将这种波带称为半波带的原因),也就是说,在 P 点它们的位相差为 π。由此可见,任何两个相邻半波带所发出的光线在 P 点引起的光振动将完全互相抵消。

半波带法的具体做法:作一些平行于 AC 的平面,使两相邻平面之间的距离等于入射光的半波长,即 $\frac{\lambda}{2}$;假定这些平面将单缝处的波阵面 AB 分成 AA_1、A_1A_2、A_2B 等整数个面积相等的半波带,如图 13.2.6(b)所示,其半波带为 3 个。

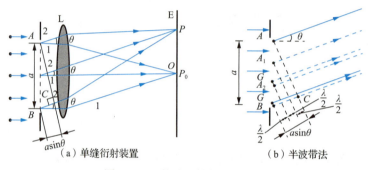

图 13.2.6　单缝衍射条纹的计算

根据半波带在 P 点引起的光振动的特点,当

$$BC = a\sin\theta = \pm 2k\frac{\lambda}{2} \quad (k = 1,2,3,\cdots)$$

即 BC 是半波长的偶数倍时,对应于 θ 方向,单缝可分成偶数个半波带,此时所有相邻半波带发出的光在 P 点成对地互相干涉抵消,因而 P 点为暗纹。当

$$BC = a\sin\theta = \pm(2k+1)\frac{\lambda}{2} \quad (k = 1,2,3,\cdots)$$

即 BC 是半波长的奇数倍时,单缝可分成奇数个半波带,相互干涉抵消的结果是,剩下一个半波带发出的光未被抵消,所以 P 点为明纹。

综上可知

$$a\sin\theta = \begin{cases} 0 & \text{(中央明纹)} \\ \pm(2k+1)\dfrac{\lambda}{2} \quad (k=1,2,\cdots) & \text{(明纹)} \end{cases} \tag{13.2.1}$$

$$a\sin\theta = \pm k\lambda \quad (k=1,2,3,\cdots) \quad \text{(暗纹)} \tag{13.2.2}$$

$\theta = 0$ 称为中央亮纹,$k = 1,2,\cdots$ 分别称为第 $1,2,\cdots$ 级明纹(或暗纹)。式(13.2.1)和式(13.2.2)中的正负号表示条纹对称分布于中央明纹的两侧。

对于任意衍射角 θ,AB 一般不能恰巧分成整数个半波带,即 BC 不等于 $\frac{\lambda}{2}$ 的整数倍,此时衍射光束经透镜聚焦后,在屏幕上形成亮度介于最明和最暗之间的中间区域。

例 13.2.1 如图 13.2.7 所示，波长为 $\lambda = 0.5\mu m$ 的单色光照射在宽度 $d = 0.5mm$ 的单缝上，在缝前放一个焦距 $f = 0.5m$ 的凸透镜，求：

（1）中央亮条纹的宽度。

（2）第 1 级亮条纹的宽度。

（3）如果将此装置放入折射率 $n = 1.33$ 的水中，上述条纹有何变化？

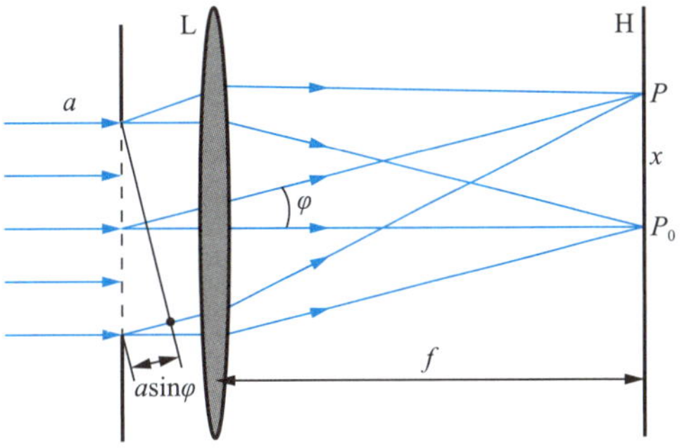

解：（1）中央亮条纹宽度为 $k = \pm 1$ 的暗条纹之间的距离，即

$$\Delta x_0 \approx f\frac{2\lambda}{a} = 1.0 \times 10^{-3} (\text{m})$$

（2）根据式（13.2.12），对于第 1 级和第 2 级暗纹，有

图 13.2.7 例 13.2.1 图

$$\sin\varphi_1 = \frac{\lambda}{a}, \quad \sin\varphi_2 = \frac{2\lambda}{a}$$

可得第 1 级亮条纹的宽度为

$$\Delta x_1 = f(\sin\varphi_2 - \sin\varphi_1) = 5.0 \times 10^{-2} (\text{m})$$

（3）将整个装置放入水中，有

$$\delta = n\overline{BC} = na\sin\varphi$$

对于暗条纹，有

$$na\sin\varphi = \pm k\lambda$$

$$\sin\varphi = k\frac{\lambda}{na}$$

$$\sin\varphi = k\frac{\lambda}{a}$$

对比可知，同一级条纹的衍射角变小，衍射条纹向中心收缩，条纹间距变小。

以上结果忽略了透镜在空气和水中（透镜在水中的焦距变大）的焦距差别。

13.2.4 夫琅禾费圆孔衍射

如果在观察单缝夫琅禾费衍射的实验装置中，用小圆孔代替狭缝，那么在位于透镜焦平面所在的屏幕上，将出现环形衍射条纹，中央是一个较亮的圆斑，它集中了约全部衍射光强的 84%，称为中央亮斑或**艾里斑**。艾里斑由第一暗环所围，外围是一组同心的暗环和明环，明纹强度随级次增大而迅速下降，如图 13.2.8 所示。

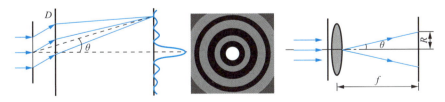

图 13.2.8 夫琅禾费圆孔衍射

若圆孔的直径为 D，单色光波长为 λ，透镜焦距为 f，艾里斑的半径为 R，则有

$$R = 1.22 \frac{\lambda}{D} f$$

通常,光学仪器中所使用的透镜、光栅都是圆形的,所以研究夫琅禾费衍射圆孔对评价仪器成像质量具有重要意义。例如,天上一颗星(可视为点光源)发出的光经望远镜的物镜后所成的像,并不是几何光学中所说的一个点,而是一个有一定大小的衍射斑。在观测当天,使两颗亮度大致相同、相隔很近的星体所成的两组衍射像斑的中央亮斑(艾里斑)重叠很少或没有重叠时,就能分辨这是两颗星,如图 13.2.9(a)所示;若两个中央亮斑大部分重叠,则难以分清楚,如图 13.2.9(b)所示。通常采用**瑞利判据**给光学仪器规定一最小分辨角的标准。该判据规定,当一个像斑的中心刚好落在另一个像斑的中央亮斑边缘(第一级暗纹)上时,认为两个像恰能分辨,如图 13.2.9(c)所示。

由图 13.2.9(c)可知,仪器的最小分辨角 θ_0 应等于艾里斑的角半径,即

$$\theta_0 = \theta_1 = \arcsin\left(1.22 \frac{\lambda}{D}\right)$$

当 θ_0 很小时,有

$$\theta_0 = \theta_1 = 1.22 \frac{\lambda}{D}$$

在光学中,光学仪器最小分辨角的倒数称为该仪器的分辨本领(或分辨率)R,当 θ_0 很小时,有

$$R = \frac{1}{\theta_0} = \frac{D}{1.22\lambda} \tag{13.2.3}$$

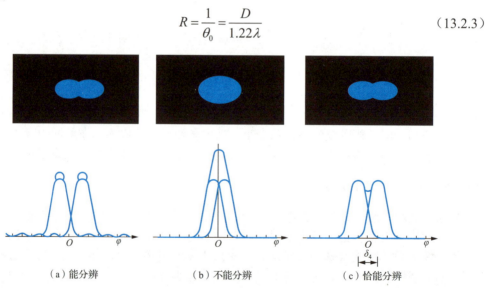

图 13.2.9 光学仪器的分辨本领

显然,光学仪器的分辨率越大越好。由式(13.2.3)可得,**分辨率的大小与仪器的孔径 D 成正比,与光的波长 λ 成反比**。瑞利判据为设计光学仪器提供了理论指导,如天文望远镜可用大口径的物镜来提高分辨率。目前我国国家天文台在贵州省平塘县城西南部建成的口径达 500m 的射电望远镜,是世界最大的单口径射电望远镜,该望远镜于 2016 年 9 月 25 日正式启用。

对于电子显微镜,则用波长短的射线来提高分辨率,目前用几十万伏高压产生的电子波,波长约为 10^{-3} nm,做成的电子显微镜可以对分子、原子的结构进行观察。

例 13.2.2 月球距离地球表面约为 $S = 3.68 \times 10^5 \text{km}$，设月光的波长 $\lambda = 550\text{nm}$，计算月球表面上相距多远的两点才能被地球表面上直径 $D = 5\text{m}$ 的天文望远镜分辨。

解：望远镜的最小分辨角为

$$\theta_0 = 1.22 \frac{\lambda}{D}$$

月球上相距 d 的两点对望远镜中心的张角为

$$\theta_0' = \frac{d}{S}$$

由于 $\theta_0 = \theta_0'$，故有

$$1.22 \frac{\lambda}{D} = \frac{d}{S}$$

继而可得

$$d = 1.22 \frac{\lambda}{D} S \approx 49.4 (\text{m})$$

13.2.5 衍射光栅

由大量等宽、等间距平行排列的狭缝组成的光学元件称为光栅。常用光栅是在玻璃片上刻出大量平行刻痕制成的，刻痕为不透光部分，两刻痕之间的光滑部分可以透光，相当于狭缝。这种利用透射光衍射的光栅称为**透射光栅**，如图 13.2.10（a）所示。还有利用两刻痕间的反射光衍射的光栅，如在镀有金属层的表面上刻出许多平行刻痕，两刻痕间的光滑金属面可以反射光，这种光栅称为**反射光栅**，如图 13.2.10（b）所示。

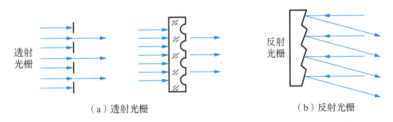

图 13.2.10 透射光栅和反射光栅

图 13.2.11 所示为透射光栅衍射装置示意图，设透光缝宽为 a，不透光的刻痕宽为 b，则称 $(a+b) = d$ 为**光栅常数**。

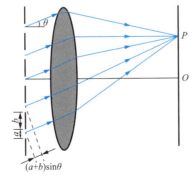

图 13.2.11 透射光栅衍射装置示意图

1. 光栅衍射图样的形成

对于光栅中每一条透光缝，光透过这些缝时，都将在屏幕上呈现单缝衍射图样。如果光栅的总缝数为 N，那么这 N 套衍射条纹将完全重合。由于各缝发出的衍射光都是相干光，还会产生缝与缝之间的干涉效应，因此光栅的衍射条纹是**单缝衍射和多缝干涉**的总效果。

2. 光栅方程

光在任意衍射角 θ 的方向上，从任意相邻两缝相对应点发出的光到达 P 点的光程差都是 $d\sin\theta$，当 θ 满足

$$d\sin\theta = \pm k\lambda \quad (k = 0,1,2,\cdots)$$

时，其他任意两缝沿该方向发出的光到屏幕上时的光程差也一定是 λ 的整数倍。于是，所有缝沿该方向射出的衍射光在屏幕上汇聚时均相互加强，形成干涉明条纹。这时在 P 点的合振幅应是来自一条缝的衍射光的振幅的 N 倍（N 为光栅的总缝数），合光强则是来自一条缝的 N^2 倍，所以光栅的多光束干涉形成的明条线的亮度要比单缝发出的亮度大得多。综上可得

$$d\sin\theta = (a+b)\sin\theta = \pm k\lambda \quad (k = 0,1,2,\cdots) \tag{13.2.4}$$

式（13.2.4）称为**光栅方程**。满足光栅方程的明纹又称主明纹或主极大条纹，也称光谱线。式（13.2.4）中的 k 称为主极条纹极数，$k=0$ 时，$\theta=0$，称为中央明条纹；$k=\pm1,\pm2,\cdots$ 分别称为第 1 级、第 2 级主极大条纹，正负号表示各级明纹对称地分布在中央条纹两侧。

3. 谱线的缺级

以上讨论多光束干涉时，并没有考虑各缝（单缝）衍射对屏幕上条纹强度分布的影响。实际上，单缝衍射在不同的衍射 θ 方向，衍射光的强度是不同的，因此光栅衍射的不同位置的主极大条纹是源于不同光强度的衍射光的干涉加强。对于单缝衍射，光强度大的方向，主极大条纹的光强度也大；单缝衍射光强度小的方向，主极大条纹的光强度也小。光栅衍射各级主极大条纹相对强度的包络与单缝衍射的相对强度曲线相似，如图 13.2.12 所示。

特别地，如果某个方向 θ 既满足单缝衍射暗纹中心的条件，又满足光栅衍射的干涉主极大条件，那么在该方向上不会出现光栅的主极大条纹。这是因为单缝衍射的暗纹会抵消光栅衍射的增强作用。此方向角满足

$$a\sin\theta = \pm 2k'\cdot\frac{\lambda}{2} \quad (k' = 1,2,3,\cdots)$$

这不出现光栅的主极大条纹的现象称为**光谱线的缺级**。缺级的主极大条纹级次满足

$$k = \frac{a+b}{a}k'$$

例如，当 $a+b=4a$ 时，缺级的级数为 $k=4,8,12,\cdots$。由此可知，光栅方程只是产生主极大条纹的必要条件，而不是充分条件。也就是说，在研究光栅衍射图样时，除考虑缝间干涉外，还必须考虑单缝的衍射，即光栅衍射是干涉和衍射的综合结果。

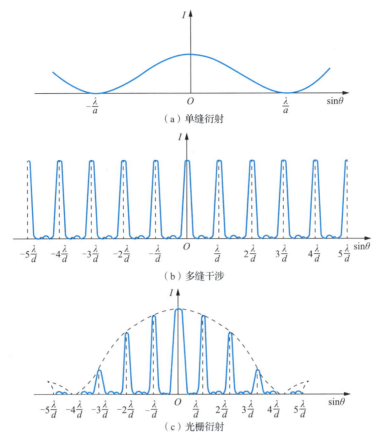

图 13.2.12 光栅衍射的光强度分布

4. 暗条纹条件

在光栅衍射中,相邻两主极大条纹之间还分布着一些暗条纹(次极大条纹),如图 13.2.13 所示。这些暗条纹是由各缝射出的衍射光因干涉相消而形成的。可以证明,当 θ 满足

$$(a+b)\sin\theta = \left(k + \frac{n}{N}\right)\lambda \quad (k = 0, \pm 1, \pm 2, \cdots)$$

时,出现暗条纹。式中,k 为主极大条纹级数;N 为光栅缝总数;n 为正整数,取值 $n = 1, 2, 3, \cdots, (N-1)$。由上式可知,在两个主极大条纹之间,分布着 $(N-1)$ 个暗条纹。显然,在这 $(N-1)$ 个暗条纹之间的位置,光强度不为零,但其强度比各级主极大条纹的光强度要小得多,称为次级明条纹。这说明在相邻两主极大条纹之间分布有 $(N-1)$ 个暗条纹和 $(N-2)$ 个光强度极弱的明条纹,这些明条纹几乎是观察不到的。也就是说,实际上两个主极大条纹之间是一片连续的暗区。缝数 N 越大,暗条纹越多,从而暗区越宽,主极大条纹则越细。

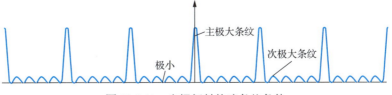

图 13.2.13 光栅衍射的暗条纹条件

5. 光栅光谱

由光栅方程可知，当光栅常数一定时，主极大条纹衍射角的大小与入射光的波长有关。若用白光照射光栅，则各种波长的单色光将产生各自的衍射条纹，除中央明纹由各色光混合仍为白光外，其余两侧的各级明条纹都由紫到红对称排列。这些彩色光带称为衍射光谱。由于波长短的光的衍射角小，波长长的光的衍射角大，所以紫光靠近中央明纹，红光远离中央明纹。同时级数较高的光谱中有部分谱线是彼此重叠的。

由于不同元素（或化合物）各有其特定的光谱，所以根据谱线的成分可以分析出发光物质所含的元素（或化合物），还可以从谱线的强度定量地分析出元素的含量。这种分析方法称为光谱分析，在科学研究和工业技术上有着广泛的应用。

例 13.2.3 如图 13.2.14 所示，波长为 $\lambda = 600\text{nm}$ 的单色光垂直入射到一光栅上，有两个相邻主极大明纹分别出现在 $\sin\varphi_1 = 0.20$ 和 $\sin\varphi_2 = 0.30$ 处，第四级缺级。求：

（1）光栅常数。
（2）光栅狭缝的最小宽度。
（3）实际观察的条纹级数。

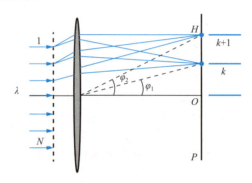

图 13.2.14 例 13.2.3 图

解：（1）根据光栅方程，对于第 k 级主极大条纹，有 $d\sin\varphi_1 = k\lambda$；对于第 $k+1$ 级主极大条纹，有 $d\sin\varphi_2 = (k+1)\lambda$，则光栅常数为

$$d = \frac{\lambda}{\sin\varphi_2 - \sin\varphi_1} = 6\times 10^{-6}(\text{m})$$

（2）根据题意，缺级级数为

$$k = k'\frac{d}{a}$$

令 $k' = 1$，可得光栅狭缝的最小宽度为

$$a_{\min} = \frac{d}{k} = \frac{6\times 10^{-6}}{4} = 1.5\times 10^{-6}(\text{m})$$

（3）$\varphi = \pm 90°$ 方向上的衍射级数为

$$d\sin(\pm 90°) = k\lambda$$

由上式可得

$$k = \pm\frac{d}{\lambda} = \pm 10$$

即缺级条纹为 ±4、±8。

实际观察总共可发现 15 个条纹，级数分别为 0,±1,±2,±3,±5,±6,±7,±9，如图 13.2.15 所示。

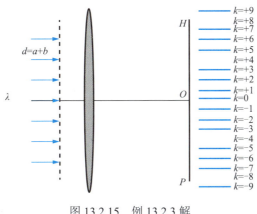

图 13.2.15　例 13.2.3 解

在 $\varphi = \pm 90°$ 方向上，衍射光方向与光栅方向平行，因而无法观察到衍射条纹。

13.2.6　X 射线衍射

1895 年，德国物理学家伦琴发现 X 射线，并因此于 1901 年获得第一届诺贝尔物理学奖。X 射线是由高压加速的电子撞击金属时辐射出的一种射线。X 射线是一种波长很短的电磁波，波长在 0.01～10nm 之间。由于早期使用的衍射光栅的光栅常数远远大于 X 射线的波长，因此无法观察到 X 射线的衍射现象。晶体材料的原子间距一般恰好为 10^{-10} m 的量级，故对于 X 射线，晶体材料可视为立体光栅。

1913 年，英国物理学家布拉格父子提出一种研究 X 射线衍射的方法，他们把晶体看成由一系列互相平行的原子层（或晶面）所组成的，各层原子层之间的距离（晶面间距）为 d，小圆点表示晶体点阵中的原子（或离子），如图 13.2.16 所示。当一束单色、平行、波长为 λ 的 X 射线以掠射角 θ 投射在晶体上时，一部分被表面层原子反射，其余部分进入晶体内部被内部各原子散射。在各原子层所散射的射线中，在符合反射定律的方向上可以得到强度最大的射线。

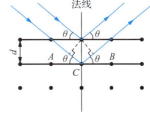

图 13.2.16　布拉格反射

由图 13.2.16 可知，上、下两原子层所发出的反射线的光程差为

$$\delta = AC + CB = 2d\sin\theta$$

显然，各层反射线互相加强而形成亮点的条件是

$$2d\sin\theta = k\lambda \quad (k = 1,2,3,\cdots) \tag{13.2.5}$$

式（13.2.5）称为**布拉格方程**。由布拉格方程可知，如果晶体结构（晶面间距为 d）已知，则可测定 X 射线的波长。反之，如果 X 射线波长 λ 已知，在晶体上衍射，则可测出晶面间距 d，从而可推导出晶体结构。这种研究已经发展为一门独立的学科，叫作 X 射线结构分析。

13.3 光的偏振

讨论： 光的干涉和衍射现象说明光具有波动性，那么光是横波还是纵波呢？

13.3.1 自然光 偏振光

光是电磁波，由理论和实验可知，电磁波为横波，电场 E（光矢量）和磁场振动方向与传播方向垂直，如图 13.3.1 所示。一般光源发出的光中，包含各个方向的光矢量，没有哪一个方向的光矢量占优势，即所有可能的方向上，E 的振幅都相等，这样的光称为**自然光**。自然光在垂直于光传播方向的平面上，光矢量在各个可能方向上的取向是均匀的，光矢量的大小、方向产生不规律性变化。在一定时间内，空间一点的光振动为众多振动方向不同的、无固定相位波列的叠加。自然光可以沿着与光传播方向垂直的任意方向分解成两束振动方向相互垂直、振幅相等、无固定相位差的非相干光。例如，在图 13.3.2 中，两个垂直光振动 A_1 和 A_2 没有固定的相位。为作图方便，常用与传播方向垂直的短线表示在纸面内的光振动，用黑点表示与纸面垂直的光振动。在绘制自然光时，短线和黑点交替均匀画出，表示光振动对称且均匀分布，如图 13.3.3 所示。

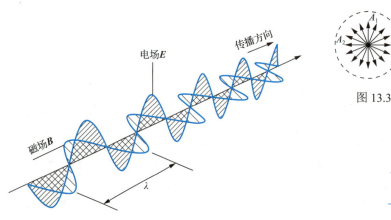

图 13.3.1 电磁波的传播

图 13.3.2 自然光的正交分解

图 13.3.3 自然光的振动图解表示

在光学实验中，如果采用某种方法，把自然光中两个互相垂直的独立光振动分量中的一个完全消除或移走，只剩下另一个方向的光振动，那么就获得了**线偏振光**（又称完全偏振光）。因为线偏振光的光矢量与传播方向构成的平面（振动面）在空间的方位是不变的，所以线偏振光也称平面偏振光。图 13.3.4 给出了线偏振光的表示方法，图中短线表示线偏振光的振动在纸面内，黑点表示线偏振光的振动垂直于纸面。如果只是部分地移走自然光中的一个分量，使得两个独立分量不相等，那么就可以获得**部分线偏振光**。部分线偏振光可以用数目不等的点和短线表示，如图 13.3.5 所示。

图 13.3.4　线偏振光的表示方法　　图 13.3.5　部分线偏振光的表示方法

13.3.2　起偏与检偏　马吕斯定律

除激光器等特殊光源外，普通光源发出的光都是自然光。从自然光获得线偏振光的过程称为**起偏**，相应装置称为起偏器。偏振片是一种常用的起偏器。偏振片大多是利用二向色性的物质（即能完全吸收某一方向的光振动，而只让与这个方向垂直的光振动通过的物质）制成的。当自然光照射在偏振片上时，它只让某一特定方向的光振动通过，这个方向称为偏振化方向，也称透光轴方向。如图 13.3.6 所示，自然光从偏振片 P_1 射出后，变成了线偏振光，并且光强度从 I_0 变为 $\dfrac{I_0}{2}$，这里的偏振片 P_1 就属于起偏振器。

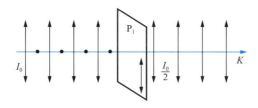

图 13.3.6　光的起偏

偏振片也可用作检偏器，如在图 13.3.7 中，P_2 的作用就是检偏。当 P_2 与 P_1 的偏振化方向相互平行时，由 P_1 产生的线偏振光能够全部通过 P_2，此时透过 P_2 的偏振光的光强度最大；如果两者的偏振化方向相互垂直，则光强度最小，称为消光。将 P_2 绕光的传播方向慢慢转动，透过 P_2 的光强度将随 P_2 的转动而变化，如可以看到透过 P_2 的偏振光由亮逐渐变暗，再由暗逐渐变亮，旋转一周将出现两次最亮和最暗。

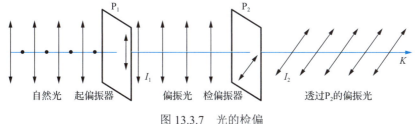

图 13.3.7　光的检偏

线偏振光通过检偏器后的光强度变化遵守马吕斯定律：光强度为 I_1 的线偏振光通过检偏器后，出射光的强度 I_2 为

$$I_2 = I_1 \cos^2 \alpha \tag{13.3.1}$$

式中，α 为检偏器的偏振化方向与入射线偏振光光矢量之间的夹角，该式称为**马吕斯定律**。

偏振片的应用很广，如汽车夜间行车时为了避免对方汽车灯光晃眼以保证行车安全，所以在所有汽车的车窗玻璃和车灯前装上与水平方向成 45°角而且向同一方向倾斜的偏振片。这样相向行驶的汽车都不必熄灯，各自前方的道路仍然被清晰照亮，同时还不会被对方车灯晃眼。

13.3.3 布儒斯特定律

实验表明，自然光在各向同性的两种介质的表面上反射和折射时，不仅光的传播方向发生变化，偏振状态也会发生变化。自然光入射到两种介质的界面上时，产生的反射光和折射光都是部分偏振光，反射光中垂直于入射面的光振动较强，折射光中平行于入射面的光振动较强。如图 13.3.8（a）所示，反射光和折射光都是部分线偏振光，在一定条件下，反射光为线偏振光，如图 13.3.8（b）所示，这一现象是由英国物理学家布儒斯特于 1811 年发现的。

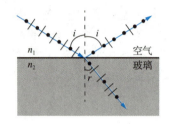 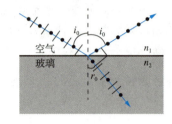

（a）自然光经反射和折射后产生部分线偏振光　　（b）入射角为布儒斯特角时，反射光为线偏振光

图 13.3.8　反射和折射时光的偏振

布儒斯特指出：反射光和折射光的强度及偏振化的程度都与入射角的大小有关，特别是当入射角 i 等于某一特定值 i_0 时，反射光是振动方向垂直于入射面的线偏振光，这个特定的入射角 i_0 称为起偏振角或布儒斯特角，i_0 满足

$$\tan i_0 = \frac{n_2}{n_1} \tag{13.3.2}$$

上述结论称为**布儒斯特定律**。由式（13.1.17）得

$$\frac{\sin i_0}{\cos i_0} = \frac{n_2}{n_1}$$

由折射定律得

$$\frac{\sin i_0}{\sin r_0} = \frac{n_2}{n_1}$$

结合上面两式可得

$$\sin r_0 = \cos i_0 = \sin\left(\frac{\pi}{2} - i_0\right)$$

即

$$i_0 + r_0 = \frac{\pi}{2}$$

当光线以起偏振角（布儒斯特角）入射时，反射光和折射光的传播方向互相垂直，如图 13.3.8（b）所示。

对于一般的光学玻璃，反射光的强度约占入射光强度的 7.5%，大部分光能透过玻璃。为了增强反射光的强度和折射光的偏振化程度，常把若干玻璃叠在一起做成玻璃堆。如

图 13.3.9 所示，自然光以布儒斯特角入射玻璃堆，在每一个玻璃界面上，反射光均为振动垂直于入射面的偏振光，经过多次反射后，反射光得以加强。相应的，折射光中垂直于入射面振动的光的强度逐渐减弱，最后变成振动平行于入射面的偏振光。玻璃片数越多，透射光的偏振化程度越高。当玻璃片足够多时，最后透射出来的折射光就接近于振动面平行于入射面的线偏振光。

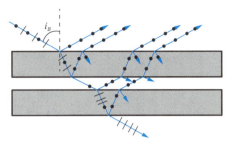

图 13.3.9 光通过玻璃堆后，折射光近似为线偏振光

在照相机配件中，有一种镜片叫作偏光镜，也称偏振镜，简称 PL 镜，是一种滤色镜。偏振镜的功用是能有选择地让某个方向振动的光线通过。在彩色和黑白摄影中，偏振镜常用来消除或减弱非金属表面的强反光，从而消除或减轻光斑。在景物和风光摄影中，偏振镜常用来表现强反光处的物体的质感，突出玻璃后面的景物，还有压暗天空和表现蓝天白云等，如图 13.3.10 所示。

（a）未使用偏振镜的效果　　（b）使用偏振镜的效果

图 13.3.10　偏振镜在景物和风光摄像中的应用

例 13.3.1　一束自然光入射到相互重叠的 4 块偏振片上，4 块偏振片偏振方向相互之间的夹角为 $\alpha = 30°$，求透射光强度。

解：图 13.3.11 所示为光通过 4 块偏振片后振动方向变化的情况，设入射自然光强度为 I_0。

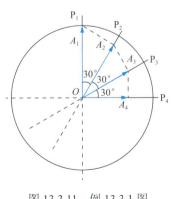

图 13.3.11　例 13.3.1 图

经过偏振片 1 后，有
$$I_1 = \frac{1}{2}I_0$$

经过偏振片 2 后，有
$$I_2 = I_1 \cos^2\alpha = \frac{1}{2}I_0 \cos^2\alpha$$

经过偏振片 3 后，有
$$I_3 = I_2 \cos^2\alpha = \frac{1}{2}I_0 \cos^4\alpha$$

经过偏振片 4 后，有
$$I_4 = I_3 \cos^2\alpha = \frac{1}{2}I_0 \cos^6\alpha \approx 0.21I_0$$

例 13.3.2 布儒斯特定律可用来测定不透明电介质（如珐琅）的折射率。今测得釉质的起偏振角 $i_0 = 58°$，那么它的折射率是多少？

解：根据布儒斯特定律，釉质的折射率为

$$n = \tan i_0 = \tan 58° \approx 1.60$$

例 13.3.3 如图 13.3.12 所示，有三种透明介质，已知 $n_1 = 1.0$，$n_2 = 1.43$，一束自然光以入射角 i 入射，若在两介质分界面上的反射光都是线偏振光。求：

（1）入射角 i。

（2）折射率 n_3。

解：根据布儒斯特定律，有

$$\tan i = \frac{n_2}{n_1} = 1.43$$

图 13.3.12 例 13.3.3 图

得 $i \approx 55.03°$。

介质 2 中折射光是部分线偏振光，要使反射光是线偏振光，r 应为布儒斯特角，即

$$\tan r = \frac{n_3}{n_2} = \tan(90° - i) = \frac{1}{\tan i} = \frac{1}{\frac{n_2}{n_1}} = \frac{n_1}{n_2}$$

得 $n_3 = n_1 = 1.0$。

思考与探究

13.1 如下图所示，为什么太阳光经三棱镜后，不同颜色的光会分开？

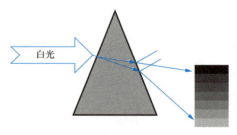

题 13.1 图

13.2 如下图所示，在实际应用中，需要检验工件表面的平整度时，常用一平晶（标准的平板玻璃）放在待测工件上，使其形成一个空气劈尖，并用单色光照射，若待测平面上有不平整处，则干涉条纹将发生弯曲。试判断图中 A 处待测平面是隆起还是凹下？

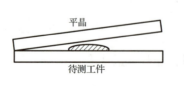

题 13.2 图

13.3 在日常经验中，为什么声波的衍射比光波的衍射更加显著？

13.4 在用普通的眼镜看时，人眼几乎被水面反射的眩光蒙蔽而无法看清水中的鱼。在用偏振片做成的眼镜看时，就可以看清水中的鱼了。试分析其原因，并说明偏振片的通光方向如何。

13.5 双缝干涉实验装置如下图所示，双缝与屏幕之间的距离 $D=120\text{cm}$，两缝之间的距离 $d=0.5\text{mm}$，用波长 $\lambda=500\text{nm}$ 的单色光垂直照射双缝。

（1）求原点 O（0 级明条纹所在处）上方的第 5 级明条纹的坐标。

（2）如果用厚度 $e=1.0\times10^{-2}\text{mm}$、折射率 $n=1.58$ 的透明薄膜覆盖在图中的 S_1 缝前面，那么上述第 5 级明条纹的坐标 x' 是多少。

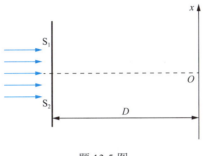

题 13.5 图

13.6 波长为 500nm 的单色光垂直照射到由两块光学平板玻璃构成的空气劈尖上，在观察反射光的干涉现象中，距劈尖棱边 1.56cm 的 A 处是从棱边算起的第 4 条暗条纹中心。

（1）求此空气劈尖的劈尖角 θ。

（2）改用波长为 600nm 的单色光垂直照射此劈尖时，仍观察反射光的干涉条纹，此时 A 处是明条纹还是暗条纹？

13.7 如下图所示，设有一波长为 λ 的单色平面波沿着与缝面的法线成 φ 角的方向射入宽为 a 的单狭缝 AB，试求决定各极小值的衍射角 φ 的条件。

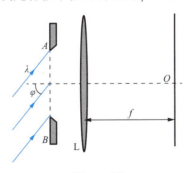

题 13.7 图

13.8 如下图所示，一束具有两种波长 $\lambda_1=600\text{nm}$、$\lambda_2=400\text{nm}$ 的平行光垂直入射在光栅上，发现距中央明纹 5cm 处，λ_1 光的第 k 级主极大条纹和 λ_2 光的第 $(k+1)$ 级主极大条纹相重合，放置在光栅与屏幕之间的透镜的焦距 $f=50\text{cm}$，试问：

（1）题目中的 k 是多少？

（2）光栅常数 d 是多少？

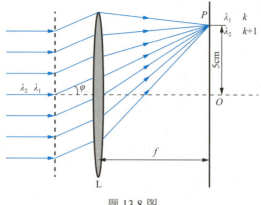

题 13.8 图

13.9 有一衍射光栅，每厘米之间有 200 条透光缝，每条透光缝宽为 $a = 2 \times 10^{-3}$ cm，在光栅后放一焦距 $f = 1$m 的凸透镜，现以 $\lambda = 600$nm 单色平行光垂直照射光栅，求：

（1）透光缝 a 的单缝衍射中央明条纹宽度为多少？

（2）在该宽度内，有几个光栅衍射主极大？

13.10 如下图所示，两偏振片叠在一起，欲使一束垂直入射的线偏振光经过这两个偏振片之后振动方向转过 $90°$，并使出射光强度尽可能大，那么入射光振动方向和两偏振片的偏振化方向间的夹角应如何选择？这种情况下的最大出射光强度与入射光强度的比值是多少？

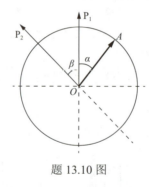

题 13.10 图

13.11 如下图所示，一光束由强度相同的自然光和线偏振光混合而成，此光束垂直入射到几个叠在一起的偏振片上。

（1）欲使最后出射光振动方向垂直于原来入射光中线偏振光的振动方向，并且入射光中两种成分光的出射光强度相等，至少需要几个偏振片？它们的偏振化方向应如何设置？

（2）在这种情况下，最后出射光强度与入射光强度的比值是多少？

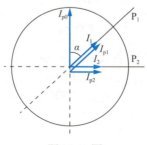

题 13.11 图

狭义相对论和广义相对论

▎单元导读

任何运动都是在时间与空间中进行的,因此所有的物理规律必须包含时空因素。以地面为参考系,一颗苹果从苹果树上掉落到地面的过程可以看作苹果做自由落体运动,遵循牛顿定律。如果在匀速行驶的汽车上观测苹果的运动,那么苹果的运动是否仍遵循牛顿定律?以匀速行驶的汽车为参考系,如何表达苹果的下落过程?如果乘坐在以90%光速远离地球的飞船上,又该如何表达苹果的下落过程?

▎能力目标

1. 理解经典力学相对性原理,掌握惯性参考系之间的伽利略变换,了解经典力学的绝对时空观及其不变性。
2. 了解以太参考系的概念,理解迈克尔孙-莫雷实验的实验手段及结论。
3. 理解狭义相对论的两条基本假设及时空观,掌握惯性参考系之间的洛伦兹变换。
4. 理解相对论动量表达式、相对论质量、质能方程。
5. 理解广义相对论的等效原理,了解引力场中光线的弯曲、引力红移、黑洞等现象。

▎思政目标

1. 保持批判性思维和创新思维,不墨守成规。
2. 培养追求真理、勇于创新的科学发展观。

14.1 经典力学相对性原理 经典力学定律的不变性

讨论：飞机起飞和降落前，空乘人员会要求乘客坐在自己位置上并系好安全带。飞机到达巡航高度并以某一速度匀速飞行时，乘客才允许离开座位走动。假设某一乘客从飞机起飞到巡航期间一直未看向窗外，那么这位乘客在这种情况下能否判断飞机是否起飞？飞机巡航期间乘客和空乘人员的肢体活动是否与在地面时有所不同？

14.1.1 经典力学相对性原理

意大利物理学家伽利略在其《关于托勒密和哥白尼两大世界体系的对话》一书中描述了一个场景：在一间封闭的船舱里，船的运动足够均匀，此时坐在船舱里的人无法分辨船到底是运动的还是静止的，并且船舱里的人不论向哪个方向用尽力气跳，都能跳得一样远。这实际上指出了，在匀速运动的船上的物理规律与在静止地面上的运动规律是相同的。建立在匀速运动的船上和静止地面上的参考系都是惯性参考系。也就是说，伽利略认为物体的运动规律与惯性参考系的选择没有关系。

经典力学相对性原理：力学基本规律（牛顿定律、动量守恒定律、能量守恒定律等）在一切惯性参考系中都是等效的。

14.1.2 经典力学定律的不变性

经典力学相对性原理指出，力学基本规律在不同惯性参考系中的数学表达形式相同。任何运动都必须在时间与空间中进行，力学规律要用时间和空间坐标来表达，不同惯性参考系之间的时空坐标变换必须能够保证力学基本规律的不变性。

1. 牛顿第一定律与惯性参考系的关系

牛顿第一定律，一切物体在没有受到力的作用或合力为零时，总保持静止状态或匀速直线运动状态。

物体都有维持静止和匀速直线运动的趋势，物体的运动状态是由它的运动速度决定的。没有外力时，物体的运动状态是不会改变的。利用伽利略速度变换公式可以获取不同惯性参考系下物体的运动速度，并由此了解物体的惯性状态并没有发生变化，即物体静止或做匀速直线运动。也就是说，牛顿第一定律与惯性参考系的选择无关，只要物体在某一惯性参考系中是惯性状态，在其他任何一个参考系中都是惯性状态。牛顿第一定律只在惯性参照系中才成立。因此，常常把牛顿第一定律是否成立作为一个参照系是否为惯性参照系的判据。

2. 牛顿第二定律与惯性参考系的关系

牛顿第二定律：物体在受到合外力的作用时会产生加速度，加速度的方向与合外力的方向相同，加速度的大小与合外力的大小成正比，与物体的惯性质量成反比。

由伽利略加速度变换公式可知，质点加速度在任意惯性参考系中都是相同的。根据经典力学，质点的质量是与运动状态无关的常量。那么，在任意参考系中，牛顿第二定律的表达形式就是完全一样的。这就是说，牛顿第二定律与惯性参考系的选择无关，它在任何参考系中的数学表达形式都是相同的。

3. 牛顿第三定律与惯性参考系的关系

牛顿第三定律：两个物体之间的作用力和反作用力在同一条直线上、大小相等、方向相反。

伽利略位置坐标变换能够保证空间的绝对性。也就是说，两个物体之间的距离与参考系无关，两个物体之间的作用力大小和方向并不随着参考系的变化而变化，其表达形式相同。例如，地球和太阳之间的距离与惯性参考系的选择无关，即有 $r = r'$，两者之间的万有引力为

$$F = G\frac{m_1 m_2}{r^2} = G\frac{m_1 m_2}{r'^2} = F'$$

对于其他力学基本规律（动量守恒定律、能量守恒定律等），都是在牛顿三大定律的基础上推导出来的，因而也具有与惯性参考系选择的无关性。对于所有的惯性参考系，牛顿力学的规律都应该具有相同的形式，也就是**经典力学的相对性原理**。值得注意的是，经典力学的相对性原理仅在宏观、低速条件下正确。

 伽利略变换式 经典力学的绝对时空观

讨论：一列火车相对于地面参考系以 100m/s 的速度运动，如果一个人在这列火车上以 4m/s 的速度向前行走，那么从地面上来看，这个人的速度是多少？如果这个人以 4m/s 的速度向反方向行走，那么从地面上来看，这个人的速度又是多少？

14.2.1 伽利略变换式

对于上面的讨论，从地面上来看，在火车上以 4m/s 向前走的人的速度是 104m/s，向后走的人的速度是 96m/s。如果火车上的时钟和地面上的时钟的快慢完全一样，那么地面参考系和火车参考系之间的距离变化就等于 100m/s 的速度乘以它们的运动时间。这就意味着，两个彼此运动的惯性系之间的位置之差等于它们的相对速度乘以它们的运动时间，而它们的运动时间完全同步。这就是著名的伽利略变换。

如图 14.2.1 所示，有两惯性参考系 $S(Oxyz)$ 和 $S'(O'x'y'z')$，惯性参考系 S' 以速度 v 沿着 Ox 轴的正方向运动。在 $t = 0$ 时刻，两惯性参考系对应坐标轴重合。在惯性参考系 S' 中取一点 P，坐标为 (x', y', z')。该点在惯性参考系 S 中的坐标为 (x, y, z)，根据经典力学，它们的对应关系为

$$\begin{cases} x' = x - vt \\ y' = y \\ z' = z \end{cases} \tag{14.2.1}$$

式（14.2.1）就是经典力学（牛顿力学）中的**伽利略位置坐标变换公式**。

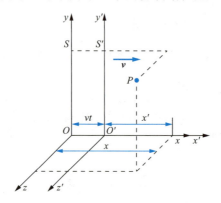

图 14.2.1　惯性参考系 S 和 S' 相对运动

取一细棒置于惯性参考系 S' 中，细棒两端的坐标分别为 (x'_P, y'_P)、(x'_Q, y'_Q)。在惯性参考系 S 中，细棒两端的坐标分别为 (x_P, y_P)、(x_Q, y_Q)。那么，在惯性参考系 S' 中，细棒的长度为

$$\overline{PQ} = \sqrt{(x'_P - x'_Q)^2 + (y'_P - y'_Q)^2} = \sqrt{[(x_P - vt) - (x_Q - vt)]^2 + (y_P - y_Q)^2} = \sqrt{(x_P - x_Q)^2 + (y_P - y_Q)^2}$$

从上式容易得出，细棒的长度在两惯性参考系下是相同的。也就是说，在经典力学中，空间的度量是绝对的，与参考系无关，即**绝对空间**。在经典力学中，惯性参考系中的时间是均匀流逝的，流逝的时间大小相同，也就是说时间与参考系的选择无关，即**绝对时间**。

在伽利略位置坐标变换公式中加入绝对时间，以两惯性参考系相重合的时刻作为计时起点，可以表示出**伽利略时空变换公式**，即

$$\begin{cases} x' = x - vt \\ y' = y \\ z' = z \\ t' = t \end{cases} \quad \text{或} \quad \begin{cases} x = x' + vt \\ y = y' \\ z = z' \\ t = t' \end{cases} \tag{14.2.2}$$

将伽利略时空变换公式对时间求一阶导数，可以得到**伽利略速度变换公式**，即

$$\begin{cases} u'_x = u_x - v \\ u'_y = u_y \\ u'_z = u_z \end{cases} \tag{14.2.3}$$

式中，u'_x、u'_y、u'_z 为 S' 参考系下的速度分量；u_x、u_y、u_z 为 S 参考系下的速度分量。伽利略速度变换公式用矢量表示为

$$\boldsymbol{u}' = \boldsymbol{u} - \boldsymbol{v}$$

将伽利略速度变换公式对时间求一阶导数，可以得到**伽利略加速度变换公式**，即

$$\begin{cases} a'_x = a_x \\ a'_y = a_y \\ a'_z = a_z \end{cases} \qquad (14.2.4)$$

式中，a'_x、a'_y、a'_z 为 S' 参考系下的速度分量；a_x、a_y、a_z 为 S 参考系下的速度分量。伽利略加速度变换公式用矢量表示为

$$\boldsymbol{a'} = \boldsymbol{a}$$

由上面三个伽利略变换式可以得出：在不同惯性参考系中，质点的位置和速度是不同的，但质点的加速度是相同的。即使是复杂的情况下（如惯性参考系 S' 不与惯性参考系 S 对应坐标轴平行），也能得出这样的结论，读者可自行推导出来。

14.2.2 经典力学的绝对时空观

牛顿在《自然哲学的数学原理》中提出了绝对时空观：绝对空间是指空间距离的度量与参照系无关，是固定不变的；绝对时间是指时间长短的度量与参照系无关，是固定不变的。时间和空间是两个独立的概念，彼此之间没有联系，分别具有绝对性。同一物体在不同惯性参照系中的运动学量（如坐标、速度）可通过伽利略变换而互相联系。这就是经典力学的相对性原理：**一切力学规律在伽利略变换下是不变的**。

14.3 以太参考系 迈克尔孙-莫雷实验

讨论：光在不同介质中的传播是不同的，那么它在不同的惯性参考系中的传播速度相同吗？

14.3.1 以太参考系

麦克斯韦对前人和自己在电磁方面的工作进行了归纳总结，给出了麦克斯韦方程组。1865 年，麦克斯韦预言了电磁波的存在，电磁波只可能是横波，并推导出电磁波的传播速度等于光速，同时得出结论：光是电磁波的一种形式，揭示了光现象和电磁现象之间的联系。1888 年，德国物理学家赫兹用实验验证了电磁波的存在。机械波的传播需要弹性介质，它可以在固体、液体和气体中传播，但不能在真空中传播。19 世纪，科学家为解释光和电磁波在真空中的传播，假想了一种传播光和电磁波的弹性介质。这种介质无处不在，充满整个宇宙，称为**以太**。

在相对于以太静止的参考系，光的速度在各个方向都是相同的，这种参考系称为**以太参考系**，或称**绝对参考系**。如果有一运动参考系相对于绝对参考系以速度 v 运动，那么，根据经典力学相对性原理，光在运动参考系中的速度为

$$c' = c - v$$

式中，c 为光在绝对参考系中的速度；c' 为光在运动参考系中的速度。容易看出，在运动参

考系中，光的速度在各个方向是不同的。

麦克斯韦方程组是基于以太参考系推导出来的，但麦克斯韦方程组没有任何以太参考系的影子。因此，有必要验证以太参考系是否是麦克斯韦方程组的参考系，也就是验证以太是否存在。

14.3.2 迈克尔孙-莫雷实验

验证以太是否存在，也就是在相对于以太参考系的运动参考系中，只要测出光速不等于 c 即可。在"以太"被提出之后，许多科学家相信"以太"是存在的，用实验去验证"以太"的存在就成为许多科学家追求的目标，其中以美国物理学家迈克尔孙和莫雷于 1887 年所做的实验最为著名。

迈克尔孙和莫雷实验光路简化示意图如图 14.3.1 所示。由光源发出波长为 λ 的光，入射到半透半反镜上面，在半透半反镜镀膜面分出两束光。一束反射到平面镜 M_2 上，再由 M_2 反射回来透过半透半反镜，到达望远镜；另一束则透过半透半反镜和补偿板，到达反光镜 M_1，反射光再次透过补偿板，在半透半反镜镀膜面反射，最终到达望远镜。假定半透半反镜到达反光镜 M_1 和 M_2 的距离都是 l 且 M_1 和 M_2 间不严格垂直，那么，在望远镜中将看到等厚干涉条纹。

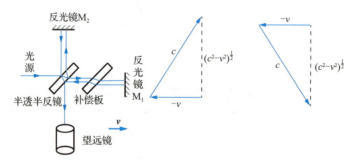

图 14.3.1 迈克尔孙和莫雷实验光路简化示意图

实验装置相对于地面是静止的，也就是说，实验装置相对于地球是静止的。在实验装置上建立运动参考系（也叫实验室参考系），假设它相对于绝对参考系以速度 v 运动，以太系相对于实验室参考系以速度 $-v$ 运动，光在以太系中不论沿哪个方向的速度均为 c。

从运动参考系来看，光的传播路径为半透半反镜→补偿板→反光镜 M_1→补偿板→半透半反镜时，所需要的时间为

$$t_1 = \frac{l}{c-v} + \frac{l}{c+v} = \frac{2l}{c\left(1-\dfrac{v^2}{c^2}\right)}$$

从运动参考系来看，光的传播路径为半透半反镜→反光镜 M_2→半透半反镜时，所需要的时间为

$$t_2 = \frac{2l}{(c^2-v^2)^{\frac{1}{2}}} = \frac{2l}{c\left(1-\dfrac{v^2}{c^2}\right)^{\frac{1}{2}}}$$

两束光到达望远镜的时间差为

$$\Delta t = t_1 - t_2 = \frac{2l}{c\left(1-\frac{v^2}{c^2}\right)} - \frac{2l}{c\left(1-\frac{v^2}{c^2}\right)^{\frac{1}{2}}} = \frac{2l}{c}\left[\left(1+\frac{v^2}{c^2}+\cdots\right)-\left(1+\frac{v^2}{2c^2}+\cdots\right)\right]$$

由于 $v \ll c$，因此上式可写成

$$\Delta t = \frac{l}{c}\frac{v^2}{c^2}$$

两束光的光程差为

$$\Delta = c\Delta t \approx l\frac{v^2}{c^2}$$

迈克尔孙和莫雷将干涉仪装在十分平稳的大理石上，并让大理石漂浮在水银槽上，使干涉仪可以平稳地转动。把干涉仪旋转 90°后，光程差将变号，前后两次的光程差为 2Δ。在此过程中，望远镜的视场内应看到干涉条纹移动 ΔN 条，即

$$\Delta N = \frac{2\Delta}{\lambda} = \frac{2lv^2}{\lambda c^2}$$

实验室参考系相对于以太系的运动速度为

$$v = c\sqrt{\frac{\Delta N \lambda}{2l}}$$

式中，λ、c 和 l 是已知量，如果能测出干涉条纹移动条数 ΔN，就可以求出 v。在迈克尔孙-莫雷实验中，l 约为 10m，光波波长 $\lambda=5.0\times 10^2$nm，取实验室参考系相对于以太系的运动速度为地球公转的速度 3×10^4m/s，可以估计干涉条纹移动条数为 0.4。迈克尔孙-莫雷干涉仪的观测精度为 0.01%，即能测到 0.01 条条纹移动，用该仪器测条纹移动应该是很容易的。但实验结果是，未发现任何条纹移动。

在之后的许多年内，人们在不同地点、不同时间多次重复了迈克尔孙-莫雷实验，并且应用各种手段对实验结果进行验证，精度不断提高，依旧没有发现任何条纹移动。除光学方法外，还有使用其他技术进行的类似实验。1958 年，人们利用两个氨微波激射器所做的实验，得到地球相对以太的速度上限为 3×10^{-2}km/s。1970 年，人们利用穆斯堡尔效应所做的实验得到此速度的上限只有 5×10^{-5}km/s。这些实验均表明，**在任意惯性参考系中，光的速度都是相同的**，等于 c。考虑到地球的自转、地球相对于太阳的公转，人们判定以太参考系（绝对参考系）是不存在的。实际上，人们并没有否定以太的存在，否定的只是绝对静止以太的存在。旋转以太类的参考系或许是成立的，但描述方法过于复杂，这里不做介绍。

麦克斯韦方程组是建立在以太模型之上的，而之后的实验却找不到以太，因此麦克斯韦方程组无法找到参考系。但麦克斯韦方程组是简洁优美、正确无疑的。迈克尔孙-莫雷实验结果否定了经典力学的绝对时空观，令人困惑。物体在低速运动时，利用牛顿力学定律和伽利略变换原则可以解决任何惯性系中的问题。一旦涉及电磁波的问题，牛顿力学定律和伽利略变换原则将不再适用，需要用一种新的理论来解释。

14.4 狭义相对论的基本假设 洛伦兹变换

讨论：在对物体的运动进行描述时，通常需要选择参照系，那么有没有完全静止的参考系呢？

14.4.1 狭义相对论的基本假设

1895 年，爱尔兰物理学家菲茨杰拉德提出：光束传播的距离随光源的运动速度变化，其变化方式可使光束在任何方向上表现出相同的传播速度。所以，当人们根据牛顿力学推断出光的速度因光源的运动而在一定距离内变慢时，这段距离也同时缩短到恰好能够使光束节省一段相应的传播时间，使它看上去仍以原来的速度传播。菲茨杰拉德提出了一个简单的公式来描述距离随运动速度变化时的收缩量，这个量正好抵消了本该出现的光速差。一切物体都会收缩，但是这种收缩只有在速度极高时才较为明显。由于负长度看来没有意义，所以菲茨杰拉德收缩首次表明，光在真空中的速度可能是任何物体理论上所能达到的最高速度。

1904 年，荷兰物理学家洛伦兹提出了洛伦兹变换用于解释迈克耳孙-莫雷实验。根据他的设想，观察者相对于以太以一定速度运动时，以太（空间介质）长度在运动方向上发生收缩，抵消了不同方向上的光速差异，这样就解释了迈克耳孙-莫雷实验的零结果。1905 年，爱因斯坦发表了《论动体的电动力学》，他摒弃了以太和绝对参考系，提出了新的平直时空理论——狭义相对论。"狭义"表示它只适用于惯性参考系。理论的核心方程式是洛伦兹变换。狭义相对论预言了牛顿经典物理学所没有的一些新效应，如时间膨胀、长度收缩、横向多普勒效应、质速关系、质能关系等。这些相对论性的动力学理论已经被许多高精度实验证实。

狭义相对论基于以下两条基本假设。

1）相对性原理

物理定律在所有的惯性系中都具有相同的表达形式，即**所有的惯性参考系对于运动的描述都是等效的**。这就是说，不论在哪一个惯性系中做实验，都不能确定该惯性系的运动情况。对运动的描述只有相对意义，绝对静止的参考系是不存在的。

2）光速不变原理

在真空中的各个方向上，光总是以确定的速度 c 传播，速度的大小同光源的运动状态和观察者所处的惯性系无关。

可见，爱因斯坦提出的狭义相对论的两条基本假设与经典力学时空观相互矛盾。

14.4.2 洛伦兹变换

如图 14.4.1 所示，有两惯性参考系 $S(Oxyz)$ 和 $S'(O'x'y'z')$，惯性参考系 S' 以速度大小 v 沿着 Ox 轴的正方向运动。在 $t=0$ 时刻，两惯性参考系对应坐标轴重合。在惯性参考系 S 中，有一个事件发生在 P 点，坐标为 (x,y,z)，时间是 t。在惯性参考系 S' 中，测出 P 点的坐标是(x',y',z')，时间是t'。在经典力学时空观中，事件发生的时间与惯性参考系的选取无关。根据狭义相对论的相对性原理和光速不变原理，该事件在两个惯性坐标系S和S'中的时空坐标变换式为

$$\begin{cases} x' = \dfrac{x-vt}{\sqrt{1-\beta^2}} = \gamma(x-vt) \\ y' = y \\ z' = z \\ t' = \dfrac{t-\dfrac{vx}{c^2}}{\sqrt{1-\beta^2}} = \gamma\left(t-\dfrac{vx}{c^2}\right) \end{cases} \quad (14.4.1)$$

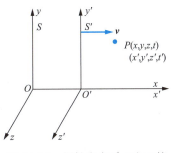

图 14.4.1 惯性参考系 S 和 S' 的相对运动

式中，$\beta = \dfrac{v}{c}$，$\gamma = \dfrac{1}{\sqrt{1-\beta^2}}$，$c$ 为光速。式（14.4.1）的逆变换为

$$\begin{cases} x = \dfrac{x'+vt'}{\sqrt{1-\beta^2}} = \gamma(x'+vt') \\ y = y' \\ z = z' \\ t = \dfrac{t'+\dfrac{vx'}{c^2}}{\sqrt{1-\beta^2}} = \gamma\left(t'+\dfrac{vx'}{c^2}\right) \end{cases} \quad (14.4.2)$$

式（14.4.1）和式（14.4.2）都叫作**洛伦兹时空坐标变换式**。在洛伦兹变换式中，t 和 t' 都依赖于空间的坐标，这明显不同于经典力学时空观。当惯性参考系 S' 相对于惯性参考系 S 的速度 v 远小于光速 c 时，$\beta = \dfrac{v}{c} \ll 1$，洛伦兹变换式就转换成了伽利略变换式。可以得到：当物体的运动速度远小于光速时，经典力学时空观是成立的，洛伦兹变换与伽利略变换是等价的；当物体的运动速度与光速可比拟时，经典力学时空观是不成立的，只能使用爱因斯坦狭义相对论的时空观。

假设图 14.4.1 中点 P 处有一质点，在惯性参考系 S' 中的速度分量为 (u'_x, u'_y, u'_z)，在惯性参考系 S 中观测到该质点的速度分量为 (u_x, u_y, u_z)。通过对洛伦兹时空坐标变换式求微商，可以得到两惯性参考系中的速度变化为

$$\begin{cases} u'_x = \dfrac{u_x - v}{1 - \dfrac{v}{c^2}u_x} \\ u'_y = \dfrac{u_y}{\gamma\left(1 - \dfrac{v}{c^2}u_x\right)} \\ u'_z = \dfrac{u_z}{\gamma\left(1 - \dfrac{v}{c^2}u_x\right)} \end{cases} \quad (14.4.3)$$

逆变换为

$$\begin{cases} u_x = \dfrac{u'_x + v}{1 + \dfrac{v}{c^2}u'_x} \\ u_y = \dfrac{u'_y}{\gamma\left(1 + \dfrac{v}{c^2}u'_x\right)} \\ u_z = \dfrac{u'_z}{\gamma\left(1 + \dfrac{v}{c^2}u'_x\right)} \end{cases} \quad (14.4.4)$$

式（14.4.3）和式（14.4.4）被称为**洛伦兹速度变换式**。与伽利略速度变换式不同，洛伦兹速度变换式不仅速度的 x 分量要变换，y 分量和 z 分量也要变换。

当物体的运动速度与光速可比拟时，洛伦兹速度变换式与伽利略速度变换式有很大不同，此时必须使用洛伦兹速度变换式。当物体的运动速度远小于光速时，洛伦兹速度变换式近似转换成了伽利略速度变换式，此时两种变换都可以使用。

探究：以光速沿 xz' 轴运动，已知光对 S 参考系的速度是 c，即 $u_x = c$，那么，根据洛伦兹速度变换式，光对 S' 参考系的速度为

$$u'_x = \dfrac{u_x - v}{1 - \dfrac{v}{c^2}u_x} = \dfrac{c - v}{1 - \dfrac{v}{c^2}c} = c$$

也就是说，光对于 S 参考系和 S' 参考系的速度相等。这个结论显然与伽利略速度变换的结果不同，但却符合光速不变原理和迈克尔孙-莫雷实验事实。

例 14.4.1 在地面上测得飞船甲和飞船乙相对于地面的速度分别为 $+0.9c$ 和 $-0.9c$，方向相反。若在飞船上观测，飞船甲的速度是多少？

解：以飞船乙为静参考系 O，地面为动参考系 O'，则 O' 相对于 O 的速度为 $0.9c$，即 $u = 0.9c$。在动参考系 O' 中，飞船甲的速度为 $v'_x = 0.9c$。根据洛伦兹速度变换式，在飞船上观测，飞船甲的速度为

$$v_x = \dfrac{v'_x + u}{1 + \dfrac{v'_x u}{c^2}} = \dfrac{1.8}{1.81}c \approx 0.994c$$

在地面参考系中观察，两个飞船的相对速度是超光速的，为 $1.8c$。但在一艘飞船上观察，另一艘飞船的速度一定是小于光速的。

14.5 狭义相对论的时空观

讨论：在经典力学的绝对时空观里，时间是绝对的，如果两事件在惯性参考系 S 中被同时观察到，那么在另一个惯性参考系 S' 中也被同时观察到。那么在狭义相对论中两事件

在不同惯性参考系中也都能同时吗?

14.5.1 同时的相对性

在洛伦兹变换式中,惯性参考系中某一事件发生后,在其他惯性参考系观察时,事件发生时间与该事件发生的空间坐标有关系。换句话说,狭义相对论认为,这两个事件在惯性参考系 S 中被同时观察到,但在惯性参考系 S' 中一般不再被同时观察到。这就是**狭义相对论同时的相对性**。

设有一车厢以速度大小 v 相对地面惯性系 S 沿 Ox 轴运动,如图 14.5.1 所示。在车厢正中间的灯 P 闪了一下后,有光信号同时向车厢两端的镜面 A 和 B 传去,且 $PA = PB$。现在要问:分别从地面惯性参考系 S 的观测者和随车厢一起运动的惯性系 S' 的观测者来看,这两束光信号到达 A 和 B 的时间间隔是否相等,先后次序如何?显然,对惯性系 S' 的观察者来说,光向 A 和 B 的传播速度是相同的,光信号应该同时到达 A 和 B。对地面惯性参考系 S 的观测者来说,A 是以速度大小 v 迎向光运动的,而 B 以速度大小 v 背向光运动,所以光信号到达 A 比到达 B 要早一些。可见,从灯 P 发出的光信号到达 A 和到达 B 这两个事件所经历的时间与所选取的惯性参考系有关。

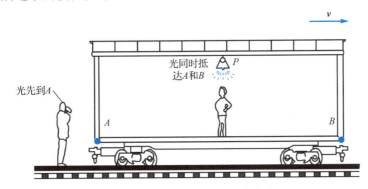

图 14.5.1 同时的相对性的想象实验一

设有一车厢以速度大小 v 相对地面沿直线运动,如图 14.5.2 所示。设想有两道闪电同时击中车厢的两端,并在地面上和车厢内留下痕迹,地面上的痕迹为 A 和 B,车厢内的痕迹为 A' 和 B'。若车厢内观察者 O' 位于 A' 和 B' 的中间,地面的观察者 O 位于 A 和 B 的中间,则闪电在地面和车厢两端造成痕迹时所发出的光信号都被观测者 O 和 O' 所观测到。对地面的观察者 O 来说,从 A 和 B 发来的两个光信号被同时观测到了,两道闪电是同时发生的。而对车厢内观察者 O' 来说,B' 发出的光信号先于 A' 发出的光信号。

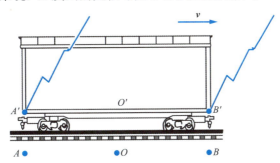

图 14.5.2 同时的相对性的想象实验二

上述两个想象实验表明，两个事件在同一个惯性参考系中是同时的，而在另一个惯性参考系中一般是不同时的，不存在与惯性参考系无关的绝对时间。这就是同时的相对性，是相对性原理和光速不变原理的必然结论之一。接下来，可以用洛伦兹变换式来揭示同时的相对性。

如图 14.5.3 所示，有两惯性参考系 $S(Oxyz)$ 和 $S'(O'x'y'z')$，惯性参考系 S'以速度大小 v 沿着 Ox 轴的正方向运动。在 $t=0$ 时刻，两惯性参考系对应坐标轴重合。惯性参考系 S'中的两个不同位置 P 和 Q 的坐标分别为 (x_1',y',z') 和 (x_2',y',z')。在 P 和 Q 分别发生一个事件，事件发生时间分别为 t_1' 和 t_2'。这两个事件在惯性参考系 S'中是同时发生的，也就是 $t_2'-t_1'=0$。那么，在惯性参考系 S 中的两事件发生的时间差为

$$\Delta t = \frac{t_2'+\frac{v}{c^2}x_2'}{\sqrt{1-\beta^2}} - \frac{t_1'+\frac{v}{c^2}x_1'}{\sqrt{1-\beta^2}} = \frac{(t_2'-t_1')+\frac{v}{c^2}(x_2'-x_1')}{\sqrt{1-\beta^2}} = \frac{\Delta t'+\frac{v}{c^2}\Delta x'}{\sqrt{1-\beta^2}}$$

因为 $\Delta t'=t_2'-t_1'=0$，$\Delta x'=x_2'-x_1'\neq 0$，所以 $\Delta t \neq 0$。这表明不同位置发生的两个事件，对于惯性参考系 S'是同时发生的，而对于惯性参考系 S 不是同时发生的。

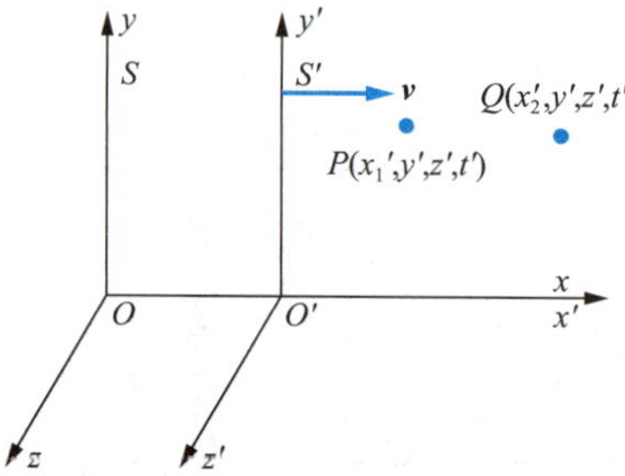

图 14.5.3　同时的相对性示意图

14.5.2　长度收缩

现有两惯性参考系 S 和 S'，惯性参考系 S'以速度大小 v 相对于惯性参考系 S 沿 Ox 轴运动，如图 14.5.4 所示。在惯性参考系 S'中，一细棒沿 Ox' 方向静止放置，细棒两端的坐标为 x_1' 和 x_2'，细棒的长度为 $l'=x_2'-x_1'$。在惯性参考系 S 下，细棒两端的坐标为

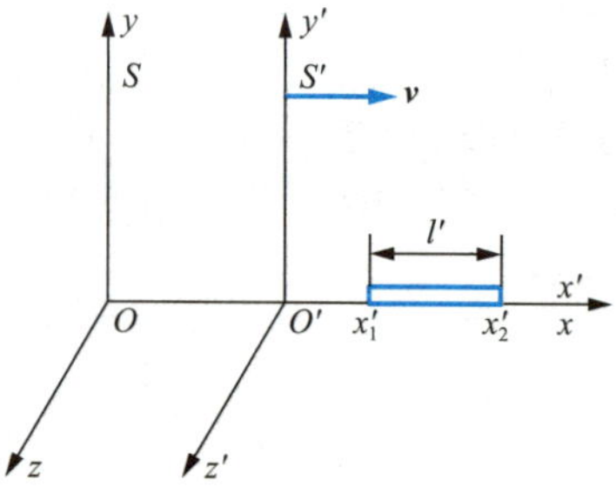

$$x_1' = \frac{x_1-vt_1}{\sqrt{1-\beta^2}}$$

$$x_2' = \frac{x_2-vt_2}{\sqrt{1-\beta^2}}$$

图 14.5.4　长度收缩

在惯性参考系 S 下测量细棒的长度，要求观测细棒两端有同时性，也就是 $t_1=t_2$。根据

$$x_2'-x_1' = \frac{x_2-x_1}{\sqrt{1-\beta^2}}$$

得细棒的长度为

$$l = x_2-x_1 = \sqrt{1-\beta^2}(x_2'-x_1') = \sqrt{1-\beta^2}\,l' \tag{14.5.1}$$

由于 $\sqrt{1-\beta^2}<1$，故 $l<l'$。也就是说，惯性参考系 S 下测得细棒的长度相对于惯性参考系 S′下测得细棒的长度发生了收缩，这种收缩称为**洛伦兹收缩**。

在经典力学的绝对时空观中，空间是绝对的，空间的度量与惯性参考系无关，细棒的长度不应该发生变化。这就是经典力学绝对时空观和狭义相对论时空观的一个重要的区别。

在日常生活中，物体运动速度远小于光速，$\beta \ll 1$，因而 $l \approx l'$。也就是说，物体尺寸的收缩可以忽略不计，人们看不到物体尺寸的收缩。

例 14.5.1 设想有一光子火箭，相对地球以速度大小 $v = 0.95c$ 做直线运动。若以火箭为参考系，测得火箭的长度为 15m。如果以地球为参考系，那么测得火箭的长度为多少？

解：根据公式 $l = \sqrt{1-\beta^2}\, l'$，有

$$l = \sqrt{1-0.95^2} \times 15 \approx 4.68 \text{(m)}$$

也就是说，从地球测得光子火箭的长度仅有 4.68m，似乎长度缩短了。而在火箭参考系中，光子火箭的长度依旧是 15m。

14.5.3 时间延缓效应

设惯性参考系 S′以速度大小 v 相对于惯性参考系 S 沿 Ox 轴运动。在惯性参考系 S′有两个事件先后在同一地点 x' 发生，时刻分别为 t_1' 和 t_2'，两事件的时间间隔为 $\Delta t' = t_1' - t_2'$。在惯性参考系 S 下，两事件发生的时间可用洛伦兹变换求得，即

$$t_1 = \gamma\left(t_1' + \frac{x'v}{c^2}\right)$$

$$t_2 = \gamma\left(t_2' + \frac{x'v}{c^2}\right)$$

事件的时间间隔为

$$\Delta t = t_2 - t_1 = \gamma(t_2' - t_1') = \gamma \Delta t' = \frac{\Delta t'}{\sqrt{1-\beta^2}} = \frac{\Delta t'}{\sqrt{1-\dfrac{v^2}{c}}} \quad (14.5.2)$$

容易得出，$\Delta t > \Delta t'$。也就是说，在惯性参考系 S 下记录的两事件的时间间隔小于惯性参考系 S′下记录的两事件的时间间隔。惯性参考系 S′是以速度 v 相对于惯性参考系 S 沿 Ox 轴运动的，可以得出：运动的惯性参考系 S′时间走得慢，这就是**时间延缓效应**。这种效应如何证明呢？

宇宙射线中有一种 π 介子，它衰变时会产生大量的 μ 介子，而 μ 介子的寿命仅为 2.15×10^{-6} s，进入大气层后很快衰变为中微子、反中微子和电子。设 μ 介子的速度为 98.8% 光速，大气层的厚度为 10km。按经典力学时空观计算，介子在寿命期内能走的路程为 $2.15 \times 10^{-6} \times 0.988 \times 3 \times 10^8 \approx 637 \text{(m)}$。由此可知，μ 介子还没到达地面就已经发生衰变了，即在地面上不可能检测到 μ 介子。但实际上，人们在地面甚至地下都检测到了 μ 介子。根据相对论时空观，$\Delta t = \dfrac{\Delta t'}{\sqrt{1-\dfrac{v^2}{c}}} \approx 34 \times 10^{-6}$ s，因此，μ 介子可走的路程为 $34 \times 10^{-6} \times 0.988 \times 3 \times 10^8 \approx 10077 \text{(m)}$，其完全能到达地面。μ 介子以光速穿越了地球大气层，只能说明它们的穿行时间变慢了，

相对论效应造成了时间的延迟，地球大气层的"μ介子实验"验证了相对论原理是正确的。

在经典力学中，两事件发生的时间间隔在不同的惯性参考系中都是相等的，时间间隔是绝对量。而在狭义相对论中，两事件发生的时间间隔在不同的惯性参考系中是不同的，与惯性参考系之间的相对速度有关。也就是说，两事件发生的时间间隔是相对的，与惯性参考系有关。在日常生活中，人们看到的物体运动速度 $v \ll c$，此时看不到时间延缓效应，$\Delta t \approx \Delta t'$。

狭义相对论指出了时间和空间的度量与惯性参考系的选择有关。时间与空间是相互联系的，并与物质有着不可分割的联系。不存在孤立的时间，也不存在孤立的空间。时间、空间和运动三者之间的紧密联系深刻地反映了狭义相对论的时空性质。

例 14.5.2 设有一光子火箭以速度大小 $v = 0.95c$ 相对于地球做匀速直线运动。若火箭上的宇航员的计时器显示到观测地点的耗时为 10min，那么地球上观察到的抵达耗时是多少？

解：根据时间延缓效应，有

$$\Delta t = \frac{\Delta t'}{\sqrt{1-\beta^2}} = \frac{10}{\sqrt{1-0.95^2}} \approx 32.03 (\text{min})$$

也就是说，在地球上看到火箭上面的时钟走得慢了。

例 14.5.3 比邻星 b 是已知距离太阳系最近的系外行星（约 4.22 光年），也是已知距离太阳系最近的处于宜居带内的系外行星，可能存在生命。如果飞行器以速度大小 v=109km/s 飞行，在不考虑飞行器质量损失的情况下，从地球飞往比邻星 b 需要多长时间？飞行器以 $v = 0.95c$ 从地球飞往比邻星 b 需要多长时间？此时，飞行器上宇航员感觉飞了多长时间？

解：速度大小 v=109km/s 的飞行器从地球飞往比邻星 b 所需要的时间为

$$t_1 = \frac{4.22}{109} \approx 11614 (\text{年})$$

考虑到人的寿命，这是不可能实现的。

飞行器以 $v = 0.95c$ 从地球飞往比邻星 b 所需要的时间为

$$t_2 = \frac{4.22}{0.95c} \approx 4.4 (\text{年})$$

飞行器上宇航员感觉到的飞行时间为

$$t_3 = t_2\sqrt{1-\beta^2} = 4.4 \times \sqrt{1-0.95^2} \approx 1.4 (\text{年})$$

容易得出，飞行器上宇航员感受到的飞行时间相对地球观察到的时间缩短了 $\frac{2}{3}$ 左右。

飞行器速度越接近光速，宇航员感受到的飞行时间就越短。

14.6 相对论动量与能量

讨论：在经典力学中，质点的质量是不依赖于速度的常量。在不同的惯性参考系中，质点的速度遵循伽利略变换，变换前后的系统质点动量形式不变。在狭义相对论中其形式也能保持不变吗？

14.6.1 动量与速度的关系

根据狭义相对论，在不同的惯性参考系中，质点的速度遵循洛伦兹变换。变换后的系统质点动量形式不再与洛伦兹变换式相同，若想保持动量守恒定律在不同的惯性参考系中依然成立，则必须对动量表达形式进行修正，使之适合洛伦兹变换式。根据狭义相对论的相对性原理和洛伦兹速度变换式，要保持动量守恒表达式在任意惯性系中都保持不变，动量的表达形式应该为

$$\boldsymbol{p} = \frac{m_0 \boldsymbol{v}}{\sqrt{1-\left(\dfrac{v}{c}\right)^2}} = \gamma m_0 \boldsymbol{v} \tag{14.6.1}$$

式中，m_0 为质点静止时的质量；v 为质点相对于某惯性系运动时的速度。当质点的速度远小于光速，即 $v \ll c$ 时，有 $\gamma \approx 1$，$\boldsymbol{p} \approx m_0 \boldsymbol{v}$，与经典力学动量表达式相同。该动量的表达形式称为**相对论动量表达式**。

为了不改变动量的基本定义（质量×速度），将 $\boldsymbol{p} \approx m_0 \boldsymbol{v}$ 改为

$$\boldsymbol{p} = m\boldsymbol{v}$$

式中

$$m = \gamma m_0 = \frac{m_0}{\sqrt{1-\left(\dfrac{v}{c}\right)^2}}$$

容易得出：相对论中的质量 m 是与速度有关的，称为**相对论质量**；m_0 则是质点相对于某惯性系静止时的质量，称为**静质量**。当质点的速度远小于光速时，相对论质量近似等于静质量。当质点的速度与光速可比拟时，相对论质量与静质量有明显差异，如图 14.6.1 所示。

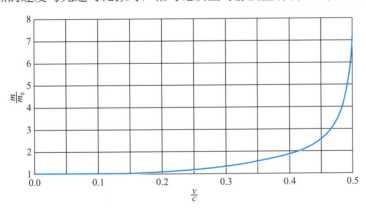

图 14.6.1 质量的相对性

14.6.2 狭义相对论力学的基本方程

当有外力 $\boldsymbol{F}$ 作用于质点时，由相对论动量表达式可得

$$\boldsymbol{F} = \frac{\mathrm{d}\boldsymbol{P}}{\mathrm{d}t} = \frac{\mathrm{d}}{\mathrm{d}t}(m\boldsymbol{v}) = \frac{\mathrm{d}}{\mathrm{d}t}\left[\frac{m_0 \boldsymbol{v}}{\sqrt{1-\beta^2}}\right]$$

这就是相对论力学的基本方程，式中 $\beta = \dfrac{v}{c}$。

对于一个由许多质点组成的系统，如果不受外力或所受外力之和为 0，系统的总动量是守恒的，也就是

$$\sum_i \boldsymbol{p}_i = \sum_i m_i \boldsymbol{v}_i = \sum_i \dfrac{m_{0i}}{\sqrt{1-\beta^2}} \boldsymbol{v}_i = 常矢量$$

显然，若作用在质点系上的合外力为 0，则系统的总动量应守恒。

当物体的运动速度远小于光速时，相对论质量 m 近似等于静质量 m_0，可以看成常量。此时，相对论力学的基本方程近似等于牛顿第二定律形式，系统的总动量近似写成经典力学的动量守恒形式。相对论动量、质量、力学方程式、动量守恒表达式具有普适性，而经典力学只是相对论力学在物体低速运动下很好的近似。

14.6.3 质量与能量的关系

设一质点在变力的作用下，由静止开始沿 x 轴做一维运动。当质点的速度大小为 v 时，它所具有的动能等于外力做的功，即

$$E_k = \int F_x \mathrm{d}x = \int \dfrac{\mathrm{d}p}{\mathrm{d}t} \mathrm{d}x = \int v \mathrm{d}p$$

根据 $\mathrm{d}(pv) = p\mathrm{d}v + v\mathrm{d}p$，上式可写成

$$E_k = pv - \int_0^v p \mathrm{d}v$$

将相对论动量表达式代入上式，得

$$E_k = \dfrac{m_0 v^2}{\sqrt{1-\left(\dfrac{v}{c}\right)^2}} - \int_0^v \dfrac{m_0 v}{\sqrt{1-\left(\dfrac{v}{c}\right)^2}} \mathrm{d}v$$

积分可得

$$E_k = \dfrac{m_0 v^2}{\sqrt{1-\left(\dfrac{v}{c}\right)^2}} + m_0 c^2 \sqrt{1-\left(\dfrac{v}{c}\right)^2} - m_0 c^2 = \dfrac{m_0 c^2}{\sqrt{1-\left(\dfrac{v}{c}\right)^2}} - m_0 c^2$$

结合相对论质量表达式，可得

$$E_k = mc^2 - m_0 c^2 \tag{14.6.2}$$

式（14.6.2）称为**相对论动能表达式**，它是质点运动时的能量（mc^2）与静止能量（$m_0 c^2$）之差，就是外力所做的功。当质点运动速度远小于光速时，有

$$\left(1-\dfrac{v^2}{c^2}\right)^{-\frac{1}{2}} \approx 1 + \dfrac{v^2}{2c^2}$$

把上式代入相对论动能表达式中，得

$$E_k = m_0 \left(1-\dfrac{v^2}{c^2}\right)^{-\frac{1}{2}} c^2 - m_0 c^2 = \dfrac{1}{2} m_0 v^2$$

这就是经典力学的动能表达式。可以看到，经典力学的动能表达式是相对论力学动能表达

式在物体运动速度远小于光速时很好的近似。
$$mc^2 = E_k + m_0c^2$$
式中，mc^2是质点运动时具有的总能量；m_0c^2为质点静止时具有的静能量。

上式表明，**质点的总能量等于质点的动能和其静能量之和**，或者说质点的动能是其总能量与静能量之差。表 14.6.1 给出了一些微观粒子和轻核的静能量。从相对论的观点来看，质点的能量等于其质量与光速的二次方的乘积，如以符号 E 表示质点的总能量，则有
$$E = mc^2 \tag{14.6.3}$$

式（14.6.3）就是**质能关系式**。这是狭义相对论中一个重要的结论，表明质量和能量之间有密切的关系。

表 14.6.1 一些微观粒子和轻核的静能量

粒子	符号	静能量/MeV
光子	γ	0
电子（或正电子）	e^-（或 e^+）	0.511
μ 子	$\mu^\pm$	105.7
π 介子	$\pi^\pm$	139.6
	π^0	135.0
质子	p	938.272
中子	n	939.565
氘	^2_1H	1875.613
氚	^3_1H	2808.921
氦核（α粒子）	^4_2He	3727.379

例 14.6.1 两个质量皆为 m 的物体的速度大小都是 v，但方向相反。它们碰撞后结合成为一个整体，计算碰撞后合体的速度及质量。

解：设碰撞后合体的质量为 M，速度大小为 V。根据狭义相对论动量守恒表达式，有
$$\frac{mv}{\sqrt{1-\frac{v^2}{c^2}}} + \frac{m(-v)}{\sqrt{1-\frac{v^2}{c^2}}} = \frac{MV}{\sqrt{1-\frac{V^2}{c^2}}}$$

可以得到
$$V = 0$$

根据能量守恒，可以得到
$$\frac{mc^2}{\sqrt{1-\frac{v^2}{c^2}}} + \frac{mc^2}{\sqrt{1-\frac{v^2}{c^2}}} = \frac{Mc^2}{\sqrt{1-\frac{V^2}{c^2}}}$$

将 $V = 0$ 代入上式，得到
$$M = \frac{2m}{\sqrt{1-\frac{v^2}{c^2}}}$$

可以看出，碰撞结合之后物体的质量变大了，这是因为原来物体的动能转化成了物体

的质量，因而增加了物体的质量。

例 14.6.2 由一个比较重的原子核分裂为几个轻的原子核的反应是裂变反应，目前的原子弹和核电站都属于裂变反应。而由两个或多个原子核聚合成一个原子核的反应是聚变反应，太阳和氢弹是聚变反应。现有一种聚变反应，是由一个氘核（^2_1H）与一个氚核（^3_1H）反应生成一个氦核（^4_2He）和一个中子（n），即

$$^2_1H + ^3_1H \longrightarrow ^4_2He + n$$

各粒子的静质量分别为氘核 $m_D = 3.3437 \times 10^{-27} kg$，氚核 $m_T = 5.0059 \times 10^{-27} kg$，氦核 $m_{He} = 6.6425 \times 10^{-27} kg$，中子 $m_n = 1.6750 \times 10^{-27} kg$，计算该反应释放的能量是多少？

解：质量亏损为

$$\Delta m = (m_D + m_T) - (m_{He} + m_n) = 0.0321 \times 10^{-27} (kg)$$

释放的能量为

$$E = c^2 \cdot m \approx 2.889 \times 10^{-12} (J)$$

通过数据验证可以发现，这些能量是相同质量的煤炭燃烧热的一千多万倍。

14.6.4 动量与能量的关系

在相对论中，静质量 m_0、运动速度大小为 v 的质点的总能量和动量分别为

$$E = mc^2 = \frac{m_0 c^2}{\sqrt{1 - \frac{v^2}{c^2}}}$$

$$p = mv = \frac{m_0 v}{\sqrt{1 - \frac{v^2}{c^2}}}$$

两式联立，消去运动速度 v，可得

$$(mc^2)^2 = (m_0 c^2)^2 + m^2 v^2 c^2$$

也就是

$$E^2 = E_0^2 + p^2 c^2 \tag{14.6.4}$$

式（14.6.4）就是**相对论动量和能量关系式**，可以用图 14.6.2 表示出来。

图 14.6.2 相对论动量、总能量和静能量间的关系

如果质点的能量 E 远大于其静能量 E_0，那么相对论动量和能量关系式可近似写成

$$E \approx pc$$

如果质点（如光子）的静质量等于 0，那么上式可写成

$$E = pc$$

对于频率为 ν 的光束，其光子的能量为 $h\nu$（h 为普朗克常量），则光子的动量为

$$p = \frac{E}{c} = \frac{h\nu}{c} = \frac{h}{\lambda}$$

式中，λ 为光束的波长。上式表明，光子具有波粒二象性，既有波的属性 λ，又有粒子的属性 p。

14.7 广义相对论简介

讨论：2024 年 2 月，澳大利亚国立大学研究人员领衔的团队在英国《自然·天文学》杂志上发表论文，主要内容是他们发现了人类迄今已知成长速度最快的黑洞，它每天吞噬掉的物质质量相当于一个太阳。那么人类是怎么推导出宇宙中存在黑洞这种天体的呢？

14.7.1 广义相对论的等效原理

狭义相对论仅适用于惯性参考系。为在非惯性参考系中引入相对论，爱因斯坦于 1915 年提出了广义相对论。相比狭义相对论，广义相对论需要研究者有深厚的数学基础，因此本节只做简单的概念性介绍。

假设有一空间实验室在引力可忽略不计的宇宙空间飞行，并设此实验室的加速度 $a=-g$，如图 14.7.1 所示。实验室内一位站在体重计上的工作者发现，体重计的读数与他在地面时的读数相同，也就是说，此时实验室内物体的动力学效应与地面的动力学效应是相同的。该工作者让一小球自由下落，测得小球在实验室中的加速度与其在地面情况下做自由落体运动时的加速度是一样的，都等于重力加速度 g。这同样表明，小球的动力学效应在两种情况下无法区分。

（a）在加速状态下测量体重　（b）在地面静止状态下测量体重

图 14.7.1　分别在加速状态和地面静止状态下测量体重

爱因斯坦在经典力学的基础上，进一步指出：**一个物体在均匀引力场中的动力学效应与此物体在加速参考系中的动力学效应是不可区分的，是等效的**。这就是广义相对论的等效原理。必须说明的是，等效原理仅适用于均匀引力场和匀加速参考系。

14.7.2 引力场中光线的弯曲

设想一光束穿过空间实验室的小孔，射入正以加速度 a 运动的实验室内，光束在 t_1、t_2、$t_3 \cdots$ 时刻所到达的位置如图 14.7.2（a）中 A、B、C 所示。但实验室里的工作者观测到光束的路径是如图 14.7.2（b）所示的抛物线。

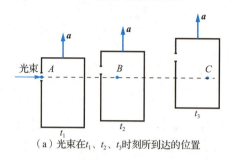

（a）光束在 t_1、t_2、t_3 时刻所到达的位置　　（b）工作者观测到的光束路径

图 14.7.2　光束在重力场中的弯曲

然而，按照广义相对论的等效原理，室内的观测者无法区分是实验室做的加速运动，还是光在均匀引力场中做平抛运动（光在这种现象中如同具有质量的物体一样）。换句话说，按照广义相对论的等效原理，射入地面实验室的光束，应在重力作用下沿抛物线路径传播。然而光速太快了，要观测光线在重力场中的弯曲是非常困难的。但是在宇宙空间内，由于太阳附近的强大引力场，因此有可能观测到光线在引力场中弯曲的现象，如图 14.7.3 所示。爱因斯坦指出，从某一星体发出的光线，经过太阳附近时，在太阳引力的作用下会发生弯曲，偏转角为

$$\alpha = \frac{4Gm}{c^2 R}$$

式中，m 和 R 分别为太阳的质量和半径；c 为光速。

若设想星体光束与太阳相切，那么代入已知数值，可得光线的偏转角为 $\alpha = 1.75''$。但在实际中，由于太阳光太亮，因此难以被观察到。1919 年 5 月 29 日，英国物理学家爱丁顿测得 $\alpha = 1.61''$，其助手戴森测得 $\alpha = 1.98''$。1929 年 5 月 9 日，佛伦里奇测得 $\alpha = 2.24''$。1952 年 5 月 25 日，贝希鲁克测得 $\alpha = 1.70''$。1973 年，得克萨斯大学测得 $\alpha = 1.58''$。观测数据与爱因斯坦计算数值接近，不仅证实了广义相对论的正确性，也促使人们进一步认识到爱因斯坦广义相对论的重要意义。

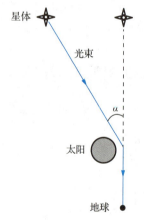

图 14.7.3　光束在引力场中发生弯曲

14.7.3　引力红移

相距为 r、质量分别为 m 和 m' 的物体之间的引力势能为

$$E_p = -\frac{Gmm'}{r}$$

参考静电场中电场势能和电场势的定义和关系，可以类似定义引力势 ϕ，即 m' 物体附近的单位质量的引力势能，有

$$\phi = \frac{E_p}{m} = -\frac{Gm'}{r}$$

在质量为 m' 的太阳附近的引力场中，有点 A 和点 B，它们距离太阳中心的距离分别为 r_1 和 r_2（$r_2 \gg r_1$）。在点 A，用时钟测得光从 A 传播到 B 所经历的时间为 Δt_1。在点 B，用同

一时钟测得光从 A 传播到 B 所经历的时间为 Δt_2。距离太阳中心点远近不同，感受到的加速度也不相同。根据广义相对论的等效原理，处于引力场中的时钟可以看成做加速运动的时钟，计时的周期会随着与太阳距离的变化而变化。由广义相对论可以得到，Δt_1 和 Δt_2 之间的关系为

$$\Delta t_2 - \Delta t_1 = k\frac{1}{c^2}(\phi_2 - \phi_1) = k\frac{1}{c^2}\left(\frac{Gm'}{r_1} - \frac{Gm'}{r_2}\right)$$

式中，k 为常量；c 为光速。因为 $r_2 > r_1$，所以 $\Delta t_2 - \Delta t_1 > 0$。此时表达的含义是，点 B 接收到的光的频率比点 A 发出的光的频率要低，也就是光信号向长波方向移动，这就是**引力红移**，如图 14.7.4 所示。在可见光中，红光是长波，蓝光是短波。波长向长波方向移动，称为红移。反之，波长向短波方向移动，称为蓝移。1959 年，实验首次测出太阳光到达地球后，谱线有红移现象且量值与广义相对论接近，这又证明了广义相对论的正确性。

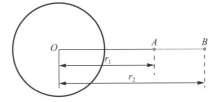

图 14.7.4　引力红移

14.7.4　黑洞

1915 年，爱因斯坦在其广义相对论中提到了一种"宇宙怪物"，这种"宇宙怪物"拥有着巨大的吸引力，任何物质在进入其中后都无法逃脱，包括光在内。1916 年，德国天文学家卡尔·史瓦西通过计算得到了爱因斯坦场方程的一个真空解，这个解表明，如果一个静态球对称星体实际半径小于一个定值，其周围会产生奇异的现象，即存在一个界面——"视界"，一旦进入这个界面，即使光也无法逃脱。这个定值称为**史瓦西半径**，这种"不可思议的天体"被美国物理学家约翰·阿奇博尔德·惠勒命名为"黑洞"。

2019 年 4 月 10 日，人类拍摄到的首张黑洞照片面世，如图 14.7.5 所示。该黑洞位于室女座一个巨椭圆星系 M87 的中心，距离地球 5500 万光年，质量约为太阳的 65 亿倍。它的核心区域存在一个阴影，周围环绕一个新月状光环。爱因斯坦广义相对论被证明在极端条件下仍然成立。

图 14.7.5　人类拍摄到的首张黑洞照片

可以利用牛顿力学估算黑洞的临界半径。质量为 m、半径为 R 的行星表面的逃逸速度为

$$v = \sqrt{\frac{2Gm}{R}}$$

假设此星体的逃逸速度等于光速 c，那么此星体的临界半径为

$$R = \frac{2Gm}{c^2}$$

任何物体（包含电磁辐射）只要其速度小于等于光速，它们在这种行星引力作用下，均不能离开。

思考与探究

14.1 回答以下问题：
（1）经典力学的绝对时空观是什么？
（2）迈克尔孙-莫雷实验否定了什么？
（3）爱因斯坦狭义相对论的两条基本假设是什么？
（4）狭义相对论的时空观是什么？
（5）质能方程表达形式及含义是什么？
（6）广义相对论的等效原理是什么？

14.2 假设有长 1m 的棒静止放在 $O'x'y'$ 平面内。在惯性参考系 S' 的观察者测得此棒与 $O'x'$ 轴成 45°角。试问从惯性参考系 S 的观察者来看，此棒的长度以及棒与惯性参考系 Ox 轴的夹角是多少？假定惯性参考系 S' 以速率 $v = \frac{\sqrt{3}c}{2}$ 沿 Ox 轴相对于惯性参考系 S 运动。

14.3 设一质子以速度 $v = 0.8c$ 运动，求其总能量、动能和动量。

14.4 π介子是一种质量介于电子和中子之间不稳定的粒子，经过一定的事件后能衰变为一个μ子和一个中微子。经过测量，静止的π介子在衰变前存活的平均寿命是 $\tau_0 = 2.47 \times 10^{-8}$s。如果运动速率为 $0.99c$，则在衰变前平均运动的距离为多远？

14.5 参考系 O 与 O' 的坐标轴相互平行，O' 系沿着 x 轴正方向运动。一段直线与 O' 系固定在一起运动，它与 x' 轴的夹角是 30°，而在参考系 O 中观察，直线与 x 轴的夹角是 45°，请问两个参考系的相对速度多大？

14.6 静态参考系 O 中的两个事件的时空间隔 $x_2 - x_1 = 600$m，时间间隔 $t_2 - t_1 = 800$ns；若在动态参考系 O' 中观察，两个事件是同时发生的，那么在动态参考系 O' 中，两个事件的空间距离是多大？

单元 15 量子力学基础

单元导读

2016年8月16日,世界上首颗量子科学实验卫星——"墨子号"顺利升空,标志着我国空间科学研究迈出了重要一步,也标志着人类对于量子物理的研究,正逐步从理论研究走向现实应用。那么量子到底是什么?

能力目标

1. 了解维恩曲线和瑞利-金斯曲线,理解普朗克黑体辐射公式。
2. 理解光电效应,掌握爱因斯坦光电效应方程,掌握光的波粒二象性。
3. 了解康普顿效应的原理。
4. 了解卢瑟福原子有核模型的缺陷,理解玻尔原子模型并掌握三条基本假设。
5. 掌握德布罗意波的概念、实物粒子的波粒二象性概念。
6. 理解不确定性关系及薛定谔方程与玻恩的统计诠释。

思政目标

1. 培养求真、求实的科学探索精神,勇攀科学高峰。
2. 养成严谨认真、实事求是、追求卓越的职业精神。

15.1 热辐射 黑体和黑体辐射

讨论：近年来，汽车领域的自动驾驶技术越来越成熟，并且已有诸多成熟应用的案例。那么自动驾驶采用的车载红外热像仪是如何工作的呢？

15.1.1 温度与颜色关系的早期应用

据《周礼 考工记》记载：凡铸金之状，金与锡，黑浊之气竭，黄白次之；黄白之气竭，青白次之；青白之气竭，青气次之；然后可铸也。这里的金指的是青铜，意思是说，在铸造铜器时，铜与锡按一定比例配比，随温度的升高，火焰的颜色先后为黑色、黄白色、青白色，最后到青色火焰出现，即达到了"炉火纯青"时才可以浇铸。由此可知，古人很早就已经找到了颜色和温度之间的对应关系，不过只是粗略的关系。

1870 年普法战争结束后，德国开始大力发展钢铁工业，力图把德国从一个以生产土豆为主的国家变成一个以生产钢铁为主的国家。但炼钢对温度要求特别高，需要严格控制炉温。为了知道炼钢过程中钢液的温度，通常在炼钢炉壁上开一个小孔，透过小孔观察钢液的颜色，以此判断钢液的温度。为了更加精确地知道炼钢炉内钢液的温度，就需要知道温度与颜色（钢液的发光频率）之间的精确关系。

15.1.2 热辐射

通常把与温度有关的电磁辐射称为**热辐射**。试验发现，一切温度高于绝对零度的物体都能产生热辐射。对于温度高的物体，辐射出来的电磁波可以被人们直接看到或感觉到。对于温度不是特别高的物体，可以借助红外夜视设备看到其热辐射。热辐射的光谱是连续谱，波长覆盖范围理论上可从 0 直至 ∞。

为了定量描述热辐射的性质，引入以下几个物理量。

1）单色辐出度

从热力学温度为 T 的物体表面辐射电磁波，单位面积、单位时间内，在波长 λ 附近单位波长范围内所辐射的电磁波能量，称为单色辐射出射度，简称**单色辐出度**。单色辐出度是热力学温度 T 和波长 λ 的函数，用 $M_\lambda(T)$ 表示，单位是 $\mathrm{W \cdot m^{-3}}$。

2）辐出度

热力学温度为 T 的物体表面辐射电磁波，物体在单位面积、单位时间内所辐射的电磁波能量总和称为**辐射出射度**，简称**辐出度**。辐出度只是热力学温度 T 的函数，用 $M(T)$ 表示，单位是 $\mathrm{W \cdot m^{-2}}$。辐出度可用单色辐出度对所有波长的积分求得，即

$$M(T) = \int_0^\infty M_\lambda(T) \mathrm{d}\lambda$$

15.1.3 黑体和黑体辐射

当电磁波入射到一个不透明的物体上时，入射波的能量会被物体吸收一部分、反射一

部分。被物体吸收的能量与入射能量之比称为该物体的**吸收比**，反射的能量与入射能量之比称为该物体的**反射比**。物体的吸收比和反射比也与温度和波长有关。在波长λ附近单位波长范围内吸收比称为**单色吸收比**，用$\alpha(\lambda,T)$表示；在波长λ附近单位波长范围内反射比称为**单色反射比**，用$\rho(\lambda,T)$表示。显然有$\alpha(\lambda,T)+\rho(\lambda,T)=1$。

不同物体的反射和吸收电磁波辐射的能力不同，同一物体对不同电磁波频率的反射和吸收能力也不同。试验指出，一个物体的单色辐出度不仅与温度、波长有关，而且还与辐射物体的具体性质有关，如形状、表面状况和材料性能等。这给热辐射的研究带来了很大麻烦。如果能找到一类物体，其单色辐出度与物体的具体性质无关，而只与温度、波长有关，那么就可以用这类物体热辐射的单色辐出度来描述热辐射的普遍规律。

1859年，德国物理学家基尔霍夫从理论上得到了一个重要结论，对任何一个物体，单色辐出度$M_\lambda(T)$和单色吸收比$\alpha(\lambda,T)$的比值与物体的具体性质无关。如果有一个物体，在任何温度下，对任何波长的入射电磁波都全部吸收，即它的单色吸收比$\alpha(\lambda,T)=1$，那么该物体的单色辐出度只与温度、波长有关，而与物体的具体性质无关，即可以用单色辐出度来描述热辐射的普遍规律。通常把这种物体称为**黑体**。黑体的单色辐出度与温度、波长的函数关系称为**黑体辐射公式**。

黑体是一种理想化的物体，在自然界中并不存在，但用人工的方法可以制造出十分接近黑体的模型。在物理学家拉梅尔的帮助下，德国物理学家维恩发明了第一个实验专用的黑体——空腔发射体。

黑体模型如图15.1.1所示，主体是一个开有小孔的球壳形空腔，由吸收率小于黑体吸收率的工程材料制成。射入小孔的辐射在空腔内要经过多次的吸收和反射，而每经历一次吸收，辐射能就按照内壁吸收率的大小被减弱一次，最终能离开小孔的能量是微乎其微的，可以认为所投入的辐射完全在空腔内部被吸收。所以，就辐射特性而言，小孔具有与黑体表面一样的性质。需要指出的是，小孔面积占空腔内壁总面积的比值越小，小孔就越接近黑体。如果均匀加热空腔，当空腔内电磁辐射稳定后，腔体将处于某确定温度，不同频率电磁波强度在黑体内的分布也就确定了。黑体内的温度不同，不同频率电磁波强度也不同。图15.1.2给出了不同温度下的黑体辐射，容易看出：温度越高，电磁波强度就越大，峰值则向短波方向移动。

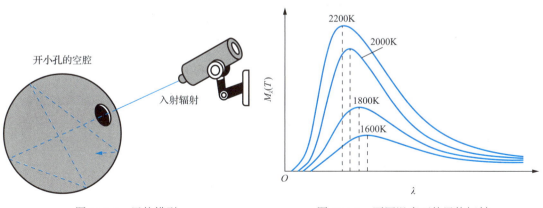

图15.1.1 黑体模型　　　　图15.1.2 不同温度下的黑体辐射

1879 年，奥地利物理学家斯特藩在实验中发现，黑体的辐出度 $M(T)$ 与黑体的热力学温度 T 的四次方成正比，即

$$M(T) = \int_0^\infty M_\lambda(T) \mathrm{d}\lambda = \sigma T^4$$

1884 年，玻尔兹曼从热力学理论也推导出上述结果，因而上式也被称为斯特藩-玻尔兹曼定律。σ 称为斯特藩-玻尔兹曼定律常量，数值约为 $5.670\times 10^{-8}\mathrm{W}\cdot\mathrm{m}^{-2}\cdot\mathrm{K}^{-4}$。

1893 年，德国物理学家维恩用热力学理论推导出维恩位移定律：在黑体辐射中，辐出度最大，即辐射最强的波长 λ_m 与热力学温度 T 的关系为

$$\lambda_m T = 2.898\times 10^{-3}\mathrm{m}\cdot\mathrm{K}$$

1896 年，维恩从自己的位移定律出发，根据实验结果，提出了维恩经验辐射公式为

$$M_\lambda(T) = \frac{C_1}{\lambda^5}\mathrm{e}^{-\frac{C_2}{\lambda T}}$$

式中，C_1 和 C_2 为经验参数。除了在低频部分有明显偏差，此公式与实验结果符合得很好，如图 15.1.3 所示。

在 1900 年和 1905 年，两位英国物理学家瑞利和金斯分别根据经典电动力学和统计物理学推导出瑞利-金斯公式，为

$$M_\lambda(T) = \frac{2\pi}{\lambda^4}kT\cdot c$$

式中，k 为玻尔兹曼常量；c 为真空中的光速。瑞利-金斯公式在低频部分与实验符合得很好，但频率增大后，与实验的差距越来越大，当波长接近紫外区域时，辐出度接近无穷大。这就是物理学史上著名的"紫外灾难"。黑体辐射理论与实验结果的比较如图 15.1.3 所示。

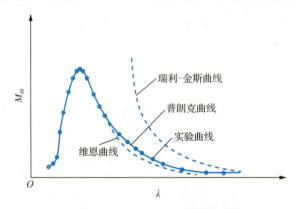

图 15.1.3 黑体辐射理论与实验结果的比较

怎样从理论上求出一条统一的曲线处处与实验结果相符呢？1900 年，德国物理学家普朗克以维恩经验辐射公式和瑞利-金斯公式为基础，利用数学上的内插法，得到了黑体辐射公式，即

$$M_\lambda(T) = \frac{2\pi hc^2}{\lambda^5}\frac{1}{\mathrm{e}^{\frac{hc}{\lambda kT}}-1}$$

上式称为**普朗克公式**。式中，h 为引入的一个新的常量，称为普朗克常量，其值为 $6.626\times 10^{-34}\mathrm{J}\cdot\mathrm{s}$。按普朗克公式描绘的曲线与实验曲线符合得很好。1900 年 12 月 14 日，

普朗克在德国物理学会上宣读了《黑体光谱中的能量分布》一文，提出了他的大胆假设：能量是不可连续分割的，电磁辐射的能量交换只能是量子化的，即

$$E = nh\nu \quad (n = 1, 2, 3, \cdots)$$

式中，$h\nu$ 称为**能量子**。在另一篇论文中，他又改称能量子为"量子"。量子是能量的最小单位，一切能量的传输都只能以这个量的整数倍进行。普朗克的量子说与经典物理概念完全不同，同时代的人和他自己都不相信这是正确的。直到爱因斯坦在 1905 年解释"光电效应"之后，普朗克的量子说才慢慢被大部分科学家接受。

15.2 光的波粒二象性

讨论：光在传播过程中，遇到障碍物或小孔时，会出现衍射现象，这说明光是一种波。当用光照射金属表面时，会有电子从金属中逸出，这说明光具有粒子性。怎样解释光的这两种特性呢？

15.2.1 光电效应实验

1887 年，德国物理学家赫兹利用实验验证了电磁波的存在。在做实验时，为了更清楚地看到跳动的火花，他在接收器端做了一个暗室。他发现使用塑料罩时，火花不仅没有更明显，反而变得更弱。于是他觉得发射器有东西射出，对接收器产生了影响，并且影响被塑料罩放大。但是当采用石英罩时，火花便没有受到影响。此时赫兹考虑到可能是光的影响，于是他把发射器这边的光用三棱镜分散开，对逐个颜色的光进行实验，结果发现，只有紫色的光及紫色频率以外的光才会对接收器上的火花造成影响，赫兹称这种现象为**光电效应**。

在光照射下，电子从金属表面逸出的现象称为**光电效应**，逸出的电子称为**光电子**。图 15.2.1 所示为光电效应的实验装置示意图。当紫外线照射到光电管阴极后，金属中的电子将从其表面逸出。电子从光电管阴极漂移到阳极，从而在电路中形成电流 I，称为**光电流**。将光电管阴极接电源的正极，将光电管阳极接电源的负极，这样就在光电管中设置了反向电场，阻碍光电子漂移到光电管阳极。当光电管反向电势差等于 U_a 时，光电子恰好不能到达光电管阳极，此时的反向电势差 U_a 称为**遏止电势差**。不难理解，遏止电压与光电子的最大初动能的关系为

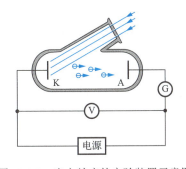

图 15.2.1 光电效应的实验装置示意图

$$\frac{1}{2}mv^2 = eU_a$$

由光电效应实验结果可以得到以下规律：

（1）对某一种金属来说，只有当入射光的频率大于某一频率值 ν_0 时，电子才能从金属

表面逸出，电路中才有光电流。这个频率值 ν_0 称为**截止频率**。如果入射光的频率 ν 小于截止频率，那么不论光的强度有多大，都不可能有光电子从金属表面逸出。

（2）用不同频率的光照射光电管阴极后，只要入射光的频率 ν 大于截止频率，遏止电势差就与入射光频率具有线性关系，其关系为

$$U_a = k\nu - U_0$$

式中，k 为与金属材料无关的普适常量；U_0 为仅取决于金属性质的常量。

（3）无论入射光的强度如何，只要其频率大于截止频率，光照射到金属表面后，几乎立即产生光电子。根据实验测量，产生光电子的时间不超过 10^{-9} s。

（4）入射光频率大于截止频率后，入射光的强度只影响光电流的强弱，即只影响在单位时间、单位面积内逸出的光电子数目。在光颜色不变的情况下，入射光越强，饱和光电流越大。饱和光电流和入射光的强度成正比。

根据经典理论，决定电子能量的是光强，而不是光的频率；电子逸出金属表面需要一段时间，而实验却显示瞬时完成（时间不超过 10^{-9} s）。这两种现象都是经典力学无法解释的。

15.2.2 爱因斯坦光子理论

1905 年 3 月 17 日，爱因斯坦撰写了一篇关于辐射的论文，后来发表在《物理学纪事》杂志上，题目是"关于光的产生和转化的一个启发性观点"。他在论文中提出：按通常的想法，光的能量是连续地分布于光传播所经过的空间，当人们试图解释光电效应时，这种想法遇到了极大的困难。爱因斯坦在普朗克的基础上进一步提出，从一点发出的光线在不断扩大的空间中传播时，它的能量不是连续分布的，而是由一些数目有限的、局限于空间中某个点的"能量子"所组成的，这些能量子是不可分割的，它们只能整份地被吸收或发射。组成光的能量的这种最小的基本单位称为**光量子**或**光子**。爱因斯坦用光子理论解释了光电效应，并因此获得了 1921 年的诺贝尔物理学奖。

在真空中，每个光子都以光速 c 传播。对应频率为 ν 的光束，可以看成是由一堆光子组成的，每个光子的能量为

$$\varepsilon = h\nu$$

式中，h 为普朗克常量。光的频率 ν 越高，光子的能量就越大。光的强度越大，光子的数目就越多。

当频率为 ν 的光束照射在金属表面时，光子的能量将被金属中的电子吸收，使电子获得能量 $h\nu$。当入射光的频率 ν 足够高，电子所获得的能量一部分被用于克服金属表面对它的束缚，另一部分转换成了电子离开金属表面的动能。用公式表示为

$$h\nu = A + \frac{1}{2}mv^2$$

式中，A 为逸出功（电子从金属表面逸出所需要做的功）；$\frac{1}{2}mv^2$ 为电子离开金属表面的初动能。这个方程称为**爱因斯坦光电效应方程**。

如果光电子的初动能为 0，则有

$$h\nu_0 = A$$

表明频率为 ν_0 的光子恰好具有激发光电子的能量，但无多余的能量转换为光电子的动

能。为了便于和实验比较，将光电效应方程式中的 $\frac{1}{2}mv^2$ 替换成 eU_a，则有

$$U_a = \frac{h}{e}\nu - \frac{A}{e}$$

将上式与 $U_a = k\nu - U_0$ 进行联立，即可得到 $k = \frac{h}{e}$，$\nu_0 = \frac{A}{h}$。据此，可通过实验测量 k 和 ν_0，得到普朗克常量和逸出功。但是光电效应的精确测量非常困难，爱因斯坦的光子理论直到 1916 年才被密立根的实验证实，从实验上直接验证了光子假说和光电效应方程的正确性。

15.2.3 康普顿散射

当一束可见光通过不均匀物质（如雾、含有悬浮微粒的液体等）时，会发生一部分光线偏离原来传播方向的现象，称为光的**散射**。

1923 年，美国物理学家康普顿在观察 X 射线被石墨散射现象时，发现散射 X 射线出现波长增大的波，如图 15.2.2 所示。波长为 λ_0 的 X 射线通过光阑成为一束狭窄的 X 射线束，射入某一散射物质石墨上，用探测器探测不同散射角 θ 的散射 X 射线相对强度。结果发现，散射 X 射线中除有与入射波长相同的成分外，还产生了波长 $\lambda > \lambda_0$ 的 X 射线，该现象就称为**康普顿效应**。从图 15.2.3 中可以看出，散射光的波长随散射角的增大而增大。

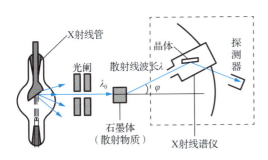

图 15.2.2 康普顿实验装置原理示意图

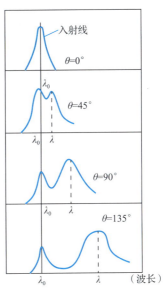

图 15.2.3 石墨的 X 射线散射实验结果

康普顿最初发表的论文只涉及一种散射物质（石墨），尽管已经获得明确的数据，但终究只限于某一特殊条件。为了证明这一效应的普遍性，中国物理学家吴有训在导师康普顿的指导下，做了 7 种物质的 X 射线散射曲线，证明只要散射角相同，不同物质散射的效果都一样。后来他又增加了 8 种物质，都无一不证明了这一结果。1926 年，康普顿在其出版的《X 射线的理论与实验》一书中，对吴有训的工作给予了高度评价，他认为，这个效应应该称为**康普顿-吴有训效应**。

但是，根据经典电磁理论，当一束光作用在物体上时，入射光使物体中的电子以相同

的频率做受迫振动，而受迫振动的电子向外发射相同频率的次级电磁波。换句话说，散射光的波长与入射光的波长应该是相同的。而康普顿的实验结果显示，散射 X 射线中出现比入射波长短的成分，也就是说，经典电磁理论不能解释康普顿效应。

康普顿借助爱因斯坦的光子理论解释了康普顿效应。他认为，频率为 ν_0 的 X 射线可以看成是由能量为 $h\nu_0$ 的光子组成的。假设 $h\nu_0$ 的光子与受原子束缚较弱的电子或自由电子之间发生弹性碰撞，光子的一部分能量将转移到电子上面，从而散射光子的能量 $h\nu$ 要小于入射光子的能量 $h\nu_0$，因而散射 X 射线中出现比入射波长短的成分。至此，光的粒子性假设也就被确认了。康普顿也因此获得 1927 年诺贝尔物理学奖。

由于光子是粒子，因此它必然具有动量，当光照射到物体上时，将对物体产生压力，称为**光压**。1901 年，俄国物理学家列别捷夫曾用精密的实验方法测得数量级别很小的光压。

在日常生活中，人们虽然可以强烈地感觉到光的热量，却无法感受到光微弱的力。这是因为 1km² 面积上的阳光压力总共才 9N。而在太空中运行的航天器处于失重状态，又无空气阻力，所以即使是轻微的推力，也可以让它加速前进。科学家们设计的太阳帆飞船的动力源就是它的光帆——非常轻而薄的聚酯薄膜。光帆坚硬异常，表面涂满了反射物质，使得它的反光性极佳。当太阳光照射到帆板上后，帆板将反射光子，而光子也会对太阳帆飞船的光帆产生反作用力，推动飞船前行。因此，光帆越大，获得的推力也越大，太阳帆飞船的速度也将越快。改变帆板与太阳的倾角，可以对飞船速度进行调整。2019 年 6 月 25 日，世界最大的非营利空间组织行星协会发射了一颗"光帆 2 号"卫星，如图 15.2.4 所示，它仅使用光作为燃料，光帆是一个面积为 32m² 的大正方形。它的成功部署进一步展现了太阳帆的力量和有用性。

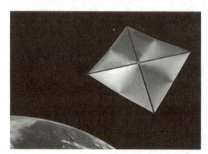

图 15.2.4　"光帆 2 号"卫星

15.2.4　光的波粒二象性试验

光电效应实验、康普顿实验等证实了光的粒子性，杨氏双缝干涉实验、泊松圆盘实验等证实了光的波动性。那么，光到底是什么？

根据狭义相对论的动量和能量的关系式

$$E^2 = p^2c^2 + E_0^2$$

由于光子的静能量 E_0 等于 0，因此，光子的能量和动量的关系为

$$E = pc$$

动量可以写成

$$p = \frac{E}{c} = \frac{h\nu}{c} = \frac{h}{\lambda}$$

对于频率为 ν 的光束，光子的能量和动量分别为

$$E = h\nu$$
$$p = \frac{h}{\lambda}$$

从上式中容易看出：光的粒子性（用 E 和 p 给出）和光的波动性（ν 和 λ 给出）是通过

普朗克常量 h 联系起来的。因此光既有波动性，又有粒子性，是波粒二象性的。那么怎样才能将光的波动性和粒子性统一在一幅逻辑上一致的物理图像中呢？

1909 年，英国物理学家杰弗里·泰勒做了一个著名的弱光双缝试验。他在光源后加了一层烟熏玻璃，使得光强度非常低，以至于可以把到达双缝的光看作许多个光子，好比用一把"光子枪"，把光子一个一个地朝着双缝发射。因为光非常弱，要在感光屏上留下光影，需要很长的曝光时间，整个试验历时 3 个月。按照光子的粒子特性，当这些光子一个一个飞到双缝前时，有的被挡住，有的穿缝而过，那么应该在后面的屏上留下两道痕迹。但是，试验结果出人意料，记录下的是类似杨氏双缝试验的干涉条纹。这个试验让人们看到了一幅光的波粒二象性的图像。试验表明，尽管每个光子落到屏上的位置是随机的，但长时间曝光所记录的是大量光子在屏上的统计分布。

15.3 氢原子模型

讨论：原子发光是重要的原子现象之一。19 世纪末，人们积累了大量有关原子光谱的实验数据，并从中发现，一定原子的辐射具有一定频率成分的特征光谱，不同元素原子辐射的特征光谱也不同。可见，光谱中包含了有关原子结构的重要信息，然而各种元素原子的特征光谱非常复杂，所以一般只能先从最简单的氢原子光谱入手研究。那如何构建所需的氢原子模式呢？

15.3.1 氢原子光谱

瑞典物理学家埃斯特朗最早发现，在氢的可见光谱中，存在着四条暗线，而这四条暗线所对应的波长分别为 656.3nm、486.1nm、434.0nm 和 410.2nm，如图 15.3.1 所示。这四条暗线所对应的波长之间，是否存在某种联系呢？

图 15.3.1　氢原子的可见光谱线

1885 年，瑞典的一位年近 60 岁的中学教师巴尔末发现，氢的可见光谱中的四条波长可以用一个公式表达出来，即

$$\lambda = B \frac{n^2}{n^2 - 2^2}$$

式中，$B = 365.47\text{nm}$，n 为正整数，当 $n = 3, 4, 5, 6$ 时，上式分别给出氢光谱中不同谱线的波长。

那么当 $n=7$ 时，巴尔末公式是否还正确呢？把 $n=7$ 代入公式，结果是 396.965nm，巴尔末不知道的是，其实埃斯特朗已经测出了这条谱线的存在，可能由于比较模糊，所以他并没有对外公布，而这条谱线实际对应的波长为 396.81nm，巴尔末公式依然精准无比。在此之后，氢的更多谱线被发现，结果也都与巴尔末公式所计算的结果惊人地接近，误差不

超过 $\frac{1}{4000}$。

在光谱学中,谱线常用频率 ν 或波长的倒数 $\frac{1}{\lambda}$（波数）来表示,波数的意义为单位长度内所含的波长个数。因此,巴尔末公式可写为

$$\frac{1}{\lambda} = \frac{4}{B}\left(\frac{1}{2^2} - \frac{1}{n^2}\right) \quad (n = 3, 4, 5, 6, \cdots)$$

巴尔末公式给出了氢原子光谱在可见光区的分布规律。

1889 年,瑞典物理学家里德伯在巴尔末的基础上提出了氢原子光谱的普遍表达式,即

$$\frac{1}{\lambda} = R\left(\frac{1}{k^2} - \frac{1}{n^2}\right) \quad (k = 3, 4, 5, 6, \cdots) \quad (n = k+1, k+2, \cdots)$$

上式称为里德伯方程,式中的 R 是里德伯常数（通常取 $R = 1.097 \times 10^7 \, \text{m}^{-1}$）。里德伯氢原子光谱公式与后面发现的氢原子实验谱线公式吻合。

在氢原子光谱线试验规律研究的基础上,里德伯、里兹等在 1890 年研究其他元素,(如一价碱金属)的光谱时发现,碱金属光谱也有与氢光谱相类似的规律。表面上非常复杂的光谱线,竟然由如此简单的公式表达出来,那么其内在的机理是什么?

15.3.2 卢瑟福的原子有核模型

1803 年,英国化学家和物理学家道尔顿创立原子学说。他认为物质是由具有一定质量的原子构成的;元素是由同一种类的原子构成的;化合物是由构成该化合物成分的元素的原子结合而成的"复杂原子"构成的;原子是化学作用的最小单位,它在化学变化中不会改变。

1858 年,德国物理学家普吕克尔在观察放电管中低压气体时发现了一种放电现象。1876 年,同为德国物理学家的哥尔茨坦认为这是从阴极发出的某种射线,并命名为阴极射线,但他认为阴极射线是类似于紫外线的以太波。1871 年,英国物理学家瓦尔利根据阴极射线在磁场中会偏转的事实,提出阴极射线是由带负电的微粒组成的设想。因此,在 19 世纪的后 30 年形成了两种对立的观点:德国学派的以太说和英国学派的带电粒子说。

对阴极射线本性做出正确回答的是英国卡文迪许实验室教授汤姆逊。1897 年,他通过实验验证了阴极射线是一种带负电的粒子,并进一步得到了粒子的荷质比,该粒子的质量比氢原子的质量要小得多,前者大约是后者的 $\frac{1}{2000}$。后来,美国的物理学家罗伯特·密立根在 1913—1917 年的油滴实验中,精确地测出了新的结果,前者是后者的 $\frac{1}{1836}$。汤姆逊测得的结果证实了阴极射线是由电子组成的,人类首次用实验证实了一种"基本粒子"——电子的存在。"电子"这一名称是由爱尔兰物理学家斯通尼于 1891 年采用的,原意是指出的一个电的基本单位的名称,后来这一词被用来表示汤姆逊发现的"微粒"。

1904 年,汤姆逊提出汤姆逊原子模型,如图 15.3.2（a）所示。原子的带正电部分是一个原子那么大的、具有弹性的、冻胶状的球,正电荷均匀地在球中分布;在球内或球面上镶嵌着带负电荷的电子,这些电子在它们的平衡位置上做简谐振动。此模型也称为"葡萄干布丁"模型、"西瓜"模型、"枣糕"模型等。同时该模型还进一步假定,电子分布在分离的同心环上,每个环上的电子容量都不相同,电子在各自的平衡位置附近做微振动,如

图 15.3.2（b）所示。原子由此可以发出不同频率的光，而且各层电子绕球心转动时也会发光。这种环状分布解释了当时已有的实验结果、元素的周期性及原子的线型光谱，为绝大多数科学家所接受。

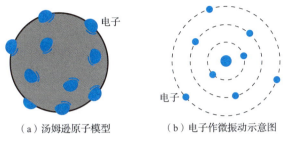

图 15.3.2　汤姆逊原子模型及其中电子的微振动示意图

1909 年，英国物理学家卢瑟福带领他的学生盖革和马斯顿在α粒子散射实验中发现，大多数粒子穿过金箔后发生约 1°的偏转。但有少数α粒子偏转角度很大，超过 90°以上，甚至达到 180°。α粒子有 $\frac{1}{8000}$ 的概率被反弹回来。卢瑟福看到结果后，非常震惊。"这是我一生中碰到的最不可思议的事情。就好像你用一颗 15in 大炮去轰击一张纸而你竟被反弹回的炮弹击中一样。"卢瑟福α粒子散射实验装置示意图如图 15.3.3 所示。

1911 年，卢瑟福根据实验结果，提出了一种有核原子模型（图 15.3.4）：在原子的中心有一个很小的核，叫作原子核，原子的全部正电荷和几乎全部质量都集中在原子核里，带负电的电子在核外空间绕着核旋转。原子核所带的单位正电荷数等于核外的电子数，所以整个原子是中性的。电子绕核旋转所需的向心力就是核对它的库仑引力。

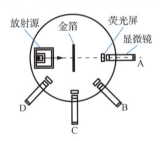
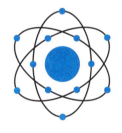

图 15.3.3　卢瑟福α粒子散射实验装置示意图　　图 15.3.4　有核原子模型

卢瑟福的原子模型相比于汤姆逊的原子模型有了很大的进步，更加接近真实情况，但卢瑟福也不清楚原子中电子的数量，说不清电子在核外是怎样分布的，同时无法回答原子线状光谱问题。因为按照卢瑟福的理论，原子发出的光谱应该是连续的，而事实上，原子发出的是分立的线状光谱。同时还存在一个更为严重的问题。经典物理学指出，任何带电粒子在做加速运动的过程中都要以发射电磁波的方式放出能量，那电子绕核做加速运动的过程就会不断地向外发射电磁波而不断失去能量，以致轨道半径越来越小，最后湮没在原子核中，并导致原子坍缩。然而实验表明原子是相当稳定的。

15.3.3　玻尔原子模型

1912 年，英国曼彻斯特大学的玻尔将一份论文提纲提交给他的导师卢瑟福。在这份提纲中，玻尔在行星模型的基础上引入了普朗克的量子概念，认为原子中的电子处在一系列分立的稳态上。回到丹麦后，玻尔急于将这些思想整理成论文，可是进展不大。

1913 年 7 月、9 月、11 月，经由卢瑟福推荐，《哲学杂志》接连刊载了玻尔的三篇论文，标志着玻尔原子模型正式被提出。这三篇论文成为物理学史上的经典，称为玻尔模型的"三部曲"。玻尔原子模型示意图如图 15.3.5 所示。

为了克服卢瑟福原子模型的不足，玻尔给出了如下三条基本假设。

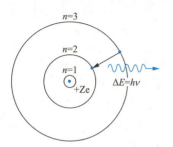

图 15.3.5 玻尔原子模型示意图

1）定态假设

核外电子只能在某些特定的（有确定的半径和能量）圆形轨道上绕核运动，电子在这些符合量子化条件的轨道上运动时，处于稳定状态，这些轨道的能量状态不随时间而改变，因而被称为定态轨道。在定态轨道上运动的电子既不吸收能量，也不放出能量。

2）跃迁假设

电子在能量不同的轨道之间跃迁时，原子才会吸收或放出能量。处于激发态的电子不稳定，可以跃迁到离核较近的轨道上，同时释放出光能。释放出光能（光的频率）的大小取决于两轨道之间的能量差，其关系式为

$$h\nu = E_m - E_n$$

式中，E_m 为高能级轨道；E_n 为低能级轨道。

3）轨道假设

电子只能在角动量 L 等于 $\dfrac{h}{2\pi}$ 的整数倍的轨道上运动，即

$$L = \frac{nh}{2\pi}$$

式中，h 为普朗克常量；$n = 1, 2, 3, \cdots$ 称为主量子数。此条件称为量子化条件。

接下来，从玻尔的三条基本假设出发，推导出氢原子的能级公式。

设氢原子中的电子在半径为 r_n 的轨道上做圆周运动，则有

$$\frac{mv_n^2}{r_n} = \frac{1}{4\pi\varepsilon_0} \frac{e^2}{r_n^2}$$

式中，m 为电子的质量；e 为电子的电荷；v_n 为电子在 r_n 轨道上的运动速率。

由量子化条件可得

$$mv_n r_n = \frac{nh}{2\pi} \quad (n = 1, 2, 3, \cdots)$$

氢原子中的轨道半径为

$$r_n = \frac{\varepsilon_0 h^2}{\pi m e^2} n^2 = a_0 n^2 \quad (n = 1, 2, 3, \cdots)$$

式中，$a_0 = \dfrac{\varepsilon_0 h^2}{\pi m e^2}$，称为玻尔半径，数值为 $a_0 = 5.29 \times 10^{-11}$ m。

电子在第 n 个轨道上的能量为

$$E_n = \frac{1}{2}mv_n^2 - \frac{1}{4\pi\varepsilon_0}\frac{e^2}{r_n} = -\frac{me^4}{8\varepsilon_0^2 h^2}\frac{1}{n^2} = \frac{E_1}{n^2}$$

式中，$E_1 = -\dfrac{me^4}{8\varepsilon_0^2 h^2} = -13.6\text{eV}$。$E_1$ 是氢原子基轨道能量，与实验测量值（$E_1 = -13.599\text{eV}$）吻合。氢原子中的电子能量只能是离散值，即不连续的能量值，这就是能级的概念。能级是负值，需要外界输入能量才能使电子跃迁到高的能级或脱离原子核的束缚。

玻尔原子模型圆满解释了氢原子光谱的规律，给出了里德伯常数的计算方式，对于类氢原子也有完美的描述。但玻尔原子模型仍有很大的局限性，具体如下。

（1）只能计算氢原子与类氢原子的光谱频率，无法推广至结构更复杂的原子。

（2）玻尔原子理论进行了一些在经典规律中没有的假定，如假定原子处在定态时不辐射、原子的能量是量子化的，这都是同经典理论不符的。但该理论又是建立在经典力学基础上的，引进了量子条件又没有理论的根据，缺乏逻辑的统一性。

（3）无法解释谱线强度、偏振、选择定则等问题。

15.3.4 弗兰克-赫兹实验

1914年，德国物理学家弗兰克和赫兹在研究中发现，电子与原子发生非弹性碰撞时的能量转移是量子化的。他们在实验中为能级的存在提供了直接的证据，对玻尔的原子理论是一个有力支持。由于他们的工作对原子物理学的发展起了重要作用，因此共同获得1925年的诺贝尔物理学奖。弗兰克-赫兹实验装置示意图及测量结果如图15.3.6所示。

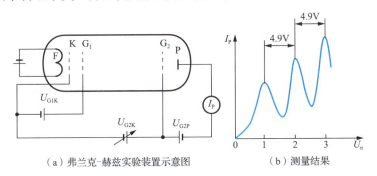

（a）弗兰克-赫兹实验装置示意图　　（b）测量结果

图15.3.6　弗兰克-赫兹实验装置示意图及测量结果

弗兰克-赫兹实验的主要实验器具是一个类似真空管的管状容器，称为水银管，内部充满低压汞蒸汽。水银管内安装有灯丝 F、阴极 K、第一栅极 G_1、第二栅极 G_2、阳极 P。通过电流将灯丝 F 加热，灯丝 F 会发射电子。在第一栅极 G_1 和阴极 K 之间加正向电压 U_{G1K}，在第二栅极 G_2 和阴极 K 之间加正向电压 U_{G2K}，在阳极 P 和第二栅极 G_2 加反向拒斥电压 U_{G2P}。U_{G1K} 的作用是调整实验结果的灵敏度，让实验现象更为明显。U_{G2K} 的作用是对灯丝发射出来的电子进行加速，使电子与汞原子进行碰撞，从而发生能量的转移。U_{G2P} 的作用是筛选电子，使能量足够大的电子才能到达阳极 P。在阳极支线安置安培计，测量抵达阳极的电流。

当加速电压小于 4.9eV 时，随着电压的增加，电路中的电流也平稳地单调递增。当电压为 4.9eV 时，由于电子和汞原子之间的非弹性碰撞，大量电子将能量传递给汞原子，电流迅速降低。继续增加电压，电路中的电流也随之平稳地增加，直到电压达到 9.80V，又观察到类似的电流迅速降低的情况。电压每增加 4.9eV，电流就会迅速降低。可见，4.9eV 实际就是汞原子的第一激发能级。

弗兰克-赫兹实验表明，原子能级确实是存在的。把电子激发到激发态需要吸收一定的能量，并且能量是不连续、量子化的吸收。

15.4 微观粒子的波粒二象性

讨论：随着光电效应和康普顿散射效应的发现，光的波粒二象性被广泛接受。那么是不是其他粒子也具有波粒二象性呢？

15.4.1 德布罗意波

1924 年，法国理论物理学家德布罗意在其博士论文《关于量子理论的研究》中提出：波粒二象性不只是光子才有，一切微观粒子，包括电子和质子、中子，都有波粒二象性。

按照德布罗意的假设，实物粒子的粒子性和波动性之间的联系有

$$E = h\nu$$
$$p = \frac{h}{\lambda}$$

以动量 p 运动的实物粒子的波长为

$$\lambda = \frac{h}{p}$$

式中，h 为普朗克常量。这种波叫作**德布罗意波**或**物质波**。它描述了实物粒子波动性的波长与体现实物粒子粒子性的动量之间的关系。波动性和粒子性统一在一个客体上，这就是实物粒子的波粒二象性。

例如，有一质量为 m_0 的粒子，其运动速度为 v（$v \ll c$），那么，该粒子的德布罗意波长为

$$\lambda = \frac{h}{m_0 v}$$

如果该粒子的运动速度 v 可与 c 比拟，那么该粒子的德布罗意波长为

$$\lambda = \frac{h}{\gamma m_0 v}$$

式中，$\gamma = \dfrac{1}{\sqrt{1 - \dfrac{v^2}{c^2}}}$。

例 15.4.1　电子经过 200V 电势差加速后，电子的波长是多少？（$e = 1.6 \times 10^{-19}$C，$m_e = 9.1 \times 10^{-31}$kg）

解：经过 200V 电势差加速后，电子所获得的能量为

$$E = Ue = 3.2 \times 10^{-17} \text{(J)}$$

因为电子的静能量 $E_0 = m_e c^2 \approx 8.2 \times 10^{-14}$J，电子经 200V 电势差加速所得能量远小于电子的静能量，也就是电子所获得的速度远小于光速，所以此时可以用经典力学处理电子运动速度问题，有

$$v = \sqrt{\frac{2E}{m_e}} = \sqrt{\frac{2 \times 3.2 \times 10^{-17}}{9.1 \times 10^{-31}}} \approx 8.4 \times 10^6 \text{(m/s)}$$

电子的波长为

$$\lambda = \frac{h}{m_e v} = \frac{6.626 \times 10^{-34}}{9.1 \times 10^{-31} \times 8.4 \times 10^6} \approx 8.7 \times 10^{-11} \text{(m)}$$

为了验证电子的波动性，只有用 0.1nm 级别的狭缝开展衍射实验才行。但这个尺度是什么概念呢？对于常见的分子直径：氧气 O_2 为 0.353nm、氮气 N_2 为 0.36nm、碳原子直径为 0.182nm。很显然，要造出这种狭缝困难很大。那怎么办呢？

1927 年，美国物理学家戴维森和革末创造性地利用单晶的原子间距实现了这个实验，实验装置示意图如图 15.4.1 所示。他们将低能电子束打到镍单晶的表面，镍单晶的原子间距是 0.215nm，通过加速电压来控制入射电子波长的变化。结果证明，电子束打到镍晶体上时发生了衍射现象。

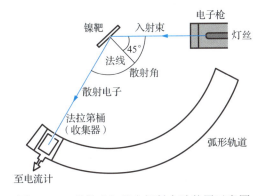

图 15.4.1　戴维森和革末衍射实验装置示意图

同年，英国物理学家汤姆逊也通过多晶体电子衍射实验证实了电子确实具有波动性，如图 15.4.2 所示。之后，人们在实验上又相继观察到质子、中子，甚至氦原子、氢分子等的衍射现象。原子和分子作为整体也具有波动性这一事实，充分表明了物质波的普遍存在。至此，德布罗意的理论作为大胆假设而成功的例子获得了普遍赞赏，从而使他获得了 1929 年诺贝尔物理学奖。同时，戴维森和汤姆逊也因为验证了电子的波动性而分享了 1937 年的诺贝尔物理学奖。

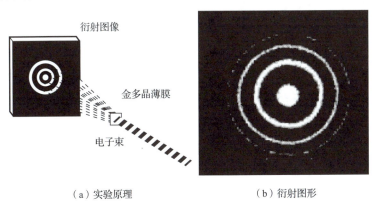

（a）实验原理　　　　（b）衍射图形

图 15.4.2　汤姆逊的多晶体电子衍射实验原理和衍射图形

正是波粒二象性理论的正确，以及由此而形成的电子光学，为设计制造电子显微镜奠定了基础。1932年，柏林工业大学压力实验室研究员鲁斯卡在对阴极射线示波器做了一些改进后，成功得到了放大几倍后的铜网图像，确立了电子显微法的思想。1933年底，鲁斯卡制成了首架放大一万倍的电子显微镜，标志着人类对微观事物的探索进入了崭新的阶段，鲁斯卡也因此获得了1986年诺贝尔物理学奖。

15.4.2 不确定性关系

1814年，法国数学家拉普拉斯构想了一种神兽，称为拉普拉斯兽。在拉普拉斯的设想中，这个神兽可以清楚地知道这个宇宙中每一个微观粒子的运动数据与运动状态。这样一来，人们就可以用简单基本的牛顿定律去计算所有微观粒子之前与之后的状态。换句话说，这只拉普拉斯兽可以预知未来。那么真的可以吗？

1927年，德国物理学家海森堡发表了《量子理论运动学和力学的直观内容》一文。他指出，虽然分别确定微观粒子的位置或动量在精度上并不存在限制，但用实验同时确定其位置和动量时，它们的精度在原则上是有限的。根据量子力学，当同时测量一个粒子的位置坐标及对应的动量分量时，它们的不确定量 Δx 和 Δp_x 之间存在的关系为

$$\Delta x \Delta p_x \geq \frac{\hbar}{2}$$

式中，$\hbar = \dfrac{h}{2\pi}$。这个关系式称为**海森堡不确定性关系**。这一关系直接来源于微观粒子的波粒二象性，可以借助电子单缝衍射实验来说明。

设有一束电子沿 Oy 轴射向 AB 屏缝宽为 b 的狭缝，在后面的观察屏 CD 就可以看到电子的衍射现象，如图15.4.3所示。在这种情况下，电子通过狭缝时，位置和动量能否同时确定？

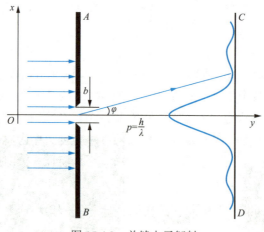

图 15.4.3 单缝电子衍射

某一个电子在狭缝哪一个位置通过是无法确定的，但可以确定电子通过了狭缝，电子在 Ox 轴的坐标不确定范围是

$$\Delta x = b$$

根据衍射公式，有

$$\sin\varphi = \frac{\lambda}{b}$$

电子在狭缝处 x 轴方向的动量为

$$\Delta p_x = p\sin\varphi = p\frac{\lambda}{b}$$

由德布罗意公式和上面三个式子可得

$$\Delta x \Delta p_x = h$$

由上式可知,电子通过狭缝时,其坐标和动量都存在各自的不确定范围,两者有密切联系。坐标不确定范围 Δx 越小,动量不确定范围 Δp_x 就会越大。上面讨论只考虑了衍射中央条纹,若考虑次级条纹,则公式需改写成

$$\Delta x \Delta p_x \geqslant h$$

电子衍射给出的不确定性原理是粗糙的说明,更严格的证明可以得到海森堡不确定性关系。

不确定性关系表明,微观粒子的位置和动量是不可能同时准确地确定的。粒子在某一方向上位置的不确定量 Δx 越小,即位置测得越准,则相应的动量不确定量 Δp_x 就越大,反之亦然。需要说明的是,这种限制并非由测量仪器的精度不足,或测量技术欠佳所致,而是由微观粒子的波粒二象性所致。不过,由于 h 的数值非常小,因此不确定性原理对宏观物体的作用并无太大意义,经典力学对宏观物体的运动描述还是非常准确的。

15.4.3 薛定谔方程与玻恩的统计诠释

德布罗意提出物质波的概念后,就需要探索粒子运动的描述。不同于经典力学描述宏观物体的运动状态,微观粒子还具有波动性。为解决这个问题,1926 年,奥地利物理学家薛定谔提出用波动方程描述微观粒子运动状态的理论,后称薛定谔方程,从而奠定了波动力学的基础,并因此与狄拉克共同获得 1933 年诺贝尔物理学奖。

薛定谔方程提出后,人们普遍感到困惑的是其中某些关键概念(如波函数)的物理意义还不明确。同年,玻恩在一篇题为"散射过程的量子力学"的论文中对波粒二象性给出了一种统计诠释,它认为德布罗意波是概率波。

下面以电子双缝干涉实验来解释玻恩的统计诠释。图 15.4.4 所示为入射电子个数逐渐增加所形成的干涉图样。开始时,照片上只出现随机分布的几个亮点,它们是一个一个电子打在底片上形成的,没有发现整个底片普遍感光的现象,这表现出电子的粒子性;随着电子个数的增加,亮点增多,并逐渐累积成强度按一定规律分布的干涉条纹,干涉条纹的出现表明发生了相干叠加,显示出电子的波动性。

(a) 7 个电子　　(b) 100 个电子　　(c) 3000 个电子　　(d) 70000 个电子

图 15.4.4　电子双缝干涉实验结果

如何把这两种截然不同的性质进行统一呢？按照玻恩的观点，电子波动性的强度分布是与电子出现的概率分布相关的，底片上某点的强度正比于电子在该点出现的概率。因此，可以认为与电子联系的波是一种描述电子空间分布的概率波。

对玻恩的统计诠释也是有争议的，爱因斯坦就反对统计诠释。他不相信"上帝会掷骰子"，认为用波函数对物理实在的描述是不完备的，还应该有一个人们尚不了解的"隐参数"。虽然至今所有实验都证实统计诠释是正确的，但是这种关于量子力学根本问题的争论不但推动了量子力学的发展，而且还为量子信息论等新兴学科的诞生奠定了基础。因为这一成就，玻恩获得了1954年诺贝尔物理学奖。

1927年10月，第五届索尔维会议在比利时布鲁塞尔召开，此次会议主题为"电子和光子"，世界上最主要的物理学家都聚在一起讨论重新阐明的量子理论。会议上最出众的角色是爱因斯坦和玻尔。前者以"上帝不掷骰子"的观点反对海森堡的不确定性原理，而玻尔反驳道，"爱因斯坦，不要告诉上帝怎么做。"这一争论被称为玻尔-爱因斯坦论战。这次会议被称为量子力学的正式开端。1927年第五届索尔维会议部分参会人员合影如图15.4.5所示。

图15.4.5　1927年第五届索尔维会议部分参会人员

第三排（从左至右）：奥古斯特·皮卡尔德、埃米尔·亨里奥特、保罗·埃伦费斯特、爱德华·赫尔岑、泰奥菲尔·德·顿德尔、埃尔温·薛定谔、维夏菲尔特、沃尔夫冈·泡利、威纳·海森堡、福勒、里昂·布里渊。

第二排（从左至右）：彼得·德拜、马丁·克努森、威廉·劳伦斯·布拉格、亨德里克·安东尼·克雷默、保罗·狄拉克、阿瑟·霍利·康普顿、路易·维克多·德布罗意、马克斯·玻恩、尼尔斯·亨利克·戴维·玻尔。

第一排（从左至右）：欧文·朗缪尔、马克斯·卡尔·恩斯特·路德维希·普朗克、玛丽亚·斯克沃多夫斯卡·居里、亨德里克·安东·洛伦兹、阿尔伯特·爱因斯坦、保罗·朗之万、古耶、查尔斯·威耳逊、欧文·理查森。

思考与探究

15.1　回答以下问题：

（1）什么是黑体？

（2）维恩曲线和瑞利-金斯曲线的不足是什么？
（3）什么是康普顿效应？
（4）卢瑟福原子有核模型的缺陷是什么？
（5）玻尔原子模型的三条基本假设是什么？
（6）什么是物质波？它的含义是什么？
（7）不确定性原理是什么？

15.2 质量为 10g 的子弹以速度 200m/s 出膛。若其动量不确定范围为动量的 0.01%，那么该子弹位置的不确定范围是多少？

参 考 文 献

杜秀国，白晓明，2021. 大学物理学上下册[M]. 北京：机械工业出版社.
郝会颖，田恩科，赵长春，2020. 大学物理学上册[M]. 北京：机械工业出版社.
郝会颖，田恩科，赵长春，2021. 大学物理学下册[M]. 北京：机械工业出版社.
陆健，2021. 大学物理上下册[M]. 北京：机械工业出版社.
吴泽华，陈治中，黄正东，2006. 大学物理上下册[M]. 3版. 杭州：浙江大学出版社.
张宇，任延宇，韩权，2021. 大学物理（少学时）[M]. 4版. 北京：机械工业出版社.